DIANQI
高职高专电气系列教材

电路分析

（第三版）

主　编　胡汉辉　秦培林
副主编　李德尧　李燕林
主　审　邱丽芳

重庆大学出版社

内容提要

全书以现代电工技术的基本知识、基本理论为主线,以培养应用能力为目的,介绍了电路的基本概念和基本定律、直流电阻电路的分析与计算、正弦交流电路、互感电路、三相正弦交流电路、线性电路过渡过程的时域分析、非正弦周期电流电路、二端口网络、磁路和铁芯线圈电路、电路的计算机辅助设计等。本教材在内容组织和编写安排上,有难有易,深入浅出,通俗易懂。为兼顾教学和自学,每章后附有小结和习题,书后附有习题参考答案。

本书适合作高等职业学校、高等专科学校、成人高等学校、本科院校举办的二级职业技术学院以及民办高等学校电类各专业“电路分析”“电工基础”等课程教材,也可供有关工程技术人员参考。

图书在版编目(CIP)数据

电路分析/胡汉辉,秦培林主编.—2版.—重庆:重庆大学出版社,2011.5(2021.9重印)

高职高专电气系列教材

ISBN 978-7-5624-4218-9

Ⅰ.①电… Ⅱ.①胡…②秦… Ⅲ.①电路分析—高等职业教育—教材 Ⅳ.①TM133

中国版本图书馆CIP数据核字(2011)第060008号

电路分析

(第三版)

主　编　胡汉辉　秦培林

副主编　李德尧　李燕林

主　审　邱丽芳

责任编辑:曾显跃　　版式设计:曾显跃

责任校对:刘雯娜　　责任印制:张　策

*

重庆大学出版社出版发行

出版人:饶帮华

社址:重庆市沙坪坝区大学城西路21号

邮编:401331

电话:(023) 88617190　88617185(中小学)

传真:(023) 88617186　88617166

网址:http://www.cqup.com.cn

邮箱:fxk@cqup.com.cn(营销中心)

全国新华书店经销

重庆华林天美印务有限公司印刷

*

开本:787mm×1092mm　1/16　印张:16.75　字数:418千

2018年8月第3版　　2021年9月第9次印刷

印数:24 001—25 000

ISBN 978-7-5624-4218-9　定价:45.00元

前言

本书是编者在多年从事电路分析教学改革的基础上编写而成的，吸取了各高职院校教学改革、教材建设等方面取得的经验。作者在编写本教材时，充分研究了高职高专学生的特点、知识结构、教学规律和培养目标等内容。本教材可作为高职高专院校、职工大学、业余大学电类专业的教材，也可供其他相关专业选用，或供工程技术人员参考。

本教材具有以下几个特点：

①始终以高职高专培养目标和要求为指导思想，根据现代科学技术发展的需要，在内容取舍上以电路分析的基本知识、基本理论为主线，使电路分析的基本理论与各种新技术有机结合起来，更好地激发学生的学习兴趣和创新意识。

②注重体现高职高专的特色，淡化理论，重视实用。为此，在保持科学性的前提下，从工程观点考虑，删繁就简。对于重要公式和结论，重点放在讲清它们的物理意义或应用上，使理论分析难点降低，重点突出，概念清楚，实用性强。这样真正能使教材有助于学生自学及兴趣培养，提高课程教学效果。例如：第 6 章线性电路过渡过程的时域分析，重点介绍一阶电路的“三要素”法及应用，淡化了烦琐的微分方程法。

③注意学生的实践能力的培养。例如：第 4 章中同名端的测量，第 5 章中三相电路功率的测量和三相电路故障分析，第 6 章的微分电路与积分电路，第 9 章的工程手册图表查法和变压器，第 10 章中介绍的计算机辅助方法等。

④注重引导学生掌握“电路分析”课程的学习方法。理论讲授、练习等做到少而精，而且具有启发性、实用性、新颖性，使学生在探索中学习，学习中获益。

⑤内容及安排方式在兼顾知识相关性和连贯性的基础上灵活多样。教材有开放性和弹性，在合理安排电路分析基本内容的基础上，留有选择和拓展的空间，以满足不同专业、不同学生学习和发展的需要。

⑥注意了电类专业趋向于强弱不分的特点，本教材既适用于强电专业，又适用于弱电专业。

本书由胡汉辉（编写第1、10章）和秦培林（编写第4、6章和第9章第1、2、3节）担任主编，李德尧（编写第3、5章）和李燕林（编写第2、7章）担任副主编，何忠胜参编第8章，刘德玉参编第9章第5、6、7节。

本书由邱丽芳主审，她认真仔细地审阅了全书，并提出了许多宝贵意见，在此表示诚挚的谢意。

由于作者水平有限，错误和不恰当之处在所难免，恳切希望使用该书的师生批评指正。

编　者

2018年6月

目录

第 1 章 电路的基本概念和基本定律

电路理论分析的对象是电路模型,而不是实际电路。本章首先讨论电路及其模型的构成,然后介绍分析电路的一些物理量,引入电流、电压参考方向的概念,介绍电阻元件电压与电流关系,以及电阻串联、并联和串并联电路的化简,最后研究与电路连接方式有关的基本规律——基尔霍夫定律。这些都是分析电路的依据,贯穿全书。

1.1 电路和电路模型

1.1.1 电路的作用与组成

电路就是电流的路径,是各种电气器件按一定方式连接起来组成的总体。较复杂的电路称为网络。实际上,电路与网络这两个名词并无明显的区别,一般可以通用。

按工作任务划分,电路的主要功能有两类:

第一类功能是进行能量的转换、传输和分配。例如,供电系统、手电筒、电风扇等。这些电路中,将其他能量转变为电能的设备(如发电机、电池等),称为电源;将电能转变为其他能量的设备(如电动机、电炉、电灯等)称为负载。在电源与负载之间的输电线、变压器、控制电器等是执行传输和分配任务的器件,称为传输环节。图 1.1(a)是一个简单的实际电路,它是由干电池、开关、小灯泡和连接导线等电气器件组成。当开关闭合后,在这个闭合的通路中便有电流通过,于是小灯泡发光。干电池是电源,向电路提供电能;小灯泡是负载,开关及连接导线为传输环节。

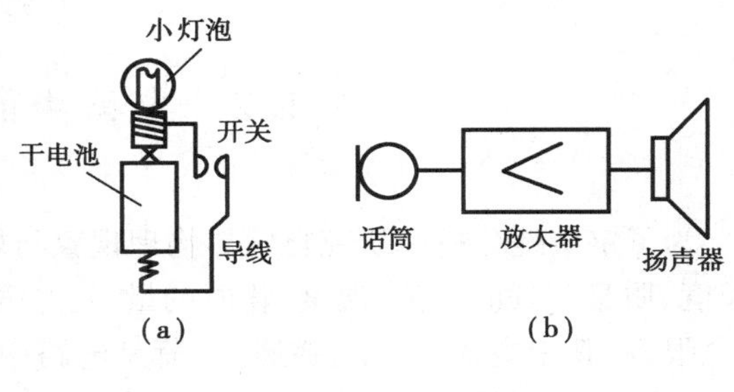

图 1.1

第二类功能是进行信号处理。这类电路的输入信号称为激励,输出信号称为响应。例如,图 1.1(b)所示的扩音机,传声器(话筒)将声音变成电信号,通过电路放大,由扬声器输出。传声器相当于电源,扬声器相当于负载。由于传声器施加的信号比较微弱,不足以推动扬声器发音,需要采用传输环节对信号传递和放大。

由此可见,电路主要是由电源、负载和传输环节3部分组成。电源是提供电能或电信号的设备,负载是用电或输出信号的设备,传输环节用于传输电能和电信号。

1.1.2 理想电路元件及电路模型

为了便于对复杂的实际问题进行研究,在工程中常采用一种“理想化”的科学抽象方法,忽略一些次要因素,突出主要的矛盾,将实际的电气器件视为电源、电阻、电感与电容等几种理想的电路元件,理想电路元件就是突出单一电或磁性质的理想元件。例如,电阻元件具有消耗电能的特征,便将具有这一特征的电灯、电炉等实际元件用抽象的理想电阻元件来近似替代。当然,这与工程实际器件的性能会有差异,正如研究自由落体的质点模型,会与实际有空气阻力的落体有差异一样。这些差异不容忽视,但只有掌握了基本规律之后,才有可能去考虑这些差异。

在电路分析中,常见的理想元件有4类:电阻元件以消耗电能为主要特征;电容元件以储存电场能量为主要特征;电感元件以储存磁场能量为主要特征;电源(包括电压源和电流源)以供给电能为主要特征。具有两个端钮的理想元件通称为二端电路元件。它们的电路符号如图1.2所示。

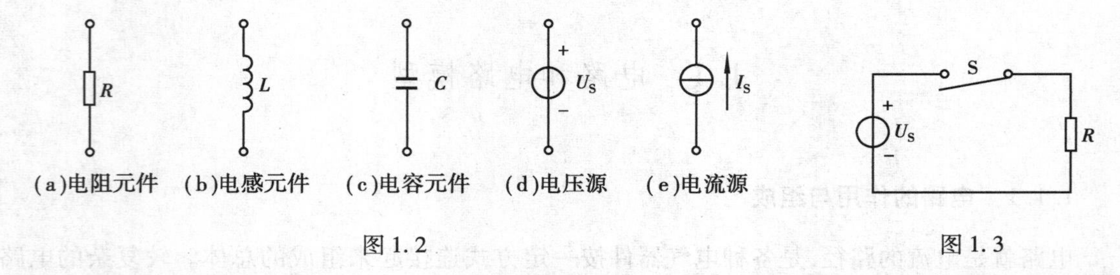

图1.2　　图1.3

用特定的符号代表元件(如图1.2)连接成的图形,称为电路图,用理想元件构成的电路称为电路模型,如图1.3所示。通过分析电路模型,能够预测实际电路的性能,可以改进并设计出更先进的电路。

本书若无特殊说明,所说的电路均指这种抽象的电路模型,所说的元件均指理想元件。

1.2 电路中的基本物理量

为了定量地分析和研究自然界物理现象与规律,需要引进一些物理量,但基本的只有7个(长度、质量、时间、电流、温度、物质的量、发光强度)。在电工技术中,需要分析和研究的物理量也很多,其中电流、电压、磁通、电荷是电路中的4个基本物理量,能量、功率等为复合物理量。电路中主要是电流、电压以及电功率3个物理量。

我国规定统一使用国际基本单位制,简称SI。在上述7个基本物理量中,长度单位为米(m),质量单位为千克(kg),时间单位为秒(s),电流单位为安(A)。

除了SI单位之外,根据实际情况,需要使用较大单位或较小单位时,则在SI单位前加SI词头。常用的词头见表1.1。本书讨论电工中的单位时,只研究SI单位。如需要采用较大或较小的单位时,可按表在SI单位前加上词头。

表1.1

因　数	词　头		符　号	因　数	词　头		符　号
	英文	中文			英文	中文	
10^6	mega	兆	M	10^{-2}	centi	厘	c
10^3	kilo	千	k	10^{-3}	milli	毫	m
10^2	hecto	百	h	10^{-6}	micro	微	μ
10^1	deca	十	da	10^{-12}	pico	皮	p

下面分别介绍电流、电压、电功率等几个最重要的电路物理量。

1.2.1　电流

电荷的定向移动形成电流。金属导体内的电流是由于带负电的自由电子在电场力的作用下逆电场方向做定向运动而形成的。在电解液或被电离后的气体中,正、负离子在电场力的作用下,分别向两个方向定向运动也形成电流。半导体中,有带负电荷的自由电子和带正电荷的空穴,自由电子和空穴的相反方向的运动,形成半导体中的电流。

电流的大小称为电流强度,用i表示。电流强度简称为“电流”(这样,“电流”一词有时指物理现象,有时指物理量)。某处电流的大小等于单位时间内通过该处截面的电荷的代数和。如果在极短时间$\mathrm{d}t$内通过某处的电荷量为$\mathrm{d}q$,则此时该处的电流i为

$$i = \frac{\mathrm{d}q}{\mathrm{d}t}$$

其中,电量的单位为库[仑](C),时间单位为秒(s),则电流单位为安[培](A)。并规定正电荷运动的方向(即负电荷运动的相反方向)为电流的方向。

大小和方向不随时间变化的电流称为恒定电流或直流电流。用I表示。

$$I = \frac{q}{t} \tag{1.1}$$

一般情况下,随时间变化的物理量用小写字母表示,恒定物理量用大写字母表示。用电流表串接在电路中,可以测量电流的大小。

1.2.2　电压

在电路中,电荷受电场力作用运动形成电流。衡量电场力做功本领大小的物理量称为电压。用u表示。理论和试验表明:电荷在电场中从一点移动到另一点时,电场力做功只与这两点的位置有关,而与移动的路径无关。设电荷量为$\mathrm{d}q$的电荷在电场力作用下从a点移动到b点电场力做功为$\mathrm{d}w$,则此两点间的电压的大小为

$$u_{ab} = \frac{\mathrm{d}w}{\mathrm{d}q} \tag{1.2}$$

因此,a、b两点间的电压在数值上就是电场力把单位正电荷从a移至b时所做的功。并规定:如果正电荷由a移动到b点电场力做正功,则此两点间电压的方向从a到b。

在国际单位制(SI)中,电压的单位是伏[特](V)。电工技术中,常用千伏(kV)、毫伏(mV)、微伏(μV)等表示更高和更低的电压,即

$$1\ \text{kV} = 1\ 000\ \text{V} \quad 1\ \text{mV} = 10^{-3}\ \text{V} \quad 1\ \mu\text{V} = 10^{-6}\ \text{V}$$

大小和方向不随时间变化的电压称为恒定电压,也称为直流电压,用 U_{ab} 表示。大小和方向都随时间变化的电压称为交流电压,用 u_{ab} 表示。

电压有时也称为电位差。在电路中往往要选取一点 o 作为参考点,则由某点 a 到参考点 o 的电压 u_{ao} 称为 a 点的电位,用 φ_a 表示。

$$u_{ab} = \varphi_a - \varphi_b \tag{1.3}$$

电位参考点可以任意选取,常选择大地、设备外壳或接地点作为参考点。但要注意,在一个网络系统中,只能选择一个参考点。

1.2.3　电流、电压的参考方向

电流、电压都有大小和方向。在电路中,电流、电压的实际方向是客观存在的,但在分析较为复杂的电路时,往往难于事先确定实际方向。对于交流量,其方向随时间而变,无法用一个固定方向表示它的实际方向。但是,对电路中的一条支路,其电流只可能有两个方向,如支路的两个端钮分别为 a、b,电路电流的方向不是从 a 到 b,就是从 b 到 a。电压也是如此。为此,在分析电路时,可在其可能的两个方向中任意规定一个方向,作为决定电流(电压)数值为正的方向,称为参考方向。如果电流(电压)的实际方向与参考方向一致,则其数值为正;如果电流(电压)的方向与参考方向相反,则其数值为负。这样,电流(电压)的大小和方向便由一个有正负的数值同时表达出来了。

在电路中,电流、电压的参考方向除一般用实线箭头表示外,需要表示其实际方向时则用虚线箭头,也可以用双下标表示,例如,u_{ab} 表示为选择参考方向由 a 到 b 时 a、b 间的电压数值。另外,电压的参考方向还可以用"+"、"-"极性表示,并称为参考极性,参考方向由"+"到"-",如图1.4所示。

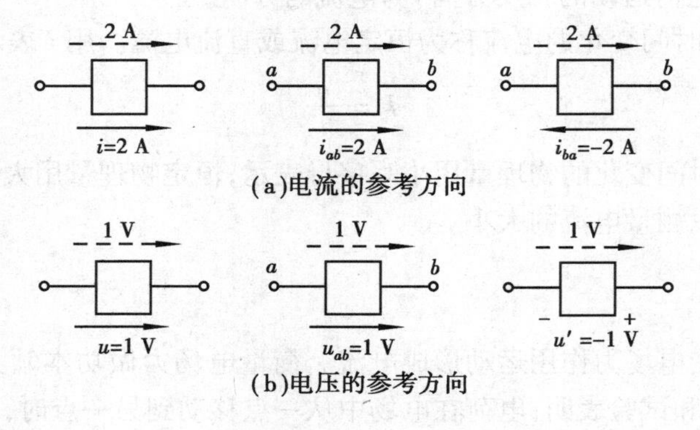

图1.4

使用参考方向需要注意:

①电流、电压的实际方向是客观存在的,但往往难于事先判定。参考方向是人为规定的电流、电压数值为正的方向,在分析问题时需要先规定参考方向,然后根据规定的参考方向列写方程。

②参考方向一经规定,在整个分析计算过程中就必须以此为准,不能变动。

③不标明参考方向而说某电流或某电压的数值为正或负是没有意义的。

④参考方向可以任意规定而不影响计算结果,因为参考方向相反时,求出的电流、电压值也要改变正负号,最后得到的实际结果仍然相同。

⑤电流参考方向和电压参考方向可以分别独立设定。但为了分析方便,常使同一元件的电流参考方向与电压参考方向一致,即电流从电压的正极性端流入该元件而从它的负极性端流出,如图1.5所示,这时,该元件的电流参考方向与电压参考方向是一致的,称为关联参考方向;反之,则称为非关联参考方向。

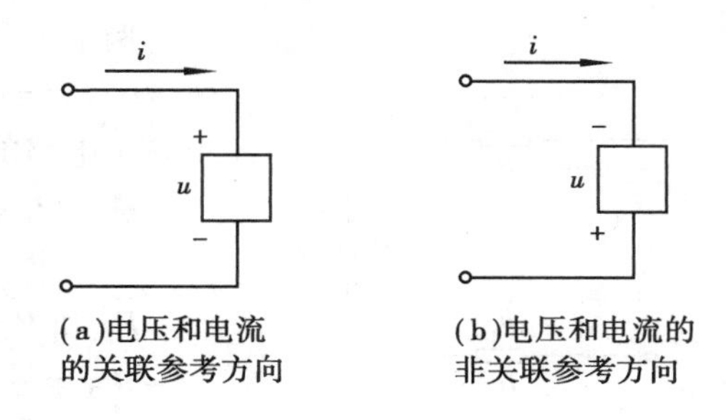

(a)电压和电流的关联参考方向　(b)电压和电流的非关联参考方向

图1.5

1.2.4　电功率与电能

(1)电功率

如前所述,带电粒子在电场力作用下作有规则运动,形成电流。根据电压的定义,电场力所做的功为 $\mathrm{d}w = u\mathrm{d}q$,单位时间内电场力所做的功称为电功率,即

$$p = \frac{\mathrm{d}w}{\mathrm{d}t} = u\frac{\mathrm{d}q}{\mathrm{d}t} = ui \tag{1.4}$$

直流电路中

$$P = UI \tag{1.5}$$

上述情况中电压方向与电流方向一致。

功率的SI单位是瓦[特](W)。常用的还有千瓦(kW)、兆瓦(MW)、毫瓦(mW)或微瓦(μW)。

进行功率计算时必须注意式(1.4)和式(1.5)可带正、负号。当电压和电流的参考方向相关联时,则上述两式带正号,即

$$p = ui \text{ 或 } P = UI \tag{1.6}$$

当两者的参考方向为非关联时,则上述两式带负号,即

$$p = -ui \text{ 或 } P = -UI \tag{1.7}$$

由式(1.6)和式(1.7)得到的功率为正值时,表示这部分电路吸收(消耗)功率;若为负值时,则表示这部分电路提供(产生)功率(电路将其他能量转换为电能)。

(2)电功

当已知设备的功率为 p 时,则在 t 秒内消耗的电能为

$$W = \int_{t_0}^{t} p\mathrm{d}t \tag{1.8}$$

直流时

$$W = P(t - t_0) \tag{1.9}$$

电能就是电场力所做的功,单位是焦(J)。在工程上,直接用千瓦小时(kWh)作单位,俗称"度"。

$$1\ \mathrm{kWh} = 1\,000\ \mathrm{W} \times 3\,600\ \mathrm{s} = 3\,600\,000\ \mathrm{J} = 3.6\ \mathrm{MJ}$$

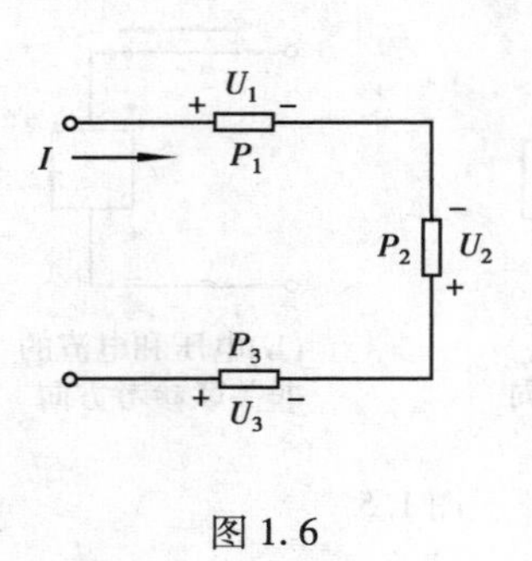

图 1.6

例 1.1　图 1.6 所示的直流电路，$U_1=4\ \text{V}$，$U_2=-8\ \text{V}$，$U_3=6\ \text{V}$，$I=4\ \text{A}$；求各元件接受或发出的功率 P_1、P_2 和 P_3，并求整个电路的功率 P。

解　P_1 的电压参考方向与电流参考方向相关联，即

$$P_1 = IU_1 = 4\times 4\ \text{W} = 16\ \text{W}（吸收16\ \text{W}）$$

P_2 和 P_3 的电压参考方向与电流参考方向非关联，即

$$P_2 = -IU_2 = -4\times(-8)\ \text{W} = 32\ \text{W}（吸收32\ \text{W}）$$

$$P_3 = -IU_3 = -4\times 6\ \text{W} = -24\ \text{W}（产生24\ \text{W}）$$

整个电路的功率 P 为

$$P = P_1 + P_2 + P_3 = (16+32-24)\ \text{W} = 24\ \text{W}（吸收24\ \text{W}）$$

1.3　电阻元件及电阻的连接

1.3.1　电阻元件

日常生活中的白炽灯、电炉、电烙铁等用电器，它们的主要物理特征是通过电流时都要发热从而消耗电能，这些实际电器元件称为电阻器件。若用一个只反映电阻器件能量消耗的理想元件来替代电阻器件，则该理想元件称为电阻元件，它是一种二端耗能元件。

1827 年德国科学家欧姆通过科学实验总结出：对于线性电阻元件，在任何时刻它两端的电压与其电流成正比例关系，即

$$u = Ri \tag{1.10}$$

这一规律称为欧姆定律。其中比例系数 R 是表达电阻元件对电流阻碍程度的电路参数，称为电阻。电阻的单位为欧[姆]（Ω）。

欧姆定律表明，当加在电阻上的电压为一定值时，电阻越大，则电流越小。如果电阻不变，则外加电压越大，电流也越大；另一方面，当一电流流过电阻时，产生的电压降落，称为电压降，对于同样的电流，电阻越大，则电压降也越大。

电阻的倒数称为电导，是表征元件导电能力的电路参数，用 G 表示，即

$$G = \frac{1}{R} \tag{1.11}$$

电导的 SI 单位是西[门子]（S）。因此，欧姆定律也可以写成

$$i = Gu \tag{1.12}$$

以元件上的电压和电流作为直角坐标系的横坐标和纵坐标，画出元件的 U-I 函数关系曲线，称为元件的伏安特性。电阻元件的伏安特性是一条通过原点的直线，如图 1.7(a) 所示。说明该电阻是一常数，这样的电阻称为线性电阻，其电路符号如图 1.7(b) 所示。

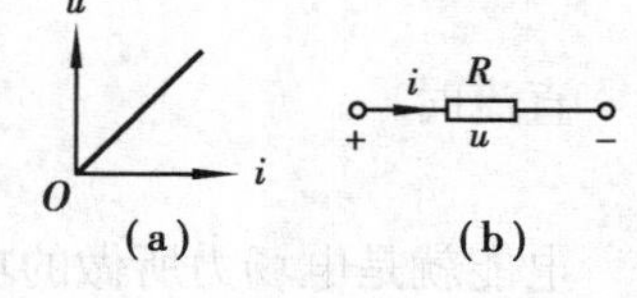

图 1.7

对于线性电阻，当电压随时间变化时，电流也是时间函数，它们之间仍是线性关系。但是，有一些元件的伏安特性不是线性关系，例如，二极管的伏安特性就是非线性的，其电压与电流

的比值是变化的。这种元件的电阻是电流或电压的函数，称为非线性电阻。本书主要介绍线性元件及含线性元件的电路，以后如果不加特殊说明，电阻元件均指线性电阻元件。

对于线性电阻选择关联参考方向时式(1.10)和式(1.12)才能成立。当电压、电流为非关联参考方向时，欧姆定律应写成

$$u = -Ri \text{ 或 } i = -Gu \tag{1.13}$$

电阻元件吸收(消耗)的功率可以用式(1.6)计算而得。由于通过电阻元件的电流和电压的实际方向总是一致的，由式(1.6)计算得的总是吸收功率，因此电阻元件是一种耗能元件。将式(1.10)或式(1.12)代入式(1.6)还可得到电阻元件吸收功率的另外两种形式，即

$$\begin{cases} p = Ri^2 = \dfrac{i^2}{G} \\ p = \dfrac{u^2}{R} = Gu^2 \end{cases} \tag{1.14}$$

电阻元件接受能量而发热，在电器设备使用中，如果电流过大，就发热过多，影响设备的寿命和安全。为了保证设备正常工作，制造厂方对设备都规定有额定值，作为设备的使用依据。例如，白炽灯标明的是额定电压及额定功率，碳膜电阻标明的是电阻值和额定功率。

一般地，电阻元件有电流就有电压，有电压就有电流，但有两种特殊情况：电阻为零和无限大。

$R=0$(即 $G\to\infty$)的电阻，通过有限的电流时，由式(1.10)可知，其电压为零，这时就将它称为“短路”。电路中两点间用理想导体(电阻为零)连接时，就形成短路。即短路的两点间存在电流，但没有电压。

$R\to\infty$(即 $G=0$)的电阻，当其电压有限时，由式(1.10)可知，其电流为零，这时就将它称为“断路”或“开路”。即开路的两端有电压，但没有电流。

1.3.2　电阻元件的串联

在电路中，将几个电阻元件依次一个一个首尾连接起来，中间没有分支，在电源的作用下流过各电阻的是同一电流，这种连接方式称为电阻的串联。

图 1.8(a)表示 n 个电阻串联后由一个直流电源供电的电路。以 U 表示总电压，I 表示电流，R_1、R_2、…、R_n 表示各电阻，U_1、U_2、…、U_n 表示各电阻上的电压，有

$$U = U_1 + U_2 + \cdots + U_n = (R_1 + R_2 + \cdots + R_n)I = RI \tag{1.15}$$

式中：

$$R = R_1 + R_2 + \cdots + R_n = \sum_{k=1}^{n} R_k \tag{1.16}$$

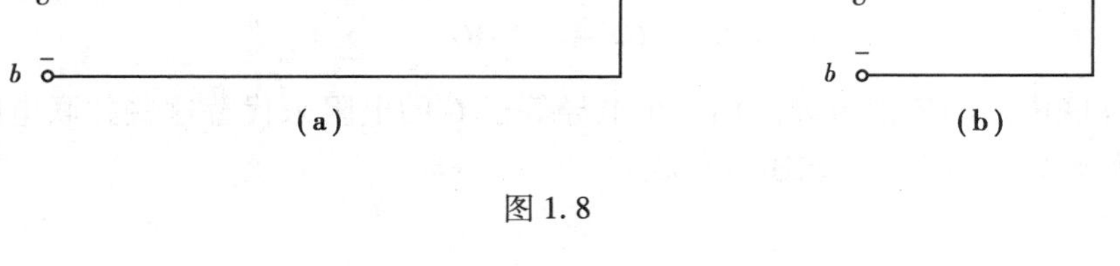

a　I　R_1　R_2　R_n　+ U_1 −　+ U_2 −　+ U_n −　+　U　−　b

(a)

a　I　R　+　U　−　b

(b)

图 1.8

R 称为这些串联电阻的等效电阻。显然，等效电阻必大于任一个串联的电阻，即 $R > R_k$。串联电阻越多，电流越小，所以串联电阻可以“限流”。用等效电阻代替这些串联电阻以后，图 1.8(a)可简化为图 1.8(b)。

图 1.8(a)和(b)内部结构虽然不同，但是它们的端钮 a、b 处的 U、I 关系却完全相同，即它们的伏安特性(或称外特性)完全相同。如果在它们的端钮通以相同的任意值电流，则在它们的端钮间有相同的电压，即它们对外电路具有完全相同的影响，称图 1.8(b)为图 1.8(a)的等效电路，称这种替代为等效变换。

电阻串联时，各电阻上的电压为

$$U_k = R_k I = \frac{R_k}{R} U \tag{1.17}$$

由此可见，各个串联电阻的电压与电阻值成正比，或者说，总电压按各个串联电阻值进行分配，式(1.17)称为电压分配公式。

将式(1.15)两边各乘以电流 I，得

$$P = UI = R_1 I^2 + R_2 I^2 + \cdots + R_n I^2 = RI^2 \tag{1.18}$$

此式表明：n 个串联电阻吸收的总功率等于它们的等效电阻所吸收的功率。且有

$$P : P_1 : P_2 : \cdots : P_n = R : R_1 : R_2 : \cdots : R_n \tag{1.19}$$

即串联电阻每个电阻消耗的功率与它们电阻成正比。

例 1.2 如图 1.9 所示，若用一个满刻度偏转电流为 $I_g = 50\ \mu A$，电阻 $R_g = 2\ k\Omega$ 的表头制成 10 V 量程的直流电压表，应串联多大的附加电阻？

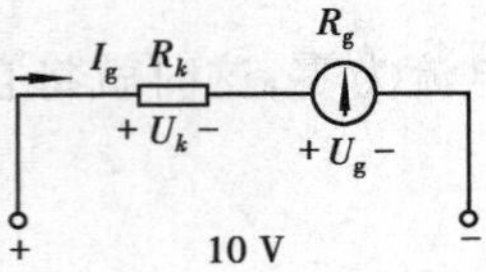

I_g R_k R_g $+U_k-$ $+U_g-$ + 10 V −

图 1.9

解 满刻度时表头电压为

$$U_g = R_g I_g = 2 \times 10^3 \times 50 \times 10^{-6}\ V = 0.1\ V$$

附加电阻电压为

$$U_k = (10 - 0.1)\ V = 9.9\ V$$

由欧姆定律，得

$$R_k = \frac{U_k}{I} = \frac{9.9}{50 \times 10^{-6}} = 1.98 \times 10^5\ \Omega = 198\ k\Omega$$

1.3.3 电阻元件的并联

在电路中，将几个电阻元件的首尾两端分别连接在两个节点上，在电源的作用下，它们两端的电压都相同，这种连接方式称为电阻并联。

图 1.10(a)表示 n 个电阻并联后由一个直流电源供电的电路。以 I 表示总电流，U 表示电压，G_1、G_2、…、G_n 表示各电阻的电导，I_1、I_2、…、I_n 表示各电阻上的电流，有

$$I = I_1 + I_2 + \cdots + I_n = (G_1 + G_2 + \cdots + G_n)U = GU \tag{1.20}$$

式中：

$$G = G_1 + G_2 + \cdots + G_n = \sum_{k=1}^{n} G_k \tag{1.21}$$

G 称为这些并联电阻的等效电导。用一个电导等于 G 的电阻来代替这些并联电阻后，图 1.10(a)可简化为图 1.10(b)。上式还可写成

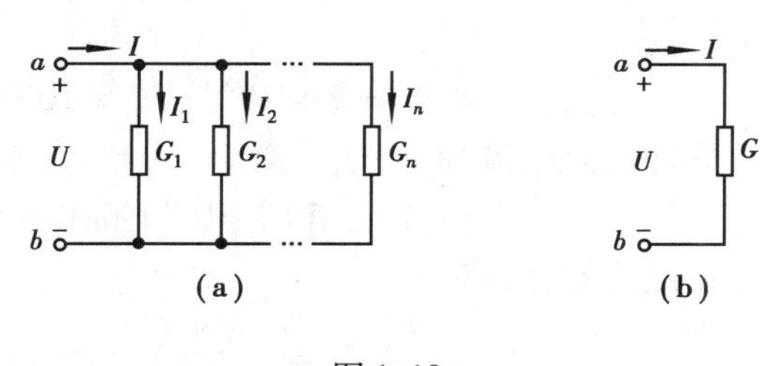

图1.10

$$\frac{1}{R} = \sum_{k=1}^{n} \frac{1}{R_k}$$

R 称为这些并联电阻的等效电阻。显然,等效电阻必小于任一个并联的电阻,即 $R < R_k$。

同样,图1.10(a)和(b)内部结构虽然不同,但是它们的伏安特性却完全相同,称图1.8(b)为图1.8(a)的等效电路。

电阻并联时,各电阻上的电流为

$$I_k = G_k U = \frac{G_k}{G} I \tag{1.22}$$

由此可见,各个并联电阻的电流与电导值成正比,或者说,与电阻成反比。总电流按各个并联电阻值进行分配,式(1.21)称为电流分配公式。并联电阻可以“分流”。在总电流一定时,适当选择并联电阻,可使每个电阻得到所需的电流。

将式(1.20)两边各乘以电压 U,得

$$P = UI = (G_1 + G_2 + \cdots + G_n) U^2 = GU^2 \tag{1.23}$$

此式表明:n 个并联电阻吸收的总功率等于它们的等效电阻所吸收的功率。且有

$$P : P_1 : P_2 : \cdots : P_n = G : G_1 : G_2 : \cdots : G_n \tag{1.24}$$

即并联电阻每个电阻消耗的功率与它们电导成正比(与电阻成反比)。

特别当两个电阻 R_1、R_2 并联时,有

$$R = \frac{R_1 R_2}{R_1 + R_2}$$

如果总电流为 I,则有

$$\begin{cases} I_1 = \dfrac{R_2}{R_1 + R_2} I \\ I_2 = \dfrac{R_1}{R_1 + R_2} I \end{cases}$$

如果 $R_1 = R_2$,则有

$$R = \frac{R_1}{2}$$

$$I_1 = I_2 = \frac{I}{2}$$

例1.3　如图1.11所示,若用一个满刻度偏转电流为 $I_g = 50\ \mu A$,电阻 $R_g = 2\ k\Omega$ 的表头制成10 mA量程的直流电流表,应并联多大的附加电阻?

解　满刻度时表头电压为

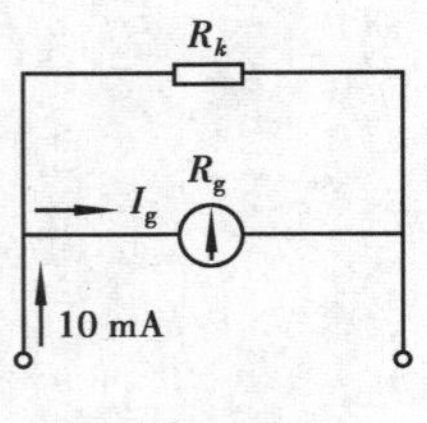

图 1.11

$$U_g = R_g I_g = 2 \times 10^3 \times 50 \times 10^{-6}\ \text{V} = 0.1\ \text{V}$$

附加电阻电流为

$$I_k = (10 - 50 \times 10^{-3})\ \text{mA} = 9.95\ \text{mA}$$

由欧姆定律,得

$$R_k = \frac{U_k}{I} = \frac{0.1}{9.95 \times 10^{-3}}\ \Omega = 10.05\ \Omega$$

1.3.4 电阻元件的串并联

在电路中,既有电阻的串联,又有电阻的并联,这种连接方式称为电阻的串并联。串并联的电路在实际工作中应用很广,形式多种多样。但是,它的串联部分具有串联电路的特点,并联部分具有并联电路的特点,只要掌握了串联电路和并联电路的分析方法,串并联电路是不难解决的。因此,从表面来看,一个串并联电路,支路很多,似乎很复杂,但仍属简单电路。

简单电路就是可以用串并联等效变换化简为单回路的电路;反之,复杂电路就是不能用串并联等效变换化简为单回路。

在串并联电路中,对于给定的端钮,若已知电压 U(或电流 I),欲求各电阻上的电压和电流,其求解步骤一般是:

①首先求出串并联电路对于给定端钮的等效电阻 R 或等效电导 G;

②应用欧姆定律求出电流(或电压);

③应用电流分配公式和电压分配公式求出各电阻上的电流和电压。

例 1.4 如图 1.12(a)所示,两盏“220 V、40 W”的白炽灯接到 220 V 的电压源上,输电线路电阻 $R_1 = 2\ \Omega$;试求:①白炽灯的电压、电流和功率;②如再接入一个“220 V、500 W”的电炉(图中的 R_4),白炽灯的电压、电流和功率变为多少?

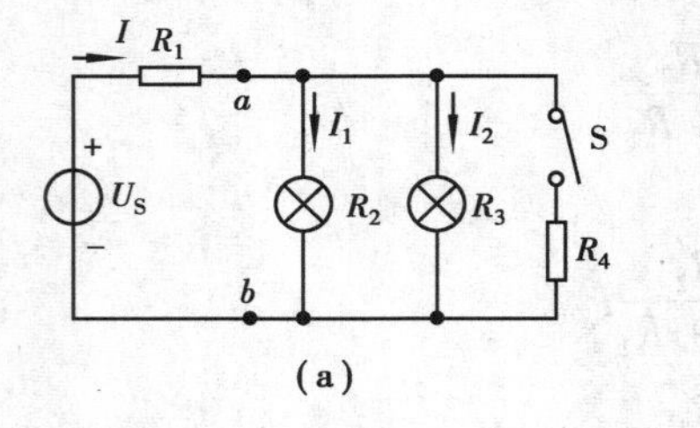

(a)

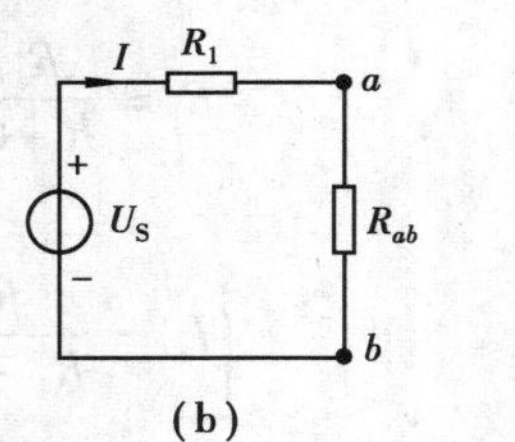

(b)

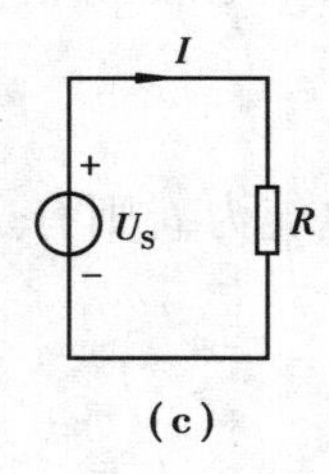

(c)

图 1.12

解 ①每盏白炽灯的电阻为

$$R_2 = R_3 = \frac{220^2}{40}\ \Omega = 1\ 210\ \Omega$$

两盏并联白炽灯的等效电阻为

$$R_{ab} = \frac{R_2}{2} = 605\ \Omega$$

R_{ab} 与 R_1 串联(图 1.12(b))的等效电阻,即网络的总等效电阻为

$$R = R_1 + R_{ab} = (2 + 605)\ \Omega = 607\ \Omega$$

由图(c)可知,端口电流为

$$I = \frac{U_S}{R} = \frac{220}{607}\ \text{A} = 0.362\ \text{A}$$

线路电阻上的电压为

$$U_1 = R_1 I = 2 \times 0.362\ \text{V} = 0.724\ \text{V}$$

白炽灯电压为

$$U_{ab} = U_S - U_1 = (220 - 0.724)\ \text{V} = 219.3\ \text{V}$$

每盏白炽灯的电流,功率为

$$I_1 = I_2 = \frac{I}{2} = \frac{0.362}{2}\ \text{A} = 0.181\ \text{A}$$

$$P_1 = P_2 = U_{ab} I_1 = 219.3 \times 0.181\ \text{W} = 39.7\ \text{W}$$

②电炉的电阻为

$$R_4 = \frac{220^2}{500}\ \Omega = 96.8\ \Omega$$

接入电炉后,并联负载(即用电设备)的等效电阻为

$$R'_{ab} = \frac{R_{ab} \times R_4}{R_{ab} + R_4} = \frac{605 \times 96.8}{605 + 96.8}\ \Omega = 83.45\ \Omega$$

网络的等效电阻、端口电流、线路电阻电压各为

$$R' = (2 + 83.45)\ \Omega = 85.45\ \Omega$$

$$I' = \frac{U}{R'} = \frac{220}{85.45}\ \text{A} = 2.575\ \text{A}$$

$$U'_l = R_1 I' = 2 \times 2.575\ \text{V} = 5.15\ \text{V}$$

负载电压为

$$U'_{ab} = U - U'_1 = (220 - 5.15)\ \text{V} = 214.85\ \text{V}$$

每盏白炽灯的电流、功率各为

$$I'_1 = I'_2 = \frac{U'_{ab}}{R_2} = \frac{214.85}{1\ 210}\ \text{A} = 0.178\ \text{A}$$

$$P'_1 = P'_2 = U'_{ab} I'_1 = 38.2\ \text{W}$$

例 1.5　进行电工实验时,常用滑线变阻器接成分压器电路来调节负载电阻上电压的高低。图1.13中 R_1 和 R_2 是滑线变阻器,R_L 是负载电阻。已知滑线变阻器额定值是100 Ω,3 A,端钮 a、b 上输入电压 $U=220$ V,$R_L=50$ Ω;试求:①当 $R_2=50$ Ω 时,输出电压 U_L 为多少?分压器的输入功率、输出功率及分压器本身消耗的功率各是多少?②当 $R_2=75$ Ω 时,输出电压 U_L 为多少?滑线变阻器能否安全工作?

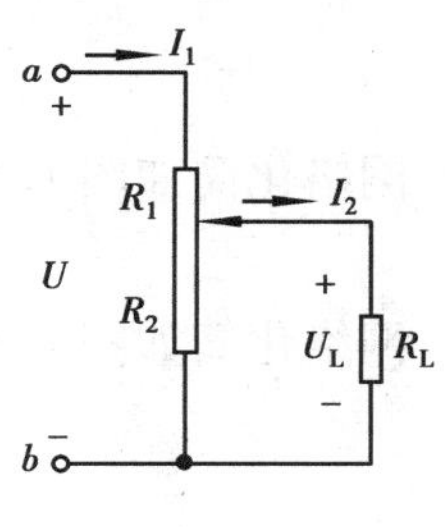

图1.13

解　①当 $R_2=50$ Ω 时,端钮 a、b 的等效电阻 R_{ab} 为 R_2、R_L 并联后与 R_1 串联而成,即

$$R_{ab} = R_1 + \frac{R_2 R_L}{R_2 + R_L} = \left(50 + \frac{50 \times 50}{50 + 50}\right)\ \Omega = 75\ \Omega$$

滑线变阻器 R_1 段流过的电流为

$$I_1 = \frac{U}{R_{ab}} = \frac{220}{75}\ \text{A} = 2.93\ \text{A}$$

负载电阻流过的电流为

$$I_2 = \frac{R_2}{R_2 + R_L} I_1 = \frac{50}{50 + 50} \times 2.93 \text{ A} = 1.47 \text{ A}$$

负载电阻两端的电压为

$$U_L = R_L I_2 = 50 \times 1.47 \text{ V} = 73.5 \text{ V}$$

分压器的输入功率为

$$P_1 = UI_1 = 220 \times 2.93 \text{ W} = 644.6 \text{ W}$$

分压器的输出功率为

$$P_2 = U_L I_2 = 73.5 \times 1.47 \text{ W} = 108 \text{ W}$$

分压器本身消耗的功率为

$$P_0 = R_1 I_1^2 + R_2 (I_1 - I_2)^2 = (50 \times 2.93^2 + 50 \times 1.47^2) \text{ W} = 537.3 \text{ W}$$

②当 $R_2 = 75\ \Omega$ 时,计算方法同上,可得

$$R_{ab} = R_1 + \frac{R_2 R_L}{R_2 + R_L} = \left(25 + \frac{75 \times 50}{75 + 50}\right) \Omega = 55\ \Omega$$

$$I_1 = \frac{U}{R_{ab}} = \frac{220}{55} \text{ A} = 4 \text{ A}$$

$$I_2 = \frac{R_2}{R_2 + R_L} I_1 = \frac{75}{75 + 50} \times 4 \text{ A} = 2.4 \text{ A}$$

$$U_L = R_L I_2 = 50 \times 2.4 \text{ V} = 120 \text{ V}$$

因 $I_1 = 4$ A,大于滑线变阻器额定电流 3 A,R_1 段电阻有被烧坏的危险。

求解简单电路,关键是判断哪些电阻串联,哪些电阻并联。较简单的电路可以通过观察直接看出。当电阻串并联的关系不易看出时,可以在不改变元件间连接关系的条件下将电路画成比较容易判断串并联的形式。这时,无电阻的导线最好缩成一点,并且尽量避免相互交叉。重画时可以先标出各节点代号,再将各元件连在相应的节点间。下面用一个例子来说明。

例 1.6 求图 1.14(a)所示电路 a、b 两端的等效电阻,已知 $R_1 = 5\ \Omega$, $R_2 = 2\ \Omega$, $R_3 = 16\ \Omega$, $R_4 = 40\ \Omega$, $R_5 = 10\ \Omega$, $R_6 = 60\ \Omega$, $R_7 = 10\ \Omega$, $R_8 = 5\ \Omega$, $R_9 = 10\ \Omega$。

解 R_4、R_6 并联,其等效电阻为

$$R_{46} = \frac{R_4 R_6}{R_4 + R_6} = \frac{40 \times 60}{40 + 60} \Omega = 24\ \Omega$$

R_7、R_9 并联,其等效电阻为

$$R_{79} = \frac{R_7 R_9}{R_7 + R_9} = \frac{10}{2} \Omega = 5\ \Omega$$

网络化简如图 1.14(b),R_8 和 R_{79} 串联,其等效电阻为

$$R_{879} = R_8 + R_{79} = (5 + 5)\ \Omega = 10\ \Omega$$

网络化简如图 1.14(c),R_3 和 R_{46} 串联,再与 R_5 并联,其等效电阻为

$$R_{346} = R_3 + R_{46} = (16 + 24)\ \Omega = 40\ \Omega$$

$$R_{5346} = \frac{R_5 \times R_{346}}{R_5 + R_{346}} = \frac{10 \times 40}{10 + 40} \Omega = 8\ \Omega$$

网络化简如图 1.14(d),R_2 和 R_{5346} 串联,再与 R_{879} 并联,其等效电阻为

$$R_{25346} = R_2 + R_{5346} = (2 + 8)\ \Omega = 10\ \Omega$$

$$R_{87925346} = \frac{R_{879} \times R_{25346}}{R_{879} + R_{25346}} = \frac{10 \times 10}{10 + 10}\ \Omega = 5\ \Omega$$

R_1 和 $R_{87925346}$ 串联，其等效电阻为

$$R = R_1 + R_{87925346} = (5 + 5)\ \Omega = 10\ \Omega$$

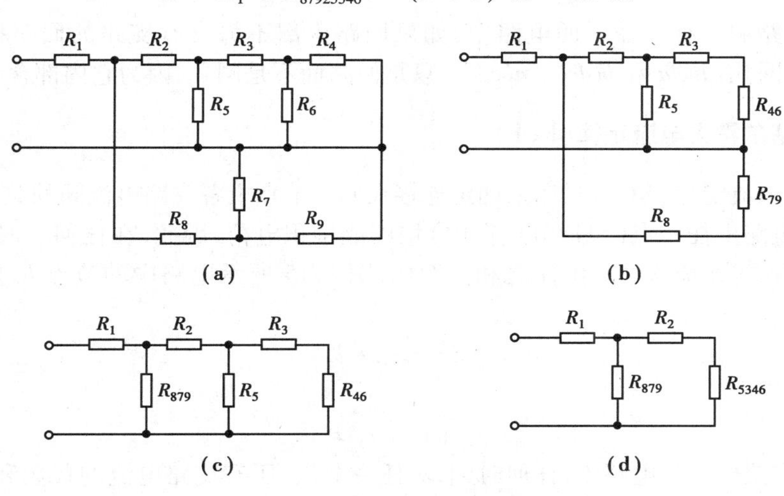

图 1.14

1.4　基尔霍夫定律

分析电路时，除必须了解各元件的特性外，还应掌握它们相互连接时给支路电流和电压带来的约束——电路的拓扑约束。表示这类约束关系的是基尔霍夫定律。

基尔霍夫定律是集中参数电路的基本定律，它包括基尔霍夫电流定律和基尔霍夫电压定律。为了便于讨论，先介绍几个名词。

1.4.1　电路的几个名词

(1) 支路

一般来说，可以将电路中每个二端元件当作电路的一条支路。但是，为了分析和计算方便，往往将电路中流过同一电流的几个元件互相连接起来组成的分支称为支路。图 1.15 所示电路中有：*bcd*、*be*、*baf* 三条支路。其中 *bcd* 和 *baf* 支路含有电源，称为有源支路；*be* 支路没有电源，称为无源支路。

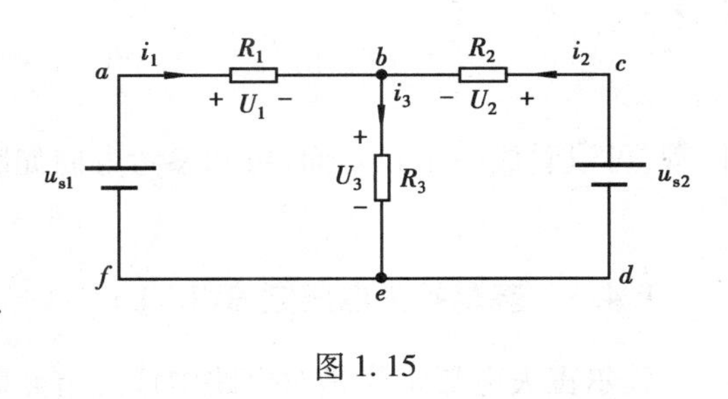

图 1.15

(2) 节点

电路中三条或三条以上支路的连接点称为节点。图 1.15 中的 b 和 e 点是节点。a 和 c 点不是节点。另外，通常将短路线两端看成一个节点。图 1.15 中的 d、e 和 f 点属于同一节点。

(3)回路

电路中从一个节点不重复地经过若干支路和节点再回到原来节点所经过的闭合路径称为回路。图1.15中共有 *abefa*、*bcdeb* 和 *abcdefa* 三个回路。

(4)网孔

网孔是回路的一种。在平面电路中,如果回路内部不另含有支路的回路称为网孔。图1.15中有两个网孔:*abefa* 和 *bcdeb*。*abcdefa* 只是回路而不是网孔,因为它内部含有 *be* 支路。

1.4.2 基尔霍夫电流定律(KCL)

基尔霍夫电流定律(KCL)是用来确定连接在同一节点上各支路电流间的关系的。由于电流的连续性,电路中任一点(包括节点在内)均不能堆积电荷,因此,在任何一时刻,流出节点的电流之和应该等于流入节点电流之和。例如,图1.15所示电路中的节点 b,按各支路电流的参考方向有

$$i_3 = i_1 + i_2$$

上式可写成

$$i_1 + i_2 - i_3 = 0$$

归纳为:在集中参数电路中,任何时刻,对任一节点,所有支路电流的代数和恒等于零,这就是基尔霍夫电流定律(KCL)。其数学表达式为

$$\sum i = 0 \tag{1.25}$$

上式中,规定流出节点的电流为正,取"+"号;流入节点的电流为负,取"-"号。当然,也可以做相反的规定,其结果是等效的。按电流的参考方向列写方程,不必考虑电流的实际方向。因为当电流实际方向与参考方向相反时,电流为负值,相当于自动改变了电流的正负号。

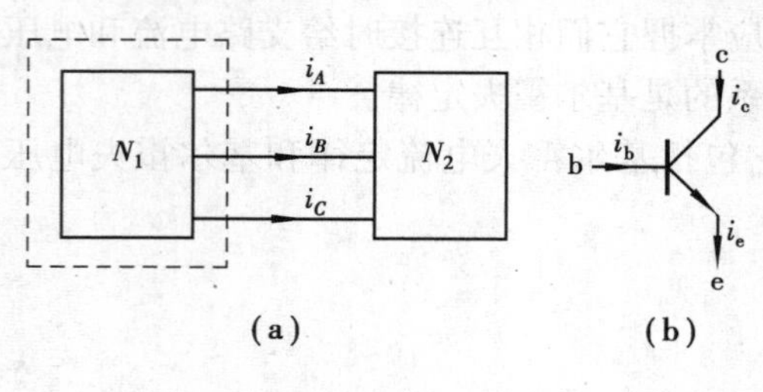

图1.16

基尔霍夫电流定律(KCL)不仅适应于任意节点,而且适用于电路的任一闭合面。例如图1.16(a)所示电路(图中注有 N_1、N_2 的长方形分别表示电路中的一部分),选择封闭面如图中虚线所示,可知参考方向如图中所示的三个电流的关系为

$$i_A + i_B + i_C = 0$$

而图1.16(b)所示的符号为电子技术中的三极管,可以看成一个封闭面,可知参考方向如图中所示的三个电流的关系为

$$i_b + i_c = i_e$$

1.4.3 基尔霍夫电压定律(KVL)

基尔霍夫电流定律是对电路中任意节点而言的,而基尔霍夫电压定律(KVL)是对电路中任意回路而言。由于电路中任一节点的电位具有单值性,因此,在任一时刻,从任一节点出发经过若干支路绕行一个回路再回到原节点,电位的总降低量应等于电位的总升高量,原节点的电位并不发生变化。例如,对于图1.15所示的电路中的一个回路 *abefa*,各段电压的参考极性如图所示,按顺时针方向绕行,经过电阻 R_1、R_3 时,电位降低,电位总降低量为 $u_1 + u_3$;经过电

源时，电位升高，电位升高量为 u_{s1}。因而有

$$u_{s1} = u_1 + u_3$$

上式可写成

$$u_1 + u_3 - u_{s1} = 0$$

归纳为：在集中参数电路中，任何时刻，沿任一回路各段电压的代数和恒等于零，这就是基尔霍夫电压定律（KVL）。其数学表达式为

$$\sum u = 0 \tag{1.26}$$

在上式中，可按顺时针方向绕行，电压参考方向与回路绕行方向一致时（从“＋”极性走向“－”极性）电压取正号，相反时（从“－”极性走向“＋”极性）电压取负号。当然，也可按逆时针方向绕行来列方程，其结果是等效的。按电压的参考方向列写方程，不必考虑电压的实际方向。

KVL 不仅适用于闭合回路，也可以推广运用于开口电路。例如，在图 1.17（a）中，$abcda$ 虽然不是闭合回路，但是，当假设开口处的电压的电压为 u_{ab} 时，可以将电路想象成一个虚拟的回路，如图 1.17（b）所示，用 KVL 可以列写方程为

$$u_2 + u_{ab} + u_3 - u_1 = 0$$

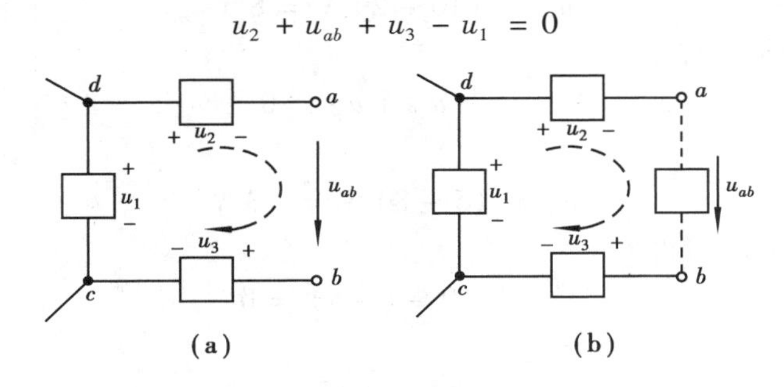

图 1.17

此时，开口 a、b 处电压为

$$u_{ab} = u_1 - u_2 - u_3$$

由 KVL 决定的各支路电压关系式称为回路电压方程。列回路电压方程时，要先对回路取一绕行方向，一般对参考方向与绕行方向一致的电压取正号，不一致的电压取负号。

需要特别指出，以上介绍的 KCL 和 KVL 并未涉及各支路是由什么元件构成的，即 KCL 和 KVL 与构成电路的元件的性质是无关的，适用于任何集中参数电路。KCL 和 KVL 只与支路的连接方式有关。连接在一个节点的各支路的电流，必须受 KCL 约束；与一个回路相关的各支路的电压，必须受 KVL 的约束，这种约束称为互连约束或拓扑约束。互连约束关系是线性关系。

例 1.7　试计算图 1.18 电路中各元件的功率，已知数据标在图中。

解　为计算元件的功率，必须先计算元件的电流、电压。元件 1 和元件 2 串联，有

$$i_{ba} = 10\ \text{A}$$

而

$$i_{ab} = -10\ \text{A}$$

元件 1 的功率为

$$p_1 = u_1 i_1 = 10 \times (-10)\ \text{W} = -100\ \text{W}$$

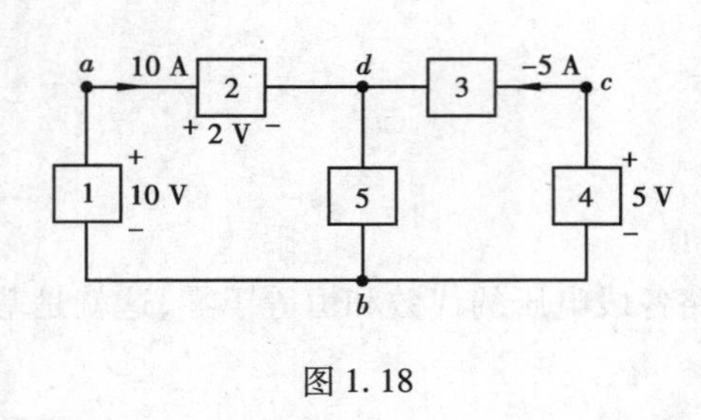

图 1.18

负号表示元件 1 发出功率。

元件 2 的功率为

$$p_2 = u_2 i_2 = 2 \times 10\ \text{W} = 20\ \text{W}$$

正号表示元件 2 接受功率。

元件 3 和元件 4 串联,有

$$i_{bc} = -5\ \text{A}$$

而

$$i_{cb} = 5\ \text{A}$$

元件 4 的功率为

$$p_4 = u_4 i_4 = 5 \times 5\ \text{W} = 25\ \text{W}$$

正号表示元件 4 接受功率。

对于回路 $adba$ 由 KVL 可得

$$u_{ad} + u_{db} + u_{ba} = 0$$

代入数据有

$$u_{db} = (10 - 2)\ \text{V} = 8\ \text{V}$$

同理,对于回路 $cdbc$ 有

$$u_{cd} + u_{db} + u_{bc} = 0$$

代入数据有

$$u_{cd} = (5 - 8)\ \text{V} = -3\ \text{V}$$

对于节点 d,由 KCL 可得

$$i_{db} - 10 - (-5) = 0$$

故有

$$i_{db} = 5\ \text{A}$$

元件 3 的功率为

$$p_3 = u_3 i_3 = (-3) \times (-5)\ \text{W} = 15\ \text{W}$$

正号表示元件 3 接受功率。

元件 5 的功率为

$$p_5 = u_5 i_5 = 8 \times 5\ \text{W} = 40\ \text{W}$$

正号表示元件 5 接受功率。

整个电路中只有元件 1 发出功率大小为 100 W,元件 2、3、4、5 均接受功率大小为:(20 + 15 + 25 + 40) W = 100 W,因此电路的功率是平衡的。

例 1.8 电路如图 1.19 所示,有关数据已标出,求 U_{R_4}、I_2、I_3、R_4 及 U_S 的值。

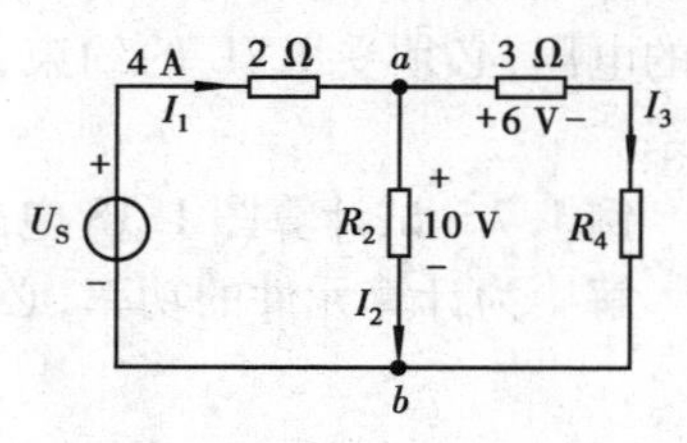

图 1.19

解 设左边网孔绕行方向为顺时针方向,根据 KVL,有

$$4 \times 2 + 10 - U_S = 0$$

故有

$$U_S = 18\ \text{V}$$

对于 3 Ω 电阻,由欧姆定律得

$$I_3 = \frac{U_{R_3}}{R_3}\text{ A} = \frac{6}{3}\text{ A} = 2\text{ A}$$

对于节点 a,由 KCL 可得

$$I_1 = I_2 + I_3$$

即

$$I_2 = I_1 - I_3 = (4 - 2)\text{ A} = 2\text{ A}$$

故有

$$R_2 = \frac{U_{R_2}}{I_2} = \frac{10}{2}\ \Omega = 5\ \Omega$$

对右边网孔设定顺时针方向为绕行方向,根据 KVL,有

$$6 + 2R_4 - 10 = 0$$

由上式得

$$R_4 = 2\ \Omega$$

基本要求与本章小结

(1)**基本要求**

①牢固掌握电路模型、理想电路元件的概念。

②深刻理解电流、电压、电功率的物理意义,牢固掌握各量之间的关系式,深刻理解参考方向的概念。

③牢固掌握电阻元件电压电流关系及电阻元件连接方式、特点和运用。

④牢固掌握基尔霍夫电流定律、基尔霍夫电压定律。

⑤掌握分析计算电阻元件的电流、电压和功率的方法,能根据两类约束关系计算单回路电路。

(2)**内容摘要**

1)电路模型

电流流过的路径称为电路。本课程分析、研究的电路均为电路模型。将实际电路中的各个实际元器件都用它们的电路模型来表示,这样画出的电路称为电路模型图,简称电路图。

2)电流、电压、电功率

①电流

电荷定向移动形成电流。电流的大小为

$$i = \frac{\mathrm{d}q}{\mathrm{d}t}$$

电流的实际方向为正电荷的运动方向。

②电压

电压就是电场力对单位正电荷所做的功。电压的大小为

$$u = \frac{\mathrm{d}W}{\mathrm{d}q}$$

电压也等于两点之间的电位差。电压的实际方向为电位降低方向。

③参考方向

参考方向是人为规定的电路中电流或电压数值为正的方向,电路理论中的电流或电压都是对应于所选参考方向的代数量。电流或电压的参考方向一致时,称为关联参考方向。

④电功率

电路元件在单位时间内吸收或释放的能量称为电功率,电功率的大小为

$$p = \frac{dW}{dt}$$

在电流和电压为关联参考方向下,$p = ui$;在电流和电压为非关联参考方向下,$p = -ui$。当 $p > 0$ 时,电路元件吸收能量;若 $p < 0$ 时,电路元件发出功率。整个电路的功率是平衡的。

3)互连约束

KCL 为

$$\sum i = 0$$

KVL 为

$$\sum u = 0$$

它们适用于任何电路的任一瞬间。

4)电阻元件及电阻的连接

①电阻元件

选择关联参考方向下,线性电阻元件的约束为

$$u = iR$$

②电阻元件的连接

串联电阻的等效电阻等于各电阻的和,总电压按各个串联电阻的电阻值进行分配。

$$\begin{cases} R = \sum_{i=1}^{n} R_i \\ u_i = \frac{R_i}{R} u \end{cases}$$

并联电阻的等效电导等于各电导的和,总电流按各个并联电阻的电导值进行分配。

$$\begin{cases} G = \sum_{i=1}^{n} G_i \\ i_i = \frac{G_i}{G} i \end{cases}$$

特别地,当两个电阻并联时有

$$\begin{cases} R = \frac{R_1 R_2}{R_1 + R_2} \\ i_1 = \frac{R_2}{R_1 + R_2} i \\ i_2 = \frac{R_1}{R_1 + R_2} i \end{cases}$$

习　题

1.1　各元件的参数如题图1.1所示，试求：①各元件的电流和电压的实际方向；②各元件的电流与电压是否关联参考方向；③计算各元件的功率，并说明元件是吸收功率还是发出功率。

1.2　如题图1.2所示的电路，方框表示电路元件，试按图中标出的电压、电流参考方向及数值计算元件的功率，并判断元件是吸收还是发出功率。

1.3　在题图1.3所示的电路中，①元件A吸收10 W功率，求其电压U_a；②元件B发出10 W功率，求其电流I_b；③元件C发出10 W功率，求其电流I_c；④元件D发出10 mW功率，求其电流I_d。

1.4　如题图1.4所示的电路，已知电阻$R=5\ \Omega$。试求：①元件1两端的电压U；②各元件的功率并说明元件是吸收功率还是发出功率。

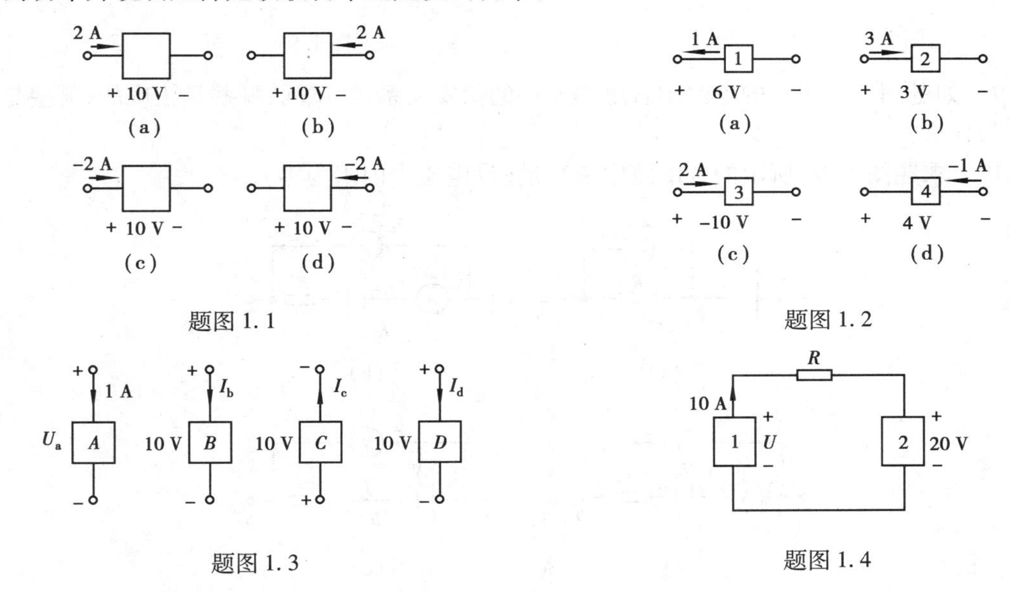

题图1.1　　　　题图1.2

题图1.3　　　　题图1.4

1.5　某学院有10间大教室，每间大教室配有16只额定功率为40 W、额定电压为220 V的日光灯，平均每天用4小时，问每月(按30天计算)该学院这10间大教室共用电多少？

1.6　求题图1.6所示的各电路中的R、U及I。

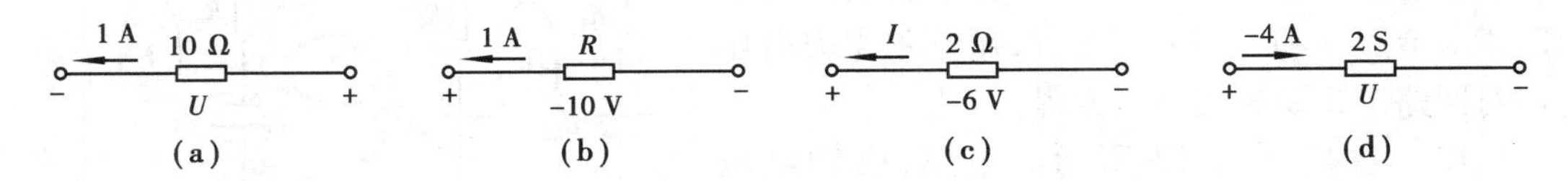

题图1.6

1.7　求题图1.7所示的各电路中未知量。

1.8　如题图1.8所示的电路，已知电压$U=20\ \text{V}$，电阻$R_1=10\ \text{k}\Omega$，在如下三种情况下：①$R_2=30\ \text{k}\Omega$；②$R_2=0$；③$R_2\to\infty$。试分别求电流I、电压U_1和U_2。

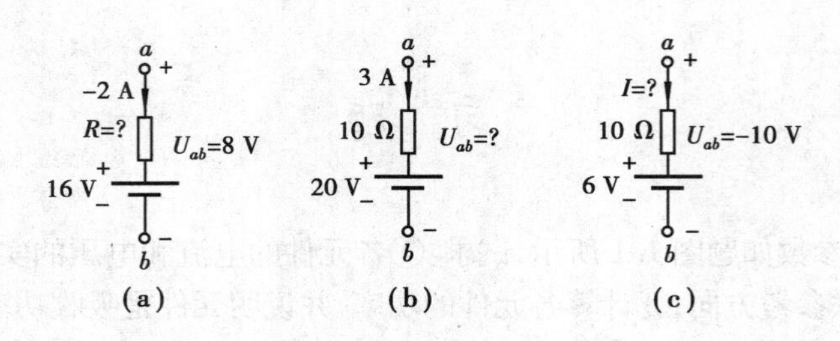

题图 1.7

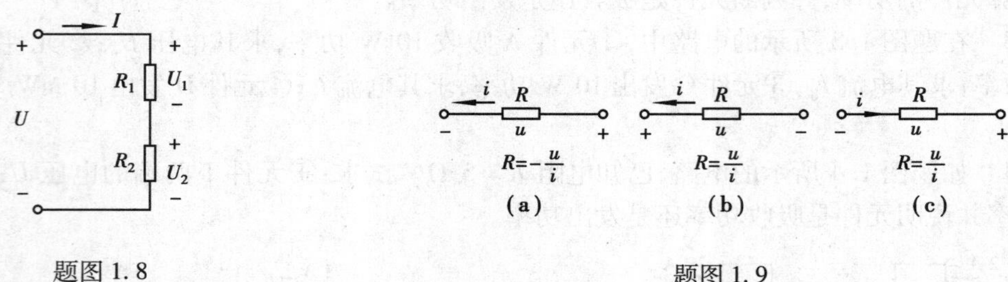

题图 1.8　　　　题图 1.9

1.9　如题图 1.9 所示的电路中各电阻元件的伏安关系式，试问：哪些是正确的，哪些是错误的？为什么？

1.10　求题图 1.10 所示的各电路中未知量（设电流表内阻为零）。

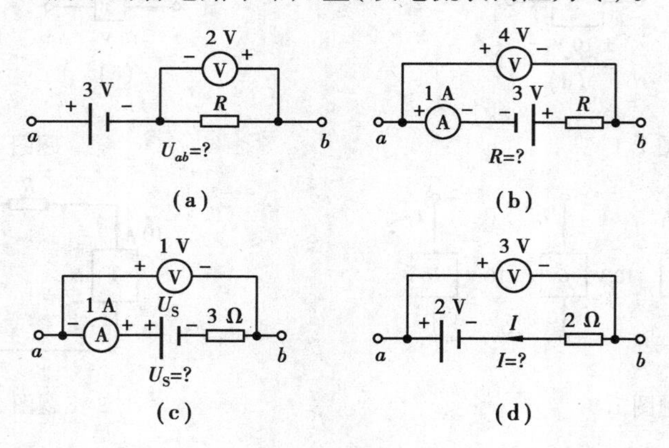

题图 1.10

1.11　在题图 1.11 所示的电路中，试求：①有几个节点，几条支路，几个回路？②用基尔霍夫电流定律对节点 a 和 b 列电流方程，用基尔霍夫电压定律对回路 1、2 及 3 列电压方程。

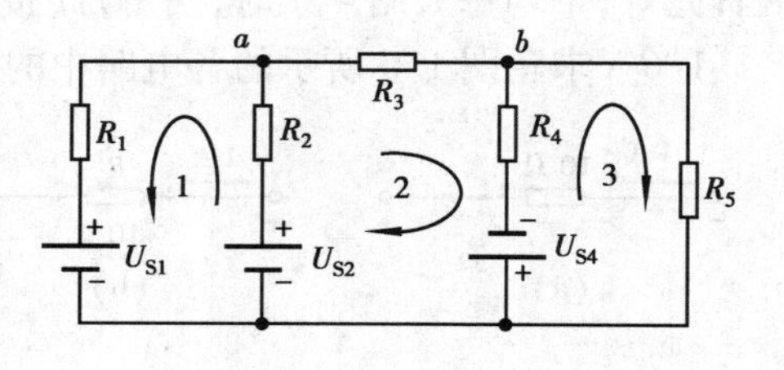

题图 1.11

1.12　如题图 1.12 所示的电路，已知电压 $U_{S1}=4$ V，$U_{S2}=-6$ V，$U_{S3}=2$ V，$U_{S4}=-2$ V，电流 $I_1=2$ A，$I_2=1$ A，$I_3=-1$ A，电阻 $R_1=2$ Ω，$R_2=4$ Ω，$R_3=5$ Ω，求各段电路的电压 U_{ab}。

1.13　一只 110 V、8 W 的指示灯要接在 380 V 的电源上，需要串联多大量值的电阻？该电阻应选用多大的功率？

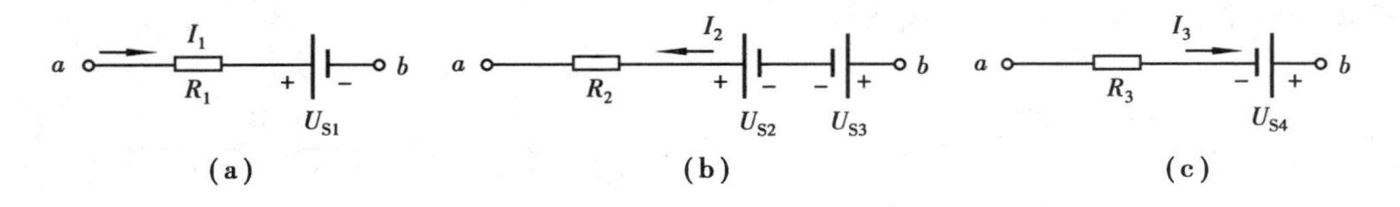

题图 1.12

1.14　题图 1.14 所示为测量直流电压的电位计电路,其中 $U_S=3$ V,$R_1=44$ Ω。当调节滑动触头使 $R_2=70$ Ω、$R_3=30$ Ω 时,检流计中无电流通过,试求被测电压 U_x。

1.15　题图 1.15 所示的电路上某直流电路的一部分:①如果 a、b 两点等电位,试求 ab 支路的电流;②如果 ab 支路的电流为零,试求 a、b 两点间的电压。

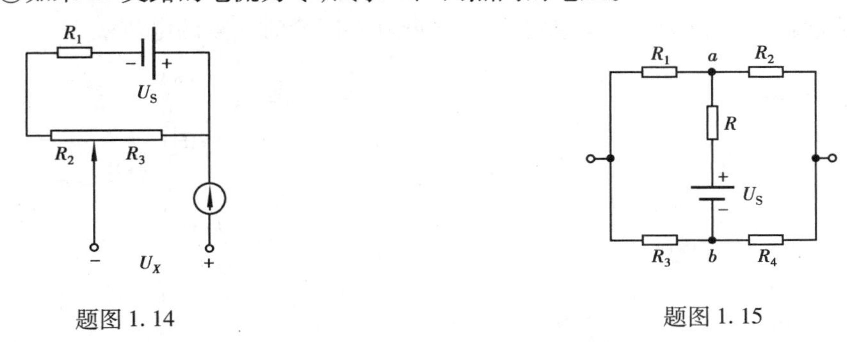

题图 1.14

题图 1.15

1.16　试分别求出题图 1.16(a)中 a、b 端钮的开路电压和题图 1.16(b)中 a、b 端钮的短路电流。

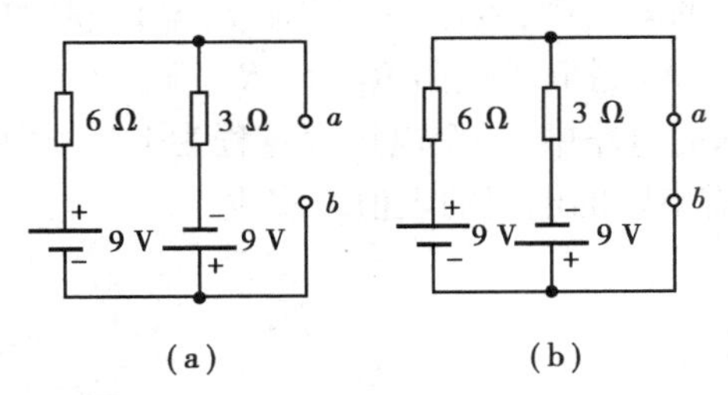

题图 1.16

1.17　试求题图 1.17 所示的各电路的等效电阻 R_{ab}。

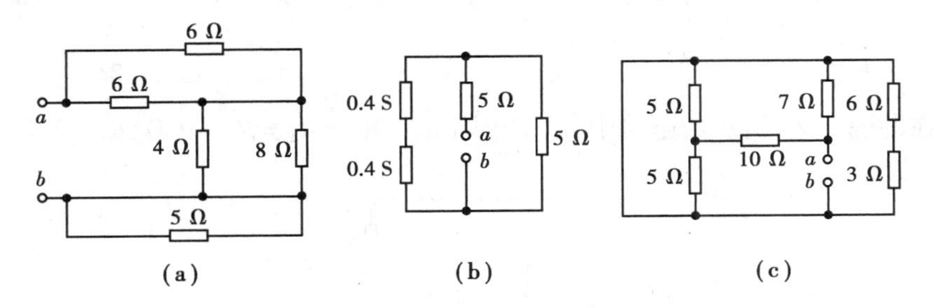

题图 1.17

1.18　试求题图 1.18 所示的电路中开关 S 断开和闭合时的输入电阻 R_{ab}。

1.19　电路如题图 1.19 所示,除 R 外其他电阻均为已知,外加电压 $U=200$ V,电路总消耗功率为 400 W,求 R 及各支路的电流。

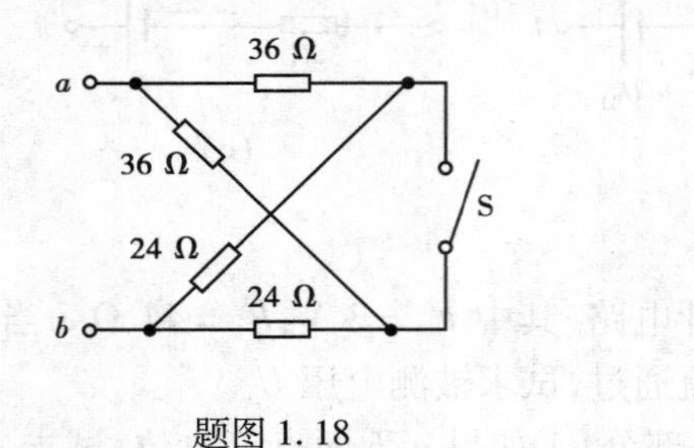

题图 1.18

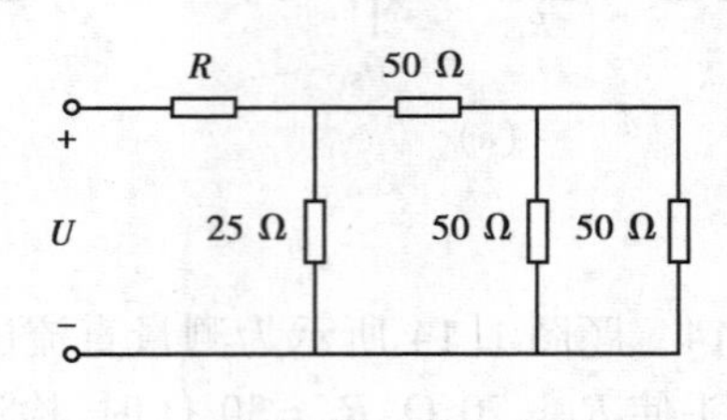

题图 1.19

1.20　试求题图 1.20 所示的电路中 a 点的电位 φ_a。

1.21　试求题图 1.21 所示的电路在开关 S 断开和闭合时 a 点的电位 φ_a。

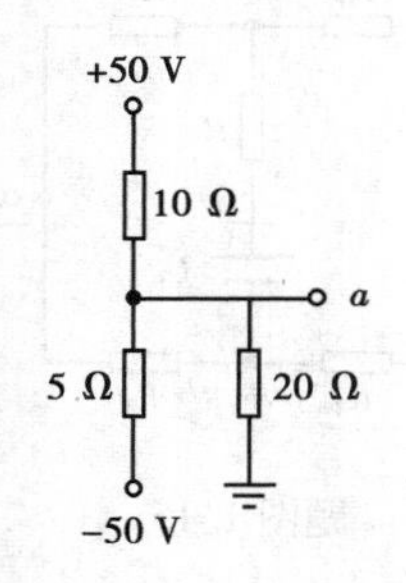

题图 1.20

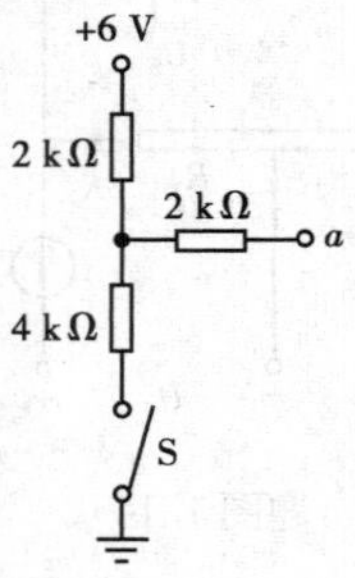

+6 V
2 kΩ
2 kΩ
a
4 kΩ
S

题图 1.21

1.22　在题图 1.22 所示的电路中,利用一只内阻 $R_e=1\ 600\ \Omega$, $I_e=100\ \mu A$ 的表头,若要求扩大量程为 1 mA、10 mA、1 A 三挡,求电阻 R_1、R_2、R_3。

1.23　在题图 1.23 所示的电路中,一个电压表量程为 1 V,内阻为 1 kΩ,若欲将电压表量程扩大为 50 V 及 250 V,所需串联的电阻的阻值为多少?

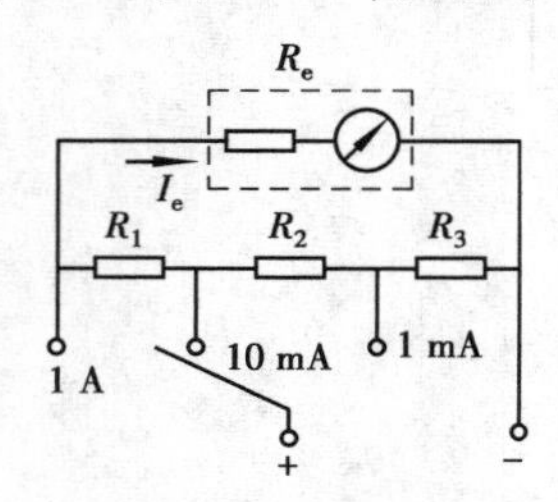

题图 1.22

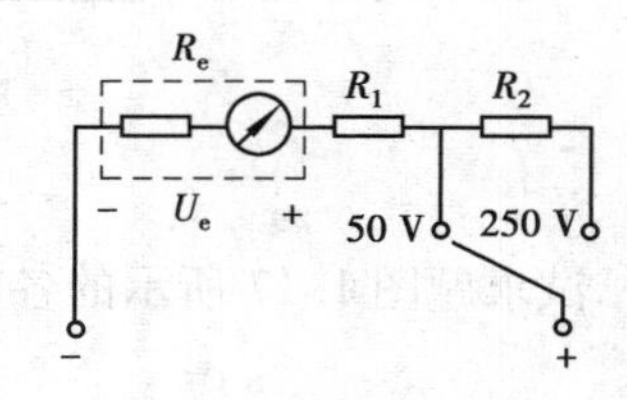

题图 1.23

1.24　在题图 1.24 所示的电路中,已知电阻 $R_1=R_2=R_4=R_5=9\ \Omega$, $R_3=3\ \Omega$,电压 $U_S=21\ V$,求电压 U_5。

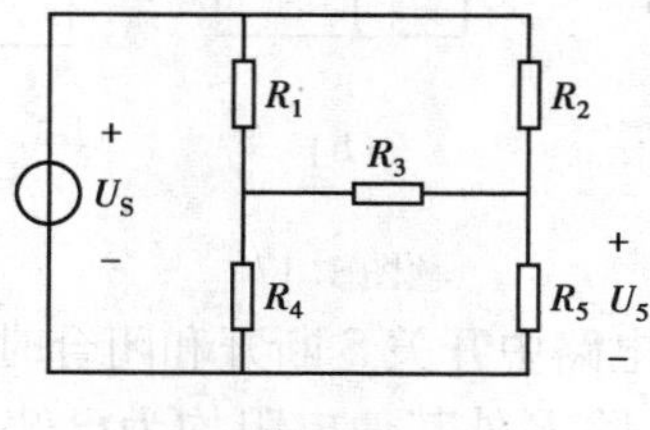

题图 1.24

第2章 直流电阻电路的分析与计算

由线性无源元件、电压源、电流源组成的电路称为线性电路。如果构成线性电路的无源元件均为线性电阻,则称为线性电阻电路,简称电阻电路。电阻电路的电源可以是直流的,也可以是交流的。当电路中的电源都是直流时,称为直流电路。本章以直流电路为例进行分析,所得结论也适用于电源为交流的情况。

本章主要介绍线性电阻性电路的分析方法。将要介绍的方法有三类:等效变换、网络方程法和网络定理的应用。还将简介有控源的电路。各种电路的分析计算都以互连约束和元件约束为基本依据。

2.1 电阻星形连接与三角形连接的等效变换

2.1.1 电阻星形连接和三角形连接

在图2.1(a)中,三个电阻元件首尾相接,连成一个三角形,这种连接方式称为三角形连接,简称△连接或Π连接。三角形的3个顶点是电路的3个节点。

在图2.1(b)中,三个电阻元件的一端连接在一起,另一端分别连接到电路的3个节点,这种连接方式称为星形连接,简称Y连接或T连接。

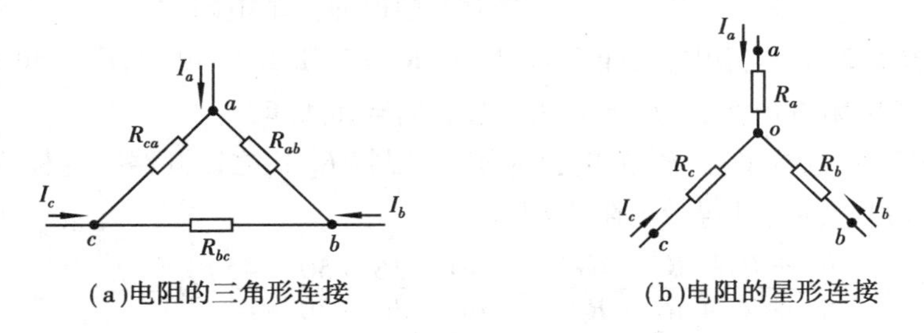

(a)电阻的三角形连接 (b)电阻的星形连接

图2.1

2.1.2　电阻星形连接和三角形连接的等效变换

三角形连接和星形连接的等效变换条件是要求它们具有相同的端钮电压和电流关系。也就是说,当它们的对应节点有相同的电压 U_{ab}、U_{bc}、U_{ca}时,从外电路流入对应节点的电流 I_a、I_b、I_c 也必须分别相等。

根据这个要求,将三角形连接的电阻等效变换为星形连接的电阻,已知 R_{ab}、R_{bc}、R_{ca},求等效的 R_a、R_b、R_c 的公式为

$$\left.\begin{aligned} R_a &= \frac{R_{ab}R_{ca}}{R_{ab}+R_{bc}+R_{ca}} \\ R_b &= \frac{R_{bc}R_{ab}}{R_{ab}+R_{bc}+R_{ca}} \\ R_c &= \frac{R_{ca}R_{bc}}{R_{ab}+R_{bc}+R_{ca}} \end{aligned}\right\} \tag{2.1}$$

将星形连接的电阻等效变换为三角形连接的电阻,已知 R_a、R_b、R_c,求等效的 R_{ab}、R_{bc}、R_{ca} 的公式为

$$\left.\begin{aligned} R_{ab} &= \frac{R_aR_c+R_bR_c+R_aR_b}{R_c} = R_a+R_b+\frac{R_aR_b}{R_c} \\ R_{bc} &= \frac{R_aR_c+R_bR_c+R_aR_b}{R_a} = R_b+R_c+\frac{R_bR_c}{R_a} \\ R_{ca} &= \frac{R_aR_c+R_bR_c+R_aR_b}{R_b} = R_c+R_a+\frac{R_cR_a}{R_b} \end{aligned}\right\} \tag{2.2}$$

三个相等电阻的 Y、△连接称为对称连接。如对称 Y 连接的每个电阻为 R_Y,对称△连接的每个电阻为 $R_\triangle$,由式(2.1)或式(2.2)可得

$$R_\triangle = 3R_Y$$

时,它们可以等效互换。

为了便于记忆,式(2.1)和式(2.2)可以归纳为

$$\left.\begin{aligned} \text{星形电阻} &= \frac{\text{三角形中相邻两电阻之积}}{\text{三角形中各电阻之和}} \\ \text{三角形电阻} &= \frac{\text{星形中各电阻两两乘积之和}}{\text{星形中不相连的一个电阻}} \end{aligned}\right\} \tag{2.3}$$

例 2.1　在图 2.2(a)电路中,已知 $U=225\ \text{V}$,$R_0=1\ \Omega$,$R_1=40\ \Omega$,$R_2=36\ \Omega$,$R_3=50\ \Omega$,$R_5=10\ \Omega$。试求各电阻的电流:①$R_4=45\ \Omega$ 时;②$R_4=55\ \Omega$ 时。

解　①$R_4=45\ \Omega$,电桥平衡,R_5 的电流为零,所以将 R_5 代之以开路。这样 R_1 与 R_2 串联,R_3 与 R_4 串联,二者再并联,其等效电阻 R_i 为

$$R_i = \frac{(R_1+R_2)(R_3+R_4)}{R_1+R_2+R_3+R_4} = \frac{(40+36)(50+45)}{40+36+50+45}\Omega \approx 42.2\ \Omega$$

各电阻电流为

$$I = \frac{U_S}{R_i+R_0} = \frac{225}{42.2+1}\ \text{A} \approx 5.2\ \text{A}$$

$$I_1 = I_2 = \frac{IR_i}{R_1 + R_2} = \frac{5.2 \times 42.2}{40 + 36}\ \text{A} \approx 2.89\ \text{A}$$

$$I_3 = I_4 = I - I_1 \approx 2.31\ \text{A}$$

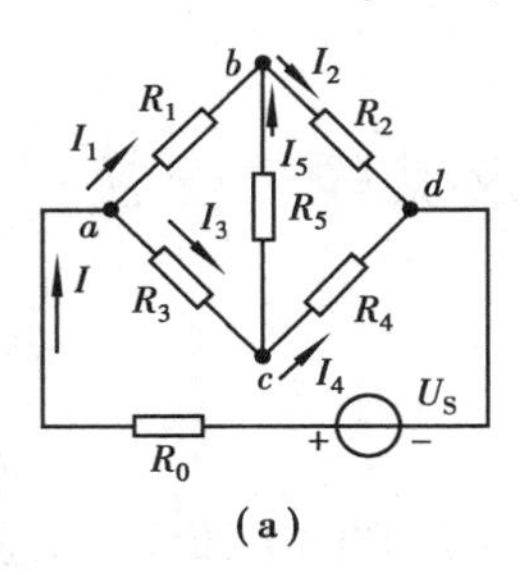

(a)

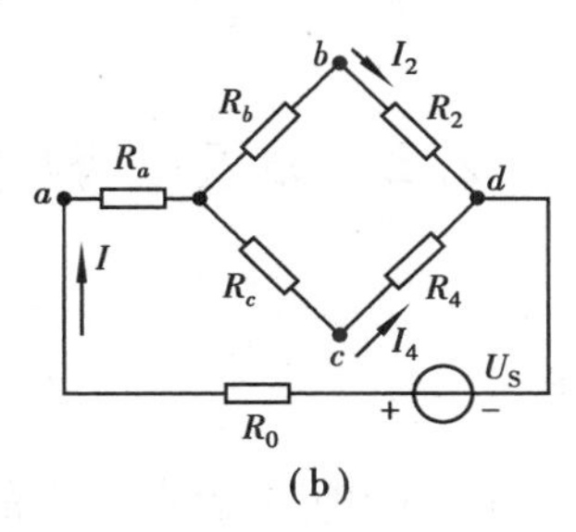

(b)

图 2.2

②$R_4 = 55\ \Omega$，电桥不平衡，R_5 的电流不为零。将三角形连接的 R_1、R_3、R_5 等效变换为 Y 连接的 R_a、R_b、R_c，如图 2.2(b)，按式(2.1)求得

$$R_a = \frac{R_3 R_1}{R_5 + R_3 + R_1} = \frac{50 \times 40}{10 + 50 + 40}\ \Omega = 20\ \Omega$$

$$R_b = \frac{R_5 R_1}{R_5 + R_3 + R_1} = \frac{40 \times 10}{10 + 50 + 40}\ \Omega = 4\ \Omega$$

$$R_c = \frac{R_3 R_5}{R_5 + R_3 + R_1} = \frac{50 \times 10}{10 + 50 + 40}\ \Omega = 5\ \Omega$$

图 2.2(b)是电阻混联网络，串联的 R_b、R_2 的等效电阻 $R_{b2} = 40\ \Omega$，串联的 R_c、R_4 的 $R_{c4} = 60\ \Omega$，二者并联的等效电阻为

$$R' = \frac{40 \times 60}{40 + 60}\ \Omega = 24\ \Omega$$

桥式电阻的端口电流为

$$I = \frac{U_S}{R' + R_a + R_0} = \frac{225}{24 + 20 + 1}\ \text{A} = 5\ \text{A}$$

R_2、R_4 的电流为：

$$I_2 = \frac{R_{c4}}{R_{b2} + R_{c4}} I = \frac{60}{40 + 60} \times 5\ \text{A} = 3\ \text{A}$$

$$I_4 = \frac{R_{b2}}{R_{b2} + R_{c4}} I = \frac{40}{40 + 60} \times 5\ \text{A} = 2\ \text{A}$$

为了求得 R_1、R_3、R_5 的电流，从图 2.2(b)求得

$$U_{ab} = R_a I + R_b I_2 = (20 \times 5 + 4 \times 3)\ \text{V} = 112\ \text{V}$$

回到图 2.2(a)电路，得

$$I_1 = \frac{U_{ab}}{R_1} = \frac{112}{40}\ \text{A} = 2.8\ \text{A}$$

并由 KCL 得

$$I_3 = I - I_1 = (5 - 2.8)\ \text{A} = 2.2\ \text{A}$$

$$I_5 = I_3 - I_4 = (2.2 - 2)\ \text{A} = 0.2\ \text{A}$$

小结如下：

①在解桥形电路时，首先应注意，这个电路是不是符合平衡条件。若符合电路平衡条件，则按平衡条件求解；若不符合平衡条件，则进行△-Y 等效变换。

②应当指出，按等效变换后求出的各支路电流并不等于变换前全部支路电流。

2.2 电压源和电流源及其等效变换

2.2.1 电压源

理想电压源是一个二端理想元件，元件的电压与通过它的电流无关，总保持为某给定值或给定的时间函数。电池是人们很熟悉的一种电源，如果电池的内电阻（简称内阻）为零，则电流为任何值时电池的电压均为定值，其值等于电池的电动势，那么它就是一个理想电压源。理想电压源不一定都是直流电源，交流发电机的电压虽然是时间的函数，但若内阻很小，可以忽略，电压不受电流影响，也可以看作是一个理想电压源。理想电压源简称为电压源。

电压源有两个基本性质：①它的端电压是给定的时间函数，与流过的电流无关；②流过它的电流可以是任意的，也就是说，流过的电流不是由电压源本身就能确定的，而是与相连接的外电路所共同决定的，甚至电流可以在不同方向流过电压源。

一般电压源的符号如图 2.3(a) 所示，电压源的电压用 u_s 表示。常见的电压源有直流电压源和正弦交流电压源。$u_S(t)$ 为常数 U_S，即电压的大小和方向都不变的电压源称为直流电压源。图 2.3(b) 是直流电压源的另一种符号，并且长线表示参考正极性，短线表示参考负极性。图 2.3(c) 表示直流电压源的伏安特性曲线，它是一条与电流轴平行且纵坐标为 U_S 的直线，表明其电压恒等于 U_S，与电流大小无关。如果一个电压源的电压 $u_s=0$，则它的伏安特性曲线为与电流轴复合的直线，它相当于短路。所以 $R=0$ 的电阻即短路，相当于 $u_s=0$ 的电压源。

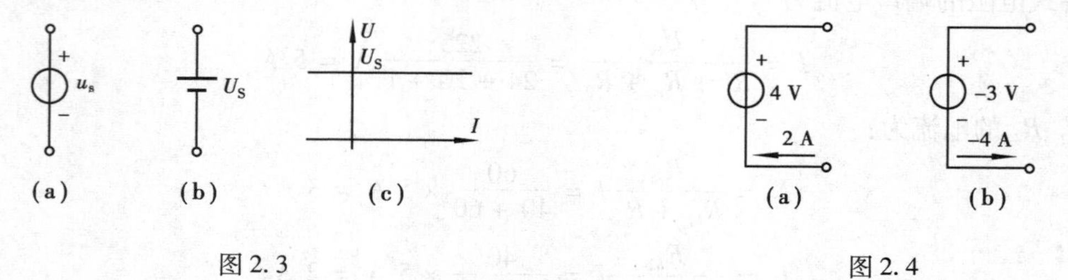

图 2.3

图 2.4

电压源一般在电路中提供功率，但有时也从电路吸收功率，可以根据电压、电流的参考方向，应用功率计算公式，由计算所得功率的正负判定。

例 2.2 已知电压源的电压、电流参考方向如图 2.4 所示，求电压源的功率，并说明是提供功率还是吸收功率。

解 图 2.4(a) 中电压、电流为非关联参考方向，即

$$P=-UI=-2\times4\ \text{W}=-8\ \text{W}$$

可见电压源为提供功率。

图 2.4(b) 中电压、电流为关联参考方向，即

$$P=UI=-3\times(-4)\ \text{W}=12\ \text{W}$$

可见电压源为吸收功率。

需要说明,将 u_s 不相等的电压源并联,或将 $u_s \neq 0$ 的电压源短路,都是没有意义的。

2.2.2 电流源

理想电流源是一个理想二端元件。它具有两个特点:①电流源向外电路提供的电流 $i(t)$ 是某种确定的时间函数,不会因外电路不同而改变,即 $i(t)=i_s$,i_s 是电流源的电流。②电流源的端电压 $u(t)$ 随外接的电路不同而不同。例如,光电池(在一定照度的光线照射下)、电子电路中的恒流源等可以看成电流源。

一般电流源的符号如图 2.5(a)所示,其中 i_s 为电流源的电流,箭头是其参考方向。常见的电流源有直流电流源和正弦交流电流源。$i_s(t)$ 为常数 I_S,即电流的大小和方向都不变的电流源称为直流电流源。图 2.5(b)是直流电流源的符号,I_S 表示其电流等于定值。图 2.5(c)为直流电流源的伏安特性曲线,它是一条与电压轴平行且横坐标为 I_S 的直线,表明其电流恒等于 I_S,与电压大小无关。如果一个电流源的电流 $i_s=0$,则它的伏安特性曲线为与电压轴复合的直线,它相当于开路。所以 $R\to\infty$ 的电阻即开路,相当于 $i_s=0$ 的电流源。

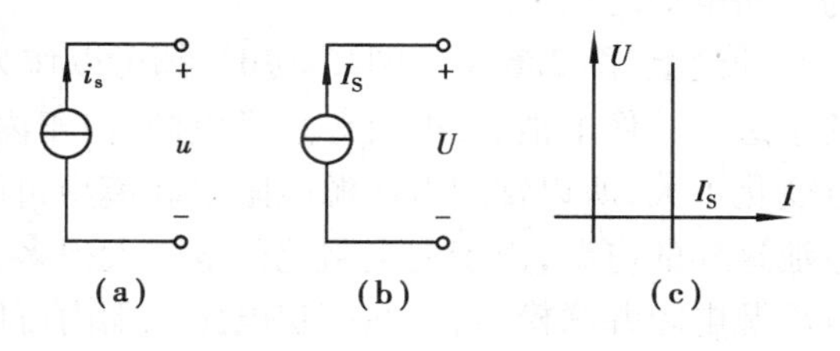

图 2.5

与电压源一样,电流源可对电路提供功率,但有时也从电路吸收功率,可以根据电压、电流的参考方向,应用功率计算公式,由计算所得功率的正负判定。

电压源的电压不因其外部电路的不同而不同,电流源的电流也不因其外部电路的不同而不同,所以电压源和电流源总称为独立电源,简称独立源。

2.2.3 实际直流电源的电路模型

实际电源工作时,由于内部有损耗,电压、电流要随着它外部情况的改变而改变。

图 2.6(a)所示的实际直流电源接有电阻 R。随着 R 的不同,它们电压 U 和电流 I 不同,它的伏安特性如图 2.6(b)所示。其中,U_{OC} 是开路电压,即 $R\to\infty$,为 $I=0$ 的情况下的电压;I_{SC} 是短路电流,即 $R=0$,为 $U=0$ 的情况下的电流。

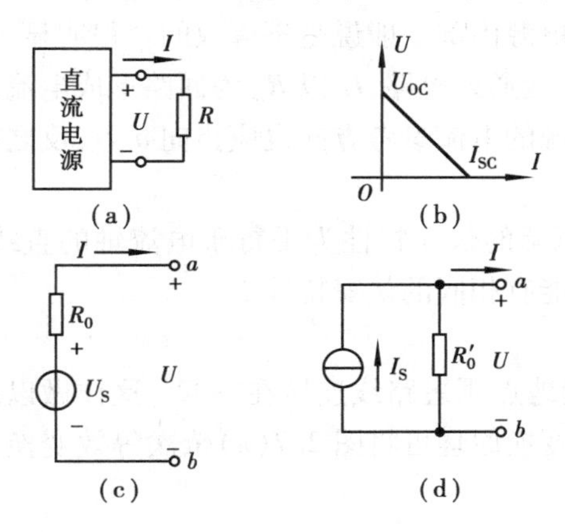

图 2.6

图 2.6(b)所示伏安特性方程为

$$U = U_{OC} - \frac{U_{OC}}{I_{SC}}I$$

而图 2.6(c)所示电路的电压电流关系为

$$U = U_S - R_0 I$$

所以可以用电压源与电阻的串联组合作为直流电源的电路模型。模型中的电压源的电压 U_S 应等于实际直流电源的开路电压 U_{OC},模型中的电阻 R_0 称为内电阻(或称为输出电阻)应等于实际直流电源的开路电压与短路电流之比 U_{OC}/I_{SC}。

图 2.6(b)所示伏安特性方程又可写成

$$I = I_{SC} - \frac{U}{\frac{U_{OC}}{I_{SC}}}$$

而图 2.6(d)所示电路的电压电流关系为

$$I = I_S - \frac{U}{R'_0}$$

所以又可以用电流源与电阻的并联组合作为实际直流电源的电路模型,模型中的电流源的电流 I_S 应等于实际直流电源的短路电流 I_{SC},模型中的电阻 R'_0 也等于实际直流电源的开路电压与短路电流之比 U_{OC}/I_{SC}。

理论上,图 2.6(c)、图 2.6(d) 都可以作为实际直流电源的电路模型,实用中则从使用方便来选择。像电池、发电机等这类电源,由于内电阻比外电阻小得多,它的电压接近开路电压且变化不大,所以常用电压源电阻串联模型,且在一定电流范围内可以近似看成电压源。像光电池这样的电源,由于内电阻比外电阻大得多,它的电流接近短路电流且变化不大,所以常用电流源电阻并联模型,且在一定电压范围内可以近似看成电流源。

2.2.4 两种电源模型的等效互换

由上分析可知,同一实际电源,既可用电压源电阻串联组合为其电路模型,又可用电流源电阻并联组合为其电路模型。对于一个电压源电阻串联网络,可以等效为一个电流源电阻并联网络;对于一个电流源电阻并联网络,也可以等效为一个电压源电阻串联网络。

图 2.6(c)网络的端口电压电流关系为

$$U = U_S - IR_0$$

图 2.6(d)网络的端口电压电流关系为

$$U = I_S R'_0 - IR'_0$$

可见,图 2.6(c)、图 2.6(d)二个网络中,若

$$\begin{cases} R_0 = R'_0 \\ U_S = I_S R_0 \end{cases} \tag{2.4}$$

这两个网络可以等效互换。应说明的是:

①这种等效变换只是对电源外部电路是等效,对电源内部一般说是不等效的。很明显,电压源若不接通外电路,内部是没有电流的,而电流源不接通外电路,I_S 以 R_0 为回路形成电流。

②如果 a 点为电压源的参考正极性,变换后电流源的电流参考方向也应指向 a 点,反之亦然。

③电压源和电流源之间不能等效互换。因为电压源的伏安特性为平行于电流轴的直线,电流源的伏安特性为平行于电压轴的直线,二者不可能有相同的伏安特性。

例 2.3 在图 2.7(a)所示的电路中,求 A 点电位。

解 对于有几个接地点的电路,可以将这几个接地点用短路线连接在一起,这样做以后与原来是等效的。然后应用电阻串、并联及电源等效变换原理可将图 2.7(a)依次等效变换为图 2.7(b)、(c),由图 2.7(c)可得

$$I = \frac{5}{5+1+4} \times 5\ \text{A} = 2.5\ \text{A}$$

$$\varphi_A = 4I = 4 \times 2.5\ \text{V} = 10\ \text{V}$$

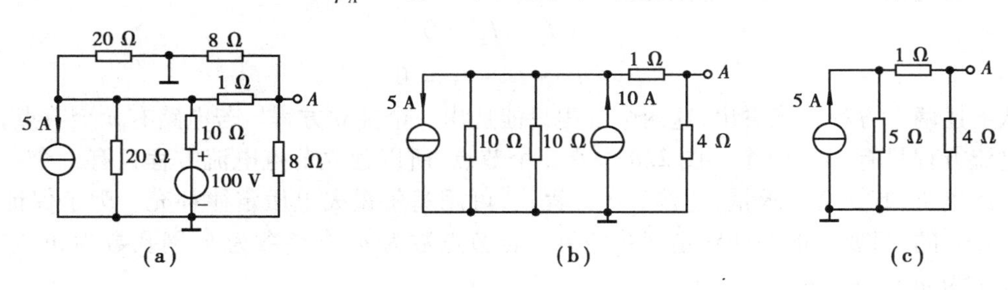

图 2.7

例 2.4　试求图 2.8(a)所示的电路中的电流 I_1、I_2、I_3。

解　根据电源模型等效变换原理,可将图 2.8(a)依次变换为图 2.8(b)、(c),根据图 2.8(c)可得

$$I = \frac{6 + 3 - 3}{3 + 2 + 1}\ \text{A} = 1\ \text{A}$$

从图 2.8(a)变换到图 2.8(c),只有 ac 支路未经变换,故知在图 2.8(a)的 ac 支路中电流 I_{ca} 大小方向与已求出的 I 完全相同,即为 1 A,则

$$I_3 = (2 - 1)\ \text{A}$$

为求 I_1 和 I_2,应先求出 U_{ab},根据图 2.8(c),有

$$U_{ab} = (3 + 1)\ \text{V} = 4\ \text{V}$$

再根据图 2.8(a),有

$$I_2 = \frac{U_{ab}}{2} = 2\ \text{A}$$

$$I_1 = I_2 - I = 1\ \text{A}$$

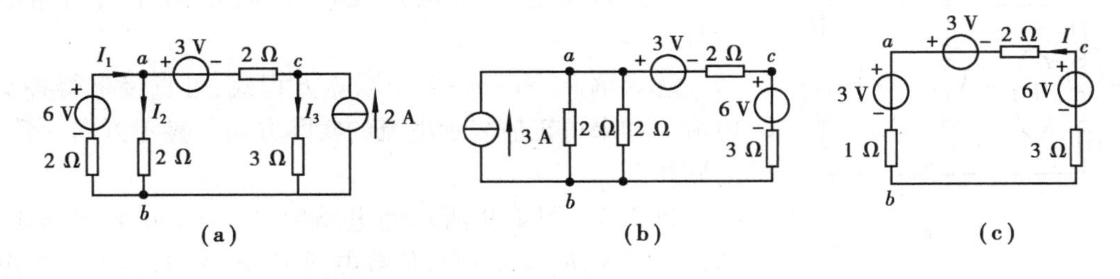

图 2.8

2.3　支路电流法

2.3.1　支路电流法

支路电流法是直接应用基尔霍夫电流定律和电压定律来求解复杂电路的基本方法。它是以每个支路的电流为求解未知数而列方程式的,所以称为支路电流法。

以图 2.9 所示的电路为例来说明支路电流法的应用。对节点 a、b 列写 KCL 方程(选流入

节点的电流为正，流出节点的电流为负），即

$$\begin{cases} I_1 + I_2 - I_3 = 0 \\ -I_1 - I_2 + I_3 = 0 \end{cases}$$

从上述两个方程不难看出，这两个方程只能选出一个独立方程。若电路有 n 个节点，独立节点电流方程只有 $(n-1)$ 个。图 2.8 中有 2 个节点，所以独立节点电流方程只有 1 个。该网络有 3 条支路，有 3 个待求量，还差 2 个方程式，可用基尔霍夫电压定律补充。为了保证所选回路是独立的，只要选取的回路是网孔即可。若节点数为 n，支路数为 b，网孔数为 m，它们之间的关系为 $m = b - n + 1$。

为了列网孔电压方程，需要选择网孔绕行方向（通常取顺时针方向，如图 2.9 所示），同时进行编号。当网孔绕行方向与所选支路电流参考方向一致时，项前取正号，反之取负号。

对网孔Ⅰ

$$I_1R_1 - I_2R_2 + U_{S2} - U_{S1} = 0$$

对网孔Ⅱ

$$I_2R_2 + I_3R_3 - U_{S2} = 0$$

若再选其他回路，将是上述网孔的线性组合，不再是独立的了（读者可以试一试）。

这样，该电路可以列 1 个节点电流方程和 2 个网孔电压方程，共 3 个方程式，可以解出 3 个未知支路电流。

2.3.2 支路电流法的解题步骤

用支路电流法（简称支路法）求解各支路电流的步骤如下：

①设定各支路电流的参考方向，并以各支路电流为求解变量；

②n 个节点列 $(n-1)$ 个节点电流方程；

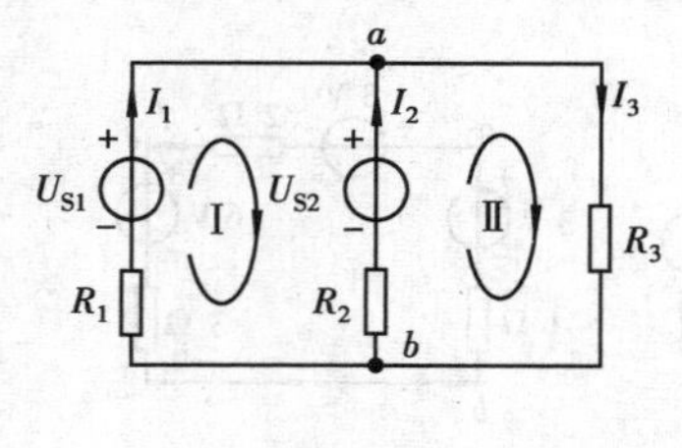

图 2.9

③通常设定 m 个网孔绕行方向，取网孔列回路电压方程；

④求解 $b = m + n - 1$ 个联立方程式，可直接求得各支路电流。如果得正值表示电流的实际方向与参考方向一致，反之则相反。

例 2.5 图 2.9 所示的电路中，$U_{S1} = 130$ V，$R_1 = 1$ Ω，$U_{S2} = 117$ V，$R_2 = 0.6$ Ω，负载电阻 $R_3 = 24$ Ω，试求每个电源中的电流以及它们发出的功率。

解 以各支路电流为变量应用 KCL、KVL 列出方程式，并将已知数据代入，即

$$\begin{cases} I_1 + I_2 - I_3 = 0 \\ I_1 - 0.6I_2 + 117 - 130 = 0 \\ 0.6I_2 + 24I_3 - 117 = 0 \end{cases}$$

解方程组得

$$\begin{cases} I_1 = 10\ \text{A} \\ I_2 = -5\ \text{A} \\ I_3 = 5\ \text{A} \end{cases}$$

电压源 U_{S1} 的功率

$$P_1 = -U_{S1}I_1 = -130 \times 10\ \text{W} = -1\ 300\ \text{W}$$

电压源 U_{S2} 的功率

$$P_2 = -U_{S2}I_2 = -117 \times (-5)\ \text{W} = 585\ \text{W}$$

其中,“ - ”表示电压源 U_{S1} 发出功率;“ + ” 表示电压源 U_{S2} 吸收功率。

例 2.6　在图 2.10 电路中,已知电压源的电压 $U_S = 12\ \text{V}$,$U_{ce} = -4\ \text{V}$,$R_C = 5\ \text{k}\Omega$,$R_b = 200\ \text{k}\Omega$,$U_{eb} \approx 0$。求 I_b、I_C 和 I_e。

解　以各支路电流为变量应用 KCL、KVL 列方程得

$$\begin{cases} I_b + I_C = I_e \\ -I_C R_C + U_S + U_{ce} = 0 \\ I_b R_b - U_S + U_{eb} = 0 \end{cases}$$

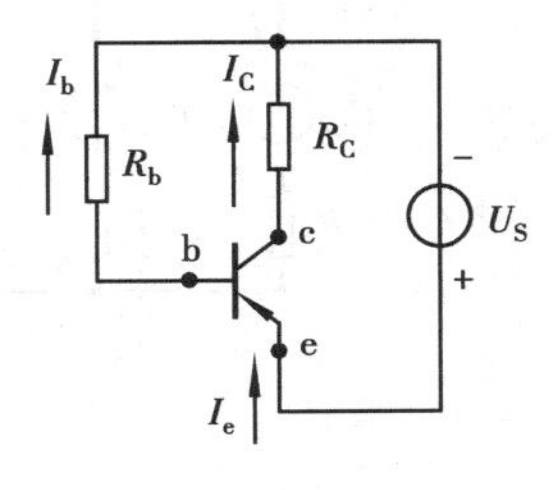

图 2.10

代入数据得

$$\begin{cases} I_b + I_C = I_e \\ -5I_C + 12 = 4 \\ 200I_b = 12 \end{cases}$$

$$\begin{cases} I_b = 0.06\ \text{mA} \\ I_C = 1.6\ \text{mA} \\ I_e = 1.66\ \text{mA} \end{cases}$$

2.4　叠加原理

用支路电流法分析计算电路,如果电路的支路数较多,所列方程数就多,不便求解。本节介绍的叠加原理就是一种从减少设定的未知数着手,特别适应于独立电源个数较少的线性电路的分析方法。另外,叠加原理也是线性电路的一个重要性质和基本特征。

2.4.1　叠加原理的内容

可以通过图 2.11 所示的具体电路说明叠加原理的内容。根据支路电流法,列出三个独立方程,即

$$\begin{cases} I_1 + I_2 - I_3 = 0 \\ I_1 R_1 - I_2 R_2 + U_{S2} - U_{S1} = 0 \\ I_2 R_2 + I_3 R_3 - U_{S2} = 0 \end{cases}$$

假定电阻 R_1、R_2、R_3 和电压源电压 U_{S1}、U_{S2} 均为已知,则可以求出三个支路电流,即

$$\begin{cases} I_1 = \dfrac{R_2 + R_3}{R_1R_2 + R_2R_3 + R_1R_3}U_{S1} - \dfrac{R_3}{R_1R_2 + R_2R_3 + R_1R_3}U_{S2} = I_1' - I_1'' \\ I_2 = -\dfrac{R_3}{R_1R_2 + R_2R_3 + R_1R_3}U_{S1} + \dfrac{R_1 + R_3}{R_1R_2 + R_2R_3 + R_1R_3}U_{S2} = -I_1' + I_1'' \\ I_3 = \dfrac{R_2}{R_1R_2 + R_2R_3 + R_1R_3}U_{S1} + \dfrac{R_1}{R_1R_2 + R_2R_3 + R_1R_3}U_{S2} = I_3' + I_3'' \end{cases}$$

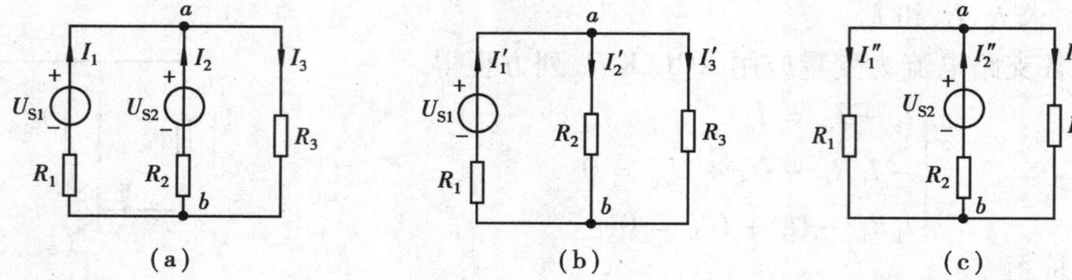

(a) (b) (c)

图 2.11

分析以上各支路电流的表达式可以发现，各支路电流都是由两个分量叠加而成，其中一个分量只与电压源 U_{S1} 有关，另一个分量只与电压源 U_{S2} 有关。下面以支路电流 I_3 为例，进一步说明。

$$I_3 = I_3' + I_3''$$

其中，I_3'，正好是原电路中电压源 $U_{S2}=0$，即原电路中只有电压源 U_{S1} 单独作用时，在 R_3 支路中产生的电流（由图 2.11(b)根据串、并联及分流原理，不难得出如上结论）。

同理可得，I_3'' 正好是原电路中电压源 $U_{S1}=0$，即原电路中只有电压源 U_{S2} 单独作用时，在 R_3 支路中产生的电流（由图 2.11(c)根据串、并联及分流原理，不难得出如上结论）。

显然，I_1、I_2 两个支路电流也可以得出同样的结论，对于线性电路来说，这是一个普遍适用的规律，这就是叠加原理。

叠加原理可表述如下：在线性电路中，当有两个或两个以上的独立电源作用时，则任意支路的电流或电压，都可以认为是电路中各个电源单独作用而其他电源不作用时，在该支路中产生的各电流分量或电压分量的代数和。

2.4.2 应用叠加原理的几个具体问题

①叠加原理只能用来计算线性电路（对于直流电阻电路，电阻为常数）的电流和电压，对非线性电路，叠加原理不适用。

②叠加求代数和时，要注意电流和电压的参考方向。如果分量的参考方向与原量一致时，取正号；反之，取负号。

③化为几个单电源电路来进行计算时，所谓电源不作用就是，如果电源是电压源，则该电压源用短路代替；如果电源是电流源，则该电流源用开路代替。

④不能用叠加原理直接来计算功率。因为功率与电流或电压的关系不是线性的，功率必须根据元件上的总电压和总电流来计算。

例 2.7 在图 2.12(a)所示的桥形电路中，已知 $R_1=2\ \Omega$，$R_2=1\ \Omega$，$R_3=3\ \Omega$，$R_4=0.5\ \Omega$，$U_S=4.5$ V，$I_S=1$ A。试用叠加定理求电压源的电流 I 和电流源的端电压 U。

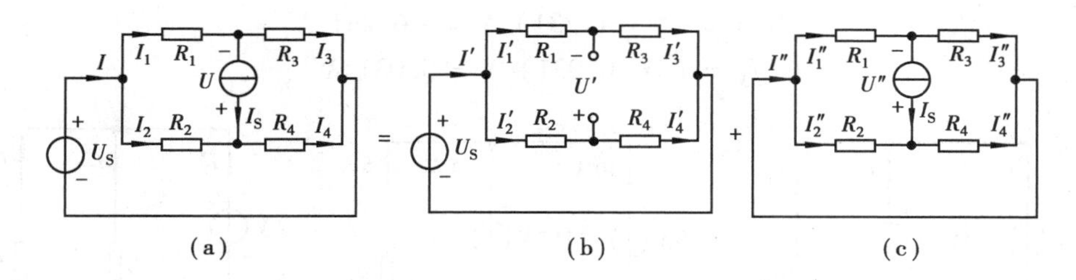

图2.12

解　①当电压源单独作用时,电流源开路,如图2.12(b)所示,各支路电流分别为

$$I_1' = I_3' = \frac{U_S}{R_1 + R_3} = \frac{4.5}{2+3}\ \text{A} = 0.9\ \text{A}$$

$$I_2' = I_4' = \frac{U_S}{R_2 + R_4} = \frac{4.5}{1+0.5}\ \text{A} = 3\ \text{A}$$

$$I' = I_1' + I_2' = (0.9+3)\ \text{A} = 3.9\ \text{A}$$

电流源支路的端电压U'为

$$U' = R_4I_4' - R_3I_3' = (0.5\times 3 - 3\times 0.9)\ \text{V} = -1.2\ \text{V}$$

②当电流源单独作用时,电压源短路,如图2.12(c)所示,各支路电流分别为

$$I_1'' = \frac{R_3}{R_1 + R_3}I_S = \frac{3}{2+3}\times 1\ \text{A} = 0.6\ \text{A}$$

$$I_2'' = -\frac{R_4}{R_2 + R_4}I_S = -\frac{0.5}{1+0.5}\times 1\ \text{A} = -0.333\ \text{A}$$

$$I'' = I_1'' + I_2'' = (0.6 - 0.333)\ \text{A} = 0.267\ \text{A}$$

电流源支路的端电压U''为

$$U'' = R_1I_1'' - R_2I_2'' = [2\times 0.6 - 1\times(-0.333)]\ \text{V} = 1.533\ 3\ \text{V}$$

③两个独立源共同作用时,电压源的电流为

$$I = I' + I'' = (3.9 + 0.267)\ \text{A} = 4.167\ \text{A}$$

电流源的端电压为

$$U = U' + U'' = (-1.2 + 1.533\ 3)\ \text{V} = 0.333\ \text{V}$$

例2.8　对例2.5电路,已求出$I_1 = 10$ A,$I_2 = -5$ A,$I_3 = 5$ A,如U_{S1}改为132 V,试求各电流。($R_1 = 1\ \Omega$,$R_2 = 0.6\ \Omega$,$R_3 = 24\ \Omega$)

解　在求出$U_{S1} = 130$ V时各电流的前提下,用叠加原理解此题将较方便。因为现在的情况(图2.13(a))可以看成图(b)与图(c)的叠加,图(c)中的电流为

$$I_1'' = \frac{2}{1 + \frac{0.6\times 24}{0.6 + 24}}\ \text{A} = 1.262\ \text{A}$$

$$I_2'' = -\frac{24}{0.6 + 24}\times 1.262\ \text{A} = -1.231\ \text{A}$$

$$I_3'' = \frac{0.6}{0.6 + 24}\times 1.262\ \text{A} = 0.031\ \text{A}$$

则图(a)中的电流为

$$I_1 = (10 + 1.262)\ \text{A} = 11.262\ \text{A}$$

$$I_2 = (-5 - 1.231)\ \text{A} = -6.231\ \text{A}$$

$$I_3 = (5 + 0.031)\ \text{A} = 5.031\ \text{A}$$

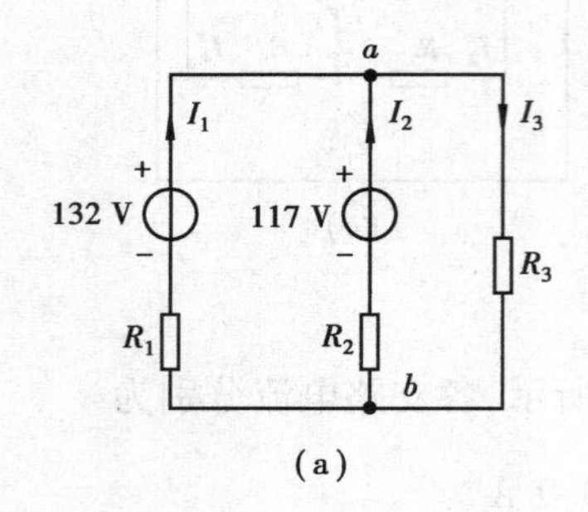

(a)

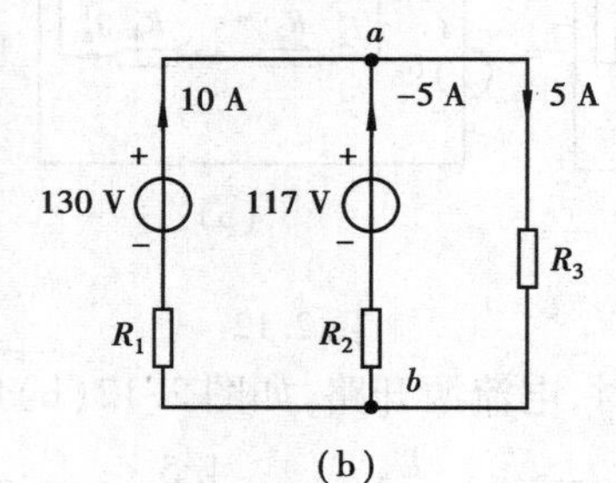

(b)

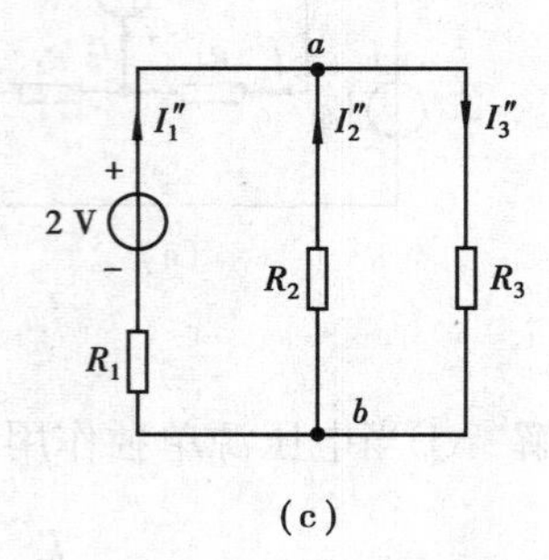

(c)

图 2.13

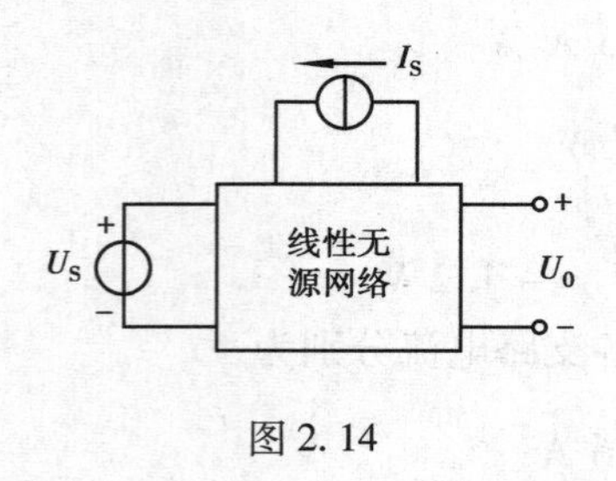

图 2.14

例 2.9 图 2.14 电路中的线性无独立源网络，其内部结构不知道。已知在 U_S 和 I_S 共同作用时，实验数据为：① $U_S = 1$ V，$I_S = 1$ A，$U_0 = 0$；② $U_S = 10$ V，$I_S = 0$，$U_0 = 1$ V。试求 $U_S = 0$，$I_S = 10$ A 时的 U_0 值。

解 本例是应用叠加定理研究一个线性网络的实验方法。由于 U_S 和 I_S 为两个独立的电源，根据叠加定理，U_0 可写成

$U_0 = K_1 U_S + K_2 I_S$ 代入两组数据，得

$$\begin{cases} K_1 + K_2 = 0 \\ 10K_1 = 1 \end{cases}$$

联立求解得

$$\begin{cases} K_1 = 0.1 \\ K_2 = -0.1 \end{cases}$$

故有

$$U_0 = 0.1U_S - 0.1I_S$$

因此，$U_S = 0$，$I_S = 10$ A 时的 U_0 为

$$U_0 = 0.1U_S - 0.1I_S = -1\ \text{V}$$

还应指出的是，用叠加原理解题，就是将复杂电路化为具有单一电源的电路进行计算。但是，当电源较多、网络又复杂时，应用叠加原理求解各支路电流，方法虽然可行，但计算将很麻烦，因此，直接应用叠加原理解题并不多。只有在特殊条件下，例如某一网络已全部计算完毕，在新的情况下，要求增加一个电源或某支路的电源需要调整为另一数值时，为了避免对电路全部重新求解，这时应用叠加原理是比较方便的（如例 2.8）。叠加原理的重要性在于：它是电路分析中一个重要原理，其他许多重要定理以及线性电路的分析都要利用这一原理。

2.5 戴维南定理和诺顿定理

在电路分析中，往往只需要计算一个网络中某一支路的电流或电压，而其他支路的电流或

电压不需求出。如果用前面介绍方法来进行求解,则要将全部电路方程列出,才能求解所需支路上的电流或电压,这当然是烦琐的。能否有一种简便方法,既能求解出所需支路的电流或电压,而又不需建立方程组进行求解。网络的戴维南定理与诺顿定理都能满足这样要求。

2.5.1 二端网络及其等效电路

在电路分析中,可以将互连的一组元件视为一个整体,当这个整体只有两个端钮用以与外部相连接时,则不管它的内部结构如何,称它为二端网络。又因从一端钮流进的电流必然等于另一端钮流出的电流,因而也可称为一端口网络。

如果二端口网络内部没有电源,称为无源二端网络(如图2.15(a));如果内部有电源,称为有源二端网络(如图2.15(b))。常用一个方框代替二端网络,方框中的P表示无源(如图2.15(c)),A表示有源(如图2.15(d))。从二端网络一端钮流进的电流必然等于另一端钮流出的电流,称为端口电流。两个端钮之间的电压称为端口电压。

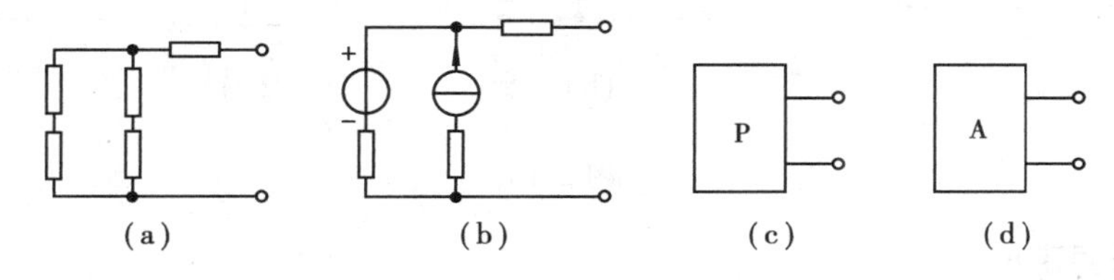

图2.15

二端网络对外的作用可用一个简单的等效电路代替。在1.3节中讨论过串并联电阻电路可以用等效电阻来代替,在2.2节中讨论过电源支路的串并联,它们也可以用一个等效电源来代替。这些都是特殊类型的二端网络的等效电路,本节将讨论一般线性二端网络的等效电路。

等效电路和它所等效的二端网络对外电路应具有完全相同的影响,即等效电路和它所等效的二端网络应具有完全相同的外特性。

线性无源二端网络可以用一个线性电阻作为等效电路,这个电阻称为该端口的输入电阻,用R_0表示。输入电阻与等效电阻是相等的。

线性有源二端网络的等效电路是一个等效电源支路,它可以用电压源串联支路来表示,也可以用电流源并联支路来表示,这就是戴维南定理和诺顿定理,统称为等效电源定理。

2.5.2 戴维南定理

戴维南定理的内容是:含独立源的线性二端电阻网络,对外部而言,都可用电压源电阻串联组合等效代替;该电压源的电压等于网络的开路电压,而电阻等于网络内部所有独立电源作用为零情况下的网络的等效电阻(证明本书略)。

例2.10 试用戴维南定理求例2.5电路中的电阻R_3的电流I_3。

解 将R看成接在图2.16(a)虚线所框的含有独立源的二端网络上。

这个含独立源的二端口开路情况如图2.16(b),由支路电流法易知图(b)中电流为

$$I = \frac{U_{S1} - U_{S2}}{R_1 + R_2} = \frac{130 - 117}{1 + 0.6}\ \text{A} = 8.125\ \text{A}$$

其开路电压U_{OC}为

$$U_{OC} = U_{S2} + IR_2 = (117 + 8.125 \times 0.6)\ \text{V} = 121.9\ \text{V}$$

将这个网络内部两个电压源代之以短路后，形成图2.16(c)所示不含独立源的二端网络，其等效电阻R_i为

$$R_i=\frac{R_1R_2}{R_1+R_2}=\frac{1\times0.6}{1+0.6}\ \Omega=0.375\ \Omega$$

对R_3而言的等效电路如图2.16(d)，从图2.16(d)求得电流I_3为

$$I_3=\frac{U_{OC}}{R_i+R_3}=\frac{121.9}{0.375+24}\ \text{A}=5\ \text{A}$$

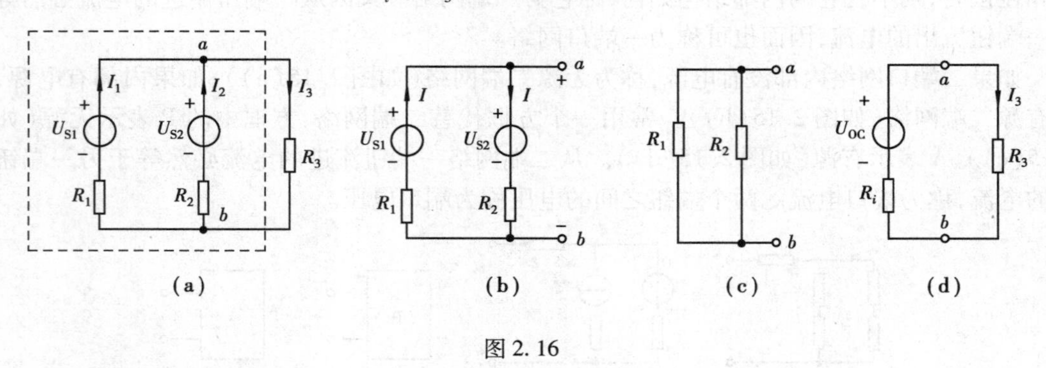

图2.16

2.5.3 诺顿定理

诺顿定理的内容是：含独立源的线性二端电阻网络，对外部而言，都可用电流源电阻并联组合等效代替；该电流源的电流等于网络的短路电流，而电阻等于网络内部所有独立电源作用为零情况下的网络的等效电阻。

戴维南定理和诺顿定理，统称为等效电源定理。对于戴维南定理，电压源电阻串联组合有戴维南等效电路之称。对于诺顿定理，电流源电阻并联组合有诺顿等效电路之称。

例2.11 试用诺顿定理求例2.5电路中的电阻R_3的电流I_3。

解 将R看成接在图2.17(a)虚线所框的含有独立源的二端网络上。

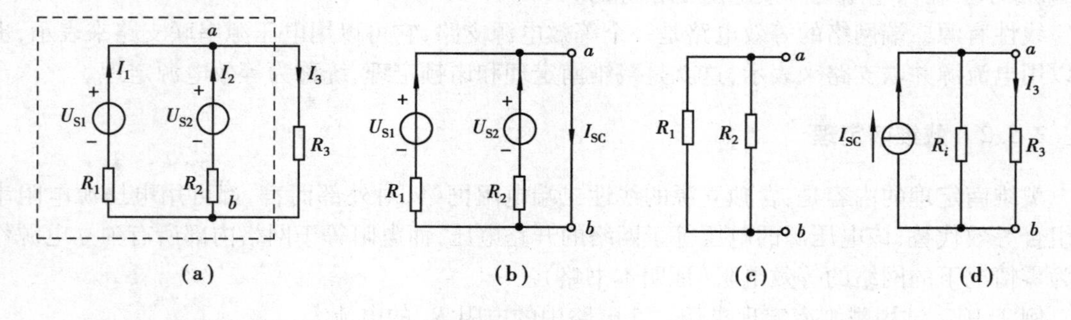

图2.17

这个含独立源的二端口短路情况如图2.17(b)，由图(b)易知短路电流I_{SC}为

$$I_{SC}=\frac{U_{S1}}{R_1}+\frac{U_{S2}}{R_2}=\left(\frac{130}{1}+\frac{117}{0.6}\right)\ \text{A}=325\ \text{A}$$

将这个网络内部两个电压源代之以短路后，形成图2.17(c)所示不含独立源的二端网络，其等效电阻R_i仍为

$$R_i = \frac{R_1R_2}{R_1+R_2} = \frac{1\times0.6}{1+0.6}\ \Omega = 0.375\ \Omega$$

对 R_3 而言的诺顿等效电路如图 2.17(d)，从图 2.17(d)求得电流 I_3 为

$$I_3 = \frac{R_i}{R_i+R_3}I_{SC} = \frac{0.375}{0.375+24}\times325\ \text{A} = 5\ \text{A}$$

2.5.4　等效电阻

求等效电阻的方法有三种：

①设网络内所有电源作用为零(即电压源用短路代替，电流源用开路代替)，用电阻串并联或三角形与星形网络变换加以化简，计算端口的等效电阻 R_i(如例 2.10)。

②设网络内所有电源作用为零，在端口处另施加一电压 U，计算或测量端口电流 I，则等效电阻 $R_i=\frac{U}{I}$，如图 2.18 所示。

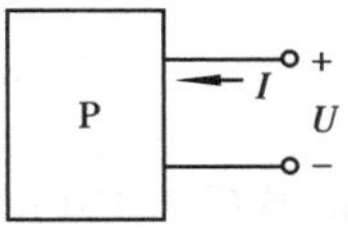

③求有源二端网络的开路电压 U_{OC} 和短路电流 I_{SC}，则等效电阻 R_i 为

$$R_i = \frac{U_{OC}}{I_{SC}}$$

图 2.18

在实践过程中，常用电压表测量二端网络的开路电压，用电流表测量二端网络的短路电流，然后利用上式求其等效电阻 R_i。

例 2.12　求图 2.19(a)电路的戴维南等效电路。

解　先求图 2.19(a)开路电压 U_{OC}，即

$$I_1 = \frac{25}{2+4}\ \text{A} = 4.2\ \text{A}$$

$$U_{OC} = (-18\times5+4\times4.2)\ \text{V} = -73.2\ \text{V}$$

然后求等效电阻。设网络内所有电源作用为零，得图 2.19(b)，用电阻串并联公式计算端口等效电阻 R_i，即

$$R_i = \left(18+\frac{2\times4}{2+4}\right)\ \Omega = 19.3\ \Omega$$

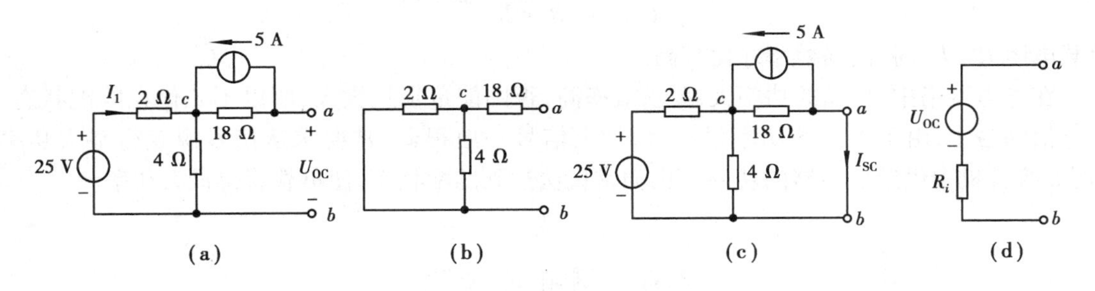

图 2.19

也可以用 $R_i=\frac{U_{OC}}{I_{SC}}$ 求等效电阻，为此，将 a、b 短路，如图 2.19(c)所示，求短路电流 I_{SC}。为此将图 2.19(c)由电源等效变换成图 2.20(a)、(b)，并由图 2.20(a)、(b)可得：

$$I_{SC} = \frac{\frac{50}{3} - 90}{\frac{4}{3} + 18} \text{ A} = -3.79 \text{ A}$$

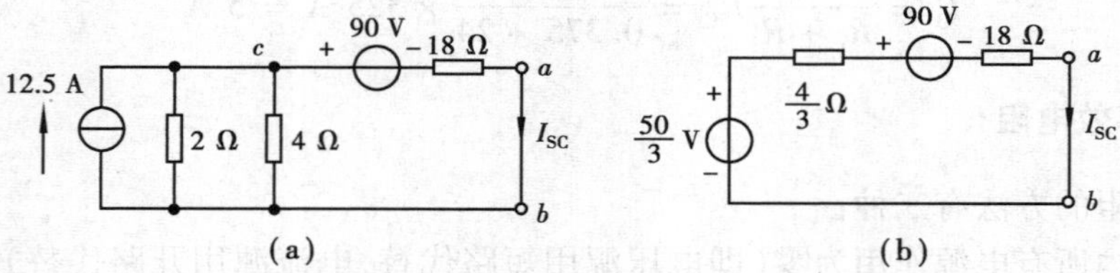

图 2.20

故有

$$R_i = \frac{U_{OC}}{I_{SC}} = \frac{-73.2}{-3.79} \ \Omega = 19.3 \ \Omega$$

因而得图 2.19(a)的戴维南等效电路如图 2.19(d)所示,其中 $U_{OC} = -73.2$ V,$R_i = 19.3$ Ω。

2.5.5 最大功率输出条件

电阻负载接到含独立源的二端网络,网络向负载输出功率,负载从网络接受功率。负载不同,其电流及功率不同。负载电阻 R 等于网络等效电阻 R_i 时,负载从网络获得功率最大。

$R = R_i$ 称为负载与网络"匹配"。匹配时负载电流为

$$I = \frac{U_{OC}}{R_i + R} = \frac{U_{OC}}{2R_i}$$

负载获得的最大功率为

$$P_m = \left(\frac{U_{OC}}{2R_i}\right)^2 \times R_i = \frac{U_{OC}^2}{4R_i}$$

匹配网络的效率为

$$\eta = \frac{P}{U_{OC}I} = \frac{R}{R + R_i} = 50\%$$

负载电阻 $R \gg R_i$ 时,网络效率才比较高。

在电力网络中,传输的功率大,要求效率高,否则能量损耗太大,所以不工作在匹配状态。在电信网络中,由于传送的功率很小,再加上信号一般很弱,常要求从信号源获得最大功率(例如收音机中供给扬声器的功率),因而常设法达到匹配状态,使负载获得最大功率。

2.6 网孔电流法

2.6.1 网孔电流

应用支路电流法需要列$(n-1)$个节点电流方程和 m 个网孔电压方程。方程式的总数较多,求解也比较麻烦。2.4 节中介绍的叠加原理虽然可以避免这个问题,但是,如果网络中独

立电源个数较多时，分析过程也相当复杂。本节介绍网孔电流法，利用网孔电流法可以省去$(n-1)$个节点方程，只需列m个网孔电压方程。

为了说明问题，仍以与支路电流法相同的网络，对于图2.21网络，如果设想在电路的每个网孔中有一个环行电流I_{m1}、I_{m2}，这种环行电流称为网孔电流。

应当说明的是，网孔电流是为了分析网络简便而人为引入的一种假想电流，实际上网络中并不存在这种电流，网络中实际存在的是支路电流。但网孔电流可以替代实有的支路电流，由KCL定律可知，每个支路电流应等于流经该支路的网孔电流的代数和。

2.6.2　网孔电流方程

对于图2.21，根据支路电流法，列出三个独立方程，即

$$\begin{cases}I_1+I_2-I_3=0\\I_1R_1-I_2R_2+U_{S2}-U_{S1}=0\\I_2R_2+I_3R_3-U_{S2}=0\end{cases}$$

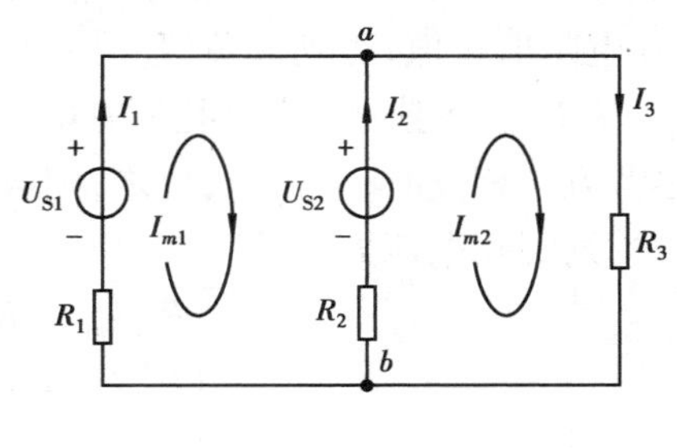

图2.21

经过整理得

$$\begin{cases}I_1(R_1+R_2)-I_3R_2=U_{S1}-U_{S2}\\-I_1R_2+I_3(R_2+R_3)=U_{S2}\end{cases}\tag{2.5}$$

对于图2.21网络，如果设想在电路的每个网孔中有一个环行电流I_{m1}、I_{m2}，若以网孔电流I_{m1}、I_{m2}为未知量，且选择网孔的绕行方向与网孔电流的参考方向一致，则列写网孔KVL方程有

$$\begin{cases}I_{m1}(R_1+R_2)-I_{m2}R_2=U_{S1}-U_{S2}\\-I_{m1}R_2+I_{m2}(R_2+R_3)=U_{S2}\end{cases}\tag{2.6}$$

对于R_1和U_{S1}构成的支路，只有网孔电流I_{m1}流过该支路，因此，$I_1=I_{m1}$；对于R_3构成的支路，只有网孔电流I_{m2}流过该支路，因此，$I_3=I_{m2}$。这样式(2.5)与式(2.6)相同，而式(2.6)是以网孔电流I_{m1}、I_{m2}为未知量列写的KVL方程，称为网孔电流方程。方程组可以进一步写成

$$\begin{cases}I_{m1}R_{11}+I_{m2}R_{12}=U_{Sm1}\\I_{m1}R_{21}+I_{m2}R_{22}=U_{Sm2}\end{cases}\tag{2.7}$$

式(2.7)中R_{11}、R_{22}分别表示两个网孔的自电阻，它们为各自网孔中的所有电阻之和$(R_{11}=R_1+R_2,R_{22}=R_2+R_3)$；$R_{12}$和$R_{21}$为两个网孔的公共支路电阻，称为互电阻。互电阻$R_{12}$和$R_{21}$总是相等的，即总有$R_{12}=R_{21}$。

由于列方程时绕行方向选定为与网孔电流参考方向一致，所以自电阻总是正的。当通过互电阻的网孔电流I_{m1}、I_{m2}的参考方向一致时，互电阻R_{12}、R_{21}取正；反之，互电阻R_{12}、R_{21}取负。如本例中互电阻$R_{12}=R_{21}=-R_2$。

式(2.7)中的U_{Sm1}和U_{Sm2}分别为两个网孔所有电压源电压的代数和。电压源电压的参考方向与网孔电流的参考方向相反时取正号；反之，则取负号。本例中$U_{Sm1}=U_{S1}-U_{S2}$，$U_{Sm2}=U_{S2}$。

2.6.3　网孔电流法的分析电路步骤

以上结论可以推广到具有m个网孔的电路。利用网孔电流法分析电路的步骤归纳为：

①如果电路中存在电流源与电阻并联组合，先将它们等效变换为电压源与电阻串联的组合。

②选定各网孔电流的参考方向，同时也作为列网孔电压方程时的绕行方向。

③求各网孔的自电阻R_{11}、R_{22}、…、R_{mm}、互电阻R_{ij}（$i \neq j, i、j = 1, 2, \cdots, m$）及各网孔所有电压源电压的代数和$U_{Sm1}$、$U_{Sm2}$、…、$U_{Smm}$。

自电阻R_{11}、R_{22}、…、R_{mm}分别是各网孔电阻之和，恒为正值。互电阻R_{ij}（$i \neq j, i、j = 1, 2, \cdots, m$）分别等于两个相关网孔的公共支路电阻之和，通过公共支路的两个网孔电流参考方向相同时，互电阻取正值，否则取负值。如两个网孔之间没有公共支路，则相应的互电阻为零。U_{Sm1}、U_{Sm2}、…、U_{Smm}分别为各个网孔所有电压源电压的代数和。电压源电压的参考方向与网孔电流的参考方向相反时，取正号；反之，则取负号。

④列网孔电流方程，即

$$\begin{cases} R_{11}I_{m1} + R_{12}I_{m2} + \cdots + R_{1m}I_{mm} = U_{Sm1} \\ R_{21}I_{m1} + R_{22}I_{m2} + \cdots + R_{2m}I_{mm} = U_{Sm2} \\ \quad \vdots \qquad\qquad \vdots \qquad\qquad\qquad \vdots \qquad\qquad \vdots \\ R_{m1}I_{m1} + R_{m2}I_{m2} + \cdots + R_{mm}I_{mm} = U_{Smm} \end{cases} \tag{2.8}$$

式中，I_{m1}、I_{m2}、…、I_{mm}为网孔电流。

⑤求解网孔电流方程，解得网孔电流。

⑥根据网孔电流求支路电流。

在求支路电流时，先必须设定支路电流的参考方向（在求网孔电流时，可不必先设定支路电流的参考方向）。支路电流计算方法如下：

a. 只有一个网孔电流通过的支路若选取支路电流参考方向与网孔电流参考方向相同，则支路电流等于网孔电流；反之，则支路电流等于网孔电流的负值。

b. 当有两个网孔电流通过的支路时，该支路电流应等于这两个网孔电流的代数和（这实际是 KCL 定律的体现）。若选取支路电流参考方向与网孔电流参考方向相同，则网孔电流为正值；反之，则为负值。

在网孔电流法中，由于省略掉 KCL 方程，因而与支路电流法相比，计算有所简化。必须说明的是，网孔电流法只适用于平面电路。

例 2.13　试用网孔电流法求解例 2.5 电路中的各支路电流。

解　选顺时针方向为两个网孔电流的参考方向，并设各为I_{m1}、I_{m2}，如图 2.21 所示。则有

$$R_{11} = R_1 + R_2 = (1 + 0.6)\ \Omega = 1.6\ \Omega$$

$$R_{22} = R_2 + R_3 = (0.6 + 24)\ \Omega = 24.6\ \Omega$$

$$R_{12} = R_{21} = -R_2 = -0.6\ \Omega$$

$$U_{Sm1} = U_{S1} - U_{S2} = (130 - 117)\ \text{V} = 13\ \text{V}$$

$$U_{Sm2} = U_{S2} = 117\ \text{V}$$

网孔方程为

$$\begin{cases} 1.6I_{m1} - 0.6I_{m2} = 13 \\ -0.6I_{m1} + 24.6I_{m2} = 117 \end{cases}$$

解得

$$I_{m1}=\frac{\begin{vmatrix}13 & -0.6\\117 & 24.6\end{vmatrix}}{\begin{vmatrix}1.6 & -0.6\\-0.6 & 24.6\end{vmatrix}}=\frac{390}{39}\text{ A}=10\text{ A}$$

$$I_{m2}=\frac{\begin{vmatrix}1.6 & 13\\-0.6 & 117\end{vmatrix}}{\begin{vmatrix}1.6 & -0.6\\-0.6 & 24.6\end{vmatrix}}=\frac{195}{39}\text{ A}=5\text{ A}$$

从而可得

$$\begin{cases}I_1=I_{m1}=10\text{ A}\\I_2=-I_{m1}+I_{m2}=-5\text{ A}\\I_3=I_{m2}=5\text{ A}\end{cases}$$

例2.14　用网孔法求图2.22所示电路的各支路电流。

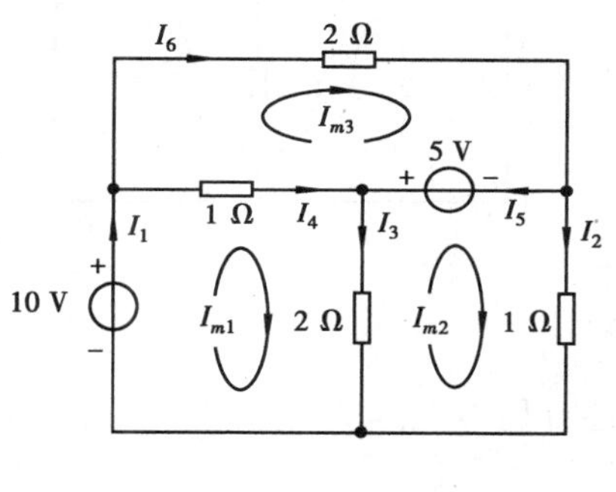

图2.22

解　选择各网孔电流的参考方向,如图2.22所示。计算各网孔的自电阻和相关网孔的互电阻及每一网孔的电源电压。

$R_{11}=(1+2)\ \Omega=3\ \Omega, R_{22}=(1+2)\ \Omega=3\ \Omega$

$R_{33}=(1+2)\ \Omega=3\ \Omega$

$R_{12}=R_{21}=-2\ \Omega, R_{23}=R_{32}=0, R_{13}=R_{31}=-1\ \Omega$

$U_{S11}=10\text{ V}, U_{S22}=-5\text{ V}, U_{S33}=5\text{ V}$

列网孔方程组得

$$\begin{cases}3I_{m1}-2I_{m2}-I_{m3}=10\\-2I_{m1}+3I_{m2}=-5\\-I_{m1}+3I_{m3}=5\end{cases}$$

求解方程组得

$$\begin{cases}I_{m1}=6.25\text{ A}\\I_{m2}=2.5\text{ A}\\I_{m3}=3.75\text{ A}\end{cases}$$

任选各支路电流的参考方向,如图2.22所示。由网孔电流求出各支路电流,即

$$\begin{cases}I_1=I_{m1}=6.25\text{ A}\\I_2=I_{m2}=2.5\text{ A}\\I_3=I_{m1}-I_{m2}=3.75\text{ A}\\I_4=I_{m1}-I_{m3}=2.5\text{ A}\\I_5=I_{m3}-I_{m2}=1.25\text{ A}\\I_6=I_{m3}=3.75\text{ A}\end{cases}$$

2.6.4 含有理想电流源支路时的求解方法

当电路中的电流源没有电阻与之并联，则无法等效变换为电压源与电阻串联的组合，因而不能按式(2.8)列写方程。这时，可以采取以下措施：

①如果电流源只有一个网孔电流流过，这时该网孔电流成为已知量，等于该电流源的电流，因而不必再对这个网孔列写网孔方程。

②将电流源的电压作为变量(未知量)列入网孔方程，并将电流源电流与有关网孔电流的关系作为补充方程，一并求解。

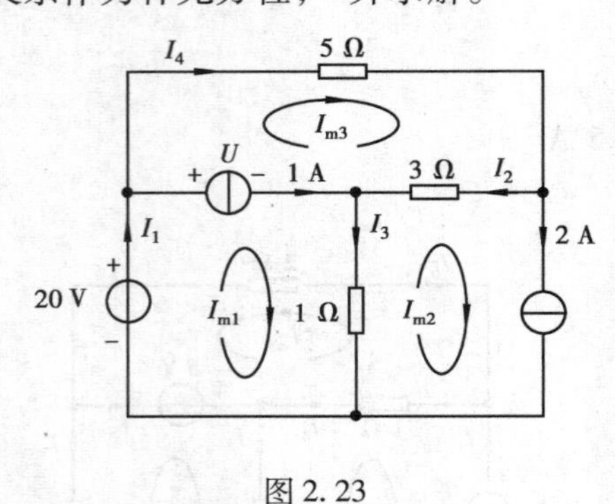

图 2.23

例 2.15 用网孔电流法求图 2.23 电路中各支路电流。

解 指定网孔电流 I_{m1}、I_{m2}、I_{m3} 的参考方向如图 2.23 所示。电流源电流 2 A 中只有一个网孔电流 I_{m2}，且方向相同，所以，$I_{m2}=2$ A 为已知量，因而这个网孔电流方程不必列出。

设电流源 1 A 的电压为 U，将其作为变量，其参考方向如图 2.23，列出电流的网孔电流 I_{m1}、I_{m3} 方程，即

$$\begin{cases}1I_{m1}-1I_{m2}=20-U\\-3I_{m2}+(5+3)I_{m3}=U\end{cases}$$

上述方程中 $I_{m2}=2$ A，有 I_{m1}、I_{m3}、U 等三个未知量，但电流源 1 A 的电流为已知量，故有

$$I_{m1}-I_{m3}=1$$

联立求解得

$$\begin{cases}I_{m1}=4\ \text{A}\\I_{m3}=3\ \text{A}\\U=18\ \text{V}\end{cases}$$

由支路电流与网孔电流关系可得

$$\begin{cases}I_1=I_{m1}=4\ \text{A}\\I_2=I_{m3}-I_{m2}=1\ \text{A}\\I_3=I_{m1}-I_{m2}=2\ \text{A}\\I_4=I_{m3}=3\ \text{A}\end{cases}$$

2.7 节点电压法

2.7.1 节点电压方程

由上一节可知，应用网孔电流法比用支路电流法省略了$(n-1)$个节点方程式。能不能省略 m 个网孔方程式，仅列$(n-1)$个节点方程式，这就是本节要讨论的节点电压法。

节点电压法采用节点电压为电路的未知量列方程，这种方法广泛应用于电路的计算机辅

助分析,因而已成为网络分析中的重要的方法之一。

在电路中任选一节点为参考节点,电路其余$(n-1)$个节点称为独立节点。独立节点对参考节点的电压称为节点电压。节点电压的参考方向总是假设为由独立节点指向参考节点。

对于图2.24电路,如果选c点为参考节点,则节点1、2为独立节点,它们对节点c的电压就称为节点电压,用U_1、U_2表示。电阻R_1上的电压就是U_1,电阻R_3上的电压就是U_2,电阻R_2上的电压为相应两节点电压之差,即$U_{R_2}=U_{12}=U_1-U_2$。在R_1、R_2、R_3所组成的回路中,如各支路电压用节点电压表示,则由KVL可知,$U_{12}+U_2-U_1=0$,这就是说,规定节点电压后,KVL一定得到满足。

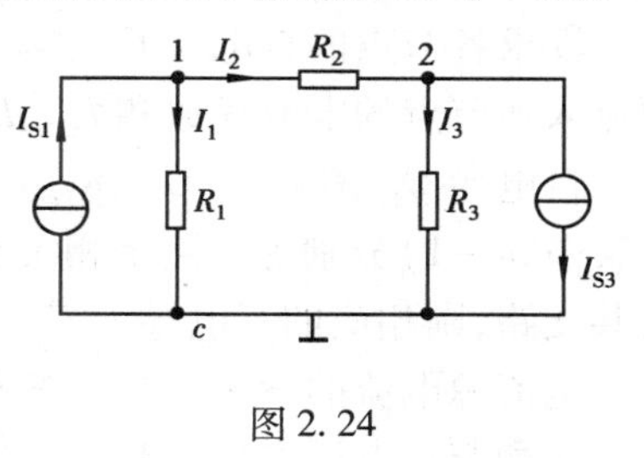

图2.24

为了建立以节点电压为独立变量的方程式,应用KCL于节点1和2。对节点1有

$$I_1+I_2=I_{S1} \tag{2.9}$$

对节点2有

$$I_2=I_{S3}+I_3 \tag{2.10}$$

另考虑到各支路方程有

$$I_1=\frac{U_1}{R_1}=G_1U_1$$

$$I_2=\frac{U_{12}}{R_2}=G_2U_{12}=G_2(U_1-U_2)$$

$$I_3=\frac{U_2}{R_3}=G_3U_2$$

将上述三式代入式(2.9)、(2.10),整理后得到求解电路的节点1和节点2电压方程,即

$$\begin{cases}(G_1+G_2)U_1-G_2U_2=I_{S1}\\-G_2U_1+(G_2+G_3)U_2=-I_{S3}\end{cases} \tag{2.11}$$

方程进一步写成

$$\begin{cases}G_{11}U_1+G_{12}U_2=I_{S11}\\G_{21}U_1+G_{22}U_2=I_{S22}\end{cases} \tag{2.12}$$

这就是应用节点电压法所列的节点电压方程。

方程中$G_{11}=G_1+G_2$,是连接到节点1的各支路的电导之和,称为节点1的自电导;$G_{22}=G_2+G_3$,是连接到节点2的各支路的电导之和,称为节点2的自电导;$G_{12}=G_{21}=-G_2$,是连接到节点1和节点2之间的所有公共各支路中的电导之和的负值,称为节点1和节点2的互电导。自电导总是为正值,而互电导总是为负值,这是由于节点电压正方向一律假定为从该节点指向参考节点的缘故。

方程右边的I_{S11}和I_{S22}是连接到相应节点上的各支路中的电流源电流的代数和。参考方向指向节点的电流取正号,反之,背向节点的电流取负号,没有电流源时该项为零。

2.7.2　节点电压的计算步骤

将以上结论推广到具有n个节点的电路。节点电压法的步骤归纳为:

①如果电路中存在电压源与电阻串联组合,先将它们等效变换为电流源与电阻并联的

组合。

②指定参考节点，其余独立节点与参考节点间的电压就是节点电压，其参考方向是由独立节点指向参考节点。

③求各节点的自电导 G_{11}、G_{22}、…、$G_{(n-1)(n-1)}$、互电导 $G_{ij}(i\neq j,i、j=1,2,\cdots,n-1)$ 及电流源流入各节点的电流代数和 I_{S11}、I_{S22}、…、$I_{S(n-1)(n-1)}$。

自电导 G_{11}、G_{22}、…、$G_{(n-1)(n-1)}$ 分别是节点上电导之和，恒为正值。互电导 $G_{ij}(i\neq j,i、j=1,2,\cdots,n-1)$ 分别等于两个相关节点的公共支路电导之和，恒为负值；如两个节点之间没有公共支路，则相应的互电导为零。I_{S11}、I_{S22}、…、$I_{S(n-1)(n-1)}$ 分别为电流源流入各节点的电流代数和。电流源电流的参考方向的参考方向指向节点时取正号；反之，则取负号。

④列节点电压方程，即

$$\begin{cases}G_{11}U_1+G_{12}U_2+\cdots+G_{1(n-1)}U_{n-1}=I_{S11}\\G_{21}U_1+G_{22}U_2+\cdots+G_{2(n-1)}U_{n-1}=I_{S22}\\\vdots\qquad\vdots\qquad\qquad\vdots\qquad\qquad\vdots\\G_{(n-1)1}U_1+G_{(n-1)2}U_2+\cdots+G_{(n-1)(n-1)}U_{n-1}=I_{S(n-1)(n-1)}\end{cases}\tag{2.13}$$

式中，U_1、U_2、…、U_{n-1} 为节点电压。

⑤求解节点电压方程，解得节点电压。

⑥指定支路电流的参考方向，根据欧姆定律求各支路电流。

如果电路的独立节点数少于网孔数，与网孔电流法相比，节点电压法联立方程数少，较易求解。

例 2.16 试用节点电压法求图 2.25 所示的电路中各支路电流 I_1、I_2、I_3。已知 $I_{S1}=3\ \text{A}$，$I_{S2}=5\ \text{A}$，$I_{S3}=2\ \text{A}$，$R_1=1\ \Omega$，$R_2=4\ \Omega$，$R_3=2\ \Omega$。

解 选节点 3 为参考节点。由电路得

$$G_{11}=\frac{1}{R_1}+\frac{1}{R_2}=(1+0.25)\ \text{S}=1.25\ \text{S}$$

$$G_{22}=\frac{1}{R_1}+\frac{1}{R_2}=(0.5+0.25)\ \text{S}=0.75\ \text{S}$$

$$G_{12}=G_{21}=\frac{1}{R_2}=-0.25\ \text{S}$$

$$I_{S11}=I_{S1}+I_{S2}=(3+5)\ \text{A}=8\ \text{A}$$

$$G_{S22}=I_{S3}-I_{S2}=(2-5)\ \text{A}=-3\ \text{A}$$

节点电压方程为

$$\begin{cases}1.25U_1-0.25U_2=8\\-0.25U_1+0.75U_2=-3\end{cases}$$

解方程组得

$$\begin{cases}U_1=6\ \text{V}\\U_2=-2\ \text{V}\end{cases}$$

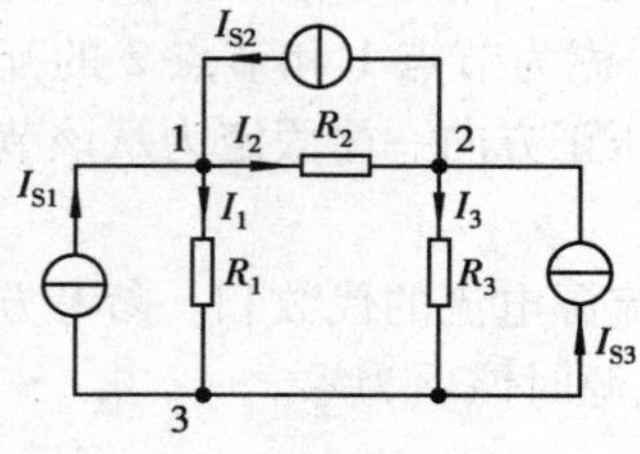

图 2.25

在图 2.25 中所选参考方向下的各支路电流为

$$\begin{cases} I_1 = G_1U_1 = 6\ \text{A} \\ I_2 = G_2U_{12} = 0.25 \times (6+2)\ \text{A} = 2\ \text{A} \\ I_3 = G_3U_2 = -1\ \text{A} \end{cases}$$

2.7.3　弥尔曼定理

用节点电压法分析图 2.26(a)所示的只有两个节点的电路，只需列($n-1=1$)个方程，不需解联立方程组，可以直接求出两个节点间的电压。

将图(a)等效为图(b)。如选节点 2 为参考节点，则有

$$(G_1 + G_2 + G_3 + G_4)U_1 = I_{S1} + I_{S2} + I_{S3}$$

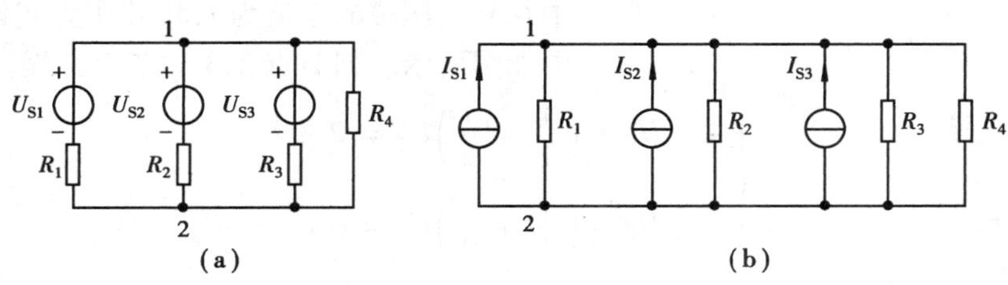

图 2.26

即

$$U_1 = \frac{\sum I_{Si}}{\sum G_i} = \frac{\sum (G_iU_{Si})}{\sum G_i} \tag{2.14}$$

上式也称为弥尔曼定理。在式(2.14)中，$\sum(G_iU_{Si})$ 为各支路的电流源电流的代数和，电流源电流参考方向指向节点 1(或电压源电压的正性端接到独立节点 1)时，取“+”号；反之，取“-”号。$\sum G_i$ 为各支路电导的和。利用弥尔曼定理求出节点间电压后，再求各支路电流。

例 2.17　试用弥尔曼定理解例 2.5。

解　如图 2.9 所示，以节点 b 为参考节点，则由弥尔曼定理可得

$$U_{ab} = \frac{G_1U_{S1} + G_2U_{S2}}{G_1 + G_2 + G_3} = \frac{\dfrac{130}{1} + \dfrac{117}{0.6}}{\dfrac{1}{1} + \dfrac{1}{0.6} + \dfrac{1}{24}}\ \text{V} = 120\ \text{V}$$

各支路电流为

$$\begin{cases} I_1 = G_1(U_{S1} - U_{ab}) = 1 \times (130 - 120)\ \text{A} = 10\ \text{A} \\ I_2 = G_2(U_{S2} - U_{ab}) = \dfrac{1}{0.6} \times (117 - 120)\ \text{A} = -5\ \text{A} \\ I_3 = G_3U_{ab} = \dfrac{1}{24} \times 120\ \text{A} = 5\ \text{A} \end{cases}$$

2.7.4　含有理想电压源支路时的求解方法

当电路中的电压源没有电阻与之串联，则无法等效变换为电流源与电阻并联的组合，这时可以采用以下措施：

①尽可能取电压源支路的负极性端作为参考节点。这时,该支路的另一端电压成为已知量,等于该电压源电压,因而不必再对这个节点列写节点方程。

②将电压源中的电流作为变量(未知量)列入节点方程,并将其电压与两端节点电压的关系作为补充方程一并求解。

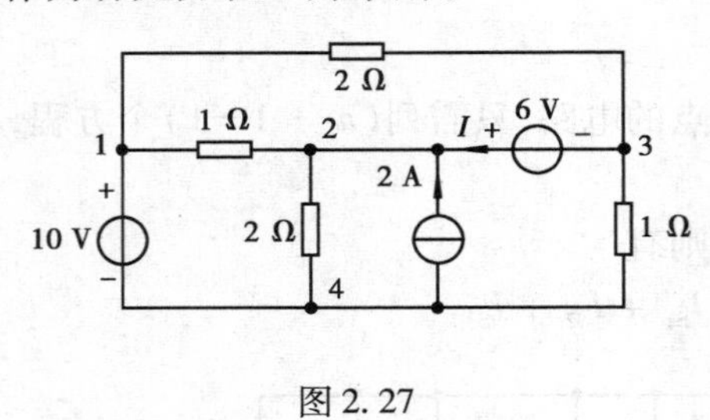

图 2.27

例 2.18 用节点电压法求图 2.27 电路中 6 V 电压源的电流 I。

解 取节点 4 为参考节点,支路 14 中 10 V 电压源的电压为已知,所以节点 1 的电压 $U_1=10$ V 为已知量,不必对节点 1 列节点方程。设支路 23 中 6 V 电压源的电流为 I,将其作为变量,其参考方向如图所示。列节点 2、3 的节点方程,即

$$\begin{cases} -\frac{1}{1}U_1+\left(\frac{1}{1}+\frac{1}{2}\right)U_2=2+I \\ -\frac{1}{2}U_1+\left(\frac{1}{1}+\frac{1}{2}\right)U_3=-I \end{cases}$$

式中,$U_1=10$ V,而

$$U_2-U_3=6\text{ V}$$

解方程组得

$$U_2=\frac{26}{3}\text{ V},U_3=\frac{8}{3}\text{ V},I=1\text{ A}$$

2.8 受控源和含受控源的简单电路的分析计算

2.8.1 受控源

上面所讨论的电压源和电流源都是独立电源。电压源的端电压和电流源的输出电流都只取决于电源内部非静电力提供的能量,而不受电源外部电路的控制。在电子电路中,经常会用到晶体管和场效应管等有源器件。它们的电流或电压受其他支路电流或电压控制,既不同于无源元件,又不同于独立电源。例如,图 2.28(a)所示的晶体管,它有三极电极:基极 b、发射极 e、集电极 c。集电极电流 i_c 受基极电流 i_b 的控制。在一定范围内,集电极电流与基极电流成正比,即 $i_c=\beta i_b$。为此,引用受控源这种理想电路元件,以便分析计算有这种情况的电路。

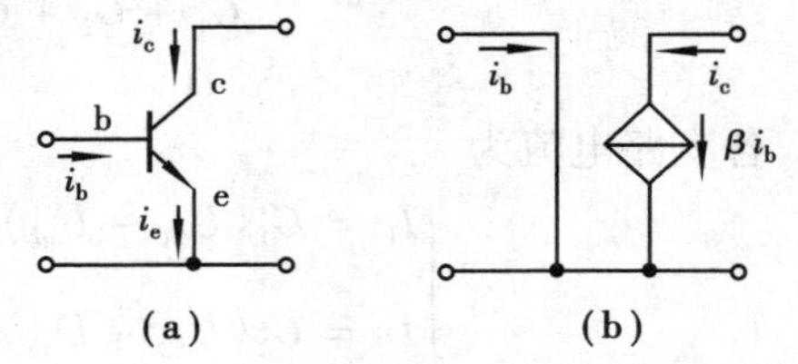

图 2.28

受控源是一种理想电路元件,它由两个支路组成,一个支路是短路(或是开路);另一个支路如同电流源(或电压源),而其电流(或电压)受短路支路的电流(或开路支路的电压)控制。

需要说明的是,受控源与独立电源的性质不同。受控源在电路中虽然也能提供能量和功

率,但其提供的能量和功率不但决定于受控支路的情况,而且还受到控制支路的影响。当电路中不存在独立源时,不能为控制支路提供电压和电流,于是控制量为零,受控源的电压或电流也为零。

根据控制量的不同,受控源分为以下四种:电压控制电压源 VCVS、电流控制电压源 CCVS、电压控制电流源 VCCS 和电流控制电流源 CCCS。它们的符号如图 2.29 所示。为了与独立电源相区别,受控源用菱形符号表示。在电路图中,为了简便,受控源的控制支路都不画出,只是注明控制量。

图 2.29 中 μ、γ、g、β 是受控源的参数。μ 称为电压放大系数;β 称为电流放大系数。它们都是没有量纲一的参数。γ 称为转移电阻,它具有电阻的量纲;g 称为转移电导(或跨导),它具有电导的量纲。当这些参数为常数时,受控源的电压或电流与控制量成正比,这样的受控源称为线性受控源。这样上述晶体管可用 CCCS 构成其电路模型,如图 2.28(b)所示。

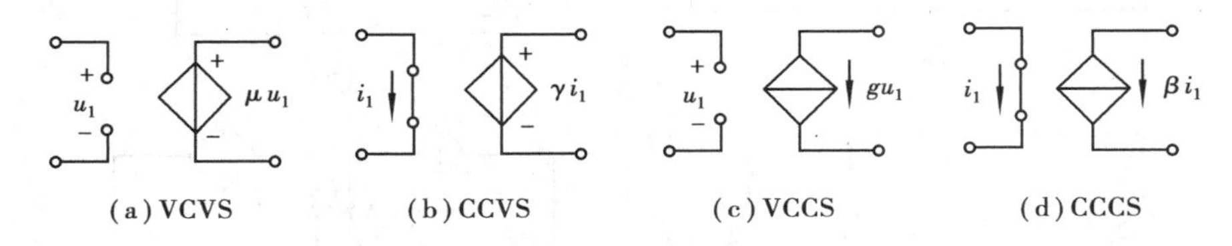

图 2.29

2.8.2　含有受控源电路的分析计算

本章前面介绍的电路分析方法和网络定理,是线性电路通用的求解方法和普遍遵循的原则,当然,也适用于含有线性受控源电路。不过,考虑到受控源的特性,在具体运用分析方法时还得注意以下几点:

①受控电压源、电阻串联组合和受控电流源、电阻并联组合仍可等效互换,但变换中要保留控制量所在支路,也就是保留控制量。

②在用支路电流法分析计算时,应先将受控源暂时作为独立源去列写支路电流方程,然后用支路电流来表示受控源的控制量(电压或电流),使方程的未知量仅是支路电流(运用网孔电流法、节点电压法分析计算时也是如此)。

③在应用叠加原理时,独立源可以单独作用,分别计算其单独作用时电压或电流,然后求其代数和。但受控源不能单独作用,且当每个独立源单独作用时,受控源应照旧保留在电路中。

④在应用戴维南定理和诺顿定理时,注意有源二端网络与外电路之间应当没有受控依赖关系。在求等效电阻时,有源二端网络中的独立电源均作为零,但受控源不能当作为零处理,应当保留。一般情况下,可用 2.5.4 介绍的在端口处另施加一电压 U 的方法求等效电阻,或用 $R_i=\dfrac{U_{OC}}{I_{SC}}$ 也可求得等效电阻。另外,若求得等效电阻为负值,这表明该网络向其外部发出能量。

例 2.19　试求图 2.30(a)所示的电路中 2 Ω 电阻两端电压 U_{ca}。

解　①应用电源等效变换法求解

本题含有独立电流源电阻并联组合,也含有受控电流源与电阻并联组合。将受控电流源电阻并联组合等效为受控电压源电阻串联组合，如图 2. 30(b)所示(注意:1 A 独立电流源和 8 Ω电阻并联组合要保留)。然后，将受控电压源电阻串联组合等效为受控电流源电阻并联组合，如图 2. 30(c)所示。由图 2. 30(c)可得

$$\begin{cases} I + 1 = \dfrac{U_{cb}}{4} + I \\ U_{cb} = 8I \end{cases}$$

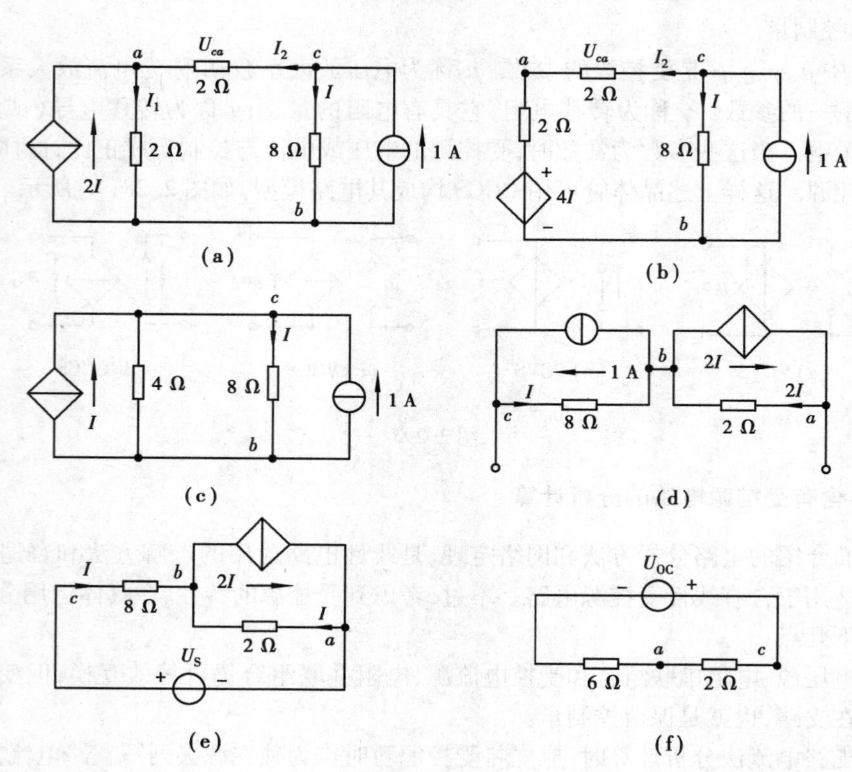

图 2. 30

解方程组得

$$I = 0.5\ \text{A}$$

由图 2. 30(a)对节点 c 有

$$I_2 = 0.5\ \text{A}$$

故有

$$U_{ca} = I_2 \times 2 = 1\ \text{V}$$

②应用支路电流法求解

设各支路电流参考方向如图 2. 30(a)所示。由支路电流法可得

$$\begin{cases} 2I + I_2 = I_1 \\ I_2 + I = 1 \\ 8I - 2I_1 - 2I_2 = 0 \end{cases}$$

解方程组得

$$\begin{cases} I_1 = 1.5\ \text{A} \\ I_2 = 0.5\ \text{A} \\ I = 0.5\ \text{A} \end{cases}$$

同理有

$$U_{ca} = I_2 \times 2 = 1\ \text{V}$$

③应用戴维南定理求解

由图2.30(d)求开路电压 U_{OC}。

$$U_{\text{OC}} = U_{ca} = 8I - 4I = (8 \times 1 - 4 \times 1)\ \text{V} = 4\ \text{V}$$

由图2.30(e)求等效电阻 R_i。

$$\begin{cases} U_{\text{S}} = 8I - 2I = 6I \\ R_i = \dfrac{U_{\text{S}}}{I} = 6\ \Omega \end{cases}$$

由图2.30(f)可得

$$U_{ca} = \frac{U_{\text{OC}}}{6+2} \times 2 = \frac{4}{8} \times 2\ \text{V} = 1\ \text{V}$$

基本要求与本章小结

(1)**基本要求**

①深刻理解网络等效变换的概念,能运用电阻的三角形连接与星形连接等效互换进行简单电路的分析计算。

②牢固掌握两种电源模型的等效变换和有源支路的串并联,能熟练地运用电源等效变换法进行电路的分析计算。

③能熟练地运用支路电流法求解电路。

④深刻理解叠加原理、戴维南定理、诺顿定理、最大功率传输,并能熟练运用。

⑤了解网孔电流法、节点电压法,能进行电路的分析计算。

⑥了解受控源的概念,能进行含受控源的简单电路的分析。

(2)**内容提要**

1)电阻的三角形连接与星形连接的等效互换

$$\text{星形连接电阻} = \frac{\text{三角形中相邻两电阻之积}}{\text{三角形中各电阻之和}}$$

$$\text{三角形连接电阻} = \frac{\text{星形中各电阻两两乘积之和}}{\text{星形中不相连的一个电阻}}$$

若待变换的三个电阻相等,则星形连接电阻 R_{Y} 与三角形连接电阻 $R_{\triangle}$ 等效互换的公式为:

$$R_{\triangle} = 3R_{\text{Y}}$$

2)电压源 U_{S} 与电阻 R_{S} 的串联组合和电流源 I_{S} 与电导 G_{S} 的并联组合可以等效互换

$$\begin{cases} I_S = \dfrac{U_S}{R_S} \\ G_S = \dfrac{1}{R_S} \end{cases}$$

利用它们之间的等效互换,可以进行有源支路的串并联化简,进而进行电路的分析与计算。应当注意的是:这种等效变换只是对电源外部电路而言,对电源内部一般是不等效的。另外,电流源 I_S 的参考方向由电压源 U_S 的负极指向正极。

3)支路电流法

①以 b 个支路电流为未知量,列 $(n-1)$ 个节点的节点电流方程;用支路电流表示电阻电压,列 $[b-(n-1)]$ 个回路电压方程。

②联立求解 b 个方程,得到支路电流,然后再求其余电压、功率等。

4)叠加原理

在线性电路中,任意支路的电流或各元件上的电压等于独立源单独作用时该支路的电流或各元件上电压的代数和。

应用叠加原理时应注意以下几个问题:

①叠加原理只能用来计算线性电路(对于直流电阻电路,电阻为常数)的电流和电压,对非线性电路,叠加原理不适用。

②叠加求其代数和时,要注意电流和电压的参考方向。如果分量的参考方向与原量一致时,取正号;反之,取负号。

③化为几个单电源电路来进行计算时,所谓电源不作用就是,如果电源是电压源,则该电压源用短路代替;如果电源是电流源,则该电流源用开路代替。

④不能用叠加原理直接来计算功率。因为功率与电流或电压的关系不是线性的,功率必须根据元件上的总电压和总电流来计算。

5)戴维南定理和诺顿定理

含有独立源的二端网络,对其外部而言,一般可用电压源与电阻串联组合或电流源与电阻并联组合等效。电压源的电压等于网络的开路电压 U_{OC},电流源的电流等于网络的短路电流 I_{SC},电阻 R_i 等于网络除源后的等效电阻。

求等效电阻的方法有3种:

①设网络内所有电源作用为零(即电压源用短路代替,电流源用开路代替),用电阻串并联或三角形与星形网络变换加以化简,计算端口的等效电阻 R_i。

②设网络内所有电源作用为零,在端口处另施加一电压 U,计算或测量端口电流 I,则等效电阻为

$$R_i = \frac{U}{I}$$

③求有源二端网络的开路电压 U_{OC} 和短路电流 I_{SC},则等效电阻 R_i 为

$$R_i = \frac{U_{OC}}{I_{SC}}$$

6)网孔电流法

①如果电路中存在电流源与电阻并联组合,先将它们等效变换为电压源与电阻串联组合。

②以网孔电流为未知量，用网孔电流表示支路电流、支路电压，列$[b-(n-1)]$个网孔KVL方程。

③联立求解网孔方程，得到各网孔电流，然后再求其余电压和电流。

④如果电流源没有与电阻并联，可采用：a. 使网孔电流等于该电流源电流成为已知；b. 将该电流源电压作为变量建立网孔方程，并补充电流源与网孔电流关系的方程。

7）节点电压法

①如果电路中存在电压源与电阻串联组合，先将它们等效变换为电流源与电阻并联组合。

②以节点电压为未知量，用节点电压表示支路电流、支路电压，列$(n-1)$个独立节点KCL方程。

③联立求解节点方程，得到各节点电压，然后再求其余电压和电流。

④如果电压源没有与电阻串联，可采用：a. 使节点电压等于该电压源电压成为已知；b. 将该电压源电流作为变量建立节点方程，并补充电压源与节点电压关系的方程。

8）弥尔曼定理

对于只有两个节点的电路，可先求独立节点电压互感器，它等于各独立源流入该节点电流的代数和与该节点相连各支路电导之和的比值，即

$$U_1=\frac{\sum I_{Si}}{\sum G_i}=\frac{\sum(G_iU_{Si})}{\sum G_i}$$

得到节点电压后，再求各支路电流。

9）受控源及含受控源电路

受控源也是一种电源，其特点是它提供的电压或电流受电路中其他支路电压或电流的控制，因而不能像独立源一样单独产生电压或电流。含受控源的简单电路的分析方法：

①含受控源的简单电路与分析不含受控源的电路方法一样，只需注意将控制量用准备求解的变量表示即可。

②含受控源不含独立源的二端网络可等效为一个电阻；含受控源与独立源的二端网络一般情况下可等效为电压源与电阻串联组合，也可以等效为电流源与电阻并联组合。它们都可以用外加电压源计算端口电流的方法求等效电路。

③受控电压源与电阻串联组合和受控电流源与电阻并联组合可以等效变换，但变换时须注意不要消去控制量，只有在将控制量转化为不会被消去的量以后才能进行。

习　题

2.1　试将题图2.1所示的各Y连接电阻变换为等效△连接电阻，或将△连接变换为Y连接。

2.2　求题图2.2所示的二端网络的电阻。

2.3　求题图2.3所示的电路ab右侧的输入电阻R_{ab}和4 Ω电阻的电流。

2.4　在题图2.4所示的电路中：①试求它的等效电阻；②如端口电压为13 V，试求各电阻的电流。

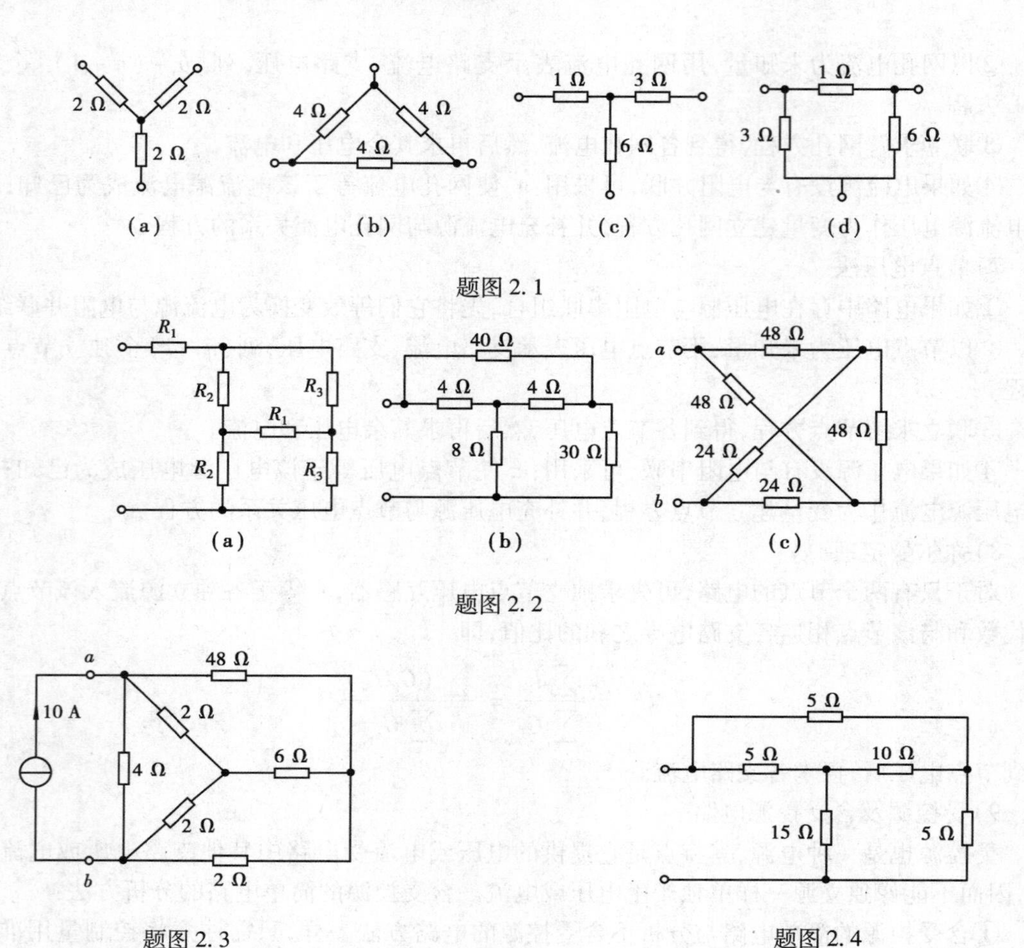

题图 2.1

题图 2.2

题图 2.3

题图 2.4

2.5　试等效简化题图 2.5 所示的各网络。

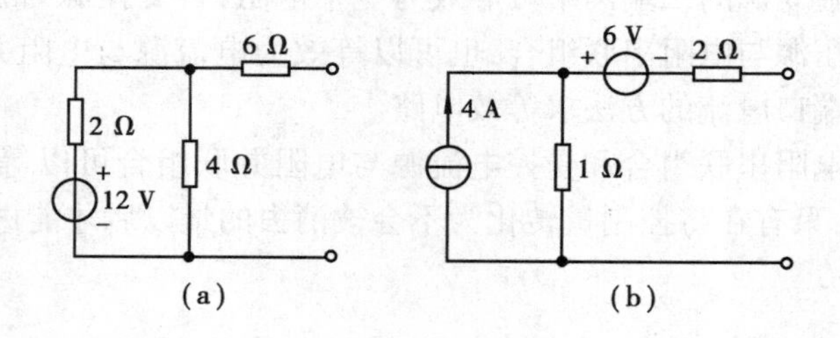

题图 2.5

2.6　求题图 2.6 所示的各二端网络的等效电路。

2.7　试用等效变换简化题图 2.7 中 3 Ω 电阻的电压和 1 Ω 电阻的电流。

2.8　试用电源等效变换方法计算题图 2.8 中 2 Ω 电阻中的电流 I。

2.9　在题图 2.9 所示的电路中，已知电阻 $R_1=2\ \Omega$，$R_2=3\ \Omega$，$R_3=0.1\ \Omega$，$R_4=5\ \Omega$，$R_5=10\ \Omega$，$R_6=4\ \Omega$，电压 $U_{S1}=20\ \text{V}$，$U_{S2}=10\ \text{V}$，电流 $I_S=40\ \text{A}$，求电路中各支路电流。

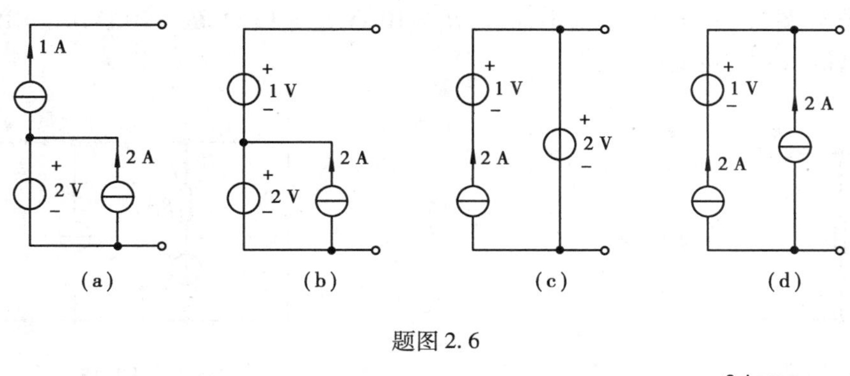

题图 2.6

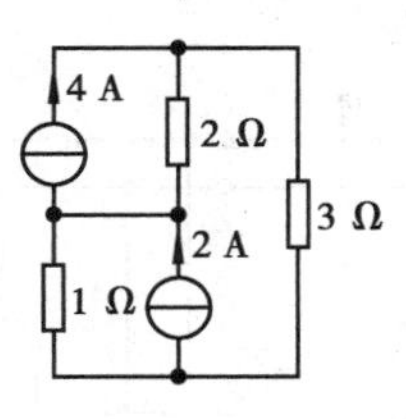

题图 2.7

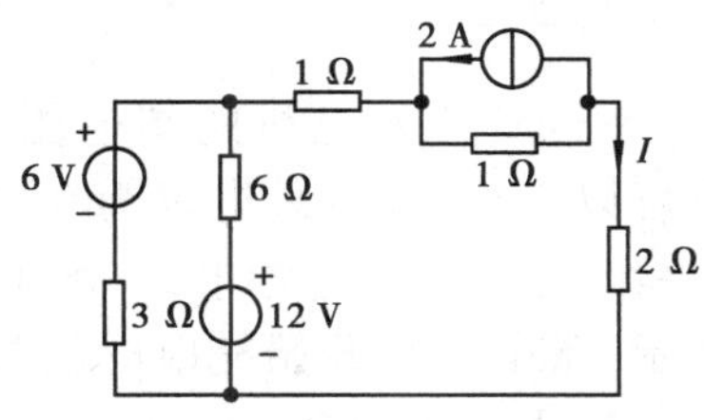

题图 2.8

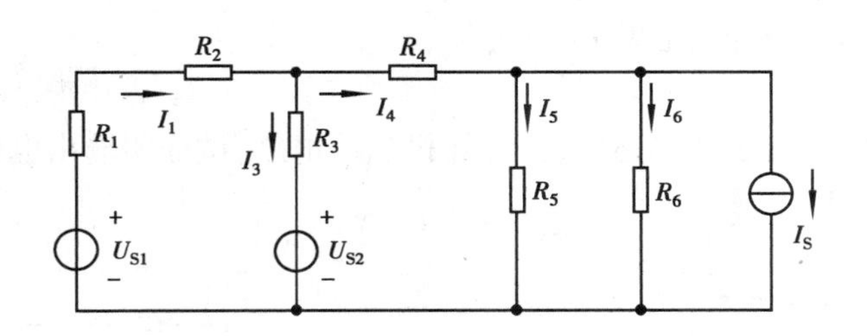

题图 2.9

2.10　在题图 2.10 所示的电路中，已知电阻 $R_1=5\ \Omega, R_2=4\ \Omega, R_3=R_5=20\ \Omega, R_4=2\ \Omega, R_6=10\ \Omega$，电压 $U_{S1}=15\ \text{V}, U_{S2}=10\ \text{V}, U_{S6}=4\ \text{V}$，求电路中各支路电流。

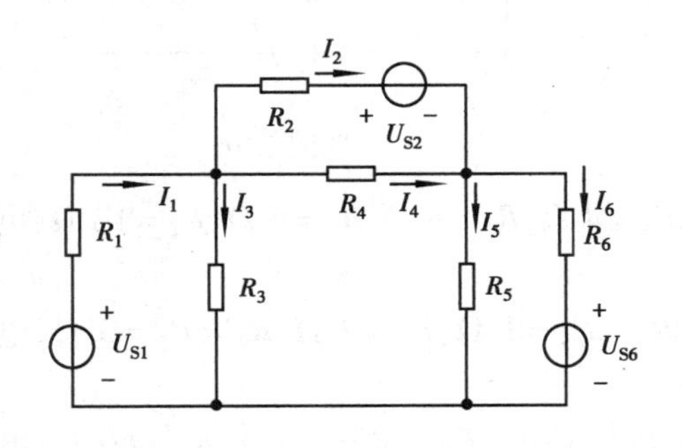

题图 2.10

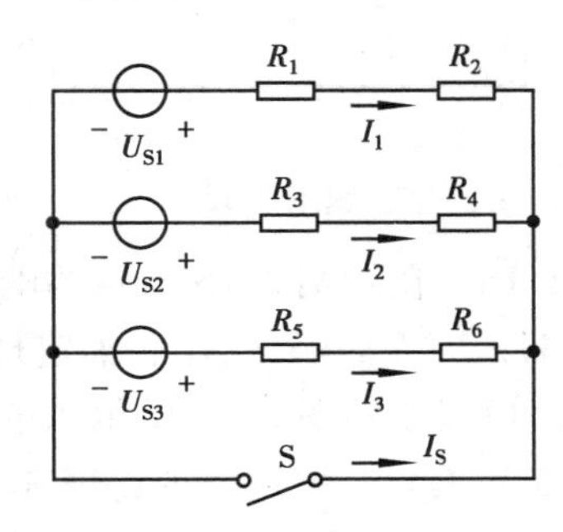

题图 2.11

2.11　在题图 2.11 所示的电路中，已知电阻 $R_1=R_3=R_5=20\ \Omega, R_2=R_4=R_6=180\ \Omega$，电压 $U_{S1}=U_{S2}=\ U_{S3}=110\ \text{V}$，当开关 S 断开和闭合时，分别求电路中各支路电流。

2.12　在题图 2.12 所示的电路中，已知 $R_1=3\ \Omega, R_2=6\ \Omega, R_3=8\ \Omega, U_{S1}=12\ \text{V}, U_{S2}=6\ \text{V}$，试求各支路电流。

2.13　在题图 2.13 所示的电路中，已知 $R_1=10\ \Omega$，$R_2=15\ \Omega$，$R_3=20\ \Omega$，$U_{S1}=15\ V$，$U_{S2}=5\ V$，$I_S=1\ A$，试求各支路电流。

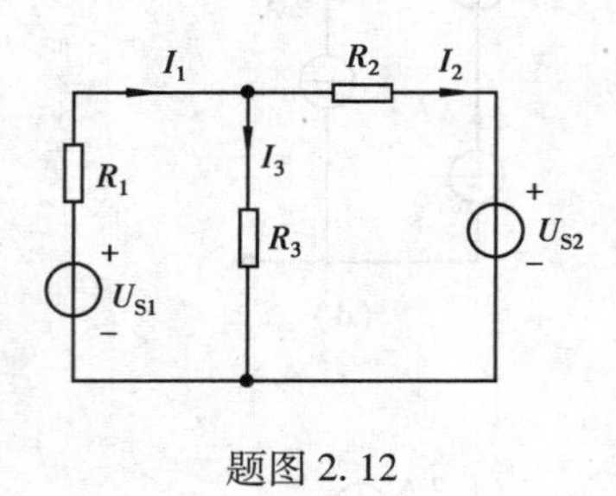

题图 2.12

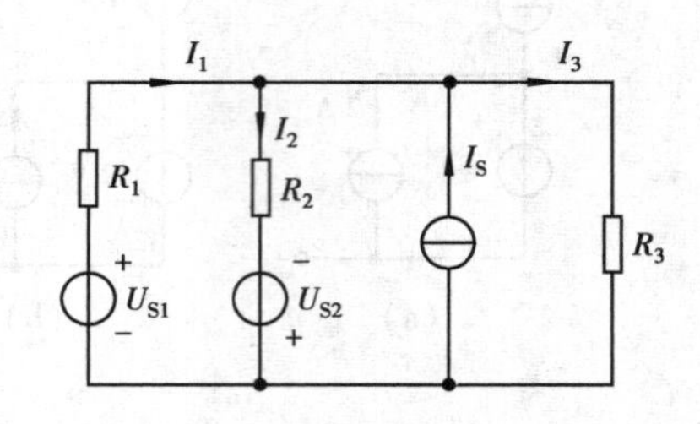

题图 2.13

2.14　一台直流发电机的端电压为 78 V，内阻很小，可以不计，经过总电阻为 0.2 Ω 的导线供电给一组充电的蓄电池和一个电炉，如题图 2.14 所示，蓄电池组开始充电时的电压为 60 V，内阻为 1 Ω，电炉的电阻为 4 Ω。试求：①求蓄电池的充电电流、电炉的电流及电压；②求蓄电池、电炉、发电机的功率；③如将电炉去掉，c、d 间的电压变为多少？

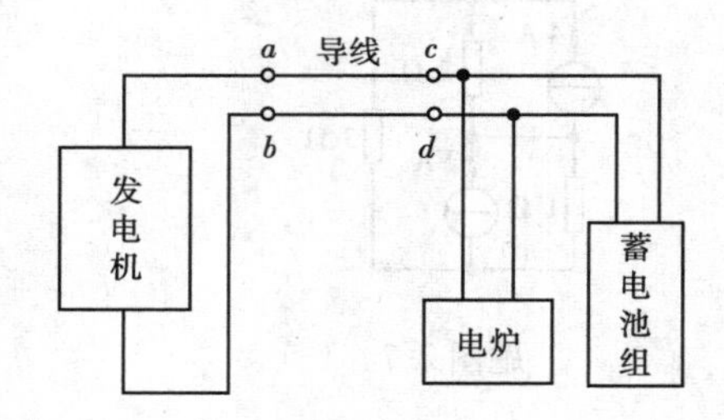

题图 2.14

2.15　在题图 2.15 所示的电路中，为计算机加法电路，试证明输出电压 U_A 与被加电压之和 $U_{S1}+U_{S2}+U_{S3}$ 成正比。

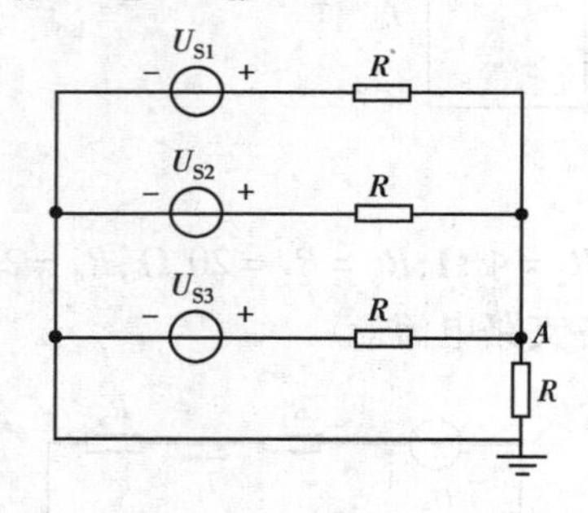

题图 2.15

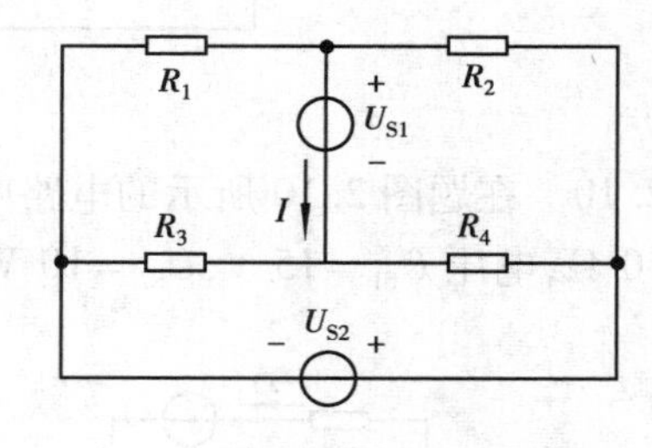

题图 2.16

2.16　在题图 2.16 所示的电路中，已知电阻 $R_1=4\ \Omega$，$R_2=8\ \Omega$，$R_3=6\ \Omega$，$R_4=12\ \Omega$，电压 $U_{S1}=1.2\ V$，$U_{S2}=3\ V$，用叠加定理求电流 I。

2.17　在题图 2.17 所示的电路中，已知电阻 $R_1=R_3=1\ \Omega$，$R_2=2\ \Omega$，$R_4=R_5=3\ \Omega$，电压 $U_{S1}=3\ V$，$I_S=9\ A$，用叠加定理求电压 U_5。

2.18　在题图 2.18 所示的电路中，已知电阻 $R_1=40\ \Omega$，$R_2=36\ \Omega$，$R_3=R_4=60\ \Omega$，电压 $U_{S1}=100\ V$，$U_{S2}=90\ V$，用叠加定理求电流 I_2。

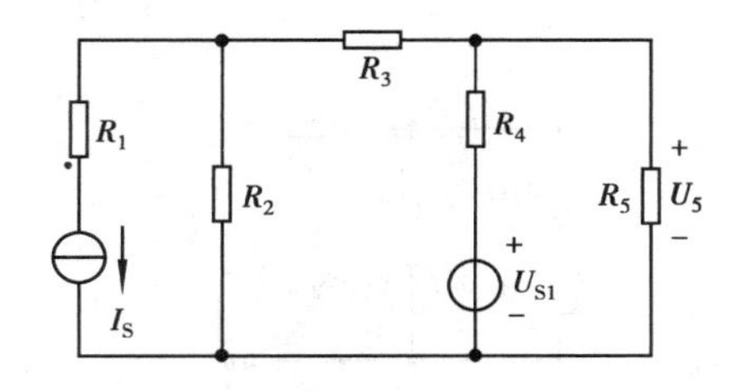

题图 2.17

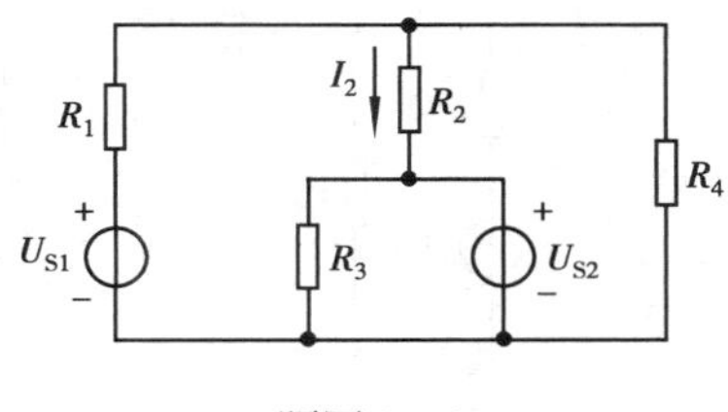

题图 2.18

2.19　求题图 2.19 所示的电路中的电压 U。

2.20　试用叠加定理求解题图 2.20 所示的电路中各电阻支路的电流 I_1、I_2、I_3 和 I_4。

2.21　试用叠加定理求题图 2.21 所示的电路中的电流 I。

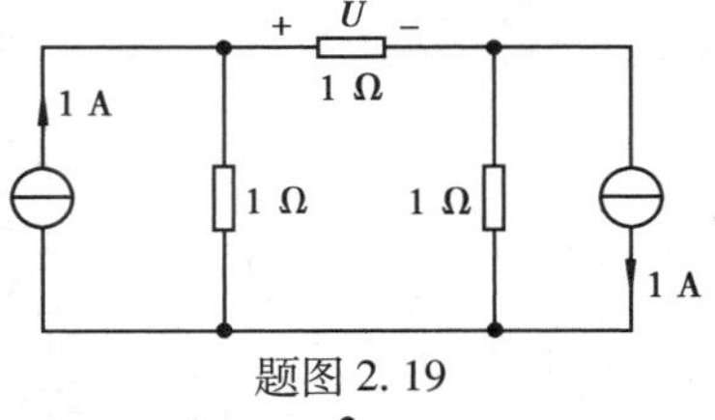

题图 2.19

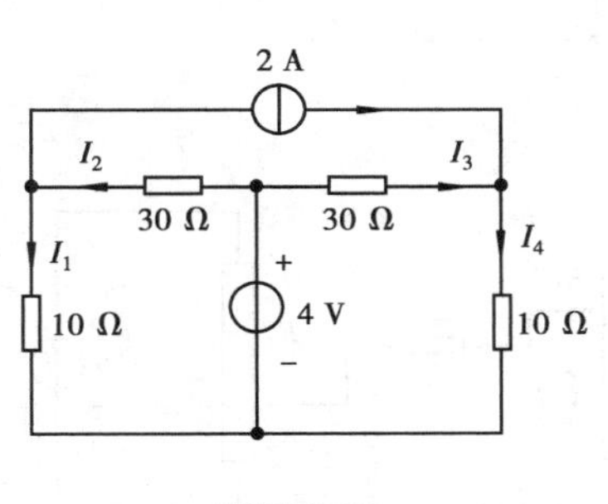

题图 2.20

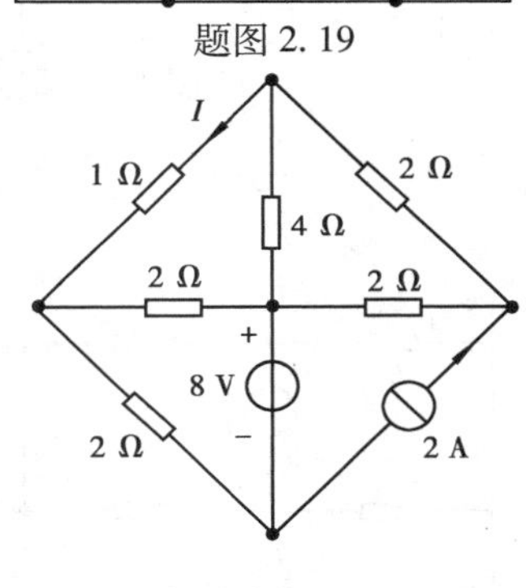

题图 2.21

2.22　在题图 2.22 所示的电路中，求戴维南等效电路。

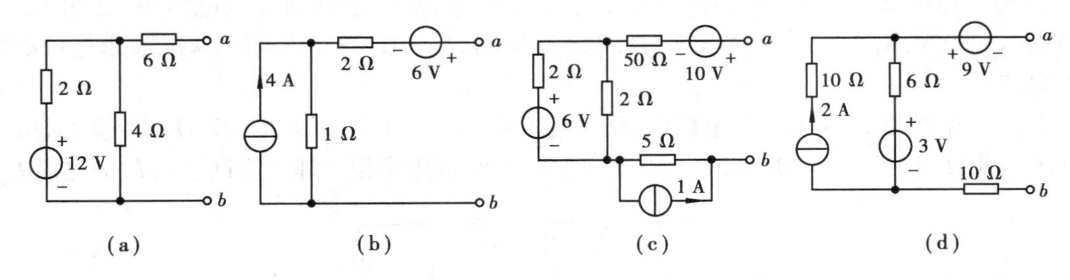

题图 2.22

2.23　在题图 2.23 所示的电路中，求诺顿等效电路。

2.24　在题图 2.24 所示的电路中，已知电阻 $R_1=3\ \text{k}\Omega$，$R_2=6\ \text{k}\Omega$，$R_3=1\ \text{k}\Omega$，$R_4=R_6=2\ \text{k}\Omega$，$R_5=1\ \text{k}\Omega$，电压 $U_{S1}=15\ \text{V}$，$U_{S2}=12\ \text{V}$，$U_{S4}=8\ \text{V}$，$U_{S5}=7\ \text{V}$，$U_{S6}=11\ \text{V}$，试用戴维南定理求流过电阻 R_3 的电流 I_3。

2.25　在题图 2.25 所示的电路中，已知电阻 $R_1=3\ \Omega$，$R_2=6\ \Omega$，$R_3=1\ \Omega$，$R_4=2\ \Omega$，电压源电压 $U_S=3\ \text{V}$，电流源电流 $I_S=3\ \text{A}$，试用戴维南定理求电阻 R_1 两端电压 U_1。

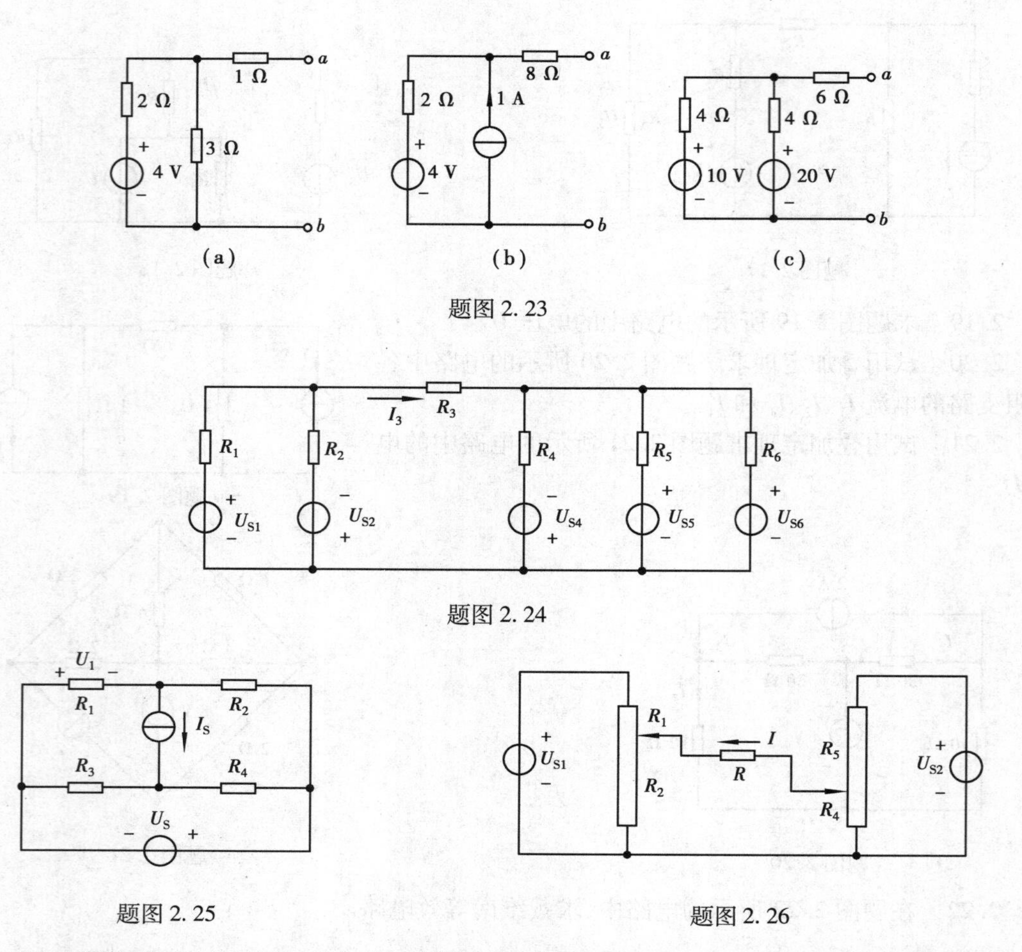

题图 2.23

题图 2.24

题图 2.25

题图 2.26

2.26 题图 2.26 所示为两个分压器组成的电路，常用于自动控制电路中，已知 $U_{S1}=72\ V$，$U_{S2}=80\ V$，$R_1=1.5\ k\Omega$，$R_2=3\ k\Omega$，$R_4=2.6\ k\Omega$，$R_5=1.4\ k\Omega$，$R=1.5\ k\Omega$，试求流过电阻 R 的电流 I。

2.27 在题图 2.27 所示的电路中，已知电阻 $R_1=R_6=4\ \Omega$，$R_2=R_7=2\ \Omega$，$R_3=5\ \Omega$，$R_4=9\ \Omega$，$R_5=8\ \Omega$，电压 $U_{S1}=40\ V$，$U_{S2}=20\ V$，$U_{S7}=10\ V$，试用诺顿定理求流过电阻 R_4 的电流 I_4。

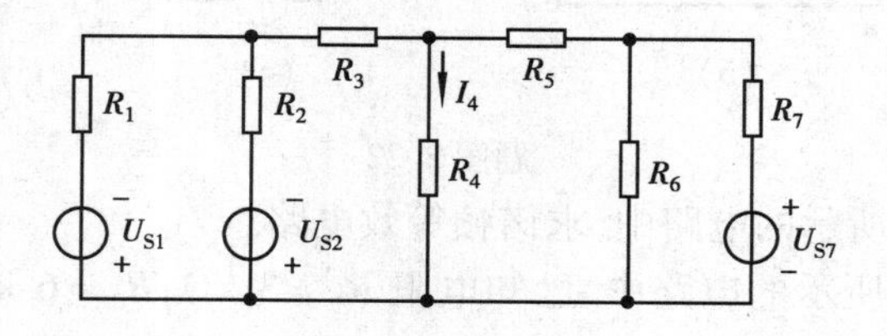

题图 2.27

2.28 在题图 2.28 所示的电路中，已知电阻 $R_1=R_2=R_5=R_6=6\ \Omega$，$R_3=R_4=3\ \Omega$，电压 $U_S=24\ V$，电流 $I_S=1\ A$，试用诺顿定理求电流源两端电压 U。

2.29 在题图 2.29 所示的电路中，已知 $U_0=2.5\ V$，试用戴维南定理求解电阻 R。

2.30　在题图 2.30 所示的电路中，已知 R_X 支路的电流为 0.5 A，试求 R_X。

2.31　在题图 2.31 所示的电路中，已知 $U_S = 24$ V，$R = 10$ Ω，试求 R' 所能获得的最大功率。

2.32　在题图 2.32 所示的电路中，如 R 获得最大功率，试求①电阻 R 的值；②原电路中各电阻消耗的功率及功率传输效率 η（η = R 获得的功率/电源产生的功率）；③戴维南等效电路中等效电阻 R_0 消耗的功率。

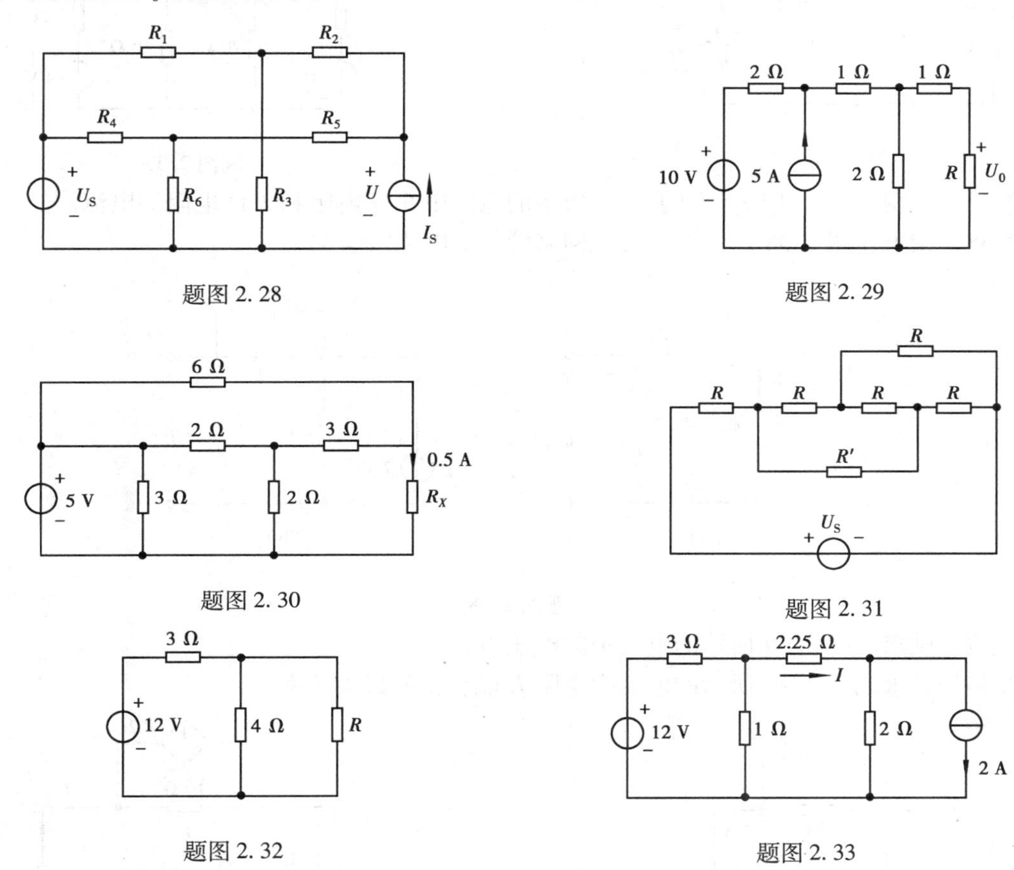

题图 2.28

题图 2.29

题图 2.30

题图 2.31

题图 2.32

题图 2.33

2.33　用网孔电流法求题图 2.33 所示的电路流过 2.25 Ω 电阻的电流 I。

2.34　用网孔电流法求题图 2.34 所示的电路的网孔电流。

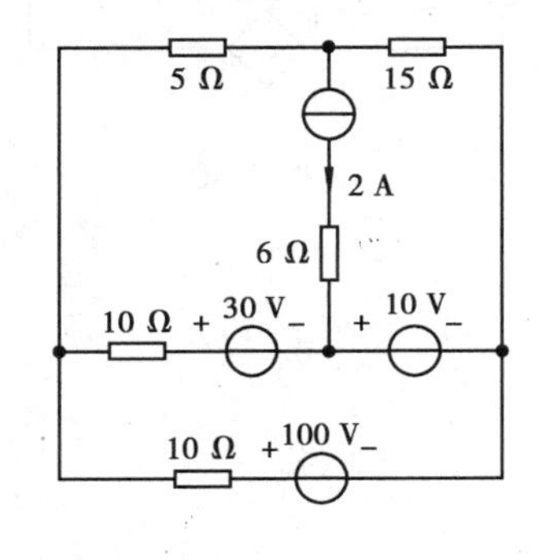

题图 2.34

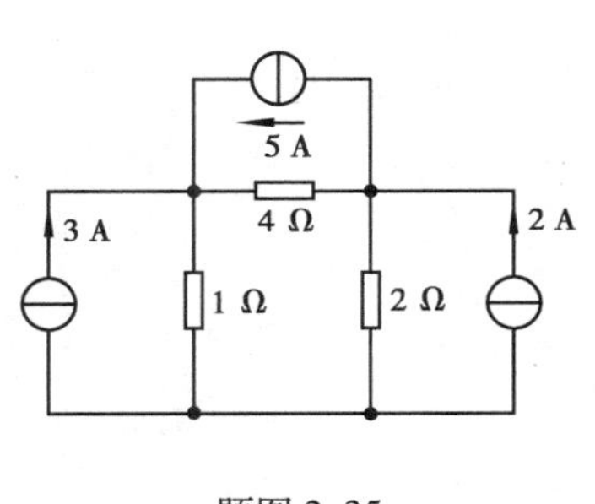

题图 2.35

2.35　试用节点电压法求题图 2.35 所示的电路中的支路电流。

2.36　试用节点电压法求题图 2.36 所示的电路中各电阻支路电流。

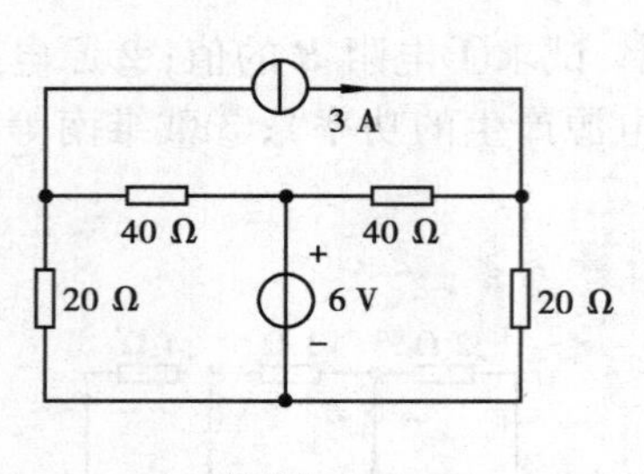

题图 2.36

题图 2.37

2.37　试用节点电压法求题图 2.37 所示的电路中 5 Ω 电阻和 3 Ω 电阻的电流。

2.38　试求题图 2.38 所示含源二端网络的等效电路($g=3$)。

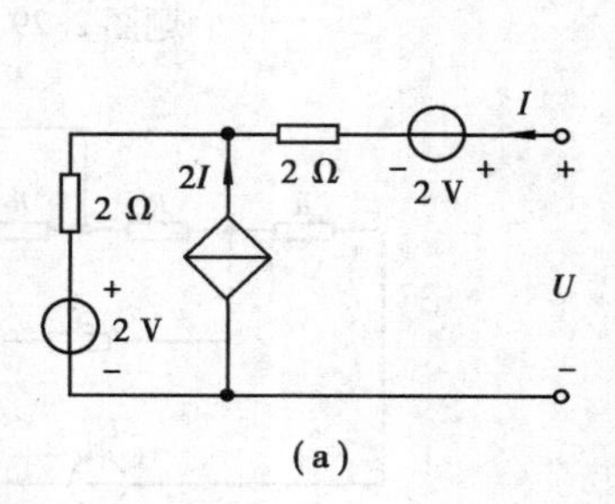

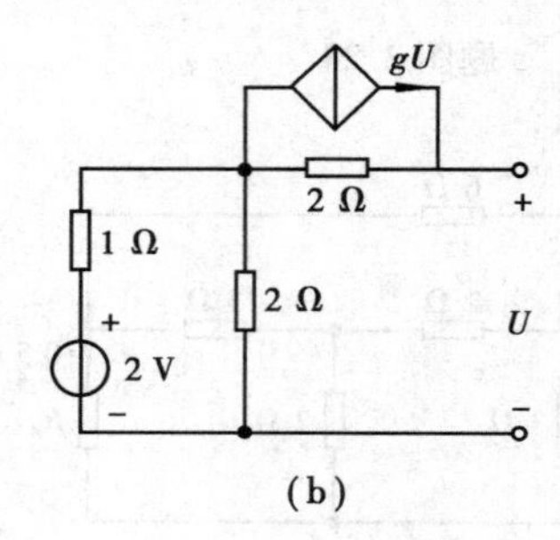

题图 2.38

2.39　试求题图 2.39 所示的电路中的电压 U。

2.40　试求题图 2.40 所示的电路中电阻 R 能获得的最大功率。

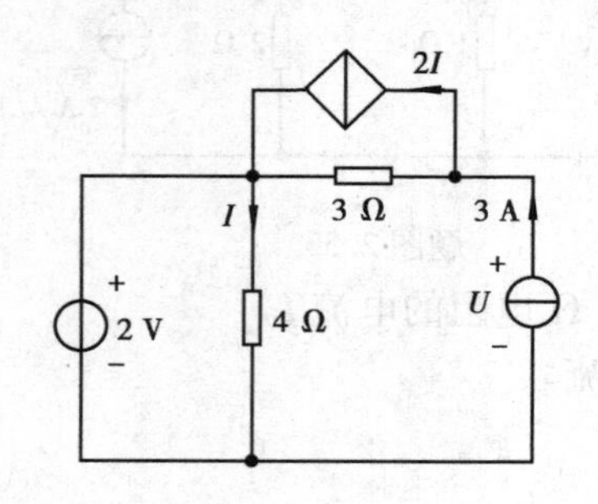

题图 2.39

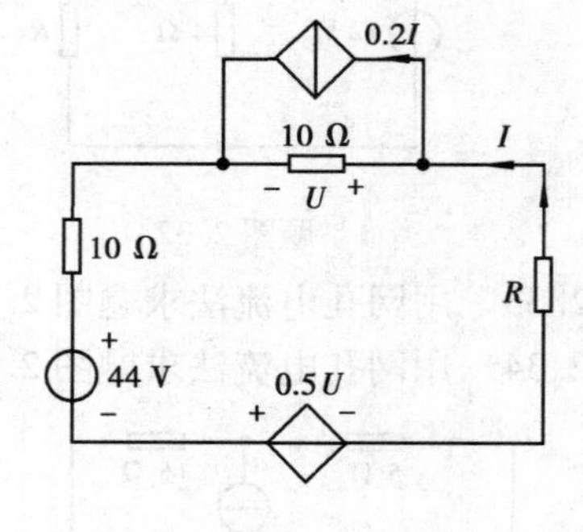

题图 2.40

第 3 章 正弦交流电路

前面已介绍了直流电路,直流电路中电压与电流的大小与方向都不随时间变化。实际生产中广泛应用的是一种大小和方向都随时间按一定规律周期性变化的电压或电流,称为交变电压或电流,简称交流电。如果电路中电流或电压随时间按正弦规律变化,称为正弦交流电路。一般所说的交流电是指正弦交流电。

交流电所以得到广泛应用,是因为它有许多特殊优点。例如,交流电可以利用变压器按照人们的意愿改变电压,使之便于输送、分配和使用;交流电动机、发电机在结构和制造上都比直流电动机简单、经济和耐用。就是在一些非用直流电不可的特殊场合,其直流电往往也由交流电通过电动机后面加"发电机"。

在正弦交流电路中,除了考虑电阻外,还须考虑电感和电容的作用。用复数和相量的方法可以简化正弦交流电路的分析计算,并且可以在相量图上清晰地表明有关量之间的大小和相位关系。为了将电阻电路的一般分析方法引用到正弦交流电路中来,将引入阻抗的概念。

欧姆定律和基尔霍夫定律仍是正弦交流电路的基本定律,但要用相量形式表示。其他的线性电路的基本定理和分析方法,在采用相量形式表示后,都可以用于正弦交流电路,只是将实数运算改变成复数运算。

本章主要介绍:正弦量的基本概念及表示,交流电路中基本元件的特性,阻抗的串、并联一般交流电路的分析,交流电路的功率、功率因数等。

3.1 正弦交流电的基本概念

大小和方向都随时间按一定规律周期性变化的电压或电流,称为交变电压或电流,简称交流电(或交流量)。交流电压或电流在任一时刻的数值称为它们的瞬时值,用小写字母 u 或 i 表示。

3.1.1 正弦量的三要素

交流量中应用最广泛的是正弦交流量,它们的量值是时间的正弦函数,简称正弦量。正弦量的特征表现在变化的快慢、大小和初始值三个方面,而它们分别由频率(或周期)、幅值(或有效值)和初相位来确定。因此,称频率、有效值和初相位为正弦量的三要素。

(1)**周期和频率**

以正弦电压为例,解析式为

$$u = U_m \sin(\omega t + \Psi_u)$$

其波形图如图 3.1 所示。

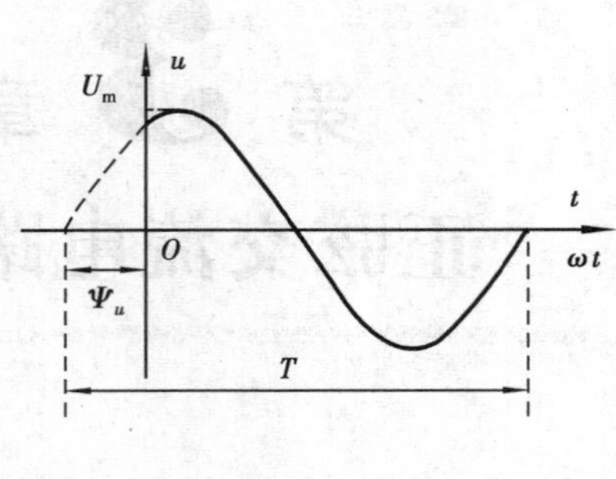

图 3.1

正弦量变化一个循环所需要的时间(秒)称为周期 T,它的 SI 主单位是秒(s)。每秒时间内变化的循环数称为频率 f。频率的 SI 主单位是 s^{-1},常称为赫[兹],以符号 Hz 表示。在无线电工程中,还常用千赫(kHz)、兆赫(MHz)和吉赫(GHz)等十进倍数单位。

频率是周期的倒数,即

$$f = \frac{1}{T} \tag{3.1}$$

我国和大多数国家都采用 50 Hz 作为工业标准频率,称为工频。有些国家(如美国、日本等)工频采用 60 Hz。无线电用的频率较高,广播频段大约是几百千赫到几十兆赫,电视广播频段则在几十到几百兆赫范围之内。

正弦量变化的快慢除用周期和频率表示外,还可用正弦量对应的角度随时间变化的速率来表示,称为角频率,用符号 ω 来表示。因为在一个周期内正弦量对应的角度变化了 2π 弧度,所以角频率为

$$\omega = \frac{2\pi}{T} = 2\pi f \tag{3.2}$$

由此可见,ω 与 f 成正比。角频率表示了每秒变化的弧度数,它的 SI 主单位为弧度每秒(rad/s)。

(2)**幅值和有效值**

1)瞬时值

①瞬时值的概念及表示方法

正弦量某时刻的值称为瞬时值,用小写字母表示。例如,i、u、e 分别表示电流、电压和电动势的瞬时值。

$$u = U_m \sin(\omega t + \Psi_u)$$

$$i = I_m \sin(\omega t + \Psi_i)$$

$$e = E_m \sin(\omega t + \Psi_e)$$

②瞬时值的正、负

像分析直流电路一样,在分析交流电路时也应选择一个参考方向,如果交流电压或电流某时刻的实际方向与参考方向一致,则其瞬时值为正;反之,瞬时值为负。

2)幅值的概念及表示方法

正弦量瞬时值的最大值称为幅值。从波形图来看为波形的最高点,如图 3.1 所示。用大写字母加下标"m"表示。例如,I_m、U_m、E_m 分别表示电流、电压和电动势的最大值。

3)有效值

如果某一电阻元件 R,周期电流 i 在其一个周期 T 秒内流过电阻产生的热量与某一直流

电流在同一时间 T 内流过同一电阻产生的热量相等，则这个周期电流的有效值在数值上等于这个直流量的大小。

根据上述定义可得

$$\int_0^T i^2 R\mathrm{d}t = I^2 RT$$

由此可得出周期电流的有效值为

$$I = \sqrt{\frac{1}{T}\int_0^T i^2 \mathrm{d}t} \tag{3.3}$$

即周期量的有效值等于其瞬时值平方在一周期内的平均值的平方根，又称方均根值。上式中的 i 为任意随时间变化的周期量。如果 i 为正弦交流电流，则

$$\begin{aligned} I &= \sqrt{\frac{1}{T}\int_0^T [I_\mathrm{m}\sin(\omega t + \Psi_i)]^2 \mathrm{d}t} = \sqrt{\frac{1}{T}I_\mathrm{m}^2\int_0^T [\sin(\omega t + \Psi_i)]^2 \mathrm{d}t} \\ &= \sqrt{\frac{1}{T}I_\mathrm{m}^2\int_0^T \frac{1 - \cos 2(\omega t + \Psi_i)}{2}\mathrm{d}t} = \frac{I_\mathrm{m}}{\sqrt{2}} = 0.707I_\mathrm{m} \end{aligned} \tag{3.4}$$

同理

$$U = \frac{\sqrt{2}}{2}U_\mathrm{m} = 0.707U_\mathrm{m} \tag{3.5}$$

$$E = \frac{\sqrt{2}}{2}E_\mathrm{m} = 0.707E_\mathrm{m} \tag{3.6}$$

按规定，有效值都用大写字母表示，与表示直流的字母一样。有效值、幅值都是绝对值，是不分正负的。

一般所说的正弦电压或电流的量值，若无特殊说明，都是指有效值。电器设备上所标明的电流、电压值都是指有效值。使用交流电流表、电压表所测出的数据也都是有效值。例如，“220 V,40 W”的白炽灯是指它的额定电压的有效值为 220 V，交流 380 V 或 220 V 均指有效值。

但在分析整流器的击穿电压、计算电气设备的绝缘耐压时，要按交流电压的最大值考虑。

例 3.1　电容器的耐压值为 250 V，问能否用在 220 V 的单相交流电源上？

解　因为 220 V 的单相交流电源为正弦电压，其幅值为 $\sqrt{2} \times 220 = 311$ V，大于其耐压值 250 V，电容可能被击穿，所以不能接在 220 V 的单相电源上。因此，各种电器件和电气设备的绝缘水平（耐压值）要按最大值考虑。

(3) **初相位**

1）相位

①相位的概念

正弦电流 $i = I_\mathrm{m}\sin(\omega t + \Psi_i)$ 中的 $(\omega t + \Psi_i)$ 代表正弦电流 i 变动的进程，称为正弦量的相位，简称为相。

②相位的物理意义

相位反映了正弦量每一瞬间的状态，即瞬时值。相位每增加 2π，正弦量经历一个周期，且有

$$\frac{d(wt+\Psi)}{dt}=\omega$$

因此,角频率又称为相位增加速率。

2)初相位

①初相位的概念

$t=0$ 的相位称为初相位。

②初相位的物理意义

初相位反映了正弦量在计时起点的状态。

值得注意的是,初相位与计时起点有关。计时起点选择不同,初相位不同。

③初相位的取值范围

$$-\pi\leqslant\Psi\leqslant\pi$$

例 3.2 在选定的参考方向下,已知两正弦量的解析式分别为 $u=200\sin(1\ 000t+200°)$ V,$i=-5\sin(314t+30°)$ A,试求两个正弦量的三要素。

解 ①$u=200\sin(1\ 000t+200°)=200\sin(1\ 000t-160°)$ V。所以,电压的振幅值 $U_m=200$ V,角频率 $\omega=1\ 000$ rad/s,初相 $\theta_u=-160°$。

②$i=-5\sin(314t+30°)=5\sin(314t+30°+180°)=5\sin(314t-150°)$ A。所以,电流的振幅值 $I_m=5$ A,角频率 $\omega=314$ rad/s,初相 $\theta_i=-150°$。

例 3.3 已知选定参考方向下正弦量的波形图如图 3.2 所示,试写出正弦量的解析式。

解

$$u_1=200\sin\left(\omega t+\frac{\pi}{3}\right)\text{V}$$

$$u_2=250\sin\left(\omega t-\frac{\pi}{6}\right)\text{V}$$

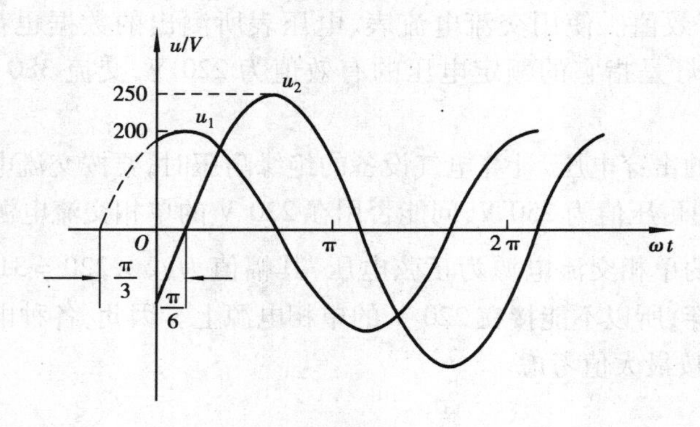

图 3.2

3.1.2 相位差

(1)相位差的概念

两个同频率正弦量的相位之差,称为相位差,用字母"ϕ"表示。

例如:

$$u_1=U_{m1}\sin(\omega t+\Psi_1)$$

$$u_2 = U_{m2}\sin(\omega t + \Psi_2)$$

则相位差为

$$\phi = (\omega t + \Psi_1) - (\omega t + \Psi_2) = \Psi_1 - \Psi_2 \tag{3.7}$$

即两个同频率的正弦量的相位差等于其初相位之差。注意:只有两个频率相同的正弦量才能比较相位差。

(2)**超前、滞后、同相、反相**

如果 $\phi = \Psi_1 - \Psi_2 > 0$,则电压 u_1 的相位超前电压 u_2 的相位一个角度 ϕ,简称为电压 u_1 超前电压 u_2,即电压 u_1 先于电压 u_2 由零值出发升向正的最大值。如图3.3(a)所示,u_1 超前 u_2。

如果 $\phi = \Psi_1 - \Psi_2 < 0$,结论正好与上述情况相反,称为电压 u_1 滞后电压 u_2。如图3.3(b)所示,u_1 滞后 u_2。

初相位相等的两个正弦量,它们的相位差为零,称这两个正弦量同相。同相的两个正弦量同时达到零值,也同时达到最大值。如图3.3(c)所示,u_1 与 u_2 为同相。

相位差为 π 的两个正弦量称为反相。反相的两个正弦量各瞬时值都是异号的,并同时为零值。如图3.3(d)所示,u_1 与 u_2 为反相。

例3.4　已知 $u_1 = 220\sqrt{2}\sin(\omega t + 120°)\,\text{V}$,$u_2 = 220\sqrt{2}\sin(\omega t - 90°)\,\text{V}$,试分析二者的相位关系。

解　u_1 的初相为 $\theta_1 = 120°$,u_2 的初相为 $\theta_2 = -90°$,u_1 和 u_2 的相位差为

$$\phi_{12} = \theta_1 - \theta_2 = 120° - (-90°) = 210°$$

考虑到正弦量的一个周期为360°,故可以将 $\phi_{12} = 210°$ 表示为 $\phi_{12} = -150° < 0$,表明 u_1 滞后于 $u_2$150°。

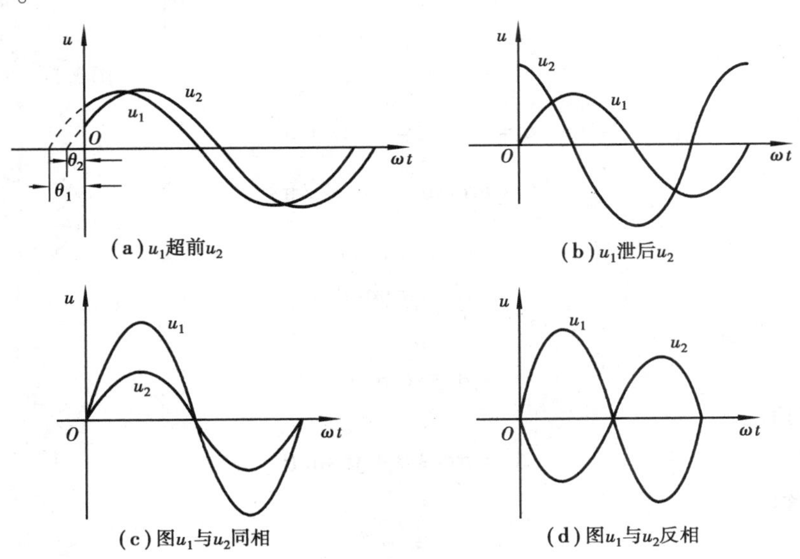

图3.3

3.2 正弦量的相量表示

直接用正弦量的解析式分析计算正弦交流电路,计算量大且繁琐。在线性交流电路中,所有的电流和电压与电路所施加的激励是同频率的正弦量,因而可以用一些简便的表示方法来分析交流电路,常用的方法为相量表示法,由于相量法涉及复数的运算,因此先简单复习一下复数知识。

3.2.1 复数及其运算

(1)复数的四种表示形式

在数学中常用 $A=a+bi$ 表示复数。其中 a 为实部,b 为虚部,i 称为虚单位。在电工技术中,为了区别于电流的符号,虚单位常用 j 表示。复数在复平面上的表示如图 3.4 所示。复数的矢量表示如图 3.5 所示。

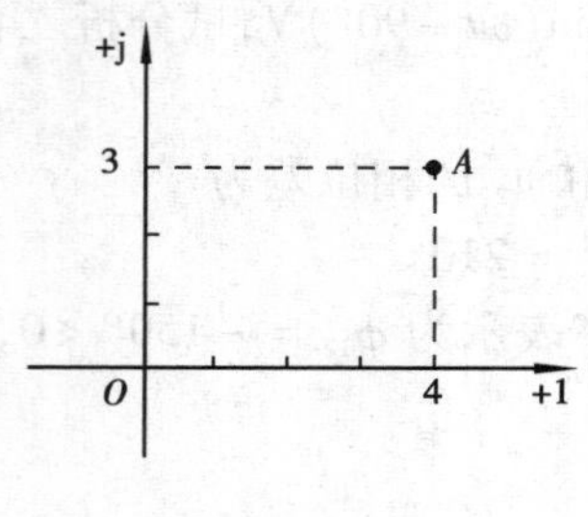

图 3.4

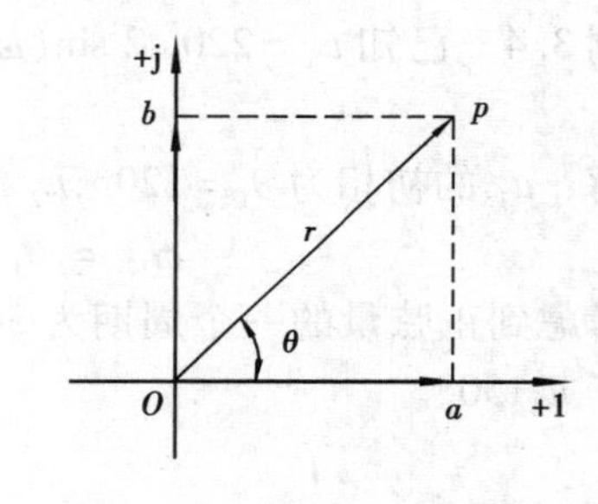

图 3.5

$$r=|A|=\sqrt{a^2+b^2}$$

$$\theta=\arctan\frac{b}{a}(\theta\leqslant 2\pi)$$

$$\begin{cases}a=r\cos\theta\\b=r\sin\theta\end{cases}$$

复数的代数形式

$$A=a+\mathrm{j}b$$

复数的三角形式

$$A=r\cos\theta+\mathrm{j}r\sin\theta$$

复数的指数形式

$$A=r\mathrm{e}^{\mathrm{j}\theta}$$

复数的极坐标形式

$$A=r\angle\theta$$

(2)复数的运算

1)复数的加减运算

设

$$A_1 = a_1 + \mathrm{j}b_1 = r_1\angle\theta_1, A_2 = a_2 + \mathrm{j}b_2 = r_2\angle\theta_2,$$

则

$$A_1 \pm A_2 = (a_1 \pm a_2) + \mathrm{j}(b_1 \pm b_2)$$

复数相加减矢量图如图 3.6 所示。

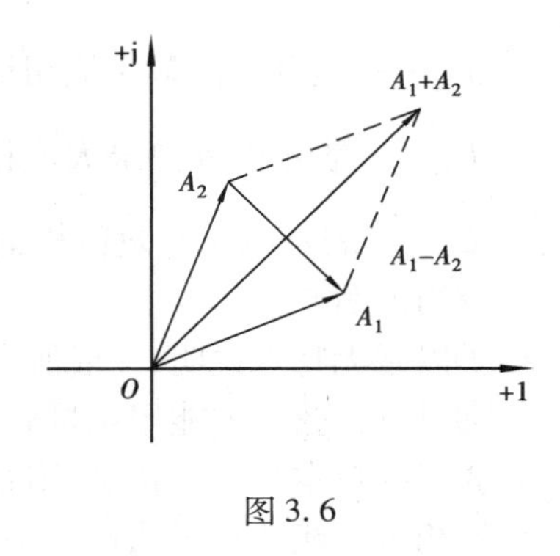

图 3.6

2）复数的乘除运算

$$A \cdot B = r_1\angle\theta_1 \cdot r_2\angle\theta_2 = r_1 r_2\angle\theta_1 + \theta_2$$

$$\frac{A}{B} = \frac{r_1\angle\theta_1}{r_2\angle\theta_2} = \frac{r_1}{r_2}\angle\theta_1 - \theta_2$$

3.2.2　正弦量的相量表示法

设有正弦量

$$i = I_{\mathrm{m}}\sin(\omega t + \Psi_i) = I\sqrt{2}\sin(\omega t + \Psi_i)$$

如图 3.7 所示，在复平面上作矢量 $\dot{I}_{\mathrm{m}}$，其长度按比例等于 $i(t)$ 的最大值 I_{m}。其幅角等于 i 的初相位，让 $\dot{I}_{\mathrm{m}}$ 以 i 的角速度 ω 绕原点逆时针方向旋转，初始时 $\dot{I}_{\mathrm{m}}$ 在虚轴上的投影 $oa = I_{\mathrm{m}}\sin\Psi_i$，即 i 在 $t=0$ 时的值；经过时间 t_1，投影为 $ob = I_{\mathrm{m}}\sin(\omega t_1 + \Psi_i)$，即为 i 在 t_1 时刻的值。这样，一个旋转矢量每个瞬间在虚轴上的投影就与正弦量各瞬间的值相对应。

矢量 $\dot{I}_{\mathrm{m}}$ 在复平面起始位置时对应的复数为

$$\dot{I}_m = I_{\mathrm{m}}\mathrm{e}^{\mathrm{j}\Psi_i}$$

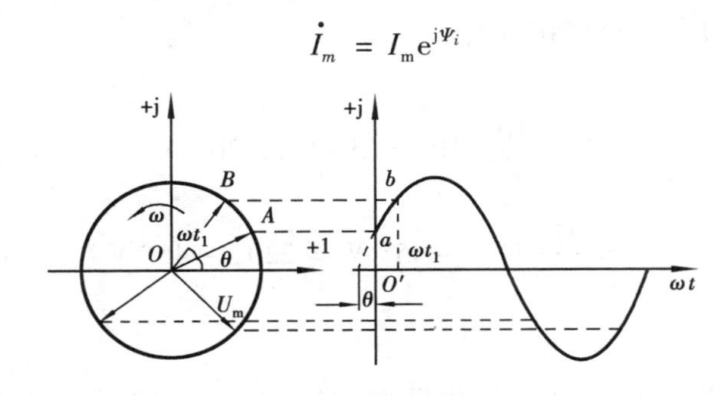

图 3.7

在 t 时刻对应的复数为

$$\dot{I}_{\mathrm{m}} = I_{\mathrm{m}}\mathrm{e}^{\mathrm{j}(\omega t + \Psi_i)}$$

由于正弦交流电路中所有的电流和电压都是同频率的正弦量，表示它们的那些旋转矢量的角速度相同，相对位置始终不变，所以可以不考虑它们的旋转，只用起始位置的矢量就能表示正弦量。所谓相量表示法，就是用一个与正弦量相应的复数的模值表示正弦量的最大值（或有效值），用其幅角表示正弦量的初相的方法，这样的复数就称为正弦量的相量，如图 3.8 所示。

相量的模等于正弦量的有效值时，称为有效值相量。相量的模等于正弦量的最大值时，称为最大值相量。正弦量相量用大写字母上加一点表示。例如：

$\dot{I}_m$——表示电流最大值相量；　　$\dot{U}_m$——表示电压最大值相量；

$\dot{E}_m$——表示电动势最大值相量；　$\dot{I}$——表示电流有效值相量；

$\dot{U}$——表示电压有效值相量；　　$\dot{E}$——表示电动势有效值相量。

应当说明：

①以后无特殊说明，一般所说的正弦量相量都是指有效值相量；

②只有正弦量才能用相量表示，非正弦量不能用相量表示；

③正弦量本身不是相量，用相量表示正弦量只是一种分析方法；

④相量只能表示正弦量三要素中的两要素，角频率需另外加以说明；

⑤将表示不同频率的正弦量的相量画在同一复平面上，是没有意义的。

将一些同频率的正弦量的相量画在同一复平面上，所成的图形称为相量图。作相量图时，实轴和虚轴一般都略去不画。

图 3.8　　　　图 3.9

例 3.5　已知同频率正弦量解析式为：$i = 10\sin(\omega t + 30°)$，$u = 220\sqrt{2}\sin(\omega t - 45°)$，写出电流和电压的相量 $\dot{I}$、$\dot{U}$，并绘出相量图。

解　由解析式可得

$$\dot{I} = \frac{10}{\sqrt{2}}\angle 30° = 5\sqrt{2}\ \text{A}\angle 30°\ \text{A}$$

$$\dot{U} = \frac{220\sqrt{2}}{\sqrt{2}}\angle -45°\ \text{V} = 220\angle -45°\ \text{V}$$

相量图如图 3.9 所示。

例 3.6　已知工频条件下，两正弦量相量为：$\dot{U}_1 = 10\sqrt{2}\angle 60°\ \text{V}$，$\dot{U}_2 = 20\sqrt{2}\angle -30°\ \text{V}$，试求两正弦电压的解析式。

解　由于

$$\omega = 2\pi f = 2\pi \times 50\ \text{rad/s} = 100\pi\ \text{rad/s}$$

$$U_1 = 10\sqrt{2}\ \text{V}, \theta_1 = 60°, U_2 = 20\sqrt{2}\ \text{V}, \theta_2 = -30°$$

$$u_1 = \sqrt{2}U_1\sin(\omega t + \theta_1) = 20\sin(100\pi t + 60°)\ \text{V}$$

$$u_2 = \sqrt{2}U_2\sin(\omega t + \theta_2) = 40\sin(100\pi t - 30°)\ \text{V}$$

3.2.3　同频率正弦量的运算

在电路分析计算中，常遇到求正弦量的和差问题，可以借助于三角函数、波形来确定所得正弦量，但这些方法有过于繁琐或不够精确等缺点。由于同频率的正弦量相加减所得结果仍是一个同频率的正弦量,这样,就可以用相应的相量形式进行运算。

设正弦量 i_1、i_2 的相量分别为 $\dot{I}_1$、$\dot{I}_2$,则 $i=i_1+i_2$ 的相量为

$$\dot{I} = \dot{I}_1 + \dot{I}_2$$

这样将求正弦量的加减问题转换为求相量的加减,而相量加减可按复数的加减法则进行。

注意:将不同频率正弦量的相量相加是没有意义的。

一般在进行电路分析计算时,做相量图定性分析,由复数计算具体结果,再转换成对应的瞬时值表达式,称此种方法为相量图辅助分析法。

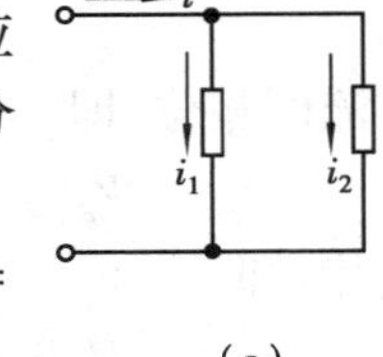

(a)

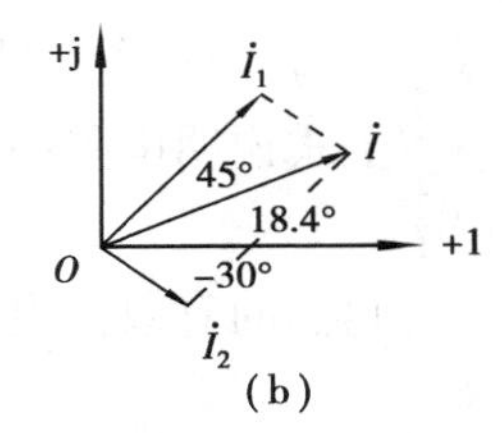

(b)

图3.10

例3.7　在图3.10(a)中,设 $i_1=70.7\sqrt{2}\sin(\omega t+45°)$ A,$i_2=42.4\sqrt{2}\sin(\omega t-30°)$ A,求总电流 i。

解　用相量计算如下,即

$$\dot{I}_1 = 70.7\angle 45° \text{A},\ \dot{I}_2 = 42.4\angle -30° \text{ A}$$

则有

$$\dot{I} = \dot{I}_1 + \dot{I}_2 = 70.7\angle 45° + 42.4\angle -30° = (50 + \text{j}50) + (36.7 - \text{j}21.2)$$
$$= 86.7 + \text{j}28.8 = 91.4\angle 18.4° \text{ A}$$

将 $\dot{I}$ 写成它所代表的正弦量,即

$$i = 91.4\sqrt{2}\sin(\omega t + 18.4°) \text{A}$$

3.3　正弦电流电路中的电阻

在直流电路中,无源元件只有电阻 R 一种。在正弦电流电路中,常见的无源元件除电阻 R 外,还有电感 L 及电容 C。电阻是消耗电能的元件,电感和电容则是储存电能的元件。假定这些元件都是线性元件,则这些元件的电压、电流在正弦稳态下都是同频率的正弦量,所涉及的有关运算可以用相量来进行。

3.3.1　电压和电流的关系

当正弦电流通过电阻 R 时,其端电压为同一频率的正弦量。设正弦电流、电压的参考方向如图3.11所示。

设

$$u = \sqrt{2}U\sin(\omega t + \Psi_u)$$
$$i = \sqrt{2}I\sin(\omega t + \Psi_i)$$

根据欧姆定律 $u=Ri$ 有

$$\sqrt{2}U\sin(\omega t + \Psi_u) = \sqrt{2}RI\sin(\omega t + \Psi_i)$$

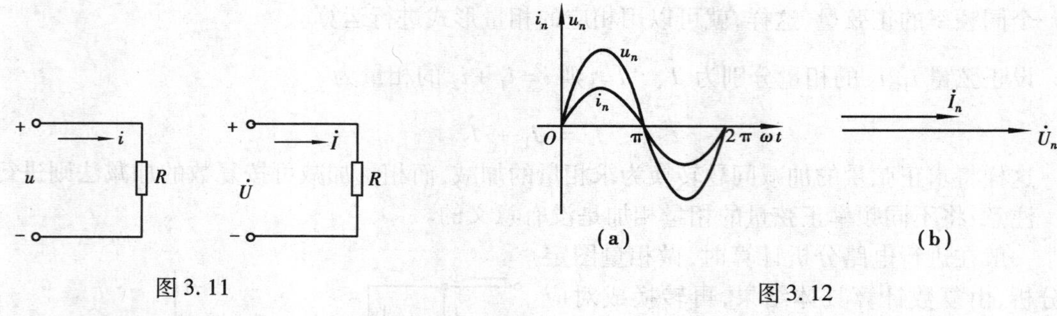

图 3.11　　　　图 3.12

上式说明电阻中的电压与电流同相位,即

$$\Psi_u = \Psi_i$$

它们的有效值也服从欧姆定律,即

$$U = IR$$

于是可写成相量的形式有

$$\dot{U} = R\dot{I} \tag{3.8}$$

式(3.8)就是电阻的电压、电流相量关系式。其波形和相量图分别如图 3.12(a)、(b)所示。

3.3.2　电阻元件的功率

(1)瞬时功率

交流电路中任一瞬间元件上电压的瞬时值与电流的瞬时值的乘积,称为该元件的瞬时功率,用小写字母 p 表示,即

$$p = ui = \sqrt{2}U\sin\omega t\sqrt{2}I\sin\omega t = 2UI\sin^2\omega t = UI(1 - \cos 2\omega t)$$

(2)平均功率

工程上都是计算瞬时功率的平均值,即平均功率,用大写字母 P 表示。周期性交流电路中的平均功率就是其瞬时功率在一个周期内的平均值,即

$$P = \frac{1}{T}\int_0^T p\mathrm{d}t = \frac{1}{T}\int_0^T UI(1 - \cos 2\omega t)\,\mathrm{d}t = \frac{UI}{T}\left(\int_0^T 1dt - \int_0^T \cos 2\omega t\,\mathrm{d}t\right) = \frac{UI}{T}(T - 0) = UI$$

即

$$P = UI = I^2R = \frac{U^2}{R} \tag{3.9}$$

这与直流电路中计算电阻元件的功率形式完全一样。平均功率又称为有功功率,其单位为瓦(W),工程上也常用千瓦(kW),即

$$1\ \text{kW} = 1\ 000\ \text{W}$$

注意:以后无特殊说明所说的功率,均指平均功率。另外,家用电器铭牌上的功率也是指平均功率。

例 3.8　一电阻 $R = 100\ \Omega$,R 两端的电压 $u_R = 100\sqrt{2}\sin(\omega t - 30°)$,试求:①通过电阻 R 的电流 I_R 和 i_R;②电阻 R 接受的功率 P_R。

解　①因为

$$i_R = \frac{u_R}{R} = \frac{100\sqrt{2}\sin(\omega t - 30°)}{100}\text{A} = \sqrt{2}\sin(\omega t - 30°)\text{A}$$

所以

$$I_R = \frac{\sqrt{2}}{\sqrt{2}}\text{A} = 1\text{ A}$$

②$P_R = U_R I_R = 100 \times 1 = 100$ W 或 $P_R = I_R^2 R = 1^2 \times 100$ W $= 100$ W

例3.9 一只额定电压为220 V,功率为100 W的电烙铁,误接在380 V的交流电源上,问此时它接受的功率为多少?是否安全?若接到110 V的交流电源上,它的功率又为多少?

解 由电烙铁的额定值可得

$$R = \frac{U_R^2}{P} = \frac{220^2}{100}\ \Omega = 484\ \Omega$$

当电源电压为380 V时,电烙铁的功率为

$$P_1 = \frac{U_R^2}{R} = \frac{380^2}{484} = 298\text{ W} > 100\text{ W}$$

此时不安全,电烙铁将被烧坏。

当接到110 V的交流电源上,此时电烙铁的功率为

$$P_2 = \frac{U_R^2}{R} = \frac{110^2}{484}\text{W} = 25\text{ W} < 100\text{ W}$$

此时电烙铁达不到正常的使用温度。

3.4 正弦电流电路中的电感

3.4.1 电感元件

(1)自感

电感元件是实际电感线圈的理想化模型,其符号如图3.13(b)所示。

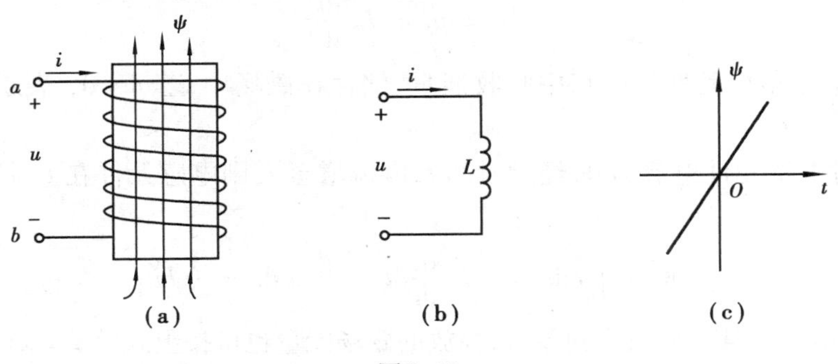

图3.13

当线圈通入电流时,在线圈的周围产生磁场,从而有磁通 Φ,这个磁通称为自感磁通。选择电流 i 与磁通 Φ 的参考方向符合右手螺旋关系,也称为关联参考方向,如图3.13(a)所示。设线圈的匝数为 N,则磁链 Ψ 为

$$\Psi = N\Phi$$

称为自感磁链。在 SI 中，磁通 Φ 的单位与磁链 Ψ 相同，均为韦[伯]（Wb）。磁链与产生它的电流的比值称为电感元件的电感或自感。电感元件的电感为一常数，磁链 Ψ 总是与产生它的电流 i 呈线性关系，即

$$L = \frac{\Psi}{i} \tag{3.10}$$

在 SI 中，电感的单位为亨[利]（H），常用的单位有毫亨（mH）、微亨（μH）。它们与亨的换算关系为

$$1\ \text{mH} = 10^{-3}\ \text{H} \qquad 1\ \mu\text{H} = 10^{-6}\ \text{H}$$

上式所表示的电感元件磁链与产生它的电流之间的约束关系称为线性电感的韦安特性，是过坐标原点的一条直线，如图 3.13(c) 所示。

（2）**电感元件的伏安特性**

电感元件电流发生变化时，其自感磁链也随之变化。由电磁感应定律可知，在电感元件两端产生感应电动势。因而使得电感元件两端具有电压，称为感应电压或自感电压。感应电压等于磁链的变化率。当感应电压的参考极性与磁通的参考方向符合右手螺旋定则时，可得

$$u = \frac{\mathrm{d}\Psi}{\mathrm{d}t}$$

当电感元件中的电流和电压取关联参考方向时，如图 3.13(b) 所示，有

$$u = \frac{\mathrm{d}\Psi}{\mathrm{d}t} = L\frac{\mathrm{d}i}{\mathrm{d}t} \tag{3.11}$$

电感元件的伏安特性表明：任一瞬间电感元件端电压的大小与该瞬间电流的变化率成正比，而与该瞬间的电流无关。电感元件也称为动态元件，它所在的电路称为动态电路。在直流电路中，由于电感元件的电流不随时间变化，电感两端不产生感应电压，电感元件相当于短路。

（3）**电感元件的储能**

当电感元件有电流流过时，电流在电感周围产生磁场，并储存磁场能量。因此，电感元件是一种储能元件。

在电压和电流关联参考方向下，电感元件的瞬时功率为

$$p = ui = Li\frac{\mathrm{d}i}{\mathrm{d}t}$$

若 $p>0$，表示电感元件从电路中吸收能量，储存在磁场中；若 $p<0$，表示电感元件释放能量。

设 $t=0$ 时电感元件电流为 0，经过时间 t，电流增至 i，则电感元件在 t 时间内，储存的电能为

$$W = \int_0^t p\mathrm{d}t = \int_0^t Li\frac{\mathrm{d}i}{\mathrm{d}t}\mathrm{d}t = \int_0^t Li\,\mathrm{d}i = \frac{1}{2}Li^2 \tag{3.12}$$

当电感的电流从某一值减小到零时，释放的磁场能量也可按上式计算。在动态电路中，电感元件和外电路进行着磁场能与其他能相互转换，本身不消耗能量。

例 3.10 电感元件的电感 $L=100$ mH，u 和 i 的参考方向一致，i 的波形如图 3.14(b) 所示，试求各段时间元件两端的电压 u_L，并作出 u_L 的波形，计算电感吸收的最大能量。

解 u_L 与 i 所给的参考方向一致，各段感应电压为

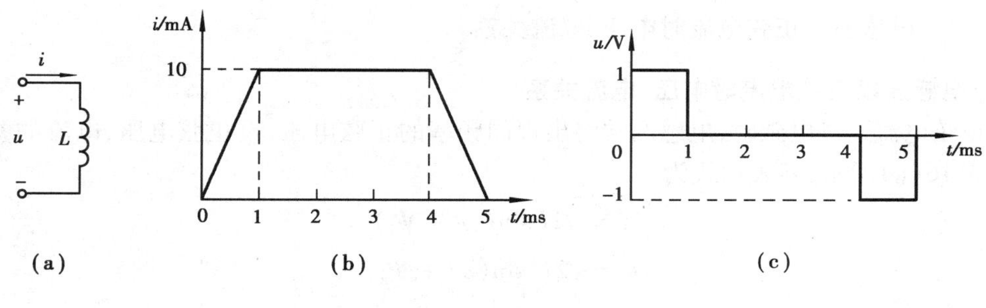

图 3.14

①S0 ~1 ms 间

$$u = L\frac{\mathrm{d}i}{\mathrm{d}t} = L\frac{\Delta i}{\Delta t} = 100 \times 10^{-3} \times \frac{10 \times 10^{-3}}{1 \times 10^{-3}}\ \mathrm{V} = 1\ \mathrm{V}$$

②1 ~4 ms 间

电流不变化,得 $u = 0$。

③4 ~5 ms 间

$$u = L\frac{\mathrm{d}i}{\mathrm{d}t} = L\frac{\Delta i}{\Delta t} = 100 \times 10^{-3} \times \frac{0 - 10 \times 10^{-3}}{1 \times 10^{-3}}\ \mathrm{V} = -1\ \mathrm{V}$$

u 的波形如图 3.14(c)所示,吸收的最大能量为

$$W = \frac{1}{2}Li_{\max}^2 = \frac{1}{2} \times 100 \times 10^{-3} \times (10 \times 10^{-3})^2\ \mathrm{J} = 5 \times 10^{-6}\ \mathrm{J}$$

例 3.11　在图 3.15 所示的电路中,已知电压 $U_{S1} = 10$ V,$U_{S2} = 5$ V,电阻 $R_1 = 5\ \Omega$,$R_2 = 10\ \Omega$,电感 $L = 0.1$ H,求电压 U_1 及电感的储能。

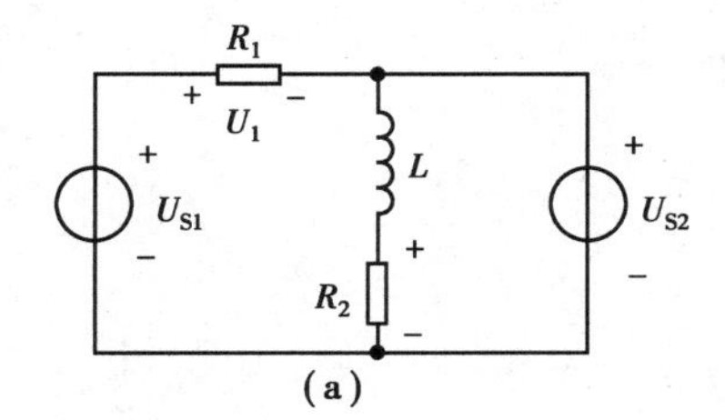
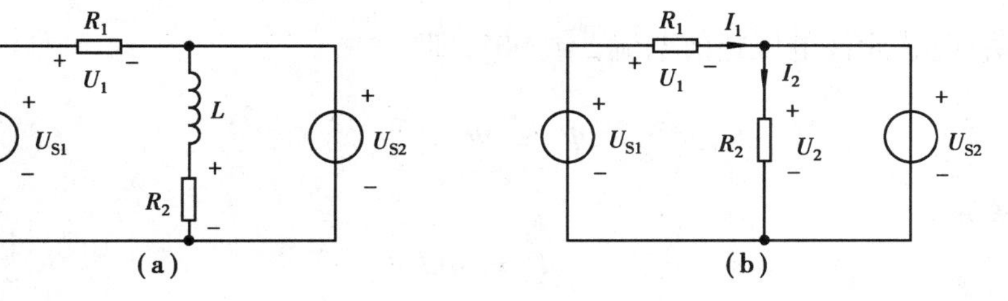

图 3.15

解　直流电路中,电感元件相当于短路,图(a)可等效为图(b)。设流过电阻 R_2 的电流为 I_2,则

$$I_2 = \frac{U_{S2}}{R_2} = \frac{5}{10}\ \mathrm{A} = 0.5\ \mathrm{A}$$

电感储存能量为

$$W = \frac{1}{2}LI^2 = \frac{1}{2} \times 0.1 \times 0.5^2\ \mathrm{J} = 0.012\ 5\ \mathrm{J}$$

由基尔霍夫定律可知

$$U_{S1} = U_1 + I_2R_2$$
$$U_1 = (10 - 5)\mathrm{V} = 5\ \mathrm{V}$$

3.4.2 电感通以正弦电流时电压、电流关系

(1)电感通以正弦电流时电压、电流关系

当正弦电流通过电感时,电感两端将出现同频率的正弦电压,设正弦电压、电流的参考方向如图 3.16(a)所示,其表达式为

$$i = \sqrt{2}I\sin(\omega t + \Psi_i)$$

$$u = \sqrt{2}U\sin(\omega t + \Psi_u)$$

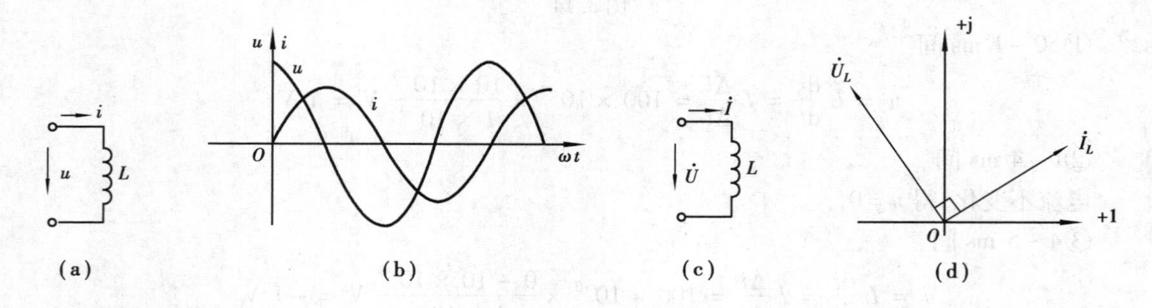

图 3.16

其波形如图 3.16(b)所示。由式 3.10 可得

$$u = L\frac{\mathrm{d}i}{\mathrm{d}t} = \sqrt{2}\omega LI\cos(\omega t + \Psi_i) = \sqrt{2}\omega LI\sin(\omega t + \Psi_i + \frac{\pi}{2})$$

$$\sqrt{2}U\sin(\omega t + \Psi_u) = \sqrt{2}\omega LI\sin(\omega t + \Psi_i + \frac{\pi}{2})$$

上式表明:电感元件电压超前电流$\frac{\pi}{2}$或 90°,即

$$\Psi_u = \Psi_i + \frac{\pi}{2} \tag{3.13}$$

有效值关系为

$$U = \omega LI$$

写成相量形式

$$\dot{U} = \mathrm{j}\omega L\ \dot{I} \tag{3.14}$$

图 3.16(c)为电流、电压相量参考方向,图 3.16(d)为电流、电压相量图。

(2)感抗

电压与电流的有效值之比为

$$\frac{U}{I} = \omega L = 2\pi fL = X_L \tag{3.15}$$

式中,X_L 具有与电阻相同的单位,而且具有阻碍电流通过的性质,称为感抗,当 ω 的单位为 s^{-1},L 的单位为 H,X_L 的单位为 Ω。这样(式 3.14)可以写为

$$\dot{U} = \mathrm{j}X_L\ \dot{I} \tag{3.16}$$

电感一定时,感抗 X_L 与频率成正比,只有在一定频率下感抗才是一个常量。频率越高,感

抗越大;反之,频率越低,感抗越小。对于直流,$f=0$,感抗 $X_L=0$,相当于短路。当 $f\to\infty$ 时,感抗 $X_L\to\infty$,虽有电压作用于电感,但电流为0,相当于开路。电感元件具有"通直阻交"和"通低频阻高频"的特性,电子技术中常用这一特性进行"滤波"。

3.4.3 电感元件的功率

设通过电感元件的电流、电压为

$$i = \sqrt{2}I\sin\omega t$$

$$u = \sqrt{2}U\sin(\omega t + \frac{\pi}{2})$$

则电感元件的瞬时功率为

$$p = u_L \cdot i_L = \sqrt{2}U\sin(\omega t + \frac{\pi}{2}) \cdot \sqrt{2}I\sin\omega t = IU\sin 2\omega t$$

$\frac{T}{4}$和第3个$\frac{T}{4}$时间内,U 与 I 同方向,P 为正值,电感从外界吸收能量,线圈起负载作用;第2个$\frac{T}{4}$和第4个$\frac{T}{4}$时间内,U 与 I 反向,P 为负值,电感向外界释放能量,即把磁场能转换为电能。电感放出的能量等于吸收的能量,故它是储能元件,只与外界进行能量交换,本身不消耗能量。在一个周期内,电感的平均功率为

$$P = \frac{1}{T}\int_0^T p\mathrm{d}t = \frac{1}{T}\int_0^T ui\sin 2\omega t\,\mathrm{d}t = 0$$

为了衡量电感元件与外界进行能量交换的规模,引入无功功率。电感元件上电压的有效值和电流的有效值的乘积称为电感元件的无功功率,用 Q 表示。

$$Q = UI = I^2X_L = \frac{U^2}{X_L} \tag{3.17}$$

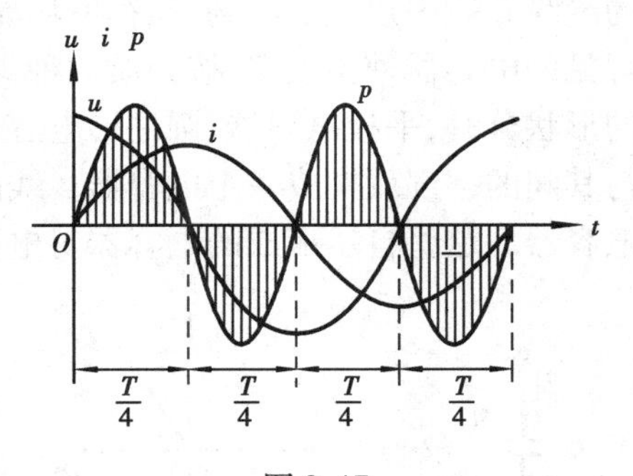

图3.17

$Q>0$,表明电感元件是接受无功功率的。值得说明的是,"无功"的含义是功率交换而不消耗,并不是"无用"。

无功功率的单位为乏(var),工程中也常用"千乏"(kvar)。

$$1\ \text{kvar} = 1\ 000\ \text{var}$$

例3.12 已知一个电感 $L=2$ H,接在 $u=220\sqrt{2}\sin(314t-60°)$ V 的电源上,试求:①X_L;②通过电感的电流 i;③电感上的无功功率 Q。

解

$$X_L = \omega L = 314 \times 2\ \Omega = 628\ \Omega$$

$$\dot{I} = \frac{\dot{U}}{\mathrm{j}X_L} = \frac{220\angle -60°}{628\mathrm{j}}\text{A} = 0.35\angle -150°\ \text{A}$$

$$i = 0.35\sqrt{2}\sin(314t - 150°)\ \text{A}$$

$$Q = UI = 220 \times 0.35\ \text{var} = 77\ \text{var}$$

例 3.13 已知流过电感元件中的电流为 $i = 10\sqrt{2}\sin(314t + 30°)$ A，测得其无功功率 $Q = 500$ var。试求：①XL 和 L；②电感元件中储存的最大磁场能量 W_{Lm}。

解

$$X_L = \frac{Q}{I_L^2} = \frac{500}{10^2}\ \Omega = 5\ \Omega$$

$$L = \frac{X_L}{\omega} = \frac{5}{314}\ \text{mH} = 15.9\ \text{mH}$$

$$W_{Lm} = \frac{1}{2}LI^2 = \frac{1}{2} \times 15.9 \times 10^{-3} \times (10\sqrt{2})^2\ \text{J} = 1.59\ \text{J}。$$

3.5 正弦电流电路中的电容

3.5.1 电容元件

(1)电容元件的基本概念

两个导体中间隔以电介质所构成的实体元件称为电容器。这两个导体称为电容器的两个电极，或称为极板。当电容器两端加上电压时，两极板就分别积累了等量的正、负电荷，即对电容器进行了充电，每个极板所带电量的绝对值，称为电容器所带的电荷量。同时，在两极板间的绝缘介质中建立了电场，储存电场能量。电容器两极板聚积的电荷量改变时，就形成电流。常见的电容器种类很多，按介质的种类分有，纸介电容器、云母电容器、电解电容器等；按极板的形状分有，平板电容器、圆柱形电容器等。另外，还存在自然形成的电容器，例如两根输电线与其间的空气就构成一个电容器。线圈的各匝之间、晶体管的各个极之间也存在自然形成的电容器。这些自然形成的电容器对电路的影响有时是不可忽视的。

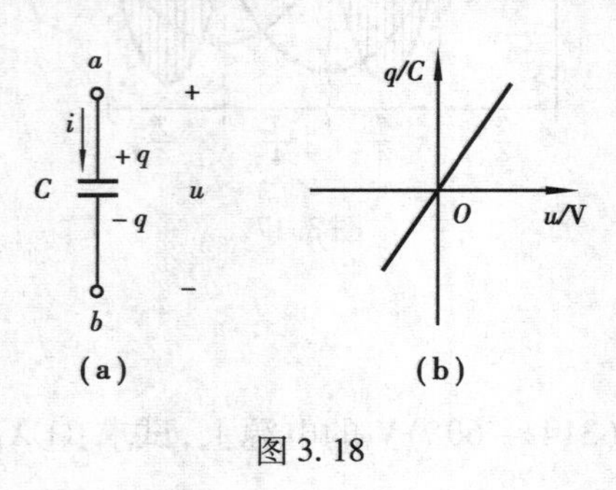

图 3.18

实际的电容器两极板之间不可能完全绝缘，在电路中会形成漏电流，因而就存在一定的能量损耗。在电路分析中，往往忽略电容器的能量损耗，将它看成一个只储存电场能量的理想的二端元件，称为电容元件，简称电容。它的图形符号如图 3.18(a)所示。电荷量与端电压的比值称为电容元件的电容，理想电容器的电容为一常数，电荷量 q 总是与端电压 u 呈线性关系，即

$$q = Cu \tag{3.18}$$

SI 中电容的单位是法[拉]，(F)。常用单位有，微法(μF)、皮法(pF)。

$$1\ \mu\text{F} = 10^{-6}\text{F}$$

$$1\ \text{pF} = 10^{-12}\text{F}$$

上式表示的电容元件电荷量与电压之间的约束关系，称为线性电容的库伏特性，它是过坐标原点的一条直线，如图 3.18(b)所示。

(2)电容元件的伏安特性

对于图3.18(a),当u、i取关联参考方向时,有

$$i = \frac{dq}{dt} = \frac{d(Cu)}{dt} = C\frac{du}{dt} \tag{3.19}$$

电容的伏安特性表明:任一瞬间电容元件流过电流的大小与该瞬间电容元件端电压的变化率成正比,而与该瞬间的电压无关。电容元件也称为动态元件,它所在的电路称为动态电路。在直流电路中,由于电容元件的端电压不随时间变化,其电流为零,电容元件相当于开路。

(3)电容元件的电场能

电容元件两极板间有电压,介质中就有电场,并储存电场能量。电容元件是一种储能元件。当选择电容元件电压与电流为关联参考方向时,电容的瞬时功率为

$$p = iu = Cu\frac{du}{dt}$$

若$p>0$时,表明电容元件吸收能量,处于充电状态;若$p<0$,则电容处于放电状态,向外释放能量。

设$t=0$时,电容元件的电压为零,经过时间t,电压增至u,则电容元件t时间内,储存的电能为

$$W = \int_0^t p\,dt = \int_0^t Cu\frac{du}{dt}dt = \int_0^t Cu\,du = \frac{1}{2}Cu^2 \tag{3.20}$$

当电容元件的电压从某一值减小到零时,释放的磁场能量也可按上式计算。在动态电路中,电容元件和外电路进行着磁场能与其他能相互转换,本身不消耗能量。

例3.14　图3.19(a)所示的电路中,$R_1=4\ \Omega$,$R_2=R_3=R_4=2\ \Omega$,$C=0.2\ F$,$I_S=2\ A$,电路已经稳定,求电容元件的电压及储能。

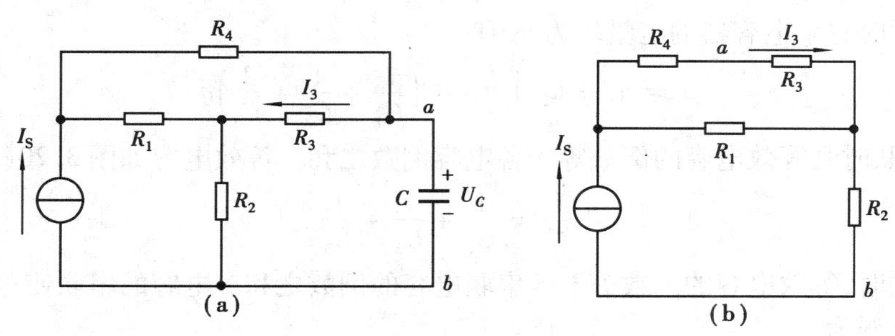

图3.19

解　电路稳定时,电容相当于开路,图3.19(a)的等效电路于图3.19(b)所示,则I_3的大小为:

$$I_3 = \frac{R_1 I_S}{(R_4 + R_3) + R_1} = \frac{4 \times 2}{(2+2)+4}A = 1\ A$$

电容电压为

$$U_C = U_{ab} = R_3 I_3 + R_2 I_S = (2 \times 1 + 2 \times 2)V = 6\ V$$

电容储存的能量为

$$W = \frac{1}{2}CU_C^2 = \frac{1}{2} \times 0.2 \times 6^2 \text{ J} = 3.6 \text{ J}$$

例 3.15 2 μF 电容两端的电压由 $t = 1$ μs 时的 6 V 线性增长至 $t = 5$ μs 时的 50 V，试求在该时间范围内的电流值及增加的电场能。

解 ①电容元件的电流为

$$i = C\frac{\mathrm{d}u}{\mathrm{d}t} = 2 \times 10^{-6} \times \frac{50 - 6}{(5 - 1) \times 10^{-6}} \text{ A} = 22 \text{ A}$$

增加的电场能量

$$\Delta W = \frac{1}{2}CU_2^2 - \frac{1}{2}CU_1^2 = \frac{1}{2} \times 2 \times 10^{-6}(50^2 - 6^2) \text{ A} = 2.464 \times 10^{-3} \text{ A}$$

3.5.2 电容的串并联

(1)电容的串联

电容的串联如图 3.20(a)所示。

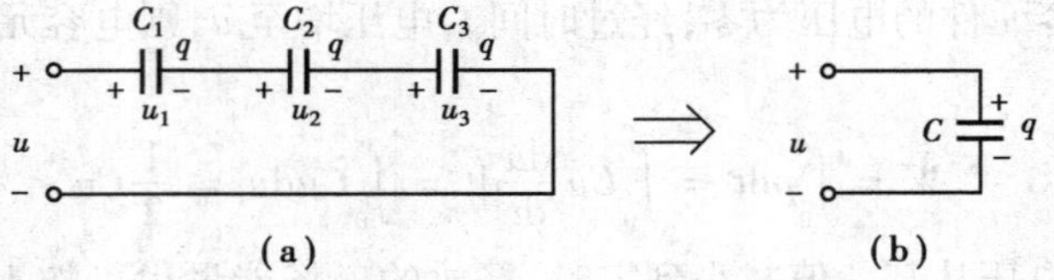

(a)　　(b)

图 3.20

电容的串联时，端口电压等于每个电容两端电压之和，即

$$u = u_1 + u_2 + u_3$$

电容串联时每个电容器的电量均为 q，有

$$u = u_1 + u_2 + u_3 = \left(\frac{1}{C_1} + \frac{1}{C_2} + \frac{1}{C_3}\right)q$$

因此，电容串联时其等效电容的倒数等于各电容倒数之和。等效电容如图 3.20(b)所示，即

$$\frac{1}{C} = \frac{1}{C_1} + \frac{1}{C_2} + \frac{1}{C_3} \tag{3.21}$$

电容串联时，等效电容的倒数等于各串联电容的倒数之和。电容的串联使总电容值减少。每个电容的电压为

$$u_1 : u_2 : u_3 = \frac{q}{C_1} : \frac{q}{C_2} : \frac{q}{C_3} = \frac{1}{C_1} : \frac{1}{C_2} : \frac{1}{C_3} \tag{3.22}$$

当电容器的耐压值不够时，可将电容器串联使用，但对小电容分得的电压值大这一点应特别注意。

(2)电容的并联

电容的并联如图 3.21(a)所示。

电容的并联时，有

$$q = q_1 + q_2 + q_3 = C_1u + C_2u + C_3u = (C_1 + C_2 + C_3)u$$

因此，电容并联时，等效电容等于各并联电容之和。电容并联使总电容增大，即

$$C = C_1 + C_2 + C_3 \tag{3.23}$$

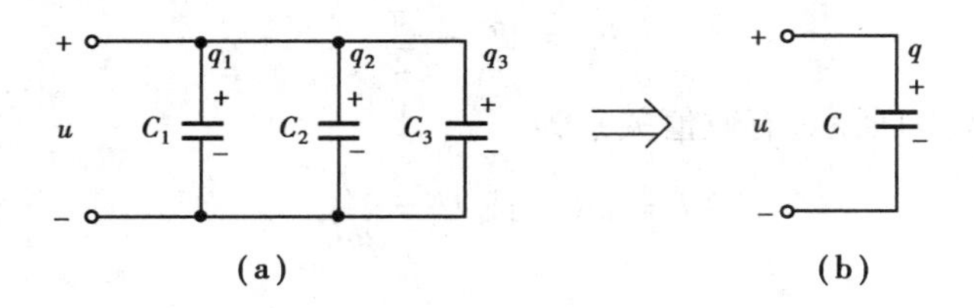

图 3. 21

当电容器的耐压值符合要求,但容量不够时,可将几个电容并联。

当电容器的容量和耐压值都不够时,可选择既有串联又有并联的连接方式。

例 3. 16　电容均为 0. 3 μF 及耐压值同为 250 V 的三个电容器 C_1、C_2、C_3 的连接如图 3. 22所示,试求等效电容,问端口电压值不能超过多少?

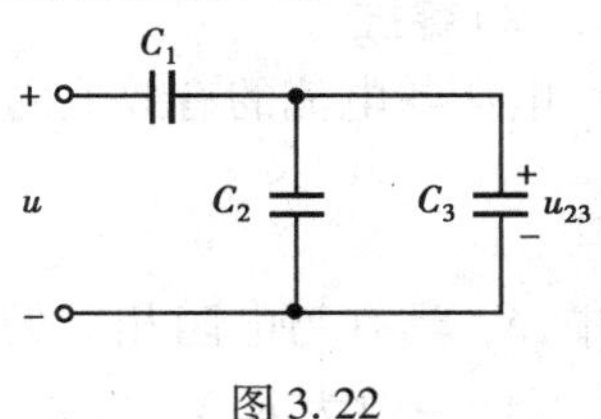

图 3. 22

解　C_2、C_3 并联等效电容

$$C_{23} = C_2 + C_3 = 0.6\ \mu\text{F}$$

总的等效电容

$$C = \frac{C_1 C_{23}}{C_1 + C_{23}} = \frac{0.3 \times 0.6}{0.3 + 0.6}\ \mu\text{F} = 0.2\ \mu\text{F}$$

C_1 小于 C_{23},则 $u_1 > u_{23}$,应保证 u_1 不超过其耐压值 250 V。当 $u_1 = 250V$ 时,有

$$u_{23} = \frac{C_1}{C_{23}} u_1 = \frac{0.3}{0.6} \times 250\ \text{V} = 125\ \text{V}$$

所以端口电压不能超过的值为

$$u = u_1 + u_{23} = (250 + 125)\text{V} = 375\ \text{V}$$

3. 5. 3　电容元件通以正弦电流时电压、电流关系

(1)电容元件通以正弦电流时电压、电流关系

设电容元件两端的电压、电流的参考方向如图 3. 23(a)所示,其表达式为

$$u = \sqrt{2}U \sin(\omega t + \Psi_u)$$

$$i = C\frac{\mathrm{d}u}{\mathrm{d}t} = \sqrt{2}\omega\, CU \cos(\omega t + \Psi_u) = \sqrt{2}\omega\, CU \sin\left(\omega t + \Psi_u + \frac{\pi}{2}\right) = \sqrt{2}I \sin(\omega t + \Psi_i)$$

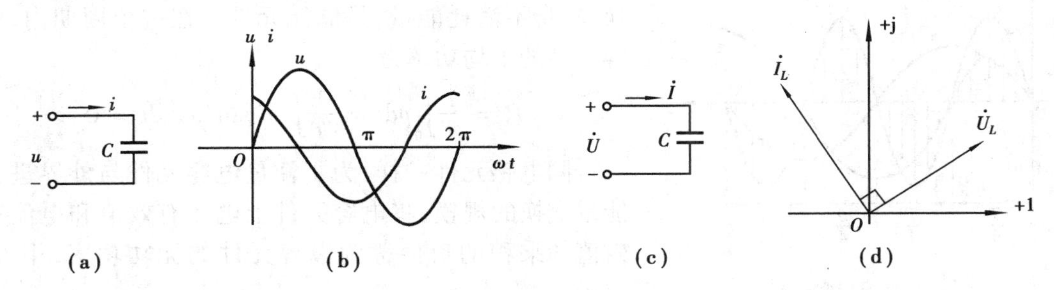

图 3. 23

上式表明:电容元件电流超前电压$\frac{\pi}{2}$或 90°,即

$$\Psi_i = \Psi_u + \frac{\pi}{2} \tag{3.24}$$

波形图如图 3.23(b)所示,有效值关系为

$$I = \omega CU \text{ 或 } U = \frac{I}{\omega C}$$

写成相量形式为

$$\dot{I} = j\omega C\dot{U} \text{ 或 } \dot{U} = -j\frac{1}{\omega C}\dot{I} \tag{3.25}$$

图 3.23(c)为电流、电压相量参考方向,图 3.22(d)为电流、电压相量图。

(2)容抗

电压与电流的有效值之比为

$$\frac{U}{I} = \frac{1}{\omega C} = \frac{1}{2\pi fC} = X_C \tag{3.26}$$

式中,X_C 具有与电阻相同的单位,而且具有阻碍电流通过的性质,称为容抗。当 ω 的单位为 s^{-1},C 的单位为 F,X_C 的单位为 Ω。这样,(3.25)可写为

$$\dot{U} = -jX_C\dot{I} \tag{3.27}$$

上式表明:电容的容抗 X_C 与 ω 成反比,频率越高,X_C 越小;反之,频率越低,X_C 越大。在直流情况下,$\omega = 0$,$X_C \to \infty$。电容元件具有"隔直通交"和"通高频阻低频"的特性。电子技术中常利用电容元件这一性质滤波。

3.5.4 电容元件的功率

设通过电容元件的电流、电压为

$$i = \sqrt{2}I\sin(\omega t + \frac{\pi}{2})$$

$$u = \sqrt{2}U\sin\omega t$$

则电容元件的瞬时功率为

$$p = ui = \sqrt{2}U\sin\omega t \cdot \sqrt{2}I\sin\left(\omega t + \frac{\pi}{2}\right) = UI\sin 2\omega t$$

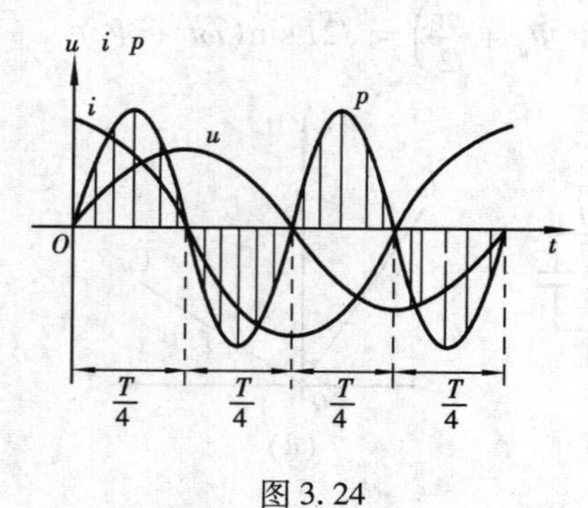

图 3.24

与电感元件一样,电容元件只与外界进行能量交换,本身不消耗能量,是储能元件。在一个周期内,电容元件的平均功率为

$$P = \frac{1}{T}\int_0^T p\mathrm{d}t = \frac{1}{T}\int_0^T ui\sin 2\omega t\,\mathrm{d}t = 0$$

同电感元件一样,为了衡量电容元件与外界进行能量交换的规模,将电容元件上电压有效值和电流有效值的乘积的负值称为电容元件的无功功率,用 Q_C 表示。

$$Q_C = -UI = -I^2X_C = -\frac{U^2}{X_C} \tag{3.28}$$

$Q_C < 0$,表明电容元件与电感转换能量的过程相反,电感元件吸收能量时,电容元件释放

能量,反之亦然。

表3.1　电阻、电感、电容上电压与电流的比较

电　路	电压和电流的大小关系	相位关系	阻　抗	功　率	相量关系
+ u − , i, R	$U=IR$ $I=\dfrac{U}{R}$	$\dot{U}$ 与 $\dot{I}$ 同相	电阻 R	$P=UI=I^2R$ $=\dfrac{U^2}{R}$	$\dot{U}=\dot{I}R$
u, i, L	$U=I\omega L=IX_L$ $I=\dfrac{U}{\omega L}=\dfrac{U}{X_L}$	$\dot{U}$ 超前 $\dot{I}$ 90°	感抗 $X_L=\omega L$	$P=0$ $Q_L=I^2X_L$ $=\dfrac{U^2}{X_L}$	$\dot{U}=\mathrm{j}X_L\dot{I}$
+ u − , i, C	$U=I\dfrac{1}{\omega C}=IX_C$ $I=U_\omega C=\dfrac{U}{X_C}$	$\dot{I}$ 超前 $\dot{U}$ 90°	容抗 $X_C=\dfrac{1}{\omega C}$	$P=0$ $Q_C=-I^2X_C$ $=-\dfrac{U^2}{X_C}$	$\dot{U}=-\mathrm{j}X_C\dot{I}$

例3.17　已知一电容 $C=50\ \mu\text{F}$,接到220 V、50 Hz的正弦交流电源上,试求:①X_C;②电路中的电流 I_C 和无功功率 Q_C;③电源频率变为1 000 Hz时的容抗。

解　①$X_C=\dfrac{1}{\omega C}=\dfrac{1}{2\pi fC}=\dfrac{1}{2\times3.14\times50\times10^{-6}\times50}\ \Omega=63.7\ \Omega$

②$I_C=\dfrac{U_C}{X_C}=\dfrac{220}{63.7}\ \text{A}=3.45\ \text{A}$

$$Q_C=-U_CI_C=-220\times3.45\ \text{V}\cdot\text{A}=-759\ \text{V}\cdot\text{A}$$

$$X_C=\frac{1}{2\pi fC}=\frac{1}{2\times3.14\times1\ 000\times50\times10^{-6}}\ \Omega=3.18\ \Omega$$

例3.18　一电容 $C=100\ \mu\text{F}$,接于 $u=220\sqrt{2}\sin(1\ 000t-45°)\text{V}$ 的电源上,试求:①流过电容的电流 I_C;②电容元件的有功功率 P_C 和无功功率 Q_C;③电容中储存的最大电场能量 W_{Cm};④绘电流和电压的相量图。

解　①$X_C=\dfrac{1}{\omega C}=\dfrac{1}{1\ 000\times100\times10^{-6}}\ \Omega=10\ \Omega$

$\dot{U}_C=220\angle-45°\ \text{V}$

$\dot{I}_C=\dfrac{\dot{U}_C}{-\mathrm{j}X_C}=\dfrac{220\angle-45°}{10\angle-90°}\ \text{A}=22\angle45°\text{A}$

$I_C=22\ \text{A}$

②$P_C=0$

$Q_C=-U_CI_C=-220\times22\ \text{V}\cdot\text{A}=-4\ 840\ \text{V}\cdot\text{A}$

③$W_{Cm}=\dfrac{1}{2}Cu_{Cm}^2=\dfrac{1}{2}\times100\times10^{-6}\times(220\sqrt{2})^2\ \text{J}=4.84\ \text{J}$

④电流和电压相量图如图3.25所示。

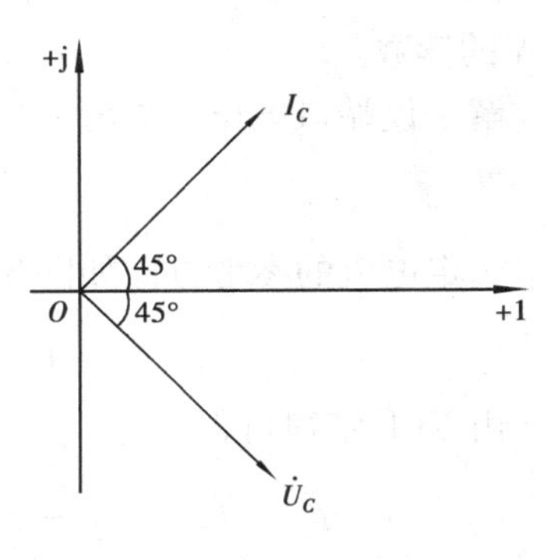

图3.25

3.6 相量形式的基尔霍夫定律

前面分析了电阻、电感、电容元件电压与电流的相量关系,本节介绍正弦交流电路中的基尔霍夫定律的相量形式。

3.6.1 相量形式的基尔霍夫电流定律

与直流电路一样,基尔霍夫电流定律也适用于交流电路。即任一瞬间流过电路的任一节点(或闭合面)的电流瞬时值的代数和等于零,即

$$\sum i = 0$$

正弦交流电路中各电流都是同频率的正弦量,将这些同频率的正弦量用相量表示可得

$$\sum \dot{I} = 0 \tag{3.29}$$

这就是相量形式的基尔霍夫电流定律。电流前的正负号是由其参考方向决定的。若支路电流的参考方向流出节点,取正号;反之,流入节点取负号。

3.6.2 相量形式的基尔霍夫电压定律

基尔霍夫电压定律也同样适用于交流电路的任一瞬间。在任一瞬间电路的任一回路中各段电压瞬时值的代数和等于零,即

$$\sum u = 0$$

在正弦交流电路中,各段电压都是同频率的正弦量,所以表示一个回路中各段电压相量的代数和也等于零,即

$$\sum \dot{U} = 0 \tag{3.30}$$

这就是相量形式的基尔霍夫电压定律。与直流电路一样,在应用相量形式的基尔霍夫电压定律时,也应先对回路选一绕行方向,对参考方向与绕行方向一致的电压的相量取正号,反之取负号。

例 3.19 在图 3.26 所示的电路中,已知电流表 A_1、A_2 的读数都是 5 A,试求电路中电流表 A 的读数。

解 设端口电压为参考相量,即

$$\dot{U} = U\angle 0^\circ \text{ V}$$

选定电流的参考方向如图 3.26 所示,则

$$\dot{I}_1 = 5\angle 0^\circ \text{ A} \qquad \dot{I}_2 = 5\angle -90^\circ \text{ A}$$

由 KCL 定律可得

$$\dot{I} = \dot{I}_1 + \dot{I}_2 = 5\angle 0^\circ + 5\angle -90^\circ \text{ A} = 5 - 5\text{j A} = 5\sqrt{2}\angle -45^\circ \text{ A}$$

即电流表 A 的读数为 $5\sqrt{2}$ A(注意:与直流电路不同,总电流不是 10 A)。

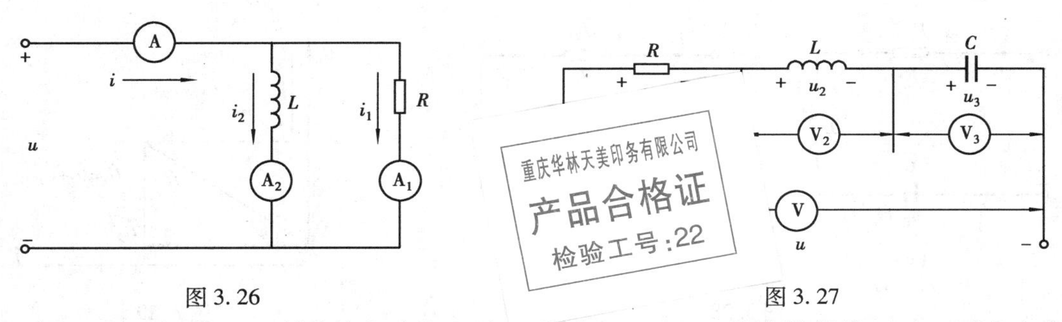

图3.26　　　　图3.27

例3.20　在图3.27所示的电路中，已知电压表 V_1、V_2、V_3 的读数都是100 V，试求电路中电压表V的读数。

解　设电流为参考相量，即

$$\dot{I} = I\angle 0°\ \text{A}$$

选定电流、电压的参考方向如图3.27所示，则

$$\dot{U}_1 = 100\angle 0°\ \text{V},\ \dot{U}_2 = 100\angle 90°\ \text{V},\ \dot{U}_3 = 100\angle -90°\ \text{V}$$

由KVL可得

$$\dot{U} = \dot{U}_1 + \dot{U}_2 + \dot{U}_3 = (100\angle 0° + 100\angle 90° + 100\angle 90°)\ \text{V} = 100\ \text{V}$$

电压表V读数为100 V。（注意：与直流电路不同总电压不是300 V。）

3.7　电阻、电感、电容的串联电路

3.7.1　RLC 串联电路电压与电流的关系

RLC串联电路模型如图3.28(a)所示，其相量模型如图3.28(b)所示。

$$\dot{I} = I\angle 0°, \dot{U}_R = \dot{I}R, \dot{U}_L = \dot{I}\text{j}X_L, \dot{U}_C = -\dot{I}\text{j}X_C$$

$$\dot{U} = \dot{U}_R + \dot{U}_L + \dot{U}_C = \dot{I}R + \dot{I}\text{j}X_L - \dot{I}\text{j}X_C = \dot{I}[R + \text{j}(X_L - X_C)]$$

$$\dot{U} = \dot{I}(R + \text{j}X) = \dot{I}Z \tag{3.31}$$

若以电流的相量为参考相量作出相量图，如图3.29所示。显然，$\dot{U}_R$、$\dot{U}_X$、$\dot{U}$ 组成一个直角三角形，称为电压三角形。由电压三角形可得

$$U = \sqrt{U_R^2 + (U_L - U_C)^2} = \sqrt{U_R^2 + U_X^2}$$

也可以写成相量形式，即

$$\dot{U} = \dot{U}_R + \dot{U}_X = [R + \text{j}(X_L - X_C)]\dot{I} = Z\dot{I}$$

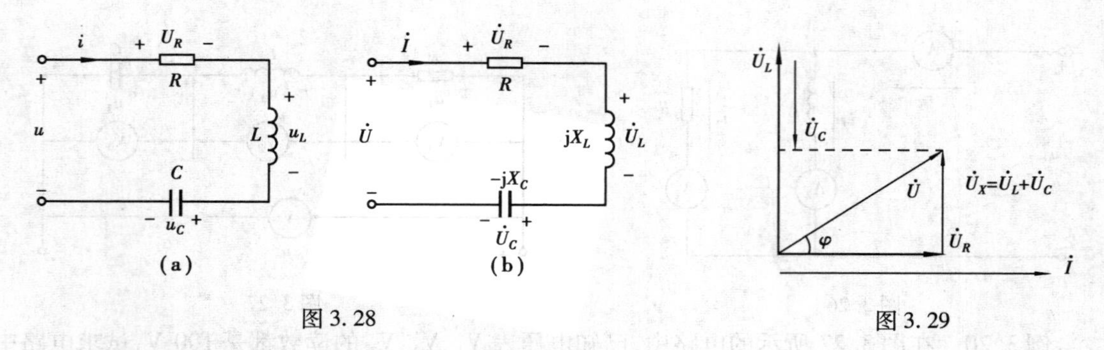

图 3.28

图 3.29

3.7.2 复阻抗

上式中 Z 为

$$Z = R + j(X_L - X_C) = R + jX = |Z| \angle\varphi \tag{3.32}$$

称为复阻抗。它是关联参考方向下网络端口电压相量与电流相量的比值，即

$$Z = \frac{\dot{U}}{\dot{I}}$$

其单位为 Ω。值得注意的是，Z 只是一个复数，不是相量，为了与相量区别，字母 Z 上不加圆点。其中，$X = X_L - X_C$ 称为电抗，$|Z|$ 称为复阻抗的模叫阻抗。

$$|Z| = \sqrt{R^2 + X^2} = \sqrt{R^2 + (X_L - X_C)^2}$$

其单位为 Ω，阻抗 $|Z|$ 就是端口电压与电流的有效值的比值，即

$$|Z| = \frac{U}{I}$$

φ 称为阻抗角，即

$$\varphi = \arctan\frac{X}{R}$$

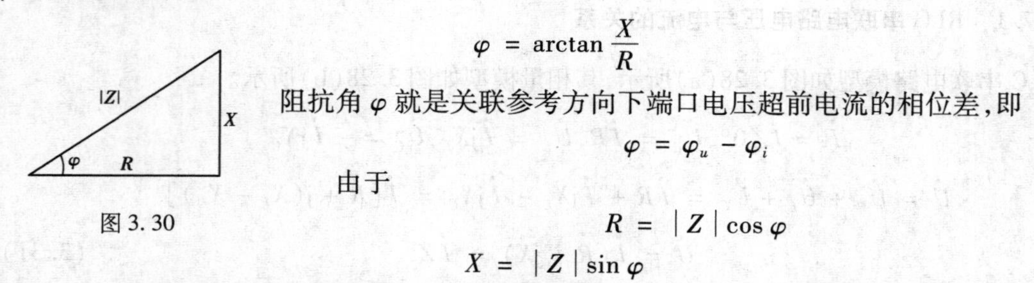

图 3.30

阻抗角 φ 就是关联参考方向下端口电压超前电流的相位差，即

$$\varphi = \varphi_u - \varphi_i$$

由于

$$R = |Z|\cos\varphi$$

$$X = |Z|\sin\varphi$$

显然，$|Z|$、R、X 也组成一个直角三角形，称为阻抗三角形，如图 3.30 所示。

3.7.3 电路的性质

(1)电感性电路

$X_L > X_C$，此时 $X > 0$，$U_L > U_C$。阻抗角 $\varphi = \arctan\dfrac{X}{R} > 0$，端口电压比电流超前，这种情况的电路呈感性，其相量图如图 3.31(a)。

(2)电容性电路

$X_L < X_C$，此时 $X < 0$，$U_L < U_C$。阻抗角 $\varphi = \arctan\dfrac{X}{R} < 0$。端口电流比电压超前，这种情况

的电路呈容性，其相量图如图 3.31(b)。

(3)**电阻性电路**

$X_L = X_C$，此时 $X = 0$，$U_L = U_C$。阻抗角 $\varphi = \arctan\dfrac{X}{R} = 0$。端口电压和电流同相，这种情况的电路呈电阻性，其相量图如图 3.31(c)。

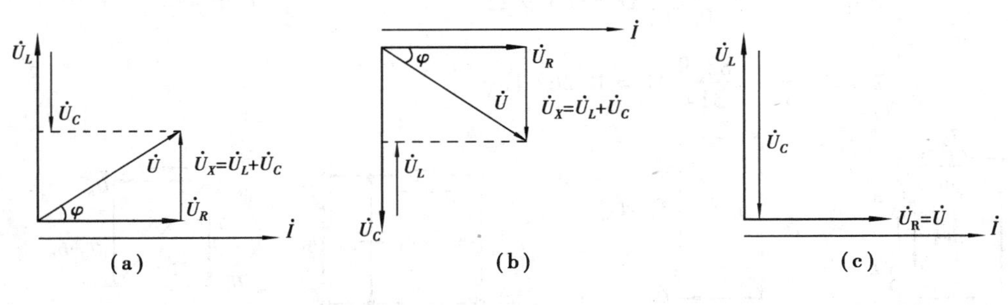

图 3.31

例 3.21　RLC 串联电路，其中 $R = 30\ \Omega$，$L = 382\ \text{mH}$，$C = 39.8\ \mu\text{F}$，外加电压 $u = 220\sqrt{2}\sin(314t + 60°)\ \text{V}$，试求：①复阻抗 Z，并确定电路的性质；② $\dot{I}$、$\dot{U}_R$、$\dot{U}_L$、$\dot{U}_C$；③绘出相量图。

解　①电路为电感性电路。

$$Z = R + \text{j}(X_L - X_C) = R + \text{j}\left(\omega L - \frac{1}{\omega C}\right)$$

$$= \left[30 + \text{j}\left(314 \times 0.382 - \frac{10^6}{314 \times 39.8}\right)\right]\Omega = (30 + \text{j}40)\,\Omega = 50\angle 53.1°\ \Omega$$

② $$\dot{I} = \frac{\dot{U}}{Z} = \frac{220\angle 60°}{50\angle 53.1°}\ \text{A} = 4.4\angle 6.9°\ \text{A}$$

$$\dot{U}_R = \dot{I}R = 4.4\angle 6.9° \times 30\ \text{V} = 132\angle 6.9°\ \text{V}$$

$$\dot{U}_L = \dot{I}\,\text{j}X_L = 4.4\angle 6.9° \times 120\angle 90°\ \text{V} = 528\angle 96.9°\ \text{V}$$

$$\dot{U}_C = -\dot{I}\,\text{j}X_C = (4.4\angle 6.9° \times 80\angle -90°)\,\text{V} = 352\angle -83.1°\,\text{V}$$

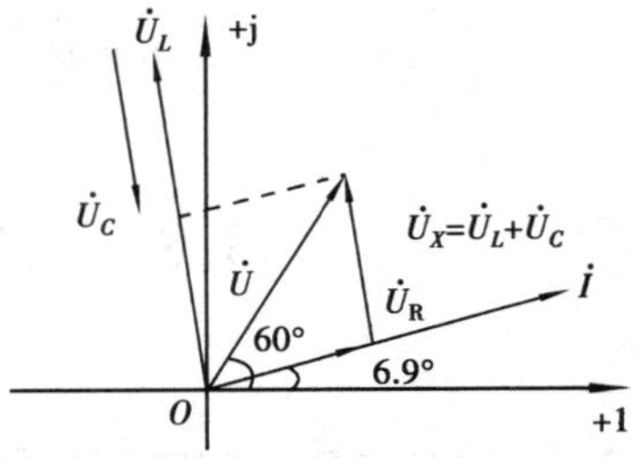

图 3.32

③相量图如图 3.32 所示。

例 3.22　用电感降压来调速的电风扇的等效电路如图 3.33(a)所示，已知 $R = 190\ \Omega$，$X_{L1} = 260\ \Omega$，电源电压 $U = 220\ \text{V}$，$f = 50\ \text{Hz}$，若使 $U_2 = 180\ \text{V}$，问串联的电感 L_X 应为多少？

解　以 $\dot{I}$ 为参考相量，作相量图如图 3.33(b)所示。

$$Z_1 = R + \text{j}X_{L_1} = (190 + \text{j}260)\,\Omega = 322\angle 53.8°\,\Omega$$

$$I = \frac{U_2}{|Z_1|} = \frac{180}{322}\ \text{A} = 0.56\ \text{A}$$

$$U_R = IR = 0.56 \times 190\ \text{V} = 106.4\ \text{V}$$

$$U_{L_1} = IX_{L_1} = 0.56 \times 260\ \text{V} = 145.6\ \text{V}$$

$$U = \sqrt{U_R^2 + (U_{L_1} + U_{L_X})^2} \qquad 220^2 = 106.4^2 + (145.6 + U_{L_X})^2$$

$$U_{LX} = 64.96\ \text{V}$$

$$X_{LX} = \frac{U_{L_X}}{I} = \frac{64.96}{0.56}\ \Omega = 83.9\ \Omega$$

$$L_X = \frac{X_{L_X}}{\omega} = \frac{83.9}{314}\ \text{H} = 0.267\ \text{H}$$

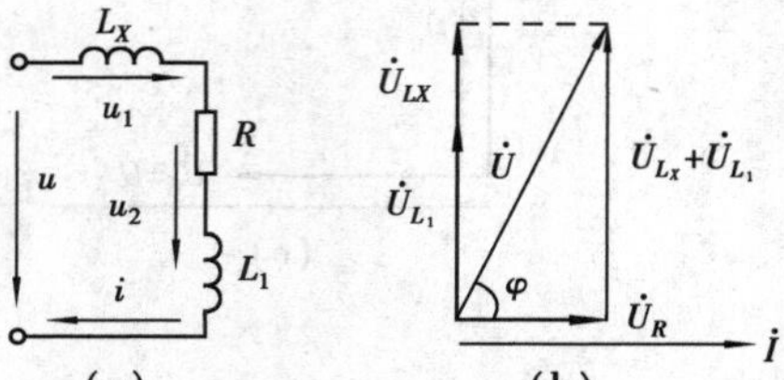

图 3.33

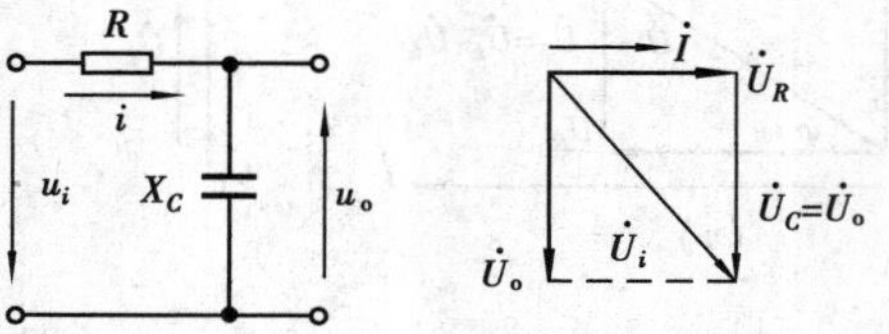

图 3.34

例 3.23 图 3.34(a)所示 *RC* 串联电路中,已知 $X_C = 10\sqrt{3}\ \Omega$。若使输出电压滞后于输入电压 30°,求电阻 *R*。

解 以 $\dot{I}$ 为参考相量,作电流、电压相量图如图 3.34(b)所示。已知输出电压 $\dot{U}_o$ 滞后于输入电压 $\dot{U}_i$ 30°(注意不为阻抗角),由相量图可知:总电压 $\dot{U}_i$ 滞后于电流 $\dot{I}$ 60°,即阻抗角 $\varphi = -60°$,即

$$R = \frac{-X_C}{\tan\varphi} = \frac{-X_C}{\tan(-60°)} = \frac{-10\sqrt{3}}{-\sqrt{3}}\ \Omega = 10\ \Omega$$

3.8 电阻、电感、电容的并联电路

3.8.1 RLC 并联电路电压与电流的关系

RLC 并联电路模型如图 3.35(a)所示,其相量模型如图 3.35(b)所示。

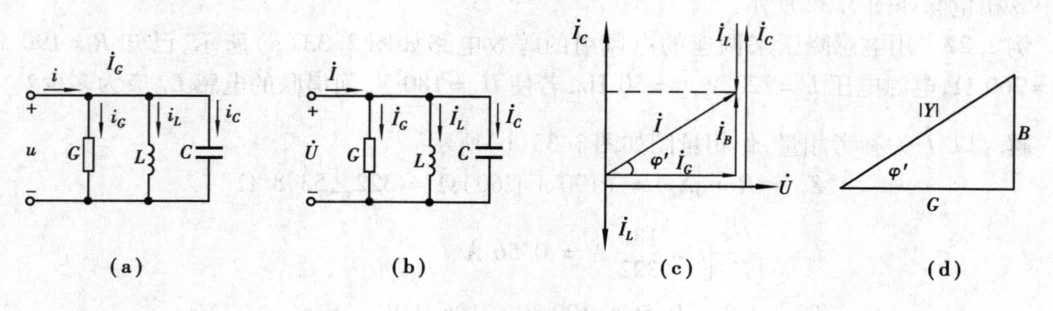

图 3.35

设电压相量为 $\dot{U}$，则各元件的电流相量分别为

$$\dot{I}_G = G\dot{U}$$

$$\dot{I}_L = \frac{1}{jX_L}\dot{U} = -jB_L\dot{U}$$

$$\dot{I}_C = \frac{1}{-jX_C}\dot{U} = jB_C\dot{U}$$

由 KCL 可知，端口电流相量为

$$\dot{I} = \dot{I}_G + \dot{I}_L + \dot{I}_C = \dot{I}_G + \dot{I}_B = [G + j(B_C - B_L)]\dot{U} = (G + jB)\dot{U} = Y\dot{U} \tag{3.33}$$

若以电压的相量为参考相量作出相量图，如图 3.35(c)所示。显然，$\dot{I}_G$、$\dot{I}_B$、$\dot{I}$ 组成一个直角三角形，称为电流三角形。

由电流三角形可得

$$I = \sqrt{I_G^2 + I_B^2} = \sqrt{I_G^2 + (I_C - I_L)^2}$$

3.8.2　复导纳

上式中 Y 为

$$Y = G + j(B_C - B_L) = G + jB = |Y|\angle\varphi' \tag{3.34}$$

称为复导纳。它是关联参考方向下网络端口电流相量与电压相量的比值，即

$$Y = \frac{\dot{I}}{\dot{U}}$$

其单位为 S。值得注意的是：Y 只是一个复数，不是相量，代表的字母 Y 上不加圆点。其中，Y 的实部为电路的电导 G，Y 的虚部为

$$B = B_C - B_L \tag{3.35}$$

称为电纳，Y 的模为

$$|Y| = \sqrt{G^2 + B^2} = \sqrt{G^2 + (B_C - B_L)^2} \tag{3.36}$$

称为导纳。其单位为 S，导纳 $|Y|$ 就是端口电流与电压的有效值的比值，即

$$|Y| = \frac{I}{U}$$

复导纳 Y 的辐角为

$$\varphi' = \arctan\frac{B_C - B_L}{R} \tag{3.37}$$

称为导纳角。导纳角 φ' 就是关联参考方向下端口电流超前电压的相位差，即

$$\varphi' = \varphi_i - \varphi_u \tag{3.38}$$

由于

$$G = |Y|\cos\varphi', B = |Y|\sin\varphi'$$

显然，$|Y|$、G、B 也组成一个直角三角形，称为导纳三角形，如图 3.35(d)所示。

3.8.3　电路的三种情况

根据 RLC 并联电路的电纳

$$B = B_C - B_L = \omega C - \frac{1}{\omega L}$$

RLC 并联电路有以下三种不同性质：

①当 $\omega C > 1/\omega L$ 时，$B > 0, \varphi' > 0, I_C > I_L$，$\dot{I}_B$ 超前电压 90°，端口电流超前电压。电路呈容性，相量图如图 3.36(a)所示。

②当 $\omega C < 1/\omega L$ 时，$B < 0, \varphi' < 0, I_C < I_L$，$\dot{I}_B$ 滞后电压 90°，端口电流滞后电压。电路呈感性，相量图如图 3.36(b)所示。

③当 $\omega C = 1/\omega L$ 时，$B = 0, \varphi' = 0, I_C = I_L$。$I_B = 0, Y = G, I = I_G$，端口电流与电压同相，电路呈电阻性，如图 3.36(c)所示。这也是一种特殊情况，称为谐振。

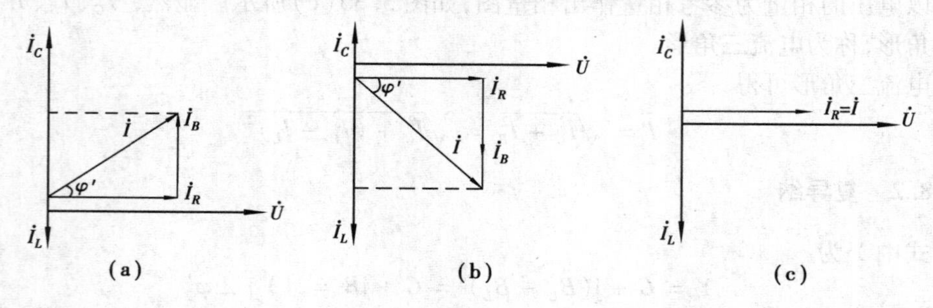

图 3.36

R、L、C 元件，RL 并联电路，RC 并联电路，LC 并联电路都可以看成 RLC 并联电路的特例。

例 3.24 图 3.37(a)所示为 RLC 并联电路，已知 $R = 10\ \Omega, L = 127\ \text{mH}, C = 159\ \mu\text{F}, u = 220\sqrt{2}\sin(314t + 30°)\ \text{V}$，试求：①并联电路的复导纳 Y；②各支路的电流 $\dot{I}_R$、$\dot{I}_L$、$\dot{I}_C$ 和总电流 $\dot{I}$；③绘出相量图。

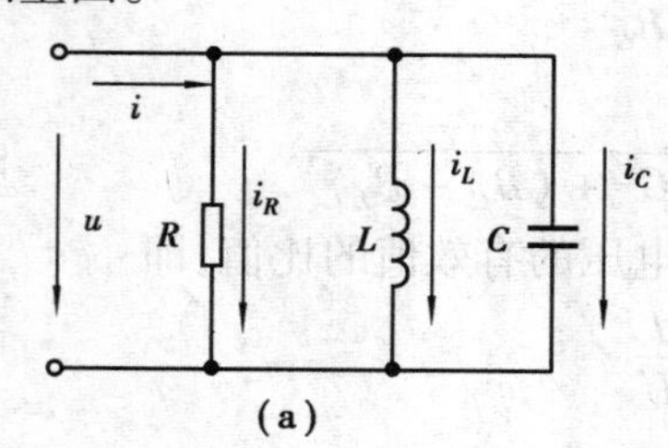

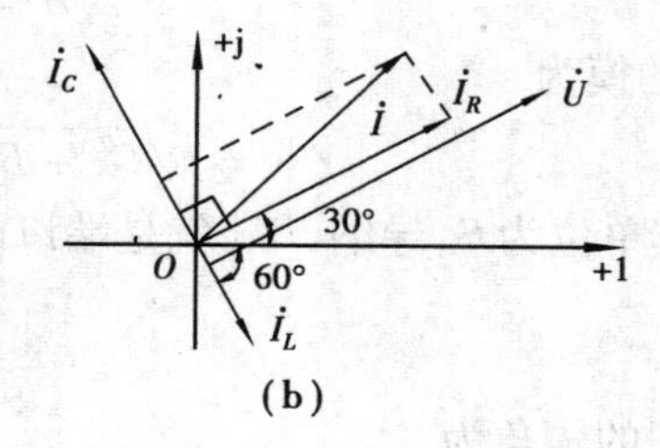

图 3.37

解 选 u、i、i_R、i_L、i_C 的参考方向如图 3.37 所示。

$$Y_1 = \frac{1}{R} = \frac{1}{10}\ \text{S} = 0.1\ \text{S}$$

$$Y_2 = \frac{1}{\text{j}X_L} = \frac{-\text{j}}{314 \times 127 \times 10^{-3}}\ \text{S} = -\text{j}0.025\ \text{S}$$

$$Y_3 = \frac{1}{-\text{j}X_C} = \text{j}\omega C = \text{j}314 \times 159 \times 10^{-6}\ \text{S} = \text{j}0.05\ \text{S}$$

$$Y = Y_1 + Y_2 + Y_3 = 0.1 + \text{j}0.025\ \text{S} = 0.013\angle 14°\ \text{S}$$

$$\dot{U}=220\angle 30°$$

$$\dot{I}_R=\dot{U}Y_1=220\angle 30°\times 0.1\ \text{A}=22\angle 30°\ \text{A}$$

$$\dot{I}_L=\dot{U}Y_2=220\angle 30°\times(-\text{j}0.025)\text{A}=5.5\angle -60°\ \text{A}$$

$$\dot{I}_C=\dot{U}Y_3=220\angle 30°\times(\text{j}0.05)\text{A}=11\angle 120°\ \text{A}$$

$$\dot{I}=\dot{U}Y=220\angle 30°\times 0.103\angle 14°\ \text{A}=22.7\angle 44°\ \text{A}$$

相量图如图3.37(b)所示。

例3.25　在图3.38所示电路中,已知 $R_1=R_2=6\ \Omega$,$X_L=X_C=8\ \Omega$,$u=220\sqrt{2}\sin(314t-30°)$ V,试求:①总导纳 Y;②各支路电流 $\dot{I}_1$、$\dot{I}_2$ 和总电流 $\dot{I}$。

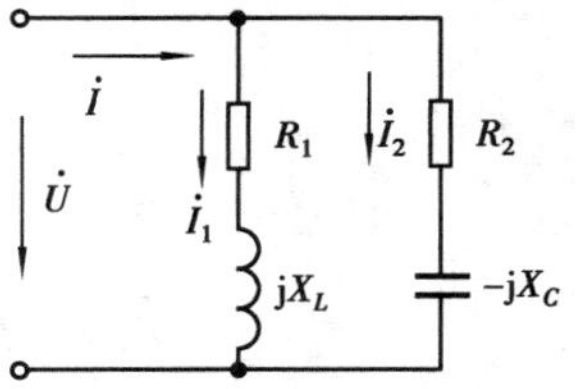

图3.38

解　选 u、i、i_1、i_2 的参考方向如图3.38所示。

已知 $\dot{U}=220\angle -30°$,有

$$Y_1=\frac{1}{R_1+\text{j}X_L}=\frac{1}{6+\text{j}8}=\frac{6-\text{j}8}{100}\ \text{S}=0.06-\text{j}0.08\ \text{S}$$

$$Y_2=\frac{1}{R_2-\text{j}X_C}=\frac{1}{6-\text{j}8}\ \text{S}=\frac{6+\text{j}8}{100}\ \text{S}=(0.06+\text{j}0.08)\text{S}$$

$$Y=Y_1+Y_2=(0.06-\text{j}0.08+0.06+\text{j}0.08)\text{S}=0.12\ \text{S}$$

$$\dot{I}_1=\dot{U}Y_1=220\angle -30°\times 0.1\angle -53.1°\ \text{A}=22\angle -83.1°\ \text{A}$$

$$\dot{I}_2=\dot{U}Y_2=220\angle -30°\times 0.1\angle 53.1°\ \text{A}=22\angle 23.1°\ \text{A}$$

$$\dot{I}=\dot{U}Y=220\angle -30°\times 0.12\ \text{A}=26.4\angle -30°\ \text{A}$$

3.9　阻抗的连接方式与混联电路

3.9.1　阻抗的串联

图3.39(a)所示的阻抗串联电路,由基尔霍夫电压定律可得:

$$\dot{U}=\dot{U}_1+\dot{U}_2+\cdots+\dot{U}_n$$
$$=\dot{I}Z_1+\dot{I}Z_2+\cdots+\dot{I}Z_n$$
$$=\dot{I}(Z_1+Z_2+\cdots+Z_n)$$
$$=\dot{I}Z$$

$$Z=Z_1+Z_2+\cdots+Z_n \tag{3.39}$$

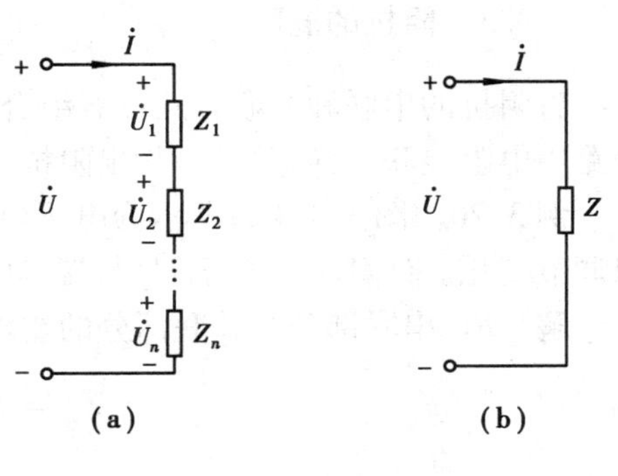

图3.39

复阻抗串联,分压公式仍然成立。以两个阻抗串联

为例,分压公式为

$$\left.\begin{aligned}\dot{U}_1 &= \frac{Z_1\dot{U}}{Z_1 + Z_2}\\ \dot{U}_2 &= \frac{Z_2\dot{U}}{Z_1 + Z_2}\end{aligned}\right\}$$

3.9.2 阻抗的并联

图 3.40(a)所示的阻抗并联电路,由欧姆定律和基尔霍夫电流定律可得:

$$\dot{I}_1 = \dot{U}Y_1$$

$$\dot{I}_2 = \dot{U}Y_2$$

$$\dot{I}_n = \dot{U}Y_n$$

$$\dot{I}_1 = \dot{I}_1 + \dot{I}_2 + \cdots + \dot{I}_n = \dot{U}(Y_1 + Y_2 + \cdots + Y_n) = \dot{U}Y$$

$$Y = Y_1 + Y_2 + \cdots + Y_n \tag{3.40}$$

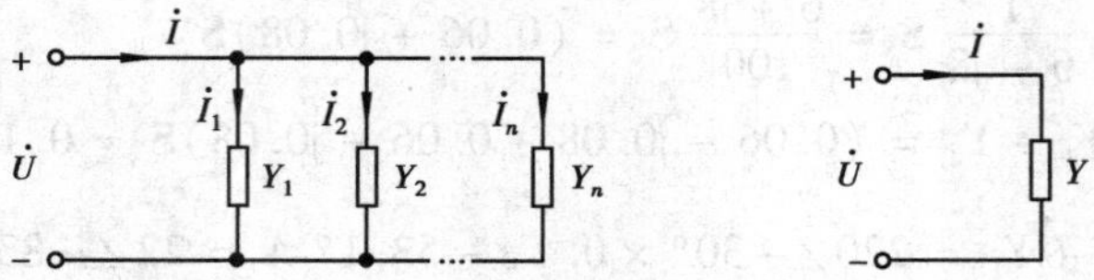

(a) (b)

图 3.40

复阻抗并联,分流公式仍然成立。以两个阻抗并联为例,分流公式为

$$\left.\begin{aligned}\dot{I}_1 &= \frac{Z_2\dot{I}}{Z_1 + Z_2}\\ \dot{I}_2 &= \frac{Z_1\dot{I}}{Z_1 + Z_2}\end{aligned}\right\}$$

3.9.3 阻抗的混联

将阻抗的串联和并联方式任意组合,即组成了阻抗的混联。阻抗混联电路的计算与直流电路中电阻混联一样,关键是找出阻抗的串并联关系,利用阻抗串并联等效进行化简计算。

例 3.26 图 3.41(a)所示为电子电路中常用的 RC 选频网络,端口正弦电压 u 的频率可以调节变化。计算输出电压 U_2 与端口电压 u 同相时 u 的频率 ω_0,并计算 U_2/U。

解 RC 串联部分和并联部分的复阻抗分别用 Z_1 和 Z_2 表示,且

$$Z_1 = R + \frac{1}{\mathrm{j}\omega C} = \frac{1 + \mathrm{j}\omega RC}{\mathrm{j}\omega C}$$

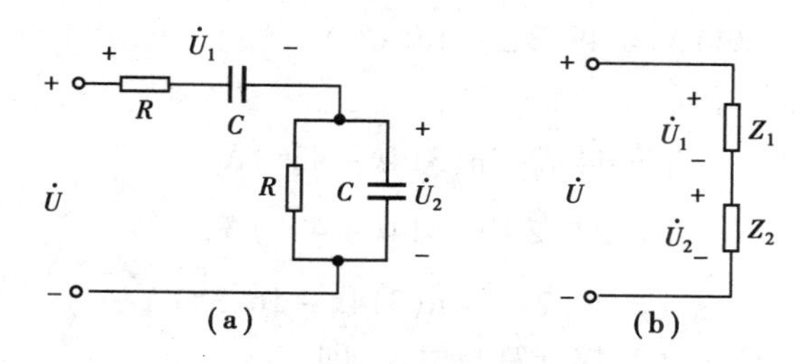

图 3.41

$$Z_2 = \frac{R \times \frac{1}{\mathrm{j}\omega C}}{R + \frac{1}{\mathrm{j}\omega C}} = \frac{R}{1 + \mathrm{j}\omega RC}$$

原电路的相量模型为 Z_1、Z_2 的串联，如图 3.41(b)，由分压关系得

$$\dot{U}_2 = \frac{Z_2}{Z_1 + Z_2}\dot{U} = \frac{1}{1 + \frac{Z_1}{Z_2}}\dot{U}$$

由题意知，$\dot{U}_2$ 与 $\dot{U}$ 同相时，有

$$\frac{Z_1}{Z_2} = \frac{(1 + \mathrm{j}\omega RC)(1 + \mathrm{j}\omega RC)}{\mathrm{j}\omega RC} = -\mathrm{j}\frac{1 - \omega^2R^2C^2 + \mathrm{j}2\omega RC}{\omega RC} = \frac{2\omega RC + \mathrm{j}(\omega^2R^2C^2 - 1)}{\omega RC}$$

则

$$\omega^2R^2C^2 - 1 = 0$$

$$\omega_0 = \frac{1}{RC}$$

$$\frac{Z_1}{Z_2} = \frac{2\omega_0 RC}{\omega_0 RC} = 2, \frac{\dot{U}_2}{\dot{U}} = \frac{1}{1 + \frac{Z_1}{Z_2}} = \frac{1}{3}, \dot{U}_2 = \frac{1}{3}\dot{U}$$

故 $U_2 = \frac{1}{3}U$ 且为最大值。

例 3.27　在图 3.42 所示的电路中，已知 $R_1 = 3\ \Omega$，$X_1 = 4\ \Omega$（感抗），$R_2 = 8\ \Omega$，$X_2 = 6\ \Omega$（容抗），$u = 220\sqrt{2}\ \sin(314t + 10°)$ V，试求 i_1、i_2、和 i。

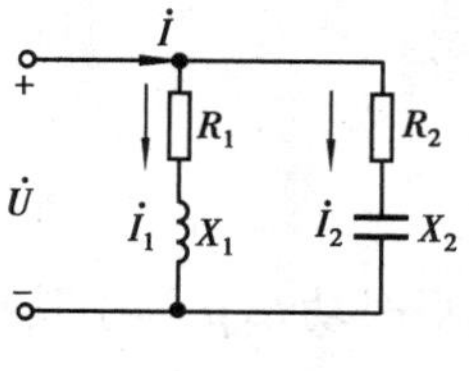

图 3.42

解

$$Z_1 = R_1 + \mathrm{j}X_1 = (3 + 4\mathrm{j})\Omega = 5\angle 53°\ \Omega$$

$$Z_2 = R_2 - \mathrm{j}X_2 = (8 - 6\mathrm{j})\Omega = 10\angle -37°\ \Omega$$

所以

$$\dot{I}_1 = \frac{\dot{U}}{Z_1} = \frac{220\angle 10°}{5\angle 53°}\ \mathrm{A} = 44\angle -43°\ \mathrm{A}$$

$$\dot{I}_2 = \frac{\dot{U}}{Z_2} = \frac{220\angle 10°}{10\angle -37°}\ \mathrm{A} = 22\angle 47°\ \mathrm{A}$$

$$\dot{I} = \dot{I}_1 + \dot{I}_2 = (44\angle -43° + 22\angle 47°)\mathrm{A} = (32.2 - 30\mathrm{j} + 15 + 16.1\mathrm{j})\mathrm{A}$$

$$= (47.2 - 13.9\text{j})\ \text{A} = 49.2\angle -16.4°\ \text{A}$$

用瞬时值表达式来表示，有

$$i_1 = 44\sqrt{2}\sin(314t - 43°)\ \text{A}$$

$$i_2 = 22\sqrt{2}\sin(314t + 47°)\ \text{A}$$

$$i = 49.2\sqrt{2}\sin(314t - 16.3°)\ \text{A}$$

本题也可以用阻抗并联公式直接计算总电流，即

$$Z = \frac{Z_1 Z_2}{Z_1 + Z_2} = \frac{5\angle 53° \times 10\angle -37°}{3 + 4\text{j} + 8 - 6\text{j}}\ \Omega = 4.47\angle 26.3°\ \Omega$$

$$\dot{I} = \frac{\dot{U}}{Z} = \frac{220\angle 10°}{4.47\angle 26.3°}\ \text{A} = 49.2\angle -16.3°\ \text{A}$$

3.10 正弦交流电路中的功率

3.10.1 瞬时功率 p

图 3.43(a)所示的无源二端网络，设其端口电压 u 和端口电流 i 的参考方向如图所示。其表达式为

$$i = \sqrt{2}I\sin\omega t$$

$$u = \sqrt{2}U\sin(\omega t + \varphi)$$

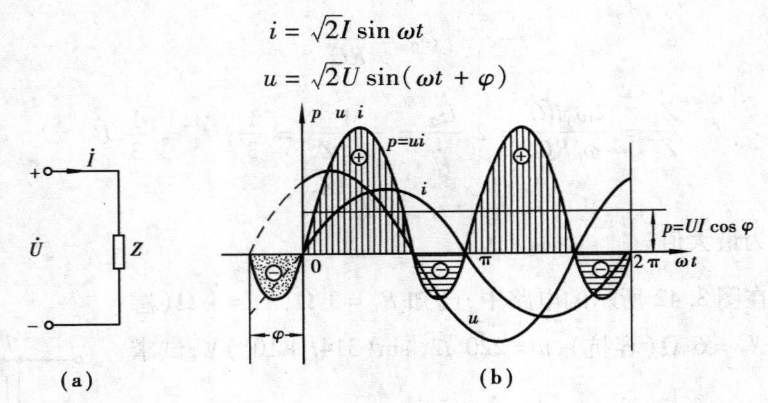

图 3.43

其瞬时功率 p 等于其端口电压瞬时值 u 和电流瞬时值 i 的乘积，即

$$p = ui = \sqrt{2}U\sin(\omega t + \varphi)\cdot\sqrt{2}I\sin\omega t$$

$$= 2UI\sin(\omega t + \varphi)\cdot\sin\omega t$$

$$p = UI[\cos\varphi - \cos(2\omega t + \varphi)] \tag{3.41}$$

其波形图如图 3.43(b)所示。图中画出了电压、电流的波形。由图可以看出，当 u、i 瞬时值同号时，$p>0$，二端网络由外电路吸收功率；当 u、i 瞬时值异号时，$p<0$，二端网络向外电路供出功率。瞬时功率有正负的现象说明在外电路和二端网络之间有能量往返交换，这是由于网络内储能元件造成的。

由图3.43(b)还可以看出,在一个循环内,$p>0$ 的部分仍大于 $p<0$ 的部分,因此,平均来看,二端网络仍是从外电路吸收功率的,这是因为二端网络中存在消耗能量的电阻。

3.10.2　有功功率 P

一个周期内瞬时功率的平均值称为平均功率(或称为有功功率),用 P 表示,即

$$P = \frac{1}{T}\int_0^T p\mathrm{d}t = \frac{1}{T}\int_0^T UI[\cos\varphi - \cos(2\omega t + \varphi)]\mathrm{d}t$$

$$= \frac{1}{T}\int_0^T (UI\cos\varphi)\mathrm{d}t = \frac{1}{T}\int_0^T [UI\cos(2\omega t + \varphi)]\mathrm{d}t = UI\cos\varphi$$

$$P = UI\cos\varphi = UI\lambda \tag{3.42}$$

上式表明:正弦电流电路中无源网络的有功功率一般并不等于电压与电流的有效值的乘积,它还与电压电流的相位差 φ 有关。式中

$$\lambda = \cos\varphi \tag{3.43}$$

称为二端网络的功率因数,φ 称为功率因数角,它等于二端网络的等效阻抗的阻抗角,即

$$\lambda = \cos\varphi = \frac{R}{|Z|}$$

若 $\varphi=0$,则 $\lambda=\cos\varphi=1$,此时二端网络吸收的有功功率才等于电压与电流有效值乘积。

如果二端网络仅由 R、L、C 元件组成,则该二端网络吸收的有功功率等于二端网络所有电阻消耗的有功功率之和,即

$$P = UI\cos\varphi = \sum P_R$$

3.10.3　无功功率 Q

无源二端网络中的储能元件(电容或电感)是不消耗电能的,它们只与电源进行能量交换,为了衡量这种能量交换的规模,引入无功功率,定义为

$$Q = UI\sin\varphi \tag{3.44}$$

由式3.45可知,对于感性二端网络,$\varphi>0$,则 Q 为正值;对于容性二端网络,$\varphi<0$,则 Q 为负值。如果二端网络仅由 R、L、C 元件组成,则该二端网络吸收的无功功率等于二端网络所有电感和电容消耗的无功功率之和,即

$$Q = \sum Q_L + \sum Q_C$$

无功功率的单位为乏(var)。

3.10.4　视在功率 S

对于二端网络,其视在功率定义为其端口电压有效值 U 和电流有效值 I 的乘积,即

$$S = UI \tag{3.45}$$

视在功率的量纲与有功率相同,为了与有功功率,视在功率的单位与无功功率的单位相同,其单位为乏(var)。工程上常用的千伏安(kV · A)和兆伏安(MV · A)。

由 $P=UI\cos\varphi$、$Q=UI\sin\varphi$ 及 $S=UI$ 可得

$$\sqrt{P^2+Q^2} = \sqrt{(UI\cos\varphi)^2 + (UI\sin\varphi)^2} = \sqrt{(UI)^2} = UI = S$$

即

$$S = \sqrt{P^2 + Q^2} \tag{3.46}$$

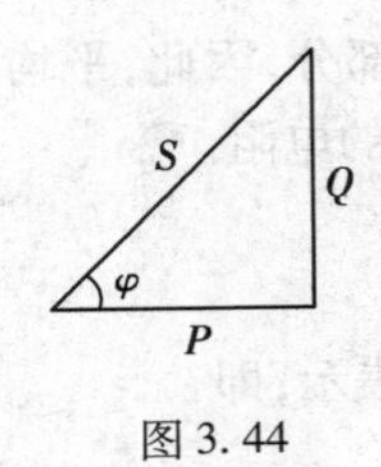

图 3.44

这就是视在功率与有功功率、无功功率的关系。由式 3.46 可知,P、Q、S 也构成一个直角三角形,如图 3.44 所示,称为功率三角形。它与串联电路中电压三角形及并联电路中电流三角形相似。由功率三角形可得

$$\tan\varphi = \frac{Q}{P}, \lambda = \cos\varphi = \frac{P}{S} \tag{3.47}$$

一般所说的变压器容量,就是指它的视在功率。

3.10.5 功率因数的提高

在正弦交流电路中,负载从电源接受的有功功率

$$P = UI\lambda = UI\cos\varphi$$

除了与负载的电压、电流有效值有关外,还与负载的功率因数 λ 有关,而负载的功率因数决定于负载的阻抗角 ψ。电阻负载(如电灯、电炉)的功率因数为 1,而占负载大部分的感应电动机是感性的,其功率因数一般为 0.7 ~ 0.85;其他如日光灯、感应加热装置,也是功率因数低的感性负载。负载功率因数不等于 1,它的无功功率就不等于零,这意味着它除从电源接受能量外,还与电源不断交换能量,功率因数越低,交换部分所占的比例越大。

负载的功率因数低,使电源设备的容量不能得到充分利用。因为电源设备的额定容量等于额定电压和额定电流的乘积,它们运行时的电压和电流不能超过额定值。在相同的电压和输出电流的情况下,负载的功率因数越低,发电机或变压器能供给的有功功率越少。例如,一台 1 000 kV · A 的变压器,当功率因数 $\cos\varphi = 1$ 时,这台变压器的输出功率是 1 000 kW;而当功率因数 $\cos\varphi = 0.7$ 时,它只能输出 $1\,000 \times 0.7$ kW = 700 kW 的功率。因此,为了充分利用发电机或变压器,必须尽量提高功率因数。

负载的功率因数过低,在供电线路上要引起较大的能量损耗和电压降低。在一定的电压下向负载输送一定的有功功率时,负载的功率因数越低,通过线路的电流 $I = \frac{P}{U\cos\varphi}$ 越大,导线电阻的能量损耗和导线阻抗的电压降越大。线路电压降增大,引起负载电压的降低,影响负载的正常工作,如电灯不够亮,电动机转速降低等。

提高用电的功率因数,能使电源设备的容量得到合理的利用,能减少输电电能损耗,又能改善供电的电压质量,因此,功率因数是电力经济中的一个重要指标,应该努力提高用电的功率因数。

一般负载都是感性的,即通常所说的功率因数滞后。对于感性负载,提高功率因数的最常用方法是采用电容器和负载并联。设有一电感性负载如图 3.45(a)所示,其端电压为 U,有功功率为 P,现要求将它的功率因数从 $\cos\varphi_1$ 提高到 $\cos\varphi_2$,试决定需要并联多大的电容。

作相量图如图 3.45(b),以电压相量 $\dot{U}$ 作为参考相量,原有负载电流为 $\dot{I}_L$(功率因数角为 φ_1),并联电容后,电容电流为 $\dot{I}_C$,使线路电流由原来的 $\dot{I}_L$ 变为 $\dot{I} = \dot{I}_L + \dot{I}_C$(功率因数角变为 φ_2)。

未并联电容 C 时,线路电流等于负载电流,即

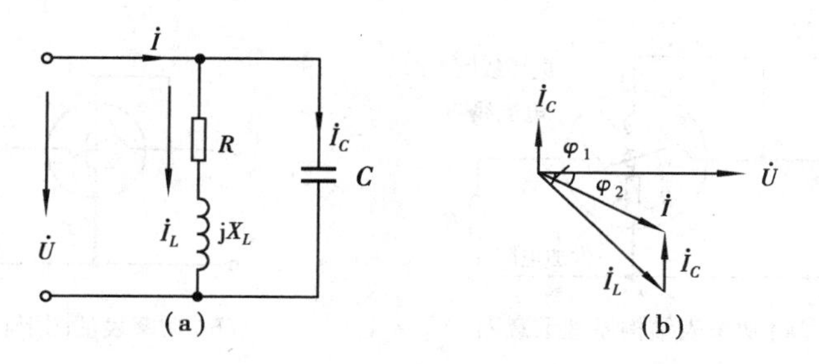

图3.45

$$I_L = \frac{P}{U\cos\varphi_1}$$

并联电容后,线路电流为

$$I = \frac{P}{U\cos\varphi_2}$$

显然,电容电流为

$$I_C = I_L\sin\varphi_1 - I\sin\varphi_2 = \frac{P}{U\cos\varphi_1}\sin\varphi_1 - \frac{P}{U\cos\varphi_2}\sin\varphi_2 = \frac{P}{U}(\tan\varphi_1 - \tan\varphi_2)$$

由容抗 $X_C = \frac{U}{I_C}$,可知所需并联电容量 C 为

$$C = \frac{1}{\omega X_C} = \frac{I_C}{\omega U} = \frac{P}{\omega U^2}(\tan\varphi_1 - \tan\varphi_2) \quad (3.48)$$

电容的无功功率为

$$Q = UI_C = P(\tan\varphi_1 - \tan\varphi_2) \quad (3.49)$$

3.10.6　有功功率的测量

在直流电路中,若测出电压与电流的量值,则它们的乘积就是有功功率。因此,在直流电路中,一般不用功率表测量功率。但在正弦电流电路中,即使测出电路中电压与电流的有效值,它们的乘积也只是视在功率而不是有功功率,因为后者还与功率因数有关。为了解决这个问题,可用电动式功率表测量有功功率。功率表大多为电动系结构,其中两个线圈的接线如图3.46(a)所示。图中,固定线圈与负载串联,线圈中通过的是负载电流,作为电流线圈,它的匝数较少,导线较粗;可动线圈串联附加电阻 R_S 后,与负载并联,线圈上承受的电压正比于负载电压,作为电压线圈,它的匝数较多,导线较细;R_S 是阻值很大的附加电阻。指针偏转角的大小取决于负载电流和负载电压的乘积。测量时,在功率表的标度尺上可以直接指示出被测有功功率的大小。功率表的图形符号如图3.46(b)所示。水平线圈为电流线圈,垂直的线圈为电压线圈。电压线圈和电流线圈上各有一端有“ * ”号,称为电源端钮,表示电流应从这一端钮流入线圈。

使用功率表的注意事项:

(1)正确选择功率表的量程

选择功率表的量程,实际上是要正确选择功率表的电流量程和电压量程,务必使电流量程能允许通过负载电流,电压量程能承受负载电压,不能只从功率角度考虑。例如,有两只功率表,量程分别为300 V、5 A和150 V、10 A,显然,它们的功率量程都是1 500 W。如果要测量一

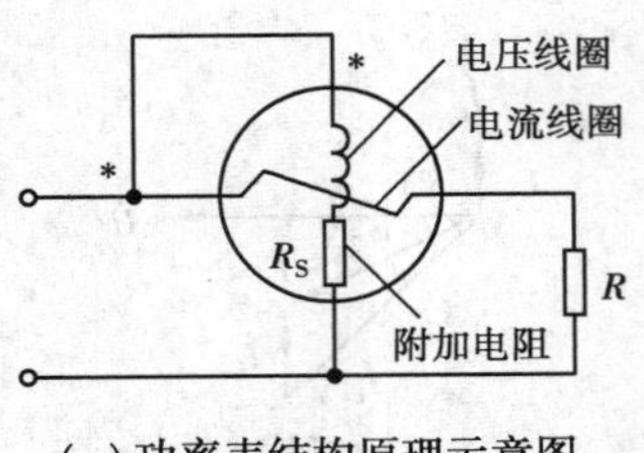

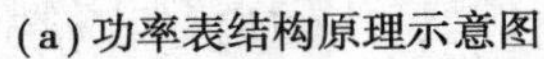
(a)功率表结构原理示意图

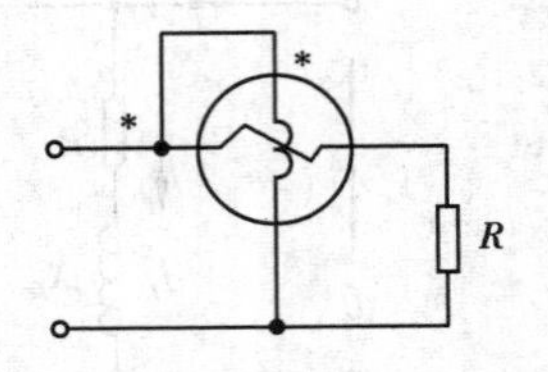

(b)功率表的图形符号

图 3.46

个电压为 220 V、电流为 4.5 A 的负载功率,则应选用 300 V、5 A 的功率表;而 150 V、10 A 的功率表,则因电压量程小于负载电压,不能选用。一般在测量功率前,应先测出负载的电压和电流,这样可以正确选择功率表。

(2)**正确读出功率表的读数**

便携式功率表一般都是多量程的,标尺上只标出分度格数,不标注功率大小。读数时,应先根据所选的电压、电流量程以及标度尺满度时的格数,求出每格功率大小(又称功率表常数),然后再乘以指针偏转的格数,即得到所测功率大小。

例如:用一只电压量程为 500 V、电流量程为 5 A 的功率表测量功率,标度尺满偏时为 100 格,测量时指针偏转了 60 格,则功率常数为

$$c = \frac{500 \times 5}{100}\ \text{W/格} = 25\ \text{W/格}$$

被测电路功率为

$$P = 25 \times 60\ \text{W} = 1\ 500\ \text{W}$$

(3)**功率表的正确接线**

功率表转动部分的偏转方向与两个线圈中的电流方向有关,如改变其中一个线圈的电流方向,指针就反转。为了使功率表在电路中不致接错,接线时必须使电流线圈和电压线圈的电源端钮(标有“*”的接线柱)都接到同一极性的位置,以保证两个线圈的电流都从标有“*”号的电源端钮流入,而且从”+”极到“-”极。满足这种要求的接线方法有两种,如图 3.47 所示,其中图(a)为电压线圈前接法;图(b)为电压线圈后接法。

当负载电阻远远大于电流线圈内阻时,应采用电压线圈前接法。这时,电压线圈所测电压是负载和电流线圈的电压之和,功率表反映的是负载和电流线圈共同消耗的功率。此时可以忽略电流线圈分压所造成的功率损耗影响,其测量值比较接近负载的实际功率值。

当负载电阻远远小于电压线圈支路电阻时,应采用电压线圈后接法。这时,电流线圈中的电流是负载电流和电压线圈支路电流之和,功率表反映的是负载和电压线圈支路共同消耗的功率。此时可以忽略电压线圈支路分流所造成的功率损耗影响,测量值也比较接近负载的实际功率。

如果被测功率本身较大,不需要考虑功率表的功率损耗对测量值的影响时,则两种接线法可以任意选择,但最好选用电压线圈前接法,因为功率表中电流线圈的功率损耗一般都小于电压线圈支路的功率损耗。

测量功率时,若出现接线正确而指针反偏的现象,则说明负载侧实际上是一个电源,负载支路不是消耗功率而是发出功率。这时,可以通过对换电流端钮上的接线,使指针正偏;如果

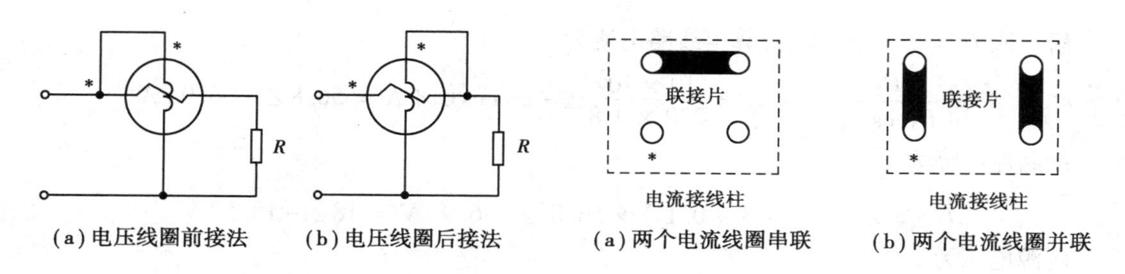

(a)电压线圈前接法　(b)电压线圈后接法

图3.47

(a)两个电流线圈串联　(b)两个电流线圈并联

图3.48

功率表上有极性开关，也可以通过转换极性开关，使指针正偏。此时，应在功率表读数前加上负号，以表明负载支路是发出功率的。

功率表的电流线圈有两组，在使用时可连接成串联或并联，得到两种电流量程。当两个电流线圈串联时，设允许流过的电流为1 A；当两个线圈并联时，允许流过的电流为2 A。具体接法如图3.48所示。

例3.28　用电压表、电流表、功率表（简称三表法）测量一个线圈的参数，如图3.49所示。得下列数据：电压表的读数为50 V，电流表的读数为1 A，功率表的读数为30 W。试求该线圈的参数R和L（电源的频率为50 Hz）。

解　选u、i为关联参考方向，如图3.49所示。根据$P=I^2R$求得

$$R=\frac{P}{I^2}=\frac{30}{1^2}\ \Omega=30\ \Omega$$

线圈的阻抗

$$|Z|=\frac{U}{I}=\frac{50}{1}\ \Omega=50\ \Omega$$

由于
$$|Z|=\sqrt{R^2+X_L^2}$$

所以
$$X_L=\sqrt{|Z|^2-R^2}=40\ \Omega$$

则
$$L=\frac{X_L}{\omega}=\frac{40}{314}\ \text{H}=0.127\ \text{H}$$

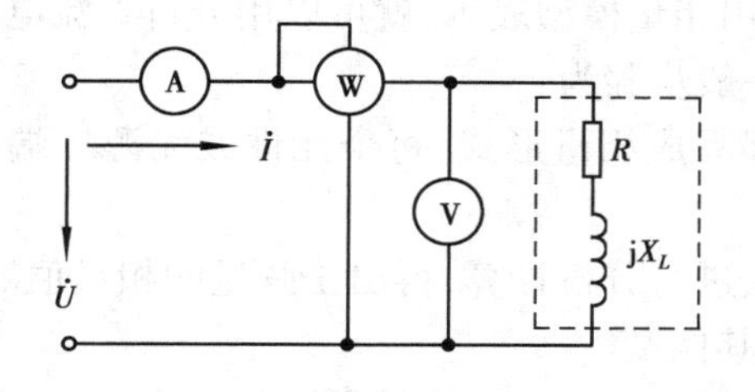

图3.49

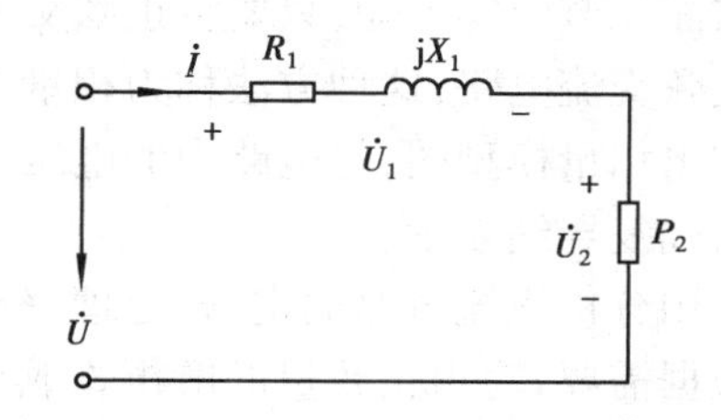

图3.50

例3.29　电压不高、距离不长的线路可以当成一个电阻、电感串联电路（图3.50），已知线路的$Z_1=(0.3+0.1\text{j})\ \Omega$，感性负载的$P_2=10\ \text{kW}$，功率因数$\lambda=\cos\varphi_2=0.8$，试求：①若使负载的电压$U_2=220\ \text{V}$，电源电压$U$应为多少？②线路电压降$\dot{U}_1$的有效值；③线路电压损失$\Delta U_1=U-U_2$；④线路的功率损耗。

解 取 $\dot{U}_2 = 220\angle 0°$ V,计算得线路电流为

$$\dot{I} = \frac{P_2}{U_2\cos\varphi_2}\angle -\varphi_2 = \frac{10\times 10^3}{220\times 0.8}\angle -\arccos 0.8 \text{ A} = 56.8\angle -36.9° \text{ A}$$

线路电压降为

$$\dot{U}_1 = Z_1\dot{I} = (0.3+0.1\text{j})\times 56.8\angle -36.9° \text{ V} = 18\angle -18.5° \text{ V}$$

电源电压为

$$\dot{U} = \dot{U}_1 + \dot{U}_2 = (18\angle -18.5° + 220\angle 0°)\text{V} = 237.2\angle -1.4° \text{ V}$$

可得电源电压 $U = 237.2$ V,电压降为 $U_1 = 18$ V。

线路电压损失为

$$\Delta U_1 = U - U_2 = (237.2 - 220)\text{V} = 17.2 \text{ V}$$

线路功率损失为

$$\Delta P = RI^2 = 0.3\times 56.8^2 \text{ kW} = 0.97 \text{ kW}$$

例 3.30 一个负载的电压为 220 V,功率为 10 kW,功率因数为 0.6,欲将功率因数提高到 0.9,试求所需的并联电容。

解 未并联电容时,功率因数角 φ_1 为

$$\varphi_1 = \arccos 0.6 = 53.1°$$

并联电容后,功率因数角 φ_2 为

$$\varphi_2 = \arccos 0.9 = 25.8°$$

因此,并联的电容为

$$C = \frac{P}{\omega U^2}(\tan\varphi_1 - \tan\varphi_2) = \frac{10\times 10^3}{2\pi\times 50\times 220^2}(\tan 53.1° - \tan 25.8°)\mu\text{F} = 559\ \mu\text{F}$$

3.11 一般正弦交流电路的计算

由前面几节内容可知,只要将正弦交流电路用相量模型表示,就可以用分析直流电路的方法分析正弦交流电路,这种方法称为相量法,其一般步骤为:

①作出相量模型图,将电路中的电压、电流都写成相量形式,每个元件或无源二端网络都用复阻抗或复导纳表示。

②应用分析直流电路的定律、定理、分析方法进行分析计算,得出正弦量的相量值。

③根据需要,写出正弦量的解析式或计算出其他量。

例 3.31 电路如图 3.51 所示,有些电器或功率表中,为了使复阻抗为 $Z_2 = R_2 + \text{j}X_{L2}$ 的线圈中的电流 $\dot{I}_2$ 比电源电压 $\dot{U}$ 滞后的相位为 90°,而与 Z_2 并联一个电阻 R_3。已知 $Z_1 = R_1 + \text{j}X_{L1} = (200+\text{j}1\ 000)\Omega$, $Z_2 = (500+\text{j}1\ 500)\Omega$,试求所需的电阻 R_3。

解 设电路中电流为 $\dot{I}$,总阻抗为 Z,则

$$Z = Z_1 + \frac{Z_2R_3}{Z_2+R_3},\ \dot{I}_2 = \frac{R_3}{R_3+Z_2}\dot{I}$$

$$\frac{\dot{U}}{\dot{I}_2}=\frac{\dot{I}Z}{\frac{R_3}{R_3+Z_2}\dot{I}}=Z_1+Z_2+\frac{Z_1Z_2}{R_3}$$

$$=(R_1+\mathrm{j}X_{L1})+(R_2+\mathrm{j}X_{L2})+\frac{(R_1+\mathrm{j}X_{L1})(R_2+\mathrm{j}X_{L2})}{R_3}$$

$$=\left(R_1+R_2+\frac{R_1R_2-X_{L1}X_{L2}}{R_3}\right)+\mathrm{j}\left(X_{L1}+X_{L2}+\frac{R_1X_{L2}+R_2X_{L1}}{R_3}\right)$$

要使电流 $\dot{I}_2$ 比电源电压 $\dot{U}$ 滞后的相位为90°，则 $\frac{\dot{U}}{\dot{I}_2}$ 这一复数的实部为零，即

$$R_1+R_2+\frac{R_1R_2-X_{L1}X_{L2}}{R_3}=0$$

得

$$R_3=\frac{X_{L1}X_{L2}-R_1R_2}{R_1+R_2}=\frac{1\ 000\times1\ 500-200\times500}{200+500}\ \Omega=2\ 000\ \Omega$$

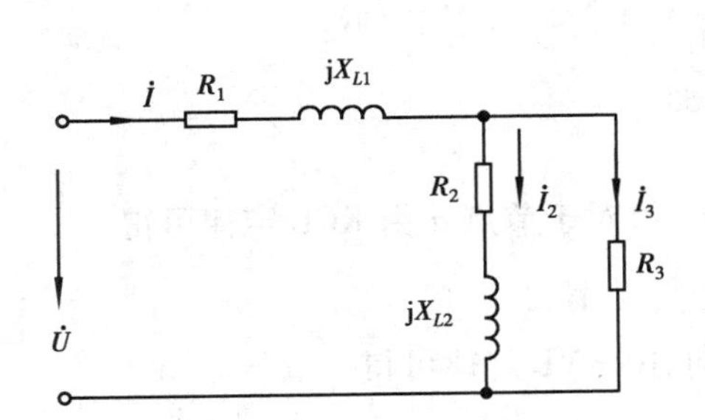

图3.51

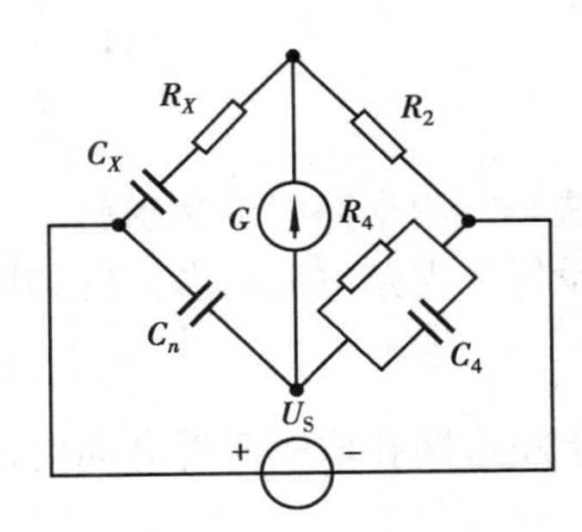

图3.52

例3.32　图3.52是一种测量 R_X、C_X 的交流电桥电路。设 R_2、C_n、R_4、C_4 是已知的，试求电桥平衡时的 R_X、C_X。

解　与直流电桥类比，一般交流电桥的平衡条件为

$$Z_1Z_4=Z_2Z_3$$

对于图3.52所示电桥有

$$Z_1=R_X+\frac{1}{\mathrm{j}\omega C_X},Z_2=R_2,Z_3=\frac{1}{\mathrm{j}\omega C_n}$$

$$Z_4=\frac{R_4\times\frac{1}{\mathrm{j}\omega C_4}}{R_4+\frac{1}{\mathrm{j}\omega C_4}}=\frac{R_4}{1+\mathrm{j}\omega R_4C_4}$$

电桥平衡时

$$\left(R_X+\frac{1}{\mathrm{j}\omega C_X}\right)\left(\frac{R_4}{1+\mathrm{j}\omega R_4C_4}\right)=\frac{R_2}{\mathrm{j}\omega C_n}$$

即

$$\mathrm{j}\omega C_XC_nR_XR_4+C_nR_4=C_XR_2+\mathrm{j}\omega C_XC_4R_2R_4$$

两个复数相等时，它们的实部相等、虚部相等（模相等、辐角也相等），所以

$$C_n R_4 = C_X R_2, \omega C_X C_n R_X R_4 = \omega C_X C_4 R_2 R_4$$

即

$$C_X = \frac{C_n R_4}{R_2}$$

$$R_X = \frac{C_4 R_2}{C_n}$$

例 3.33 在图 3.53(a)所示电路中，已知 $\dot{U}_1 = 50\angle 0°$ V，$\dot{I}_2 = 10\angle 30°$ A，$X_L = 5\ \Omega$，$X_C = 3\ \Omega$，求 $\dot{U}_C$。

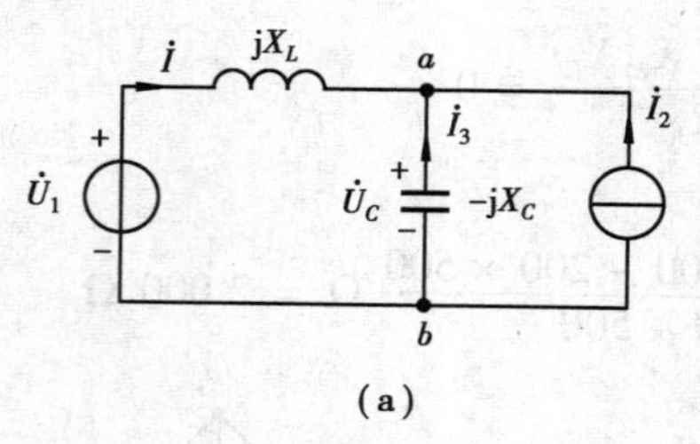

(a)

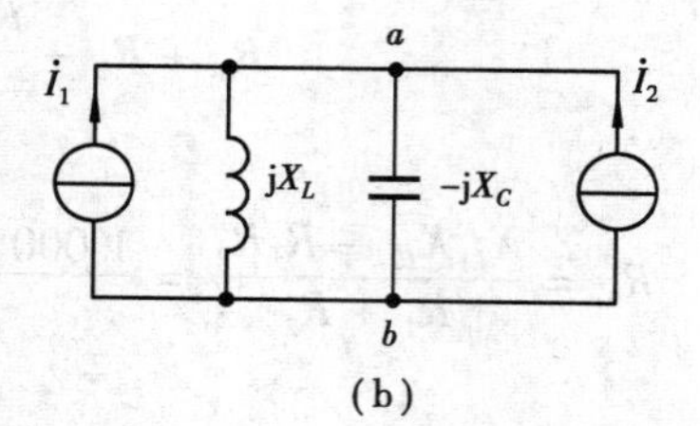

(b)

图 3.53

解法一 用支路电流法求解

假设每条支路电流参考方向如图 3.53(a)所示，对于节点 a 由 KCL 定律可得

$$\dot{I} + \dot{I}_2 + \dot{I}_3 = 0$$

对于左边网孔取顺时针方向为回路绕行方向，由 KVL 定律可得

$$\dot{U}_1 = jX_L \dot{I} - (-jX_C)\dot{I}_3$$

代入数据得

$$\left.\begin{aligned} \dot{I} + \dot{I}_3 + 10\angle 30° &= 0 \\ 50\angle 0° &= 5j\dot{I} + 3j\dot{I}_3 \end{aligned}\right\}$$

解方程组得

$$\left.\begin{aligned} \dot{I} &= 21.8\angle -53.4° \\ \dot{I}_3 &= 25\angle 150° \end{aligned}\right\}$$

$$\begin{aligned} \dot{U}_C &= -\dot{I}_3(-jX_C) \\ &= 25\angle 150° \cdot 3j\ \text{V} \\ &= 75\angle -120°\ \text{V} \end{aligned}$$

解法二 用电源等效变换法求解

将图 3.53(a)中的电压源化成图 3.53(b)中的电流源，得电流源电流相量为

$$\dot{I}_1 = \frac{\dot{U}_1}{jX_L} = \frac{50\angle 0°}{j5} = 10\angle -90°$$

将两个电流源合并得

$$\dot{I} = \dot{I}_1 + \dot{I}_2 = 10\angle -90^\circ + 10\angle 30^\circ\ \text{A} = (-\text{j}10 + 8.66 + \text{j}5)\ \text{A} = 10\angle -30^\circ\ \text{A}$$

故有

$$\dot{U}_C = Z\dot{I} = 10\angle -30^\circ \times \frac{\text{j}5 \times (-\text{j}3)}{\text{j}5 - \text{j}3}\ \text{V} = 10\angle -30^\circ \times (-\text{j}7.5)\ \text{V} = 75\angle -120^\circ\ \text{V}$$

解法三　用叠加原理求解

先计算理想电压源单独作用的情况，这时理想电流源代以开路，如图3.54(a)所示。

$$\dot{U}_{C1} = \frac{\dot{U}_1}{\text{j}X_L - \text{j}X_C} \times (-\text{j}X_C) = \frac{50\angle 0^\circ}{\text{j}5 - \text{j}3} \times (-\text{j}3)\ \text{V} = -75\ \text{V}$$

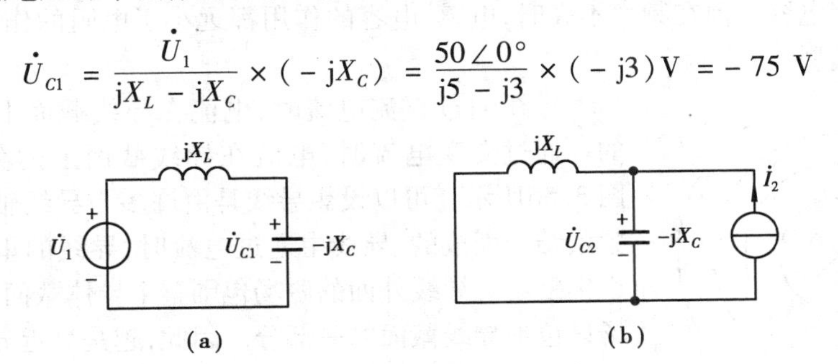

图3.54

再计算理想电流源单独作用的情况，这时理想电压源代以短路，如图3.54(b)所示。

$$\dot{U}_{C2} = \dot{I}_2 \times \frac{\text{j}X_L(-\text{j}X_C)}{\text{j}X_L - \text{j}X_C} = 10\angle 30^\circ \times \frac{\text{j}5(-\text{j}3)}{\text{j}5 - \text{j}3}\ \text{V} = 75\angle -60^\circ\ \text{V}$$

$$\dot{U}_C = \dot{U}_{C1} + \dot{U}_{C2} = -75\ \text{V} = 75\angle -60^\circ\ \text{V} = 75\angle -120^\circ\ \text{V}$$

解法四　用戴维南定理求解

对于电容支路开路后其端口电压(如图3.55(a)所示)为

$$\dot{U}_{OC} = \text{j}X_L\dot{I}_2 + \dot{U}_1 = (\text{j}5 \times 10\angle 30^\circ + 50\angle 0^\circ)\ \text{V} = 50\angle 60^\circ\ \text{V}$$

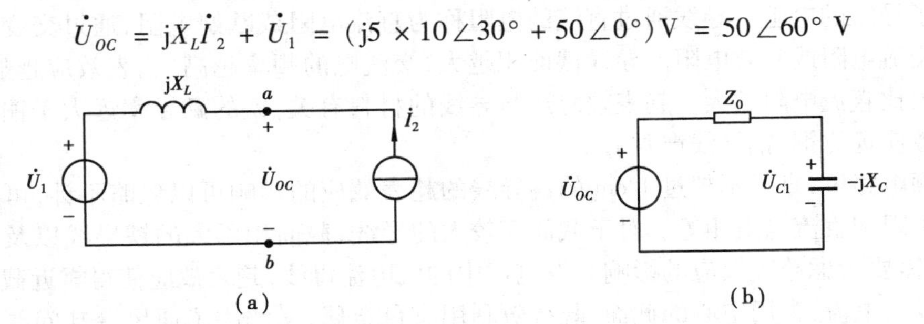

图3.55

等效阻抗为

$$Z_0 = \text{j}X_L = \text{j}5\ \Omega$$

因而得等效电路如图3.55(b)所示，有

$$\dot{U}_C = \frac{\dot{U}_{OC}}{Z_0 - \text{j}X_C} \times (-\text{j}X_C) = \frac{50\angle 60^\circ}{\text{j}5 - \text{j}3} \times (-\text{j}3) = 75\angle -120^\circ\ \text{V}$$

3.12 交流电路中的实际器件

3.12.1 电阻器

电阻器通过电流时,周围产生磁场,因而电阻器也具有一定的电感,同时线绕电阻器的线匝之间还存在着电容。但在频率不高时,电感、电容的作用都远小于电阻的作用,可以用电阻元件为其电路模型。

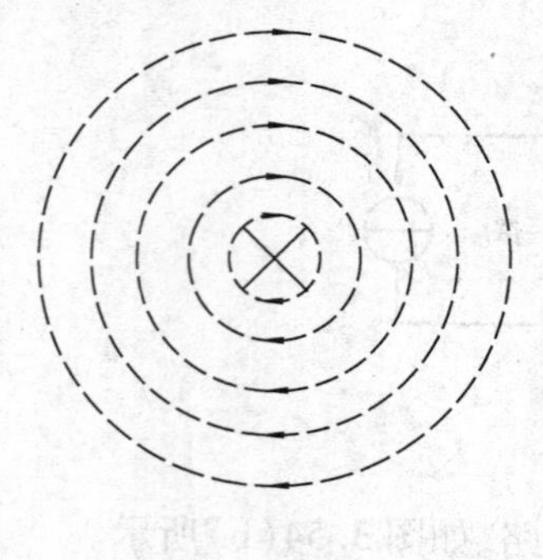

图 3.56

导线通过直流电流时,电流在导线截面上的分布是均匀的。通过交变电流时,电流在导线截面上的分布不均匀,如图 3.56所示。可以设想导线是由许多与导线轴平行的细导体紧紧结合而成的,导线中通过电流时,导线的里面和外面都要产生磁场。导线外面的磁场包围整个导体截面,导线内部的磁场只包围导线截面的一部分。因此,越是靠近导线截面中心的那些设想的细导体,它们交链的磁通越多;越是靠近导线表面的那设想的细导体,它们交链的磁通越少。这样,当导线中通过交变电流时,由于磁场的变化,各个设想的细导体中产生的感应电动势是不同的,越是靠近导线截面中心的感应电动势越大,越是靠近导线表面的感应电动势越小。因为感应电动势总是阻碍电流变化的,结果使得导线截面上越靠近中心地方的电流密度(每单位面积上的电流)越小,越靠近表面地方的电流密度越大。这种交变电流通过导线时趋于导线表面的现象,称为趋表效应,也称为集肤效应。

由于趋表效应,使交变电流比较集中地分布在导线表面,产生减小导线有效面积的后果,所以增大了导线的电阻。导线通过直流的电阻称为直流电阻或欧姆电阻,通过交变电流时的电阻称为交流电阻或有效电阻。导线截面积越大,交流电的频率越高,趋表效应越显著,导线的交流电阻比直流电阻越大。趋表效应还与导线的材料有关,铁的磁导率远大于铜、铝,铁导线的趋表效应远比铜、铝导线严重。

在工频电路里,直径不超过 1 cm 的铜导线的趋表效应的影响可以忽略不计,可以认为它们的交流电阻和直流电阻相等。对于截面积较大的导线、截面积不大的铁导线以及高频电路中的导线,需要考虑趋表效应的影响。发电厂中的大电流母线,趋表效应使得靠近截面中心的部分几乎没有电流,常用空心的截面,既有效利用有色金属,又解决了通风冷却问题。高频电路也常用空心的导线。高压输电线常用若干条细导线绞合成的多股绞线,由于每股导线截面小,而且各股位置不断交换,使趋表效应的影响大大减小。

趋表效应也可加以利用,例如对金属表面淬火。将待处理的金属放在空心导线绕成的线圈中,线圈中通过高频电流,金属中产生于表面的涡流,使金属表面的温度急剧升高,达到表面淬火的目的。

3.12.2 线圈

电感线圈是由导线绕成的,除电感外还有电阻,同时在线圈的匝间还存在微量的分布电容,如图3.57(a)所示。在不同频率的正弦激励作用下,应选定不同的电路模型。

当直流电源作用于电感线圈,电容 C 相当于开路,而电感却相当于短路,此时其模型可以简化为一个纯电阻,如图3.57(b)所示。

电感线圈在低频电路中,电感不能忽略,但其匝间电容可以忽略,一般以 RL 串联电路为其模型,如图3.57(c)所示。

当电源频率相当高时,线匝间的电容不能忽略,这时用 RL 串联再与 C 并联的组合构成其电路模型,如图3.57(d)所示。

当频率足够高时,感抗甚大,可以近似地认为电感处于开路状态,由于匝间电容,电感线圈电路模型可以简化为一个纯电容,如图3.57(e)所示。

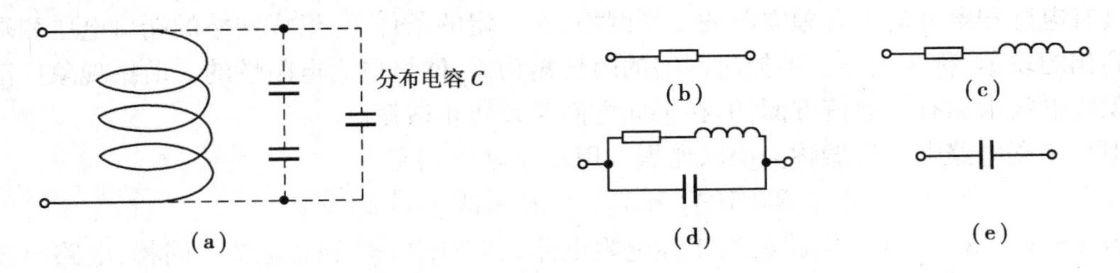

图3.57

3.12.3　电容器

实际电容器与理想电容元件有所不同,当正弦电压作用于电容器时,由于电容器极板间的绝缘介质有能量损耗(包括极化损耗和漏电损耗),所以在电容器中除有超前外施电压 $\dot{U}$90°的电流 $\dot{I}_C$ 外,还有与外施电压同相位的电流 $\dot{I}_G$,如图3.58(a)所示。因而实际电容器可以用一个理想电容元件并联一个电导 G 作为其模型,如图3.58(b)所示。$\dot{I}_C$ 和 $\dot{I}_G$ 的合成电流 $\dot{I}$ 超前于电压 $\dot{U}$,设 $\dot{I}$ 超前 $\dot{U}$ 的角度 φ' 的余角为 δ,有

$$\tan\delta = \frac{I_G}{I_C} = \frac{UG}{U\omega C} = \frac{G}{\omega C}$$

所以

$$\delta = \arctan\frac{G}{\omega C}$$

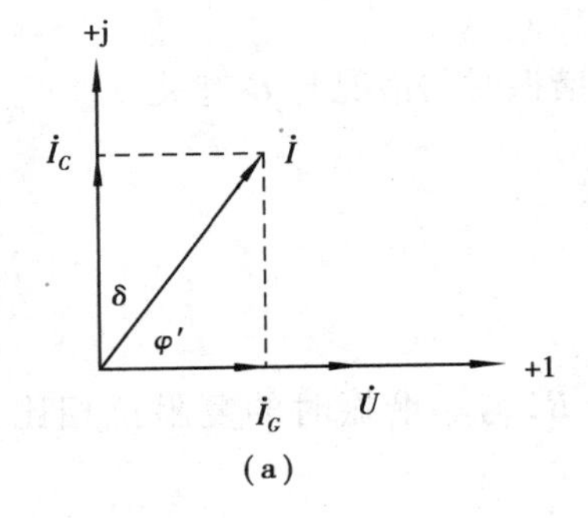

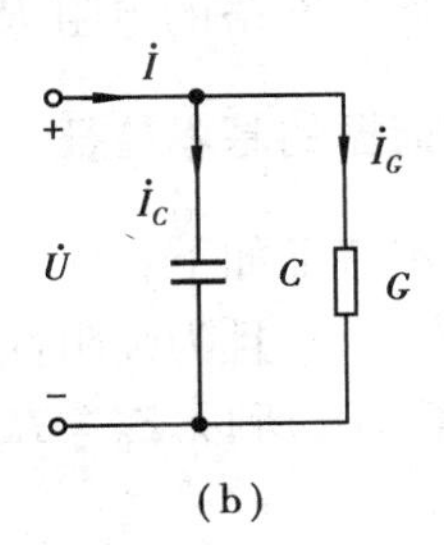

图3.58

式中,δ 称为损耗角,它是说明电容器损耗大小的一个参数。δ 角越大,表明绝缘介质的功率损耗越大。

一般情况下,由于 $\tan\delta$ 很小,可以直接用电容元件为电容器的电路模型。

3.13 串联谐振

3.13.1 串联谐振的条件

具有电感和电容的不含独立源的二端网络,在一定的条件下,形成网络的端口电压和端口电流同相的现象,称为谐振。谐振时网络的阻抗角为零,网络成为电阻性的。谐振现象广泛应用于无线电技术和有线通信方面,但在某面方面又须防止谐振。

RLC 串联电路发生谐振称为串联谐振。RLC 串联电路有

$$Z = R + \mathrm{j}(X_L - X_C) = R + \mathrm{j}X = |Z| \angle\varphi$$

当 $X = X_L - X_C = 0$ 时,电路相当于纯电阻电路,其总电压 U 和总电流 I 同相,电路出现谐振。因此,RLC 串联电路谐振的条件是:$X_L = X_C$,即

$$\omega L = \frac{1}{\omega C}$$

由此可见,能否发生谐振,完全由电路中的参数 L、C 和外加电源的角频率 ω 之间是否满足这个关系而定,与电源的电压和电流的有效值无关。

发生谐振的角频率称为谐振角频率,用 ω_0 表示。根据谐振条件可得

$$\omega_0 = \frac{1}{\sqrt{LC}} \tag{3.50}$$

而谐振频率为

$$f_0 = \frac{1}{2\pi\sqrt{LC}} \tag{3.51}$$

为了实现谐振,可以固定电路参数(L 及 C)而改变电源频率,也可以固定电源频率而改变电感或电容,使之满足上述条件。调节而达到谐振的过程称为调谐。

如果不希望网络发生谐振,可选择网络的 L、C 与 ω 之间不满足上述条件,达到消除谐振的目的。

串联谐振的条件与网络的电阻 R 无关,但谐振时的情况与 R 有关。

3.13.2 串联谐振的基本特征

串联谐振的基本特征如下:

①谐振时,阻抗最小,且为纯阻性。

因为谐振时,$X = 0$,所以 $Z_0 = R$,$|Z_0| = R$,与非谐振时的复阻抗相比 $|Z_0| = R$ 是最小的。

②谐振时,电路中的电流 $I_0 = \dfrac{U}{R}$与非谐振时的相比是最大,且与外加电源电压同相,这个

电流称为谐振电流。

③谐振时,电路的电抗为零。感抗和容抗相等,其值称为电路的特性阻抗ρ,即

$$\rho = \omega_0 L = \frac{1}{\omega_0 C} = \sqrt{\frac{L}{C}}$$

④谐振时,电感和电容上的电压大小相等,相位相反,且其大小为电源电压U的Q倍。Q称为电路的品质因数,即

$$Q = \frac{U_{L0}}{U} = \frac{U_{C0}}{U} = \frac{\omega_0 L}{R} = \frac{1}{\omega_0 RC} = \frac{\rho}{R} = \frac{1}{R}\sqrt{\frac{L}{C}} \tag{3.52}$$

$U_{L0} = U_{C0} = QU$,Q称为网络的品质因数(与无功功率Q不要混淆),只与网络R、L、C的参数有关。上式表明:$\rho > R$,则$Q > 1$,$U_L = U_C > U$;ρ越大于R,Q越大,$U_L = U_C$越大于端口电压U,所以,将串联谐振又称为电压谐振。无线电技术和电信工程中,利用这一特点使所接受的微弱信号变强。在电子工程中,Q值一般为20~200,高质量(即品质好的)谐振电路的Q值可能超过200。

3.13.3　电流谐振曲线

对于RLC串联电路

$$X_L = \omega L, X_C = \frac{1}{\omega C}, X = X_L - X_C$$

的变化曲线如图3.59(a)所示。X_L与ω成正比,$X_L(\omega)$为一直线。X_C与ω成反比,$X_C(\omega)$为双曲线的一支。ω由零增加到正无穷大,X由负无穷大变到正无穷大,中间经过零点,与这个零点对应的角频率就是谐振角频率ω_0。在$\omega < \omega_0$时,X为负值,电路呈容性,在$\omega > \omega_0$时,X为正值,电路呈感性。

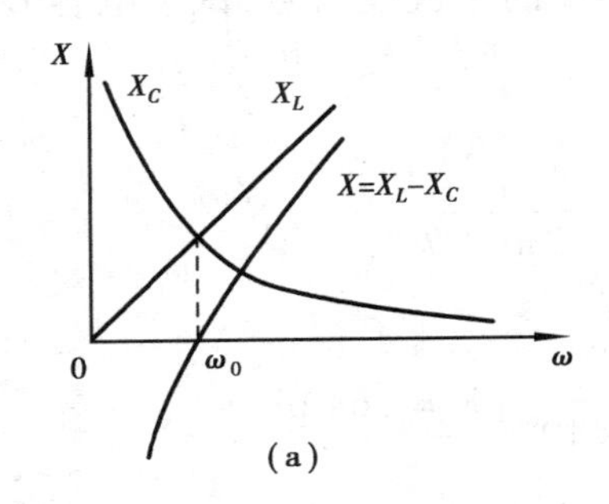

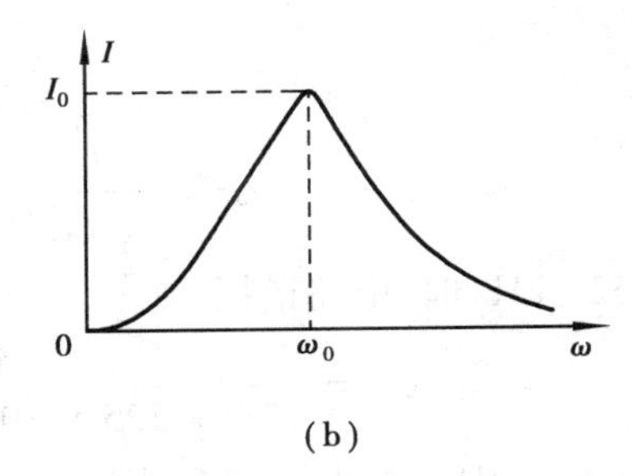

图3.59

对于RLC串联电路,其电流的有效值为

$$I = \frac{U}{\sqrt{R^2 + (X_L - X_C)^2}} = \frac{U}{\sqrt{R^2 + \left(\omega L - \frac{1}{\omega C}\right)^2}}$$

当电源电压U一定时,I随电源角频率ω变化而变化,其变化曲线如图3.59(b)所示。$\omega = 0$时,电容相当于开路,I为零,随着ω由零增加到ω_0,阻抗由无穷大减小为R,$I = \frac{U}{|Z|}$由零

增加到最大值 $I_0=\dfrac{U}{R}$。ω 由 ω_0 增加到无穷大，阻抗由 R 增加到无穷大，I 由最大值减小到零。

图 3.59(b)表明，RLC 串联电路在电源电压 U 一定时，ω 越接近 ω_0，电路电流越大，ω 越偏离 ω_0，电路电流越小；或者说，ω 越接近 ω_0 的电流越容易通过，ω 越偏离 ω_0 的电流越不容易通过。网络具有的这种选择接近于谐振频率附近的电流的性能，在无线电技术中，称为选择性。选择性与电路的品质因数 Q 有关，品质因数 Q 越大，电流谐振曲线越尖锐，选择性越好，这是 Q 称为品质因数的一个原因，但不是 Q 越大越好。

例 3.34 已知 RLC 串联电路中，$R=20\ \Omega$，$L=300\ \mu H$，信号源频率调到 800 kHz 时，回路中的电流达到最大，最大值为 0.15 mA，试求信号源电压 U_S、电容 C、回路的特性阻抗 ρ、品质因数 Q 及电感上的电压 U_{L0}。

解 根据谐振电路的基本特征，当回路的电流达到最大时，电路处于谐振状态。由于谐振时

$$C=\frac{1}{\omega^2 L}=\frac{1}{(2\pi f)^2 L}=\frac{1}{(2\pi\times 800\times 10^3)^2\times 300\times 10^{-6}}\text{pF}=132\ \text{pF}$$

$$U_S=U_R=I_0 R=0.15\times 20\ \text{mV}=3\ \text{mV}$$

$$\rho=\sqrt{\frac{L}{C}}=\sqrt{\frac{300\times 10^{-6}}{132\times 10^{-12}}}\ \Omega=1\ 508\ \Omega$$

$$Q=\frac{\rho}{R}=\frac{1\ 508}{20}=75$$

则电感上的电压为

$$U_{L0}=QU_S=75\times 3\ \text{mV}=225\ \text{mV}$$

例 3.35 某收音机的输入回路（调谐回路）可简化为 RLC 串联电路，已知电感 $L=250\ \mu H$，$R=20\ \Omega$，若要接收到频率范围为 525 ~ 1 610 kHz 的中波段信号，试求电容 C 的变化范围。

解

$$\omega_0=\frac{1}{\sqrt{LC}}\quad C=\frac{1}{\omega_0^2 L}=\frac{1}{(2\pi f_0)^2 L}$$

当 $f=525$ kHz 时，电路谐振，则

$$C_1=\frac{1}{(2\pi\times 525\times 10^3)^2\times 250\times 10^6}\ \text{pF}=368\ \text{pF}$$

当 $f=1\ 610$ kHz 时，电路谐振，则

$$C_2=\frac{1}{(2\pi\times 1\ 610\times 10^3)^2\times 250\times 10^6}\ \text{pF}=39.1\ \text{pF}$$

因此，电容 C 的变化范围为 39.1 ~ 368 pF。

如果天线接收的某一电台的电磁波信号频率与谐振电路的某一谐振频率相同，就有较大的电容电压输出，经检波、放大而被接收。非谐振频率的电磁信号，则不能产生足够的电容电压，而不能被接受。收音机就是这样这样选择电台的。

3.14　并联谐振

3.14.1　并联谐振的条件

信号源的内阻较大时，如应用串联谐振电路，电路的品质因数较小，选择性差。对高内阻抗的信号源，需采用并联谐振电路，实际并联谐振电路由线圈和电容器并联而成。

图3.60所示的并联电路，两个支路的复导纳各为

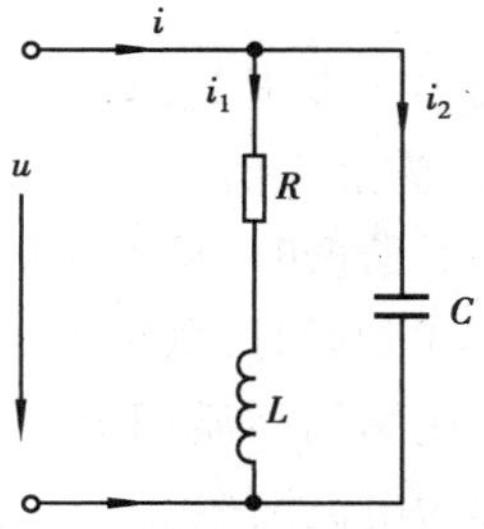

$$Y_1=\frac{1}{R+j\omega L}=\frac{R-j\omega L}{R^2+(\omega L)^2}$$
$$=\frac{R}{R^2+(\omega L)^2}-\frac{j\omega L}{R^2+(\omega L)^2}$$
$$Y_2=\frac{1}{-jX_C}=j\omega C$$

图3.60

网络的复导纳为

$$Y=Y_1+Y_2=\frac{R}{R^2+(\omega L)^2}+j\left[\omega C-\frac{\omega L}{R^2+(\omega L)^2}\right]$$

由于谐振时端口电压与端口电流同相，因此有

$$C=\frac{L}{R^2+(\omega L)^2} \tag{3.53}$$

网络的 ω、R、L 一定时，改变电容，可使网络达到谐振的。

网络的 R、L、C 一定，改变频率调谐，由式(3.53)可得

$$\omega_0=\sqrt{\frac{L-CR^2}{L^2C}}=\frac{1}{\sqrt{LC}}\sqrt{1-\frac{CR^2}{L}}$$
$$f_0=\frac{1}{2\pi\sqrt{LC}}\sqrt{1-\frac{CR^2}{L}} \tag{3.54}$$

如果 $R<\sqrt{\frac{L}{C}}$，ω_0 为实数；如果 $R>\sqrt{\frac{L}{C}}$，ω_0 为虚数。因此，只有在 $R<\sqrt{\frac{L}{C}}$ 的情况下，网络才可以通过调节电源频率达到谐振。

一般情况下，线圈的电阻 R 很小，$\omega L\gg R$，线圈的品质因数 $Q_L=\frac{\omega L}{R}$ 相当高，谐振的近似条件为

$$\omega_0 L\approx\frac{1}{\omega_0 C}$$
$$\omega_0\approx\frac{1}{\sqrt{LC}}$$
$$f_0\approx\frac{1}{2\pi\sqrt{LC}}$$

这样，高品质因数的并联谐振电路的近似谐振条件和串联谐振一样。

3.14.2 并联谐振的基本特征

并联谐振的基本特征如下：

①谐振时，导纳为最小值，阻抗为最大值，且为纯阻性。

谐振时，网络的复导纳、复阻抗均为实数，即

$$Y_0 = \frac{R}{R^2 + (\omega_0 L)^2}$$

$$Z_0 = \frac{R^2 + (\omega_0 L)^2}{R} \approx \frac{(\omega_0 L)^2}{R} = Q\omega_0 L = Q\rho = \frac{\rho^2}{R}$$

其大小与 C 无关，调节电容而达到谐振时，与非谐振时的导纳、阻抗相比，导纳 Y_0 为最小值，阻抗 Z_0 为最大值。

②谐振时，总电流最小，且与端电压同相。

③谐振时，电感支路与电容支路的电流大小近似相等，为总电流的 Q_L 倍。

线圈的品质因数 Q_L 越大，谐振时线圈电流、电容电流比端口电流越大。因此，并联谐振又称为电流谐振。

$$\dot{U} = \dot{I}_0 Z_0 \approx \dot{I}_0 Q_L \omega_0 L \approx \dot{I}_0 Q_L \frac{1}{\omega_0 C}$$

$$\dot{I}_{L0} = \frac{\dot{U}}{R + j\omega_0 L} \approx \frac{\dot{U}}{j\omega_0 L} = -jQ_L \dot{I}_0$$

$$\dot{I}_{C0} = \frac{\dot{U}}{-j\omega_0 L} = j\omega_0 C\dot{U} = jQ_L \dot{I}_0$$

$$I_{L0} = I_{C0} = Q_L I_0$$

$R=0$ 的并联谐电路，即 LC 并联电路的谐振解频率为

$$\omega_0 = \frac{1}{\sqrt{LC}}$$

谐振时，$Z_0 \to \infty$，即等于开路，但如网络有电压，其内部的 L、C 有电流。

例 3.36 $R=10\ \Omega$、$L=100\ \text{mH}$ 的线圈和 $C=100\ \text{pF}$ 的电容器并联组成谐振电路，信号源为正弦电流源 i_S，有效值为 $1\ \mu\text{A}$，试求谐振时的角频率及阻抗、端口电压、线圈电流、电容器电流，谐振时回路吸收的功率。

解 谐振角频率为

$$\omega_0 = \sqrt{\frac{1}{LC} - \frac{R^2}{L^2}} \approx \sqrt{\frac{1}{100\times 10^{-6}\times 100\times 10^{-2}} - \frac{10^2}{(100\times 10^{-6})^2}}\ \text{rad/s} \approx \sqrt{10^{14}}\ \text{rad/s} = 10^7\ \text{rad/s}$$

谐振时的阻抗为

$$Z_0 = \frac{L}{RC} = \frac{100\times 10^{-6}}{10\times 100\times 10^{-12}}\ \Omega = 10^5\ \Omega$$

谐振时，端口电压为

$$U = Z_0 I_S = 10^5 \times 10^{-6}\ \text{V} = 0.1\ \text{V}$$

线圈的品质因数为

$$Q_L = \frac{\omega_0 L}{R} = \frac{10^7 \times 100 \times 10^6}{10} = 100$$

谐振时,线圈和电容器的电流为

$$I_L \approx I_C = Q_L I_S = 100 \times 10^{-6}\ \mu A = 100\ \mu A$$

谐振时回路吸收的功率

$$P = I_L^2 R = (10^{-4})^2 \times 10 = 10^{-7}\ W = 0.1\ \mu W$$

或

$$P = I_S^2 |Z_0| = (10^{-6})^2 \times 10^5 = 10^{-7}\ W = 0.1\ \mu W$$

基本要求与本章小结

(1)**基本要求**

①深刻理解线性电感元件和线性电容元件的定义、电压电流关系及储能公式。

②牢固掌握正弦量的三要素。根据正弦量瞬时值解析式能画出波形图,根据波形图能写出正弦量的解析式。

③牢固掌握正弦量的相量表达式,能利用相量进行正弦量的运算。

④牢固掌握基尔霍夫定律的相量形式,电阻、电容、电感元件电压电流关系的相量形式,阻抗、导纳及电路的相量模型。能熟练地绘制简单电路的相量图。

⑤牢固掌握相量法,熟练地利用相量进行正弦电流电路分析。

⑥熟练掌握正弦电流电路的有功功率、无功功率、视在功率和功率因数。

⑦掌握串联谐振与并联谐振的条件与特点,了解品质因数的意义及其对频率选择的影响。

(2)**内容摘要**

1)正弦量

①瞬时值解析式

以正弦电流为例,其瞬时值解析式为

$$i = I_m \sin(\omega t + \Psi_i)$$

有效值 I、角频率 ω、初相位 ψ_i 是决定一个正弦量的三要素。

②有效值

有效值是周期量在热效应方面相当的直流量,它等于周期量的方均根值。正弦量的有效值为其最大值的$\frac{1}{\sqrt{2}}$,即

$$I = \frac{I_m}{\sqrt{2}}, U = \frac{U_m}{\sqrt{2}}, E = \frac{E_m}{\sqrt{2}}$$

③角频率

角频率是正弦量相位增长的速率,即

$$\omega = 2\pi f = \frac{2\pi}{T}$$

式中,f 为频率,单位为 Hz;T 为周期,单位为 s。

④初相位

初相位反映正弦量在计时起点的状态。同一正弦量,参考方向选择相反,初相位相差 π rad。同频率正弦量的相位差等于它们初相位的差。相位差的存在,表明它们不同时达到零值。

2)用相量表示正弦量

正弦量 $i(t)=I_m[\sqrt{2}Ie^{j(\omega t+\Psi_i)}]$,由于正弦电流电路中各正弦量都具有相同的角频率 ω,略去 $e^{j\omega t}$,$i(t)=I_m[\sqrt{2}Ie^{j\Psi_i}]$,可以用有效值相量 $\dot{I}=Ie^{j\Psi_i}=I\angle\Psi_i$ 表示。同样,电压 $u=U_m\sin(\omega t+\Psi_u)$ 和电动势 $e=E_m\sin(\omega t+\Psi_e)$ 的有效值相量分别为

$$\dot{U}=U\angle\Psi_u$$

$$\dot{E}=E\angle\Psi_e$$

同频率的正弦量之和的相量等于正弦量的相量之和。

3)储能元件

①线性电感元件

线性电感元件的韦安特性曲线为通过原点的一条直线,电感(自感)定义为

$$L=\frac{\Psi}{i}$$

为一常量,单位为 H;在关联参考方向下电压与电流的关系为

$$u=L\frac{di}{dt}$$

其储能为

$$W=\frac{1}{2}Li^2$$

②线性电容元件

线性电容元件的库安特性曲线为通过原点的一条直线,电容定义为

$$C=\frac{q}{u}$$

为一常量,单位为 F;在关联参考方向下电压与电流的关系为

$$i=C\frac{du}{dt}$$

其储能为

$$W=\frac{1}{2}Cu^2$$

4)正弦交流电路的基本性质和基本规律

①KCL、KVL 的相量形式

$$\sum\dot{I}=0\quad\sum\dot{U}=0$$

②复阻抗

正弦交流电路中,不含独立源的二端网络,关联参考方向下的端口电压与电流相量的比值

$$Z=\frac{\dot{U}}{\dot{I}}=|Z|\angle\varphi=R+jX$$

称为网络的复阻抗,决定于网络本身和激励的频率。阻抗$|Z|$是端口电压和端口电流有效值的比值,阻抗角φ是端口电压比电流超前的相位差。R、X分别是网络的等效电阻、电抗。网络可能有三种情况:$X>0$,为感性;$X<0$,为容性,$X=0$,为谐振。

③复导纳

$$Y=\frac{1}{Z}=\frac{\dot{I}}{\dot{U}}=|Y|\angle\varphi'=G+\mathrm{j}B$$

G、B分别是网络的等效电导、导纳。

④电阻、电感、电容元件的复阻抗、复导纳及电压与电流的相量形式

元　件	复阻抗	复导纳	电压与电流的相量形式
R	R	G	$\dot{U}=\dot{I}R$
L	$\mathrm{j}\omega L$	$\frac{1}{\mathrm{j}\omega L}$	$\dot{U}=\mathrm{j}\omega L\dot{I}=\mathrm{j}X_L\dot{I}$
C	$\frac{1}{\mathrm{j}\omega C}$	$\mathrm{j}\omega C$	$\dot{U}=\frac{1}{\mathrm{j}\omega C}\dot{I}=-\mathrm{j}X_C\dot{I}$

⑤RLC 串联电路的阻抗

$$Z=R+\mathrm{j}\omega L+\frac{1}{\mathrm{j}\omega C}=R+\mathrm{j}\left(\omega L-\frac{1}{\omega C}\right)=R+\mathrm{j}(X_L-X_C)=R+\mathrm{j}X=|Z|\angle\varphi$$

Z为阻抗,单位为Ω。R、X分别为电阻、电抗,$|Z|$、φ分别为阻抗模、阻抗角。R、X、$|Z|$构成阻抗三角形。

当$X_L>X_C$时,$X>0,\varphi>0$,为感性电路;当$X_L<X_C$时,$X<0,\varphi<0$,为容性电路;当$X_L=X_C$时,$X=0,\varphi=0$,为谐振电路。

⑥RLC 并联电路的导纳

$$Y=\frac{1}{R}+\frac{1}{\mathrm{j}\omega L}+\frac{1}{\mathrm{j}\omega C}=G+\mathrm{j}\left(-\frac{1}{\omega L}+\omega C\right)=G+\mathrm{j}(-B_L+B_C)=G+\mathrm{j}B=|Y|\angle\varphi'$$

Y为导纳,单位为S,G、B分别为电导、电纳,$|Y|$、φ'分别为导纳模、导纳角。G、B、$|Y|$构成三角形。

当$B_C>B_L$时,$B>0,\varphi'>0$,为容性电路;当$B_C<B_L$时,$B<0,\varphi'<0$,为感性电路;当$B_C=B_L$时,$B=0,\varphi'=0$,为谐振电路。

⑦不含独立电源的二端网络

当电压电流关联参考方向时,端口电压相量(或电流相量)与电流相量(或电压相量)的比值称为二端口网络的阻抗(或导纳)。

$$Z=\frac{\dot{U}}{\dot{I}}=|Z|\angle\varphi,Y=\frac{\dot{I}}{\dot{U}}=|Y|\angle\varphi'$$

阻抗角φ为电压相量$\dot{U}$超前电流相量$\dot{I}$的角度,导纳角φ'为电流相量$\dot{I}$超前电压相量$\dot{U}$的角度。

阻抗与导纳可以等效变换,即

$$ZY = 1, |Z| = \frac{1}{|Y|}, \varphi = -\varphi'$$

5)正弦电流电路的功率

①有功功率 P

有功功率是指二端网络吸收的平均功率。

$$P = UI\cos\varphi = UI\lambda$$

式中,λ 为功率因数;φ 为功率因数角,等于二端网络的阻抗角。P 的单位为 W。

②无功功率 Q

无功功率是指二端网络与外电路进行能量交换的最大速率。

$$Q = UI\sin\varphi$$

Q 的单位为 var。

③视在功率 S

视在功率常用来表征电气设备的容量。

$$S = UI$$

S 的单位为 V·A。P、Q、S 构成功率三角形。且有

$$\sin\varphi = \frac{P}{S}, \cos\varphi = \frac{Q}{S}, \tan\varphi = \frac{P}{Q}$$

④功率因数 λ

为了提高功率因数,以减少线路的电压损失和功率损耗,可在有功功率 P 的负载处并联电容器,所需电容器的电容为

$$C = \frac{P}{\omega U^2}(\tan\varphi - \tan\varphi')$$

其中,φ 为并联电容器前的功率因数角,φ'并联电容器后的功率因数角。

6)相量法

将正弦电流电路的激励和响应用相量表示,每个无源二端网络(含无源二端元件)用阻抗或导纳表示。直流电流电路的分析方法可以类推到正弦电流电路,其分析步骤一般为

①作出电路的相量模型,且用相量模型表示。

②列写相量形式的电路方程,进行求解。

③尽量利用相量图辅助分析计算。

7)谐振

①串联谐振

串联谐振电路的谐振角频率为

$$\omega_0 = \frac{1}{\sqrt{LC}}$$

其特点是:

a. 阻抗最小,$Z_0 = R$。

b. 电感和电容电压 $U_L = U_C = QU$,可能大大超过端口电压 U,Q 为电路的品质因数。

②并联谐振

高品质因数的线圈与电容器并联谐振电路的谐振角频率为

$$\omega_0 \approx \frac{1}{\sqrt{LC}}$$

其特点是:

a. 阻抗最大。

b. 电感线圈和电容器的电流压 $I_{RL}=I_C=Q_LI_0$,可能大大超过端口电流 I,Q_L 为电感线圈的品质因数。

习　题

3.1　幅值为20 A的正弦电流,周期为1 ms,$t=0$ 时刻电流的幅值为10 A,试求:①电流频率;②$i(t)$的正弦函数表达式;③电流的有效值。

3.2　已知工频正弦电压 u_{ab} 的最大值为311 V,初相位为 $-60°$。试求:①有效值;②写出它的瞬时值解析式,并求 $t=0.002\ 5$ S时的瞬时值;③画出它的波形图;④写出电压 u_{ba} 的瞬时值解析式,画出它的波形图。

3.3　已知 $i_1(t)=15\sin(\omega t+45°)$ A,$i_2(t)=10\sin(\omega t-30°)$ A,且 $\omega=314$ rad/s,试求①i_1、i_2 的相位差等于多少?②画出 i_1、i_2 的波形图;③在相位上比较哪个超前,哪个滞后?

3.4　设有一电压为 $u=311\sin(\omega t+30°)$,一个电流 $i=14.1\sin(\omega t-20°)$。试求这两个正弦量的初相位各是多少?相位差是多少?哪一个超前?哪一个滞后?并画出其波形图。

3.5　写出下列各相量所对应的正弦量解析式,设频率为50 Hz。

① $\dot{U}=220\angle 60°$ V;② $\dot{I}=\mathrm{j}2$ A;③ $\dot{I}=(4-\mathrm{j}3)$ A。

3.6　题图3.6所示的是时间 $t=0$ 时电压和电流的相量图,并已知 $U=220$ V,$I_1=10$ A,$I_2=10$ A,试分别用解析式及相量式表示各正弦量(设正弦量的频率为50 Hz)。

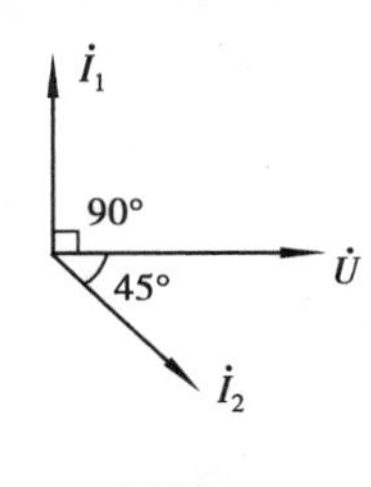

题图3.6

3.7　将下列各正弦量表示成有效值相量,并绘出相量图。

①$i_1(t)=2\sin(\omega t-27°)$ A,$i_2(t)=3\sin\left(\omega t+\frac{\pi}{4}\right)$ A;

②$u_1(t)=100\sin\left(314t+\frac{3\pi}{4}\right)$ V,$u_2(t)=250\sin 314t$ V。

3.8　写出对应于下列各有效值相量的正弦解析式,并绘出相量图。

①$\dot{I}_1=10\angle 72°$ A,$\dot{I}_2=5\angle -150°$ A,$\dot{I}_3=7.07\angle 0°$ A;

②$\dot{U}_1=200\angle 120°$ V,$\dot{U}_2=300\angle 0°$ V,$\dot{U}_3=250\angle -60°$ V。

3.9　有正弦量

$$i_1(t)=1.4\sin\left(314t-\frac{\pi}{2}\right)\mathrm{A}$$

$$i_2(t)=2.3\sin\left(314t+\frac{\pi}{6}\right)\mathrm{A}$$

①试用相量表示;②用相量法求 i_1+i_2;③用相量法求 i_1-i_2。

3.10　一电炉电阻为100 Ω,接到 $u=311\sin(314t+120°)$ V 的交流电源上,求电炉电流的瞬时值和有效值,写出电流的相量表达式。

3.11　电路如题图3.11(a)所示,$R=5\ \Omega$,$L=2$ H,电流源的波形如图(b)所示。试求:①u_{ab} 和 u_{bc} 的波形图;②u_{ab} 和 u_{bc} 的瞬时值解析式;③$t=2.5$ s 时电感的储能。

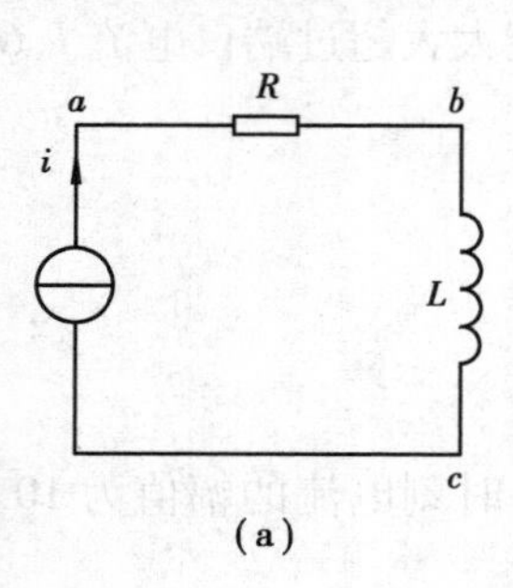

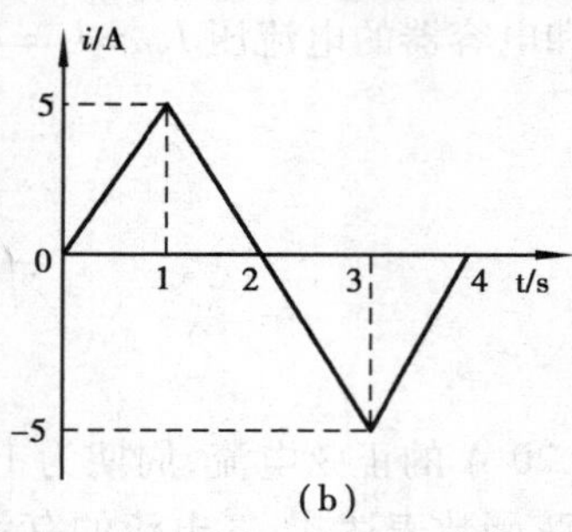

题图3.11

3.12　有一线圈加上30 V 直流电压时,消耗有功功率150 W,当加上220 V 交流电压时,消耗有功功率为3 173 W,求该线圈的电抗?

3.13　已知 $L=0.4$ H 的电感线圈($R=0$)接到 $u=311\sin(314t+60°)$ V 的交流电源上,试求电流的瞬时值和有效值,写出电流的相量表达式。

3.14　一个电阻为20 Ω,电感为48 mH 的线圈,接到 $u=220\sqrt{2}\sin\left(314t+\frac{\pi}{2}\right)$ V 的交流电源上,试求:①线圈的感抗和阻抗;②线圈电流的有效值。

3.15　电压 $u(t)$ 的波形如题图3.15(a)所示,施加于一电容器,其电容 $C=2\ \mu$F(如图(b)所示),试求电流 $i(t)$ 并绘出波形图。

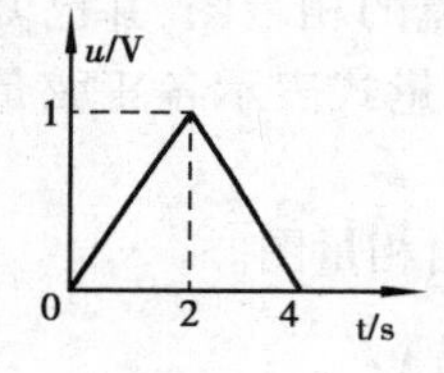

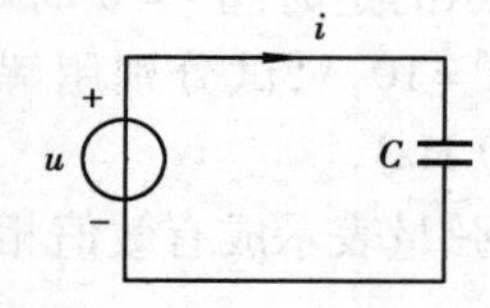

题图3.15

3.16　将一个127 μF 的电容接到 $u=311\sin(314t+30°)$ V 的电源上,试求:①电容电流 $i(t)$;②无功功率;③画出电压、电流的相量图。

3.17　某 RLC 串联电路中,电阻为40 Ω,线圈的电感为233 mH,电容器的电容为80 μF,电路两端的电压 $u=311\sin 314t$ V,试求:①电路的阻抗值;②电流的有效值;③各元件两端电压的有效值;④电路的有功功率、无功功率和视在功率;⑤电路的性质。

3.18　在 RLC 串联的正弦交流电路中,已知电阻 $R=15\ \Omega$,感抗 $X_L=80\ \Omega$,容抗 $X_C=60\ \Omega$,电阻上电压有效值 $U_R=30$ V,试求:①电流有效值 I;②总电压有效值 U;③总有功功率 P;④总视在功率 S;⑤电路的功率因数 $\cos\varphi$。

3.19　在题图3.19所示的正弦电路中,电源电压 $u=138\sqrt{2}\sin(314t+18.3°)$ V,阻抗 $Z_1=10\angle 60°\ \Omega$,$Z_2=15\angle 45°\ \Omega$,$Z_3=15\angle -45°\ \Omega$,试求:①各负载的有功功率;②电源供出的有功功率,视在功率和功率因数 λ。

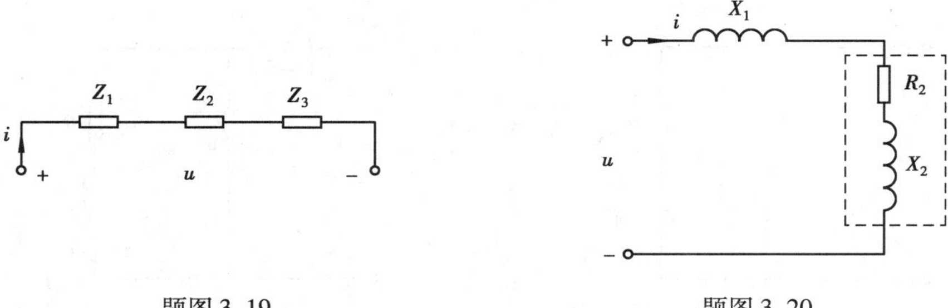

题图 3.19　　　　题图 3.20

3.20　一台异步电动机用串联电抗 X_1 的方法启动，如题图 3.20 所示。已知 $U=220$ V，$f=50$ Hz，电机绕组电阻 $R_2=2\ \Omega$，电抗 $X_2=3\ \Omega$。若使启动电流为 20 A，求 X_1 及其电感 L_1 应为多少？

3.21　求题图 3.21 所示电路的阻抗 Z_{ab}，其中 $\omega=10^6$ rad/s，$L=10^{-5}$ H，$C=0.2\ \mu$F。

3.22　在题图 3.22 所示的电路中，$R=11\ \Omega$，$L=211$ mH，$C=65\ \mu$F，电源电压 $u=220\sqrt{2}\sin 314\,t$ V。试求：①各元件的瞬时电压，并作相量图（含电流及各电压）；②电路的有功功率 P 及功率因数 λ。

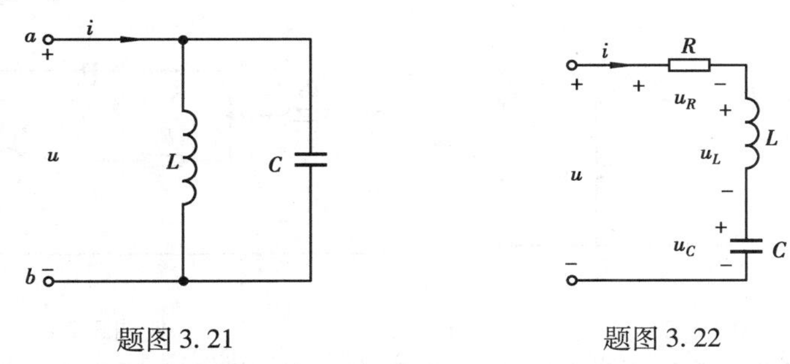

题图 3.21　　　　题图 3.22

3.23　在题图 3.23 所示的正弦交流电路中，电源频率 $f=50$ Hz，$R=60\ \Omega$，为了使电容支路电流 i_C 超前总电流 i 60°，求电容 C。

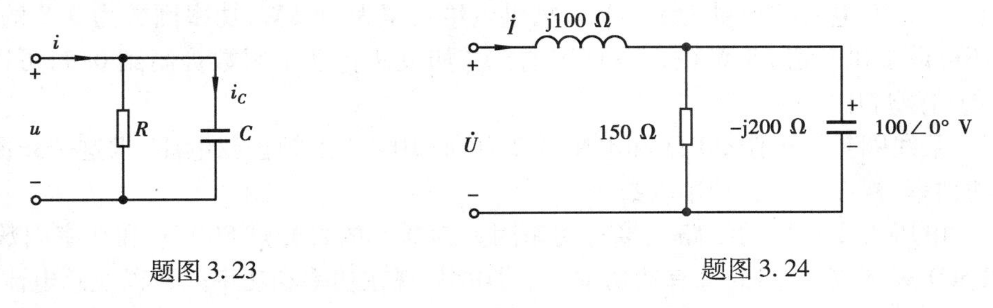

题图 3.23　　　　题图 3.24

3.24　在题图 3.24 所示的电路中，电容端电压相量为 $100\angle 0°$ V，试求 $\dot{U}$ 和 $\dot{I}$，并绘出相量图。

3.25　在 RLC 并联电路中，已知 $R=10\ \Omega$，$X_L=15\ \Omega$，$X_C=8\ \Omega$，电路电压 $U=120$ V，$f=50$ Hz，试求：① 电流 $\dot{I}_R$、$\dot{I}_L$、$\dot{I}_C$ 及总电流 $\dot{I}$；② 复导纳 Y；③ 画出相量图。

3.26　在题图 3.26 所示的电路中，已知 $R_1=8\ \Omega$，$X_C=6\ \Omega$，$X_L=4\ \Omega$，$R_2=3\ \Omega$，$u=220\sqrt{2}\sin(314t+10°)$ V，试求电流 i_1、i_2 和 i。

3.27　在题图 3.27 所示的电路中，$U=380$ V，$f=50$ Hz，电路在下列三种不同的开关状态

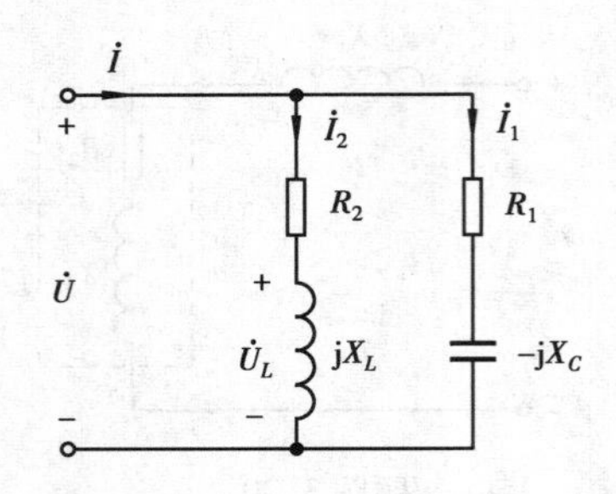

题图 3.26

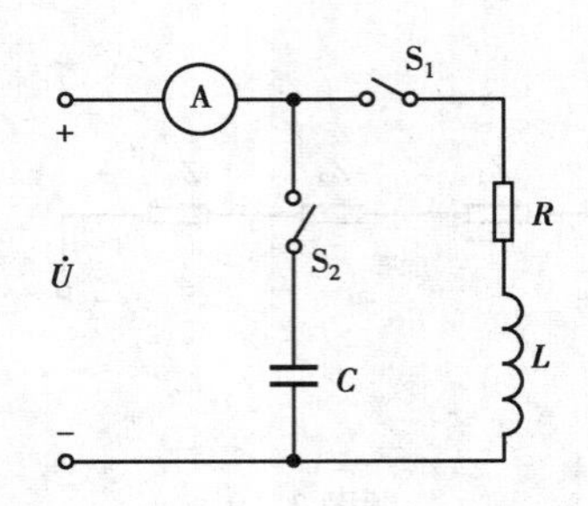

题图 3.27

下电流表读数均为 0.5 A:①开关 S_1 断开、S_2 闭合;②开关 S_1 闭合、S_2 断开,③开关 S_1、S_2 均闭合。绘出电路的相量图,并借助于相量图求 L 与 R 之值(电流表内阻可视为零)。

3.28　题图 3.28 所示的 RC 选频电路被广泛应用于正弦波发生器中,通过电路参数的恰当选择,在某一频率下可使输出电压 $\dot{U}_2$ 与输入电压 $\dot{U}_1$ 同相,若 $R_1 = R_2 = 250\ \text{k}\Omega$,$C_1 = 0.01\ \mu\text{F}$,$f = 1\ 000\ \text{Hz}$,试问 $\dot{U}_2$ 与 $\dot{U}_1$ 同相时的 C_2 应为何值?

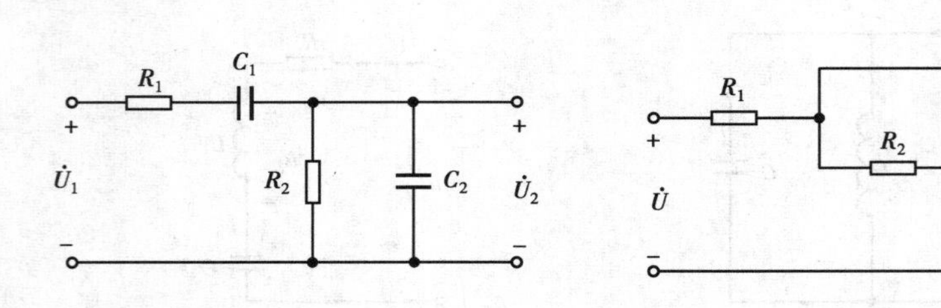

题图 3.28　　　　题图 3.29

3.29　在题图 3.29 所示的电路中,$R_1 = 5\ \Omega$,$R_2 = X_L$,端口电压为 100 V,X_C 的电流为 10 A,R_2 的电流为 14.1 A,试求 X_C、R_2 和 X_L。

3.30　一台发电机的容量为 25 kV · A,供电给功率为 14 kW、功率因数为 0.8 的电动机,试求:①还可以多供几盏 25 W 的白炽灯用电?②如设法将功率因数提高到 0.9,可以多供几盏 25 W 的白炽灯用电?

3.31　某线圈具有电阻 20 Ω 和电感 0.2 H,加 100 V 工频正弦电压,求这个线圈的有功功率、无功功率、视在功率和功率因数。

3.32　电压为 220 V 的线路上接有功率因数为 0.5 的日光灯 800 W 和功率因数为 0.65 的电风扇 500 W,试求线路的总有功功率、无功功率、视在功率和功率因数以及总电流。

3.33　$R = 100\ \Omega$、$C = 10\ \mu\text{F}$ 的串联电路接到 $u = 220\sqrt{2}\sin\omega t$ V 的电源上,$\omega = 314$ rad/s,求电流的有功功率、无功功率、视在功率和功率因数。

3.34　在图 3.34 所示的测量电路中,电流表、电压表和功率表的读数分别为 5 A、220 V 和 400 W,电源频率 $f = 50$ Hz,求 L 及 R。

3.35　为了测阻抗 R 及 X,可按题图 3.35 所示的电路进行实验,在开关 S 闭合时,加工频电压 $U = 220$ V,测得电流 $I = 10$ A,功率 $P = 1\ 000$ W,为了进一步判定负载是感性还是容性,可将开关 S 打开,并在同样电压 220 V 下,测量得 $I = 12$ A,$P = 1\ 440$ W,求 R、X 及电容 C。

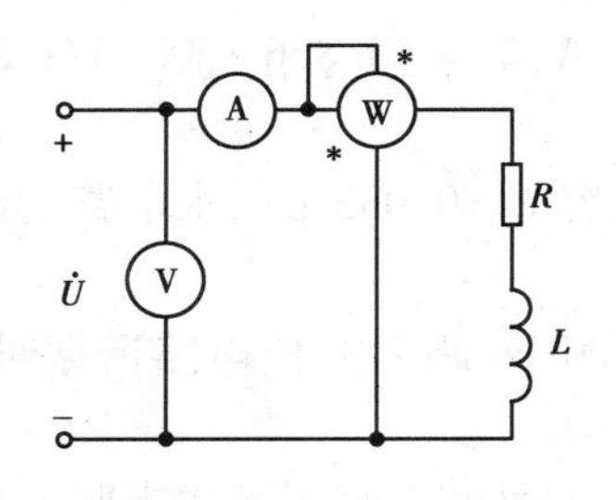

题图 3.34

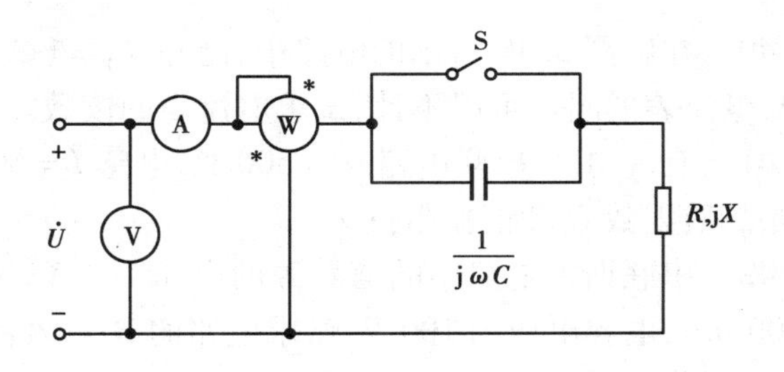

题图 3.35

3.36　在题图 3.36 所示的电路中的电压相量 $\dot{U}_{ab}$。

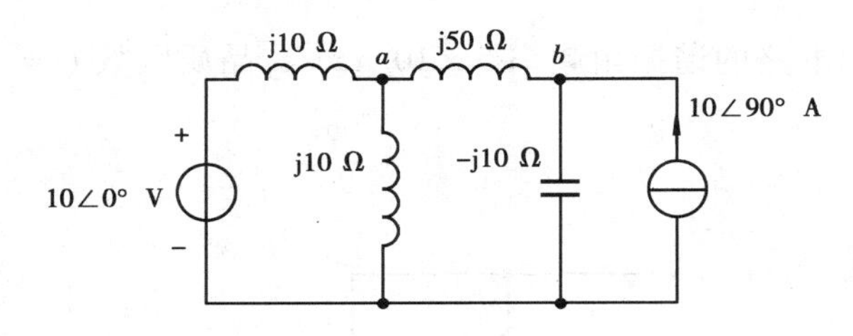

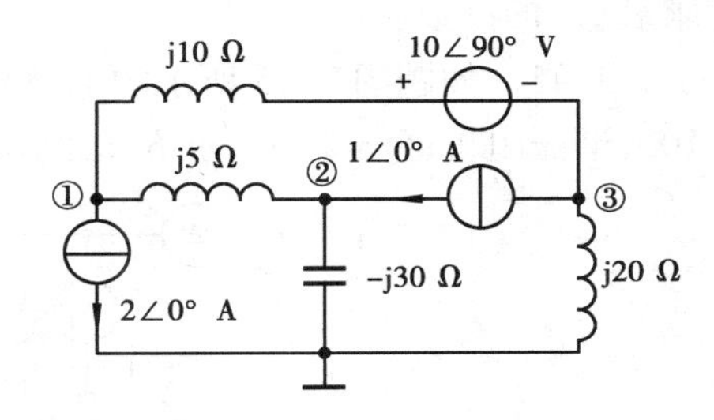

题图 3.36

题图 3.37

3.37　求题图 3.37 所示的电路中各节点对地的电压相量。

3.38　在题图 3.38 所示的电路中,开关 S 打开时电压表读数为 120 V,$Z_1=(1+2j)\,\Omega$,$Z_2=(2+2j)\,\Omega$,$Z_3=(5+8j)\,\Omega$,$Z_4=(2+4j)\,\Omega$,$Z_5=(4+4j)\,\Omega$,试求 S 合上后电流表的读数。

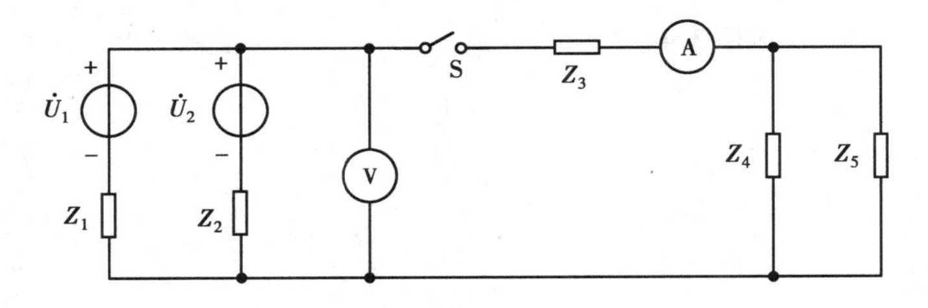

题图 3.38

3.39　在题图 3.39 所示的电路中,已知 $\dot{U}_1=110\angle 0°\ \text{V}$,$\dot{U}_2=110\angle 90°\ \text{V}$,$R=5\ \Omega$,$X_L=5\ \Omega$,$X_C=2\ \Omega$,求电路中各支路电流。

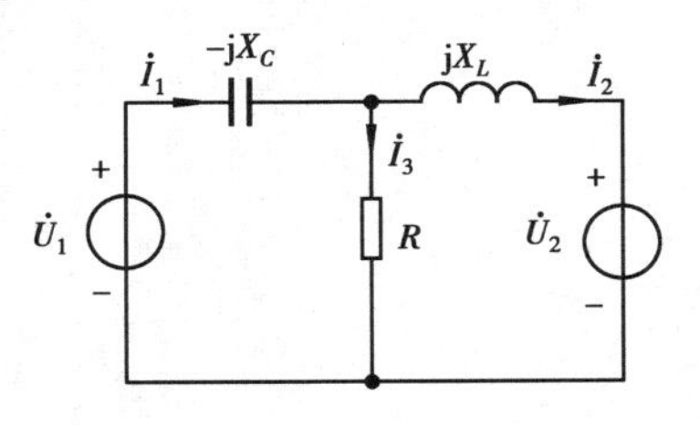

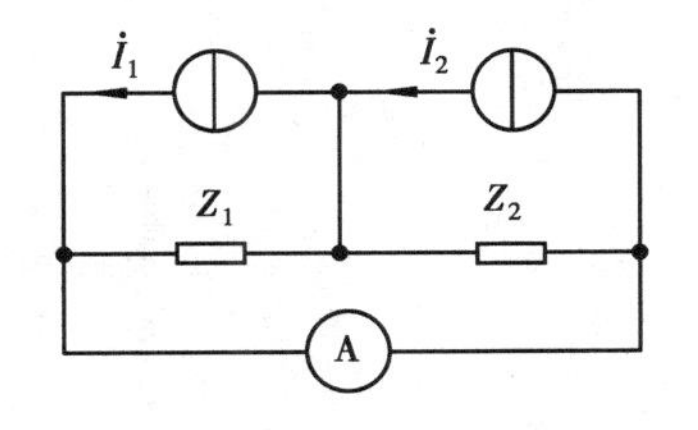

题图 3.39

题图 3.40

3.40　在题图 3.40 所示的电路中,已知 $\dot{I}_1 = 1$ A, $\dot{I}_2 = \text{j}2$ A,$Z_1 = (0.866 + \text{j}0.5)\ \Omega$,$Z_2 = -\text{j}1\ \Omega$,电流表的阻抗可以不计,试求电流表的读数。

3.41　有一 RLC 串联电路,$R = 500\ \Omega$,电感 $L = 60$ mH,电容 $C = 0.053\ \mu\text{F}$,求电路的谐振频率 f_0、品质因数 Q 和谐振阻抗 Z_0。

3.42　串联谐振电路中的信号源的电压为 1 V,频率为 1 MHz,调节 C 使电路谐振时,电流为 100 mA,电容电压为 100 V,试求电路的 RLC 及品质因数 Q。

3.43　收音机磁性天线的电感 $L = 500\ \mu\text{H}$,与 20 ~ 270 pF 的可变电容器组成串联谐振电路,求对 560 kHz 和 990 kHz 电台信号谐振时的电容值。

3.44　在题图 3.44 所示的电路中,已知电路谐振时,表 A_1 读数为 15 A,表 A 读数为 9 A,求表 A_2 的读数。

3.45　如题图 3.45 所示的电路中,已知电路的谐振角频率 5×10^6 rad/s,品质因数 $Q = 100$,谐振阻抗 $Z_0 = 2$ kΩ,求 R、L 和 C。

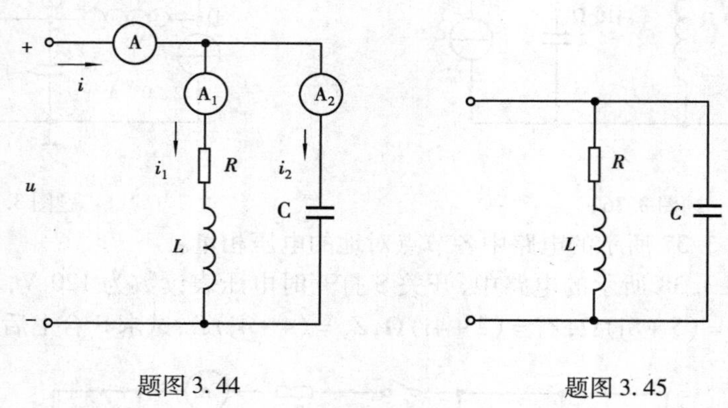

题图 3.44　　题图 3.45

第 4 章
互感电路

在前面几章,集中介绍了电路的分析方法,所涉及的电感元件没有考虑相互耦合作用。在电工技术中,经常遇到耦合电感(或称互感电感)。本章介绍互感元件的特性、电压与电流关系,以及含耦合电感元件的交流电路分析方法。

4.1 互感和互感电压

4.1.1 互感电压

两个彼此靠近的线圈 1 和 2 如图 4.1(a)所示,它们的匝数分别为 N_1 和 N_2。当线圈 1 中流入交流电流 i_1,它产生的交变磁通不但与本线圈相交链产生自感磁链 Ψ_{11},而且还有部分磁通 Φ_{21}穿过线圈 2,并与线圈 2 交链产生磁链 Ψ_{21}。这种由于一个线圈中电流所产生的与另一个线圈相交链的磁链,称为互感磁链。同样,在图 4.1(b)中,线圈 2 中流入电流 i_2 时,不仅在线圈 2 中产生自感磁链 Ψ_{22},而且在线圈 1 中产生互感磁通 Φ_{12}和互感磁链 Ψ_{12}。

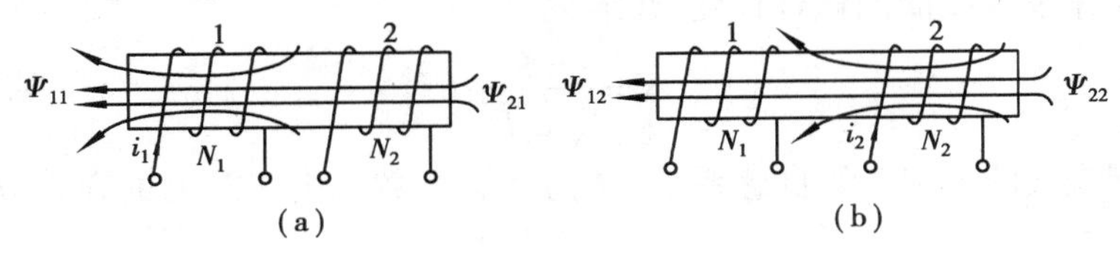

图 4.1

以上的自感磁链与自感磁通、互感磁链与互感磁通之间有如下关系:

$$\begin{cases} \Psi_{11}=N_1\Phi_{11} \qquad \Psi_{22}=N_2\Phi_{22} \\ \Psi_{12}=N_1\Phi_{12} \qquad \Psi_{21}=N_2\Phi_{21} \end{cases} \tag{4.1}$$

式中:Ψ_{11}——表示线圈 1 的电流在线圈 1 中产生的磁链,即自感磁链;

Ψ_{12}——表示线圈 2 的电流在线圈 1 中产生的磁链,即互感磁链;

Ψ_{22}——表示线圈 2 的电流在线圈 2 中产生的磁链,即自感磁链;

Ψ_{21}——表示线圈 1 的电流在线圈 2 中产生的磁链,即互感磁链。

注意:在描述两个线圈间的有关物理量时,均采用双下标表示。

根据电磁感应定律,因互感磁链变化而产生的互感电压应为

$$\begin{cases} u_{12} = \left| \dfrac{\mathrm{d}\Psi_{12}}{\mathrm{d}t} \right| \\ u_{21} = \left| \dfrac{\mathrm{d}\Psi_{21}}{\mathrm{d}t} \right| \end{cases} \tag{4.2}$$

即两线圈中互感电压的大小分别与互感磁链的变化率成正比。互感和自感一样,在直流情况下是不起作用的。

4.1.2 互感系数及耦合系数

彼此间具有互感应的线圈称为互感耦合线圈,简称耦合线圈。在耦合线圈中,若所选择互感磁链与彼此产生的电流方向符合右手螺旋定则,则它们的比值称为耦合线圈的互感系数,用 M 表示,即

$$\begin{aligned} M_{12} &= \frac{\Psi_{12}}{i_2} \\ M_{21} &= \frac{\Psi_{21}}{i_1} \end{aligned} \tag{4.3}$$

式中,M_{21}是线圈 1 对线圈 2 的互感系数,M_{12}是线圈 2 对线圈 1 的互感系数。只要磁场介质是静止的,可以证明(证明过程本书略)。

$$M = M_{12} = M_{21} = \frac{\Psi_{12}}{i_2} = \frac{\Psi_{21}}{i_1} \tag{4.4}$$

互感系数 M 是个正实数,它的单位与自感系数相同,常用单位为亨(H)、毫亨(mH)或微亨(μH)。互感系数的大小反映了一个线圈的电流在另一个线圈中产生磁链的能力,它与两个线圈的几何形状、匝数以及它们之间的相对位置有关。一般情况下,两个耦合线圈中的电流所产生磁通只有一部分与另一个线圈相交链,而剩下部分不与另一个线圈交链的磁通,称为漏磁通,简称漏磁。线圈间的相对位置直接影响漏磁通的大小,即影响互感系数 M 的大小。通常用耦合系数 K 来反映线圈的耦合程度,并定义

$$K = \frac{M}{\sqrt{L_1 L_2}} \tag{4.5}$$

式中,L_1、L_2 分别是线圈 1 和 2 的自感系数,M 为互感系数。由于漏磁的存在,K 总是小于 1,其范围为

$$0 \leqslant K \leqslant 1$$

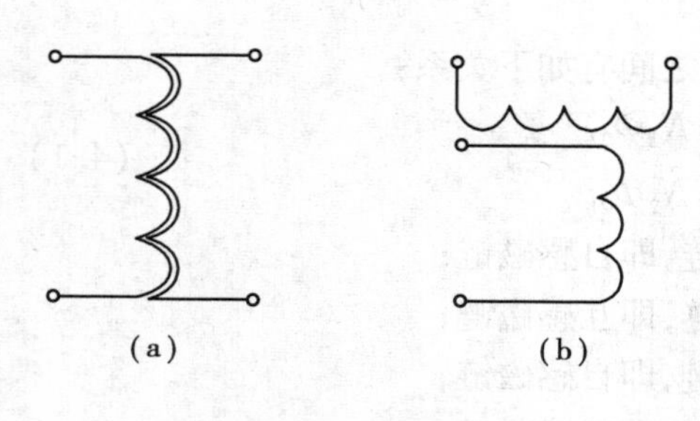

图 4.2

耦合系数 K 的大小反映了两个线圈的耦合程度,耦合系数 K 越大,这两个线圈的 M 越大。

图 4.2 在一些场合(例如半导体收音机的磁性天线)要求适当的、比较宽松的磁耦合,这就需要调节两个线圈的相对位置,如图 4.2(a)所示;而有些地方还要尽量避免耦合,这就应该合理选择线圈的位置,使它们尽可能的远离,或它们轴线相互垂直。如图 4.2(b)所示。

4.2　互感线圈的同名端

4.2.1　同名端

对于自感现象,由于线圈的自感磁链由流过线圈本身的电流产生的,如果选择了自感电压 u_L 与电流 i_L 为关联参考方向,则有 $u_L = L\dfrac{di_L}{dt}$,不必考虑线圈的绕向问题。

对于互感电压,在引入互感系数 M 之后,互感电压可表示为

$$\begin{cases} u_{12} = M\left|\dfrac{di_2}{dt}\right| \\ u_{21} = M\left|\dfrac{di_1}{dt}\right| \end{cases} \tag{4.6}$$

上式表明:互感电压的大小与产生该电压的另一个线圈的电流变化率成正比。

由于互感磁链是由另一线圈的交变电流产生的,所以互感电压在方向上会与两耦合线圈的实际绕向有关。分析图4.3(a)、(b)所示的两耦合线圈,它们的区别仅在于线圈的绕向不同,根据楞次定律可知,图4.3(a)的线圈1电流 i_1 增加时线圈2中产生的互感电压 u_{21} 的实际方向是由 B 指向 Y,而图4.3(b)的线圈1电流 i_1 增加时线圈2中产生的互感电压 u_{21} 的实际方向是由 Y 指向 B。可见,要正确写出互感电压的表达式,必须考虑耦合线圈的绕向和相对位置。但工程实际中的线圈绕向一般不易从外部看出,而且在电路图中也不可能画出每个线圈的具体绕向来,为此,采用了标记同名端的方法。

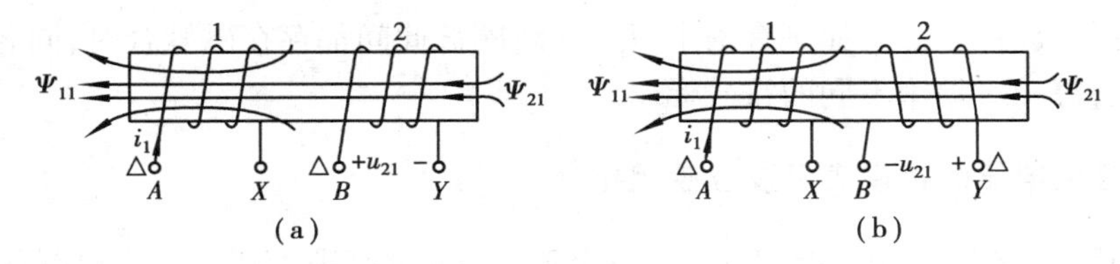

图4.3

在图4.3(a)所示的耦合线圈中,设电流分别从线圈1的端钮 A 和线圈2的端钮 B 流入,根据右手螺旋定则可知,两线圈中由电流产生的磁通是互相增强的,那么就称 A 和 B 是一对同名端,用相同的的符号"△"标出。其他两端钮 X 和 Y 也是同名端,这里就不必再做标记。而 A 和 Y、B 和 X 均为异名端。在图4.3(b)中,当电流分别从 A、B 两端钮流入时,它们产生的磁通是互相减弱的,则 A 和 B、Y 和 X 均为两对异名端,而 A 和 Y、B 和 X 分别为两对同名端,图中用符号"△"标出了 A 和 Y 这对同名端。

实际上,线圈的绕向通常是不能直接观察出来的,同时为了简便起见,在电路中通常不画出线圈的绕向。这就需要在线圈的出线端标注某种形式的记号,例如,"△"、"·"、"*",以便作出判断。这一方法称为同名端标记法。

采用同名端标记法后,图4.3(a)、(b)所示的两组线圈在电路图中就可以用图4.4(a)、(b)来表示。

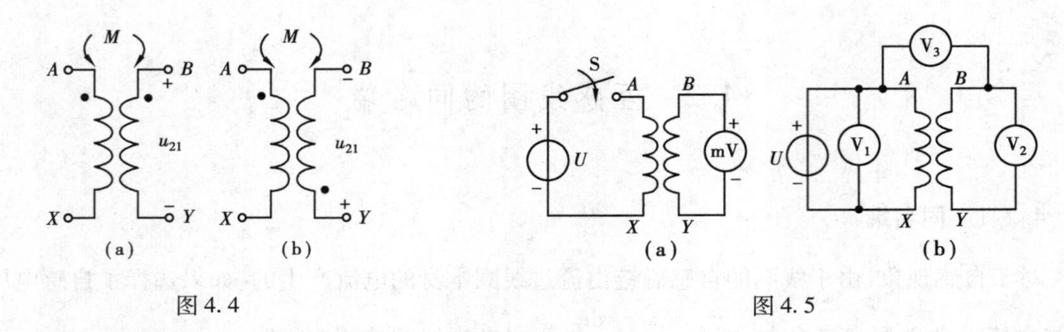

图 4.4

图 4.5

4.2.2 同名端的测定

对于已知绕向和相对位置的耦合线圈，可以用磁通相互增强的原则来确定同名端，而对于难以知道实际绕向的两线圈，可以通过直流法和交流法来测定。图 4.5(a)、(b)所示的电路就是用来确定同名端的。在图 4.5(a)中，当开关 S 闭合的瞬间，线圈 1 中的电流 i_1 在图示方向下增大，即$\dfrac{\mathrm{d}i_1}{\mathrm{d}t}>0$。在线圈 2 的 B、Y 两端钮之间接入一个直流毫伏表(或检流计)，其极性如图所示。若此瞬间直流毫伏表(或检流计)正偏，说明 B 端相对于 Y 端是高电位，两线圈的 A 和 B 为同名端；反之，若直流毫伏表(或检流计)反偏，则 A 与 Y 是同名端。这种测量方法的原理是：当随时间增大的电流从互感线圈的任一端钮流入时，就会在另一线圈中产生一个相应同名端为正极性的互感电压，这种通入直流电压以确定同名端的方法称为直流法。

在图 4.5(b)中，当线圈 1 接入交流电压时，如果电压表 V_3 的读数比电压表 V_1、V_2 的读数大，说明 A 和 Y 为同名端；如果 V_3 的读数不会比 V_1、V_2 的读数大，说明 A 和 B 为同名端。原理与直流法类似，将这种通过通入交流电来确定同名端的方法称为交流法。

同名端总是成对出现的，如是有两个以上的线圈彼此间都存在磁耦合时，同名端应一对一对地加以标记，每一对须用不同的符号标出。

4.2.3 互感电压的相量表示及互感阻抗

同名端确定后，在讨论互感电压时，就不必考虑线圈的实际绕向，只要根据同名端和电流的参考方向，就可以方便的确定出一个电流在另一个线圈中产生的互感电压的方向。对耦合电感而言，选择一个元件的互感电压与引起该电压的另一个元件的电流的参考方向一致的情况下，有

$$\begin{cases} u_{12} = M\dfrac{\mathrm{d}i_2}{\mathrm{d}t} \\ u_{21} = M\dfrac{\mathrm{d}i_1}{\mathrm{d}t} \end{cases} \tag{4.7}$$

与自感电压一样，在正弦交流电路中，互感电压与引起它的电流是同频率正弦量，它们的相量关系为

$$\begin{cases} \dot{U}_{12} = \mathrm{j}\omega M\dot{I}_2 = \mathrm{j}X_M\dot{I}_2 = Z_M\dot{I}_2 \\ \dot{U}_{21} = \mathrm{j}\omega M\dot{I}_1 = \mathrm{j}X_M\dot{I}_1 = Z_M\dot{I}_1 \end{cases} \tag{4.8}$$

可见，在上述参考方向选择下，互感电压比引起它的正弦电流超前90°。式中的 $X_M=\omega M$ 称为互感电抗，其SI主单位为欧（Ω）。X_M 与频率成正比。互感电抗只有在正弦电路中才有意义，且

$$X_M \neq \frac{u_{21}}{i_1}$$

式（4.8）中的 Z_M 为

$$Z_M = jX_M = j\omega M \tag{4.9}$$

例4.1　图4.6标示出了两种绕向和相对位置不同的互感线圈，试校核它们的同名端标记是否正确。

解　在图4.6（a）中，因为由端钮2、3流入电流时，两个电流所产生的磁通相互增加，所以端钮2、3为同名端。在图4.6（b）中，三个线圈彼此之间存在磁耦合，同名端应当一对一对地加以标记（每一对必须用不同的符号），图中所示同名端的标记是正确的。

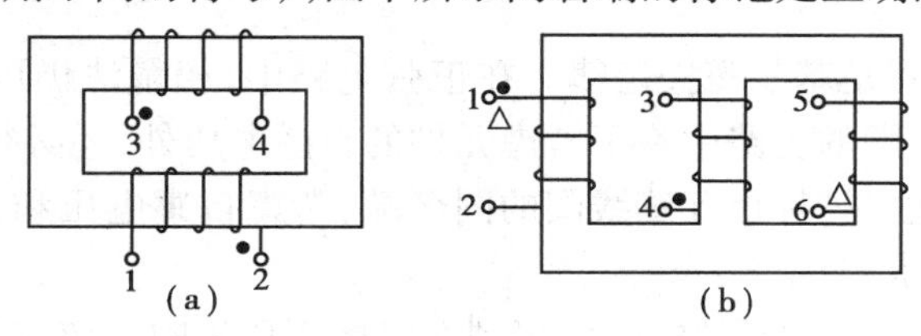

图4.6

4.3　有耦合电感的正弦交流电路分析

4.3.1　电线圈的串联

两个线圈的串联有两种可能：一种是顺向串联，另一种是反向串联。下面分别分析两种串联电路的情况。为了简单起见，暂不计线圈的电阻。

顺向串联是将两个线圈的异名端相连，如图4.7（a）所示，这时，电流相从两线圈的同名端流入。选择各电压的参考方向与电流的参考方向如图所示，因为一个线圈的互感电压和另一个线圈的电流参考方向对同名端一致，故串联后包括自感电压在内的总电压相量为

$$\dot{U} = \dot{U}_{11} + \dot{U}_{12} + \dot{U}_{22} + \dot{U}_{21} = j\omega L_1\dot{I} + j\omega M\dot{I} + j\omega L_2\dot{I} + j\omega M\dot{I}$$
$$= j\omega(L_1 + L_2 + 2M)\dot{I} = j\omega L_S\dot{I}$$

式中，$L_S = L_1 + L_2 + 2M$ 是两线圈顺向串联时的等效电感。

反向串联是将两线圈的同名端相连，如图4.7（b）所示。这时，电流相量从一线圈的同名端流入，而从另一个线圈的同名端流出。仍选各电压的参考方向与电流的参考方向如图所示，故反向串联后包括自感电压在内的总电压相量为

$$\dot{U} = \dot{U}_{11} - \dot{U}_{12} + \dot{U}_{22} - \dot{U}_{21} = j\omega L_1\dot{I} - j\omega M\dot{I} + j\omega L_2\dot{I} - j\omega M\dot{I}$$
$$= j\omega(L_1 + L_2 - 2M)\dot{I} = j\omega L_f\dot{I}$$

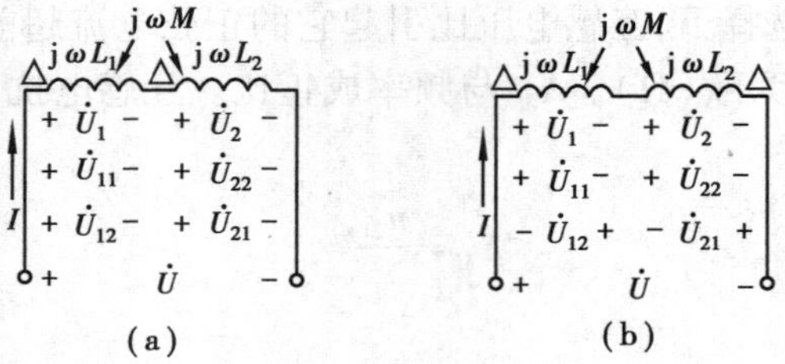

图 4.7

式中，$L_f = L_1 + L_2 - 2M$ 是两线圈反串联时的等效电感。

显然，顺向串联时，等效电感大；反向联时，等效电感小。利用这个结论，可以用实验方法来判断两个线圈的同名端。

4.3.2 互感电路的分析

互感分析的基础仍然是基尔霍夫定律。在正弦电路中，相量法仍可使用。与一般正弦电路不同的是，在有互感线圈的支路中除了考虑元件的自感电压外，还必须考虑由于磁耦合产生的互感电压。其基本方法是：标出互感线圈的同名端，考虑自感电压和互感电压，再根据以前分析电路的方法列方程求解。

例 4.2 将两个磁耦合线圈串联起来，接到 50 Hz、220 V 的正弦交流电源上，一种连接情况的电流为 2.7 A，功率为 219 W，而另一种连接情况的电流为 7 A，试分析哪种情况为顺向串联，哪种情况是反向串联，并求它们的互感。

解 由于顺向串联时的总感抗、总阻抗都比反向串联时的大，因此，在相同的端电压下，顺向串联时的电流要比反向串联时的小。故电流为 2.7 A 的情况是顺向串联，电流 7 A 的情况是反向串联。

顺向串联时

$$R_1 + R_2 = \frac{219}{2.7^2}\ \Omega = 30\ \Omega$$

$$L_s = L_1 + L_2 + 2M = \frac{1}{314}\sqrt{\left(\frac{220}{2.7}\right)^2 - 30^2}\ \text{H} = 0.241\ \text{H}$$

反向串联时

$$L_f = L_1 + L_2 - 2M = \frac{1}{314}\sqrt{\left(\frac{220}{7}\right)^2 - 30^2}\ \text{H} = 0.03\ \text{H}$$

所以

$$M = \frac{1}{4}(L_s - L_f) = \frac{1}{4} \times (0.241 - 0.03)\ \text{H} = 0.053\ \text{H}$$

例 4.3 空心变压器的线圈绕在非铁磁物质上，不会产生由铁芯引起的能量损耗，广泛应用于高频电路中，也应用于一些测量设备中。图 4.8(a)所示为空心变压器的电路模型，R_1、L_1 为原绕组(接电源的线圈)的参数，R_2、L_2 为副绕组(接负载的线圈)的参数，M 为原、副绕组的互感，求副绕组接上复阻抗为 $Z = R + \mathrm{j}X$ 的负载时，原绕组端口电压、电流的比值 $\dfrac{\dot{U}_1}{\dot{I}_1}$，即对原绕组端口而言的等效复阻抗 Z_{1i}。

解　考虑互感电压,根据图示的参考方向,对于原、副绕组由 KVL 定律可得

$$\dot{U}_1=(R_1+\mathrm{j}X_{L1})\dot{I}_1+\mathrm{j}X_M\dot{I}_2$$

$$(R_2+\mathrm{j}X_{L2})\dot{I}_2+\mathrm{j}X_M\dot{I}_1+(R+\mathrm{j}X)\dot{I}_2=0$$

式中,$X_{L1}=\omega L_1$,$X_{L2}=\omega L_2$,$X_M=\omega M$。

令

$$Z_{11}=R_1+\mathrm{j}X_{L1},Z_{22}=(R_2+R)+\mathrm{j}(X_{L2}+X)=R_{22}+\mathrm{j}X_{22}$$

则

$$\dot{U}_1=Z_{11}\dot{I}_1+\mathrm{j}X_M\dot{I}_2$$

$$Z_{22}\dot{I}_2+\mathrm{j}X_M\dot{I}_1=0$$

从上式可得

$$\dot{I}_2=-\frac{\mathrm{j}X_M}{Z_{22}}\dot{I}_1$$

再将上式代入 $\dot{U}_1=Z_{11}\dot{I}_1+\mathrm{j}X_M\dot{I}_2$ 得

$$(Z_{11}+\mathrm{j}X_M\times\frac{-\mathrm{j}X_M}{Z_{22}})\dot{I}_1=\dot{U}_1$$

所以

$$Z_{1i}=\frac{\dot{U}_1}{\dot{I}_1}=Z_{11}+\frac{X_M^2}{Z_{22}}$$

可见,副绕组的作用可以看成在原绕组中增加了复阻抗 Z_r,即

$$Z_r=\frac{X_M^2}{Z_{22}}=\frac{X_M^2}{R_{22}+\mathrm{j}X_{22}}=R_r+\mathrm{j}X_r$$

这一复阻抗称为反映阻抗。整理上式得

$$R_r=\frac{X_M^2}{R_{22}^2+X_{22}^2}R_{22}$$

$$X_r=\frac{-X_M^2}{R_{22}^2+X_{22}^2}X_{22}$$

式中,R_r、X_r 分别为副绕组对原绕组的反射电阻和反射电抗。R_r 吸收的有功率就是原绕组通过互感传递给副绕组的有功功率,若副绕组开路,则 R_r、X_r 均为零,副绕组对原绕组无影响。

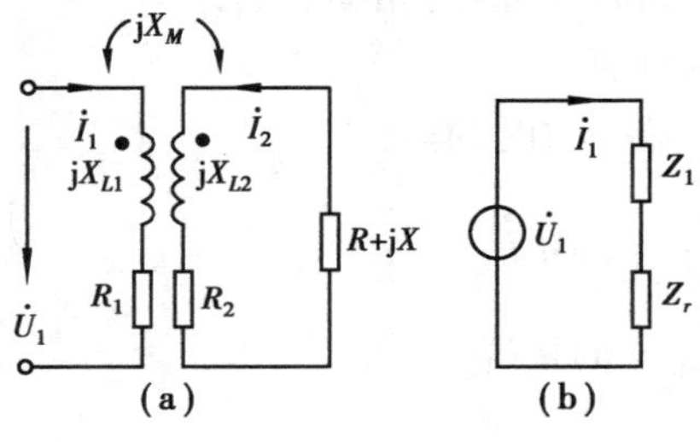

图4.8

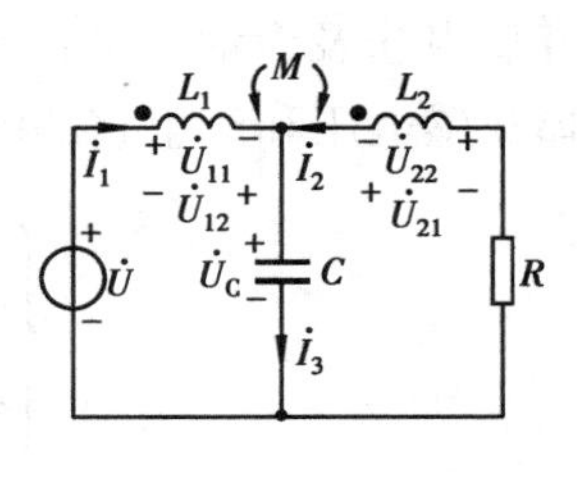

图4.9

利用反射阻抗的概念,可以得到从空心变压器的原边看进去的等效电路,如图4.8(b)所示。

例4.4 在图4.9所示的具有互感的正弦交流电路中,已知 $X_{L1}=10\ \Omega, X_{L2}=20\ \Omega, X_C=5\ \Omega, X_M=10\ \Omega$,电源电压 $U=20$ V,$R=30\ \Omega$,试求 $\dot{I}_2$。

解 如图所示,由KCL定律可得

$$\dot{I}_1+\dot{I}_2=\dot{I}_3$$

由KVL定律可得:

$$\dot{U}=\dot{U}_{11}-\dot{U}_{12}+\dot{U}_C=\mathrm{j}X_{L1}\dot{I}_1-\mathrm{j}X_M\dot{I}_2+\dot{U}_C$$

$$\dot{U}_C=-\dot{U}_{22}+\dot{U}_{21}-\dot{I}_2R=-\mathrm{j}X_{L2}\dot{I}_2+\mathrm{j}X_M\dot{I}_1-\dot{I}_2R$$

代入数据得

$$\begin{cases}\dot{I}_1+\dot{I}_2=\dot{I}_3\\ 20\angle 0^\circ=\mathrm{j}10\dot{I}_1-\mathrm{j}10\dot{I}_2-\mathrm{j}5\dot{I}_3\\ -\mathrm{j}20\dot{I}_2+\mathrm{j}10\dot{I}_1-30\dot{I}_2=-\mathrm{j}5\dot{I}_3\end{cases}$$

解方程组得

$$\begin{cases}\dot{I}_1=3.16\angle -18.4^\circ\ \mathrm{A}\\ \dot{I}_2=\sqrt{2}\angle 45^\circ\ \mathrm{A}\\ \dot{I}_3=4\ \mathrm{A}\end{cases}$$

基本要求与本章小结

(1)**基本要求**

①掌握耦合电感元件的同名端的意义与确定方法。

②牢固掌握耦合电感元件的电压电流关系。

③掌握简单的含耦合电感元件的正弦电流电路的计算。

(2)**内容摘要**

1)同名端

电流分别从同名端流入时,磁耦合线圈的自感磁通和互感磁通相助。

2)互感电压及含耦合电感元件的正弦电流电路的计算

选择互感电压和产生它的电流的参考方向对同名端一致时,有

$$\begin{cases}u_{12}=M\dfrac{\mathrm{d}i_2}{\mathrm{d}t}\\ u_{21}=M\dfrac{\mathrm{d}i_1}{\mathrm{d}t}\end{cases}\qquad\begin{cases}\dot{U}_{12}=\mathrm{j}\omega M\dot{I}_2\\ \dot{U}_{21}=\mathrm{j}\omega M\dot{I}_1\end{cases}$$

这样耦合电感的电压与电流相量形式为

$$\dot{U}_1 = \mathrm{j}\omega L_1 \dot{I}_1 + \mathrm{j}\omega M \dot{I}_2$$

$$\dot{U}_2 = \mathrm{j}\omega L_2 \dot{I}_2 + \mathrm{j}\omega M \dot{I}_1$$

考虑互感电压后,可用所有电路分析方法列出含耦合电感电路的电路方程,然后求解。

习　题

4.1　①耦合线圈 $L_1 = 0.01$ H,$L_2 = 0.04$ H,$M = 0.01$ H,试求耦合系数;②耦合线圈 $L_1 = 0.06$ H,$L_2 = 0.04$ H,耦合系数 $k = 0.2$,试求其互感。

4.2　已知两个具有互感的线圈如题图 4.2 所示:①标出它们的同名端;②试判断图(b)开关 S 闭合或断开时毫伏表的偏转方向。

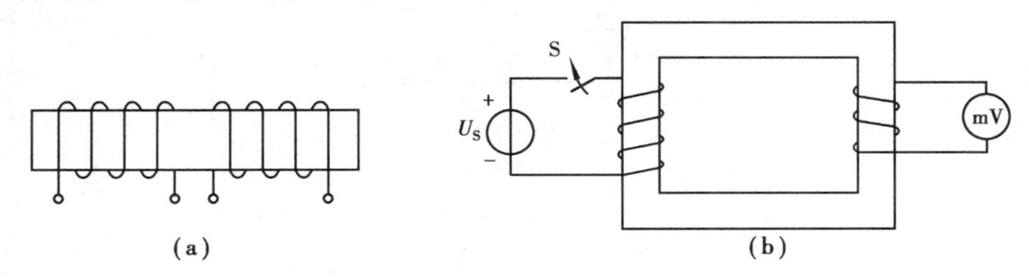

题图 4.2

4.3　通过测量流入具有互感的两个串联线圈的电流和功率,能够确定两个线圈的互感。现用 $U = 220$ V、$f = 50$ Hz 的正弦交流电进行测量:当顺接时,测得电流为 2.5 A,功率为 62.5 W;反接时,测得电流为 5 A,功率为 250 W。求互感 M。

4.4　题图 4.4 所示含有耦合电感元件的电路,设 $\omega M = 10\ \Omega$,试求:①副边开路时的开路电压和电路消耗的功率;②副边短路时的短路电流和电路消耗的功率。

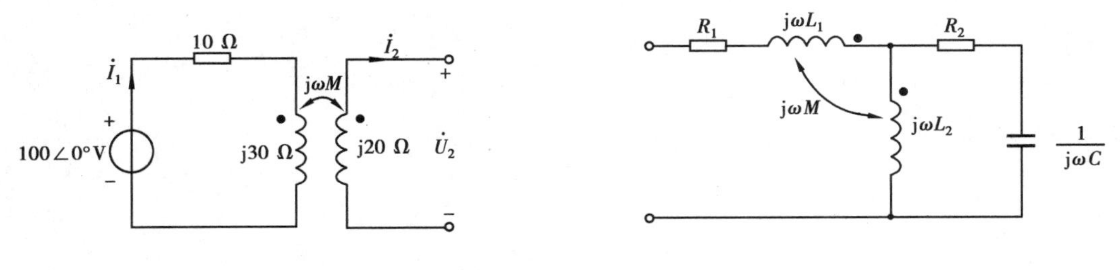

题图 4.4　　　　题图 4.5

4.5　试求题图 4.5 所示含有耦合电感元件的电路的等效阻抗,已知 $R_1 = 10\ \Omega$,$R_2 = 6\ \Omega$,$\omega L_1 = 12\ \Omega$,$\omega L_2 = 10\ \Omega$,$\omega M = 6\ \Omega$,$\dfrac{1}{\omega C} = 6\ \Omega$。

4.6　在题图 4.6 所示的电路中,两耦合电感元件间的耦合系数 $k = 0.5$,试求:①通过两耦合电感元件的电流和电路消耗的总功率;②电路输入端口的等效阻抗。

4.7　对于题图 4.7 所示的电路,试写出两独立回路的瞬时值方程和相量方程。

4.8　题图 4.8 所示的电路参数为:$i_S = 6\sqrt{2}\sin 10t$,$R = 10\ \Omega$,$L_1 = L_2 = 3$ H,$M = 2$ H,试求

电压 u_1 和 u_2。

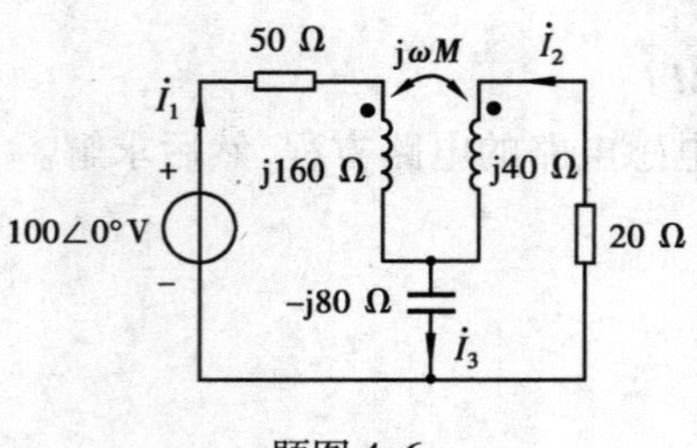

题图 4.6

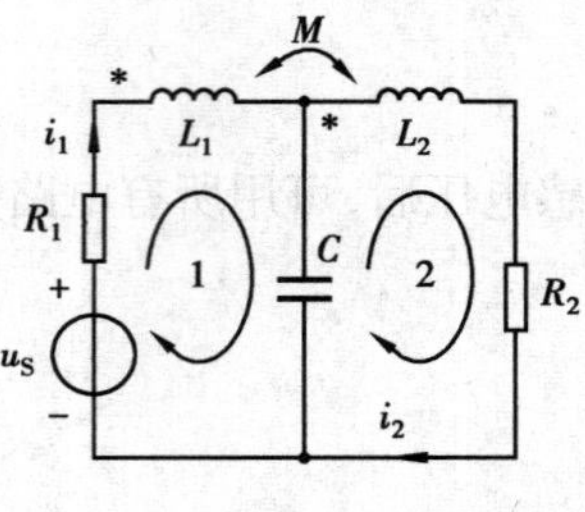

题图 4.7

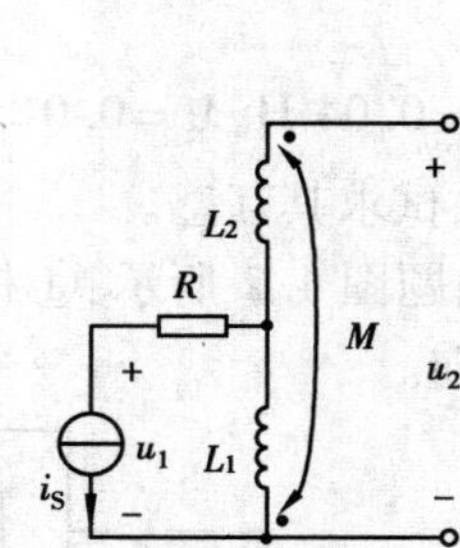

题图 4.8

第 5 章 三相正弦交流电路

目前电能的生产、输送和分配普遍采用三相制。所谓三相制，就是频率和幅值相同但是相位互差 120°的三个电压源，即三相电源供电的系统。由这种电源供电的电路称三相电路。日常生活用的单相交流电乃是三相交流电的一部分。

由于三相交流电在输电方面比单相经济，例如，在输电距离、输送功率、功率因数、电压损失和功率损失都相同的条件下，用三相输电所需输电线的金属用量仅为单相输电时的 75%。另外，三相电动机和发电机的性能比单相电机优越，而且所用材料比制造同等容量的单相电机节省，因此，目前发电、输电和动力用电方面都采用三相制。

三相交流电路乃是一般交流电路的特例。一般交流电路的结论对三相交流电路都是适用的。本章将从对称三相正弦量开始，介绍三相电路中电压、电流的基本性质，这部分内容是分析三相电路的基础，并要注意到三相电路中电压、电流参考方向的选择是有规定的。在此基础上，介绍对称三相电路和不对称星形负载的分析计算。

5.1 对称三相正弦量

三相电源是由三相交流发电机产生的。三相交流发电机有三个相同的线圈，称为三相绕组(AX、BY、CZ)。三相绕组所产生的三个电压具有频率相同、有效值(或幅值)相等而相位依次相差 120°的特点。这样的三个电压称为对称三相电压，用三个电压源表示，如图 5.1 所示。每个电压源都为一相，分别称为 A 相、B 相、C 相。

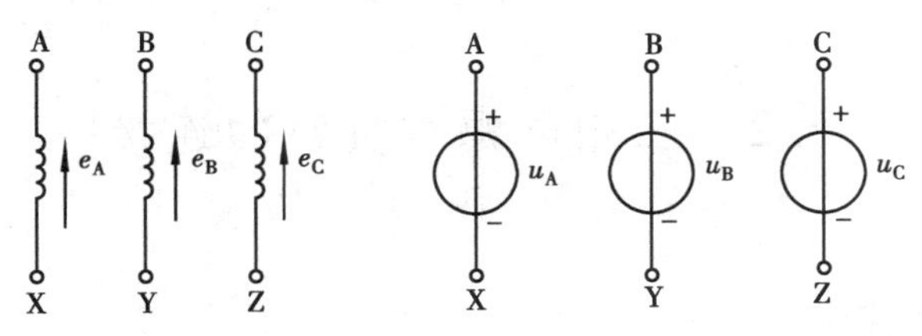

图 5.1

由于结构上采取措施，一般发电机产生的三相电动势以及三相电压总是近乎对称的，而且也尽量做到是正弦的,即它们为频率相同、有效值相等、相位上互差120°的三相正弦量。

若以A相电压作为参考,三相对称电压的瞬时值可表示为

$$\begin{cases} u_A(t) = U_m \sin \omega t = \sqrt{2}U \sin \omega t \\ u_B(t) = U_m \sin(\omega t - 120°) = \sqrt{2}U \sin(\omega t - 120°) \\ u_C(t) = U_m \sin(\omega t - 240°) = \sqrt{2}U \sin(\omega t + 120°) \end{cases} \tag{5.1}$$

其波形图如图5.2(a)所示,它们的有效值相量为

$$\begin{cases} \dot{U}_A = U\angle 0° = U \\ \dot{U}_B = U\angle -120° = U\left(-\frac{1}{2} - \frac{\sqrt{3}}{2}\mathrm{j}\right) \\ \dot{U}_C = U\angle 120° = U\left(-\frac{1}{2} + \frac{\sqrt{3}}{2}\mathrm{j}\right) \end{cases} \tag{5.2}$$

其相量图如图5.2(b)所示。

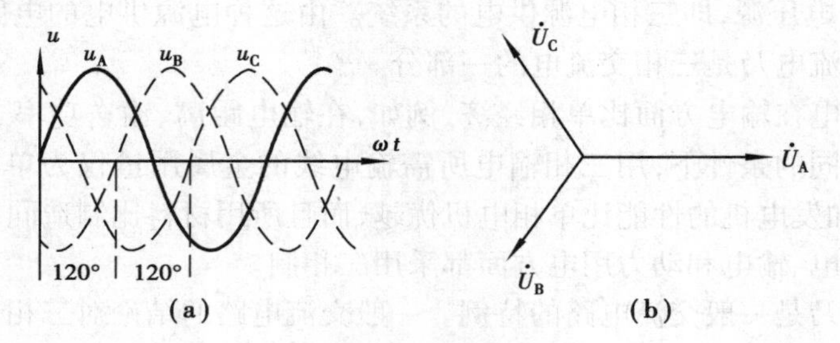

图5.2

由图5.2可知,三相对称电压的瞬时值或相量之和恒等于零,即

$$\begin{cases} u_A(t) + u_B(t) + u_C(t) = 0 \\ \dot{U}_A + \dot{U}_B + \dot{U}_C = 0 \end{cases} \tag{5.3}$$

在三相电源中,各相电压到达同一量值的先后次序称为相序。图5.2所示的三个电压相序是A→B→C。即A相比B相超前,B相比C相超前,称为正序。如果A相比B相滞后,B相比C相滞后,相序便是C→B→A,这种相序称为负序。无特别说明时,三相电源均指正序对称三相电源。工业中通常在交流发电机的三相引出线及配电装置的三相母线上涂以黄、绿、红三种颜色,分别表示A、B、C三相。三相电源的相序改变时,将使电动机改变旋转方向,这种方法常用于控制电动机使其正转或反转。

5.2 三相电源和负载的连接

5.2.1 三相电源的连接

三相电源的基本连接方式有星形(Y形)和三角形(△形)两种。

(1)三相电源的星形连接

1)三相电源的星形连接

如果将三个电压源的负极性端X、Y、Z连接在一起形成一个公共节点N,而从三个电压源的正性端A、B、C向外引出三条导线,这种连接方式称为三相电源的星形连接,如图5.3所示。

2)端线、中性点、中线、相电压、线电压的概念

①端线　由三个电压源的正极性端A、B、C向外引出三条导线称为端线,俗称"火线"。

②中性点　三个电压源的负极性端X、Y、Z连接在一起形成的公共节点N称为中性点,也称"中点"或"零点"。中性点通常是接地的。

③中线　从中性点引出的导线称为中线,也称"零线"。当中线点接地时,中线也称"地线"。

④相电压　每根端线与中线之间的电压称为相电压。用下标字母的次序表示其参考方向,分别记为 $\dot{U}_{AN}$、$\dot{U}_{BN}$、$\dot{U}_{CN}$,通常简记为 $\dot{U}_A$、$\dot{U}_B$、$\dot{U}_C$,如图5.3所示。当泛指相电压时用"U_p"表示。

⑤线电压　每根端线与端线之间的电压称为线电压。也用下标字母的次序表示其参考方向,分别记为 $\dot{U}_{AB}$、$\dot{U}_{BC}$、$\dot{U}_{CA}$,如图5.3所示。当泛指相电压时用"U_l"表示。

3)线电压与相电压的关系

根据基尔霍夫定理,线电压和相电压之间有如下关系

$$\dot{U}_{AB} = \dot{U}_A - \dot{U}_B \quad \dot{U}_{BC} = \dot{U}_B - \dot{U}_C \quad \dot{U}_{CA} = \dot{U}_C - \dot{U}_A$$

对于对称的三相电源,如设 $\dot{U}_A = U_p\angle 0°$,则 $\dot{U}_B = U_p\angle -120°$, $\dot{U}_C = U_p\angle 120°$,代入上式可得

$$\dot{U}_{AB} = U_p\angle 0° - U_p\angle -120° = \sqrt{3}U_p\angle 30°$$

$$\dot{U}_{BC} = U_p\angle -120° - U_p\angle 120° = \sqrt{3}U_p\angle -90°$$

$$\dot{U}_{CA} = U_p\angle 120° - U_p\angle 0° = \sqrt{3}U_p\angle 150°$$

上式可化为

$$\begin{cases} \dot{U}_{AB} = \sqrt{3}\dot{U}_A\angle 30° \\ \dot{U}_{BC} = \sqrt{3}\dot{U}_B\angle 30° \\ \dot{U}_{CA} = \sqrt{3}\dot{U}_C\angle 30° \end{cases} \tag{5.4}$$

从上式可知,对称三相电源作星形连接时,线电压也是对称的,线电压的有效值是相电压的有效值的$\sqrt{3}$倍,写成一般式则为

$$U_l = \sqrt{3}U_p \tag{5.5}$$

而线电压超前于先行相的相电压30°(线电压 $\dot{U}_{AB}$超前相电压 $\dot{U}_A$30°、线电压 $\dot{U}_{BC}$超前相电压 $\dot{U}_B$30°、线电压 $\dot{U}_{CA}$超前相电压 $\dot{U}_C$30°)。各线电压之间的相位差也是120°。

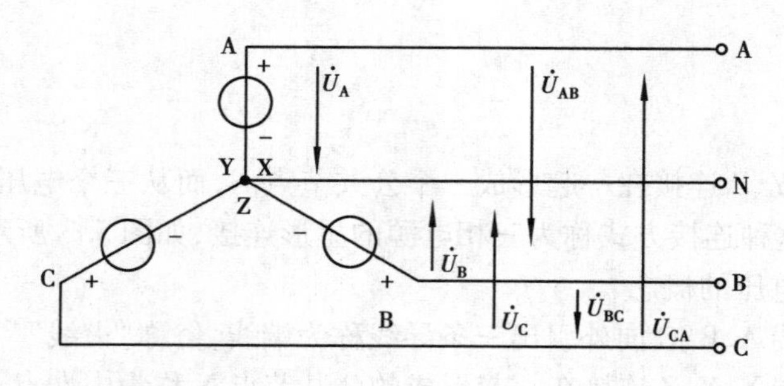

图 5.3

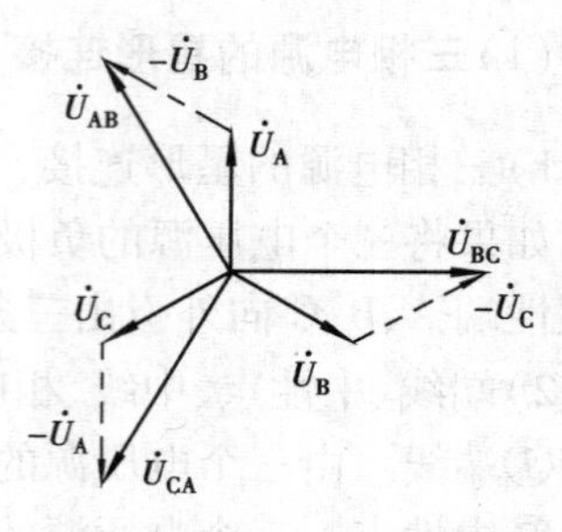

图 5.4

电源作星连接时，相电压和线电压的相量图如图 5.4 所示，具有能够提供两种电压的优点。例如，当发电机相电压是 127 V 时，就可以提供相电压为 127 V 和线电压为 220 V 两种电压；当发电机相电压为 220 V 时，就可以提供相电压为 220 V 和线电压为 380 V 两种电压。

在三相制低压供电系统中，最常用的电压是相电压 220 V、线电压 380 V。习惯上写作 380/220 V。通常，工农业生产中普遍使用的三相电动机是接在线电压为 380 V 的三根端线上，而日常所用的电灯、电视机等接在端线与中线之间 220 V 电压上。

（2）三相电源的三角形连接

1）三相电源的三角形连接

如果将三个电压源顺序相接，即 X 与 B、Y 与 C、Z 与 A 相连接形成回路，从三个电压源的正性端 A、B、C 向外引出三条导线，这种连接方式称为三相电源的三角形连接，如图 5.5 所示。

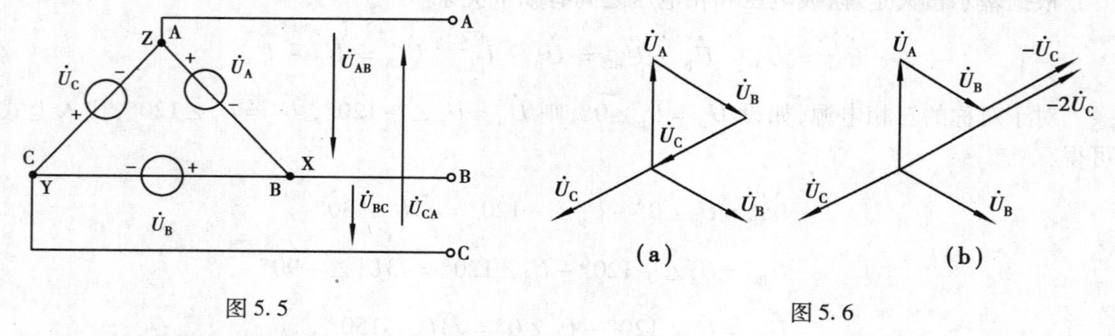

图 5.5　　　　图 5.6

2）线电压与相电压的关系

由图 5.5 可知，三相电源采用三角形连接时，线电压等于相电压。应该指出，三相电源采用三角形连接时，要注意接线的正确性。当三相电源连接正确时，在三角形闭合回路中总电压为零，即

$$\dot{U}_A + \dot{U}_B + \dot{U}_C = U_p\angle 0° + U_p\angle -120° + U_p\angle 120° = 0$$

其相量图如图 5.6(a)所示。这样在没有输出时，电源内部没有环行电流。但是，将一相电源（例 C 相）接反，这时三角形回路中总电压在闭合前为

$$\dot{U}_\triangle = \dot{U}_A + \dot{U}_B + (-\dot{U}_C) = U_p\angle 0° + U_p\angle -120° - U_p\angle 120° = -2\dot{U}_C$$

它是一相电压的两倍，其相量图如图 5.6(b)所示。闭合后此电压根据 KVL 将强制为零，此时，电源已不能按理想电压源建立模型，应当考虑电源内部的阻抗。由于电源内阻抗很小，在三角形回路中可能形成很大的环行电流，将严重损坏电源装置。

5.2.2　三相负载的连接

三相负载的连接方式与三相电源一样，有星形（Y形）和三角形（△形）两种。

（1）**三相对称负载**

三相负载由三部分组成，其中每一部分称为一相负载。所谓三相对称负载，是指三个相的负载具有相同的参数，即 $Z_A = Z_B = Z_C = Z\angle\varphi_Z$。在工农业生产中，大量应用的三相电动机一般可以认为是三相对称负载。

所谓三相不对称负载，是指三相负载的复阻抗不相等的情况。一般由三个单相负载组成的三相负载（例如照明负载）是不易保证三相负载对称的，因而是不对称负载。另外，在三相对称负载发生故障时，例如三相电动机发生一相短路、一相断路或相间短路等故障时，也将变为不对称负载。

（2）**三相负载的星形连接**

1）三相负载的三相四线制星形连接

将三个阻抗为 Z_A、Z_B、Z_C 的负载采用星形连接，然后将负载的三个端点分别与电源的三根端线相连，并从负载的公共点N′（也称负载中性点）用导线与电源中性点N连接起来，这种连接方式称为三相负载的三相四线制星形连接，如图5.7(a)所示。

2）线电流、相电流、中线电流的概念

①线电流　在三相电路中，流经各端线的电流称为线电流。分别用 $\dot{I}_A$、$\dot{I}_B$、$\dot{I}_C$表示。

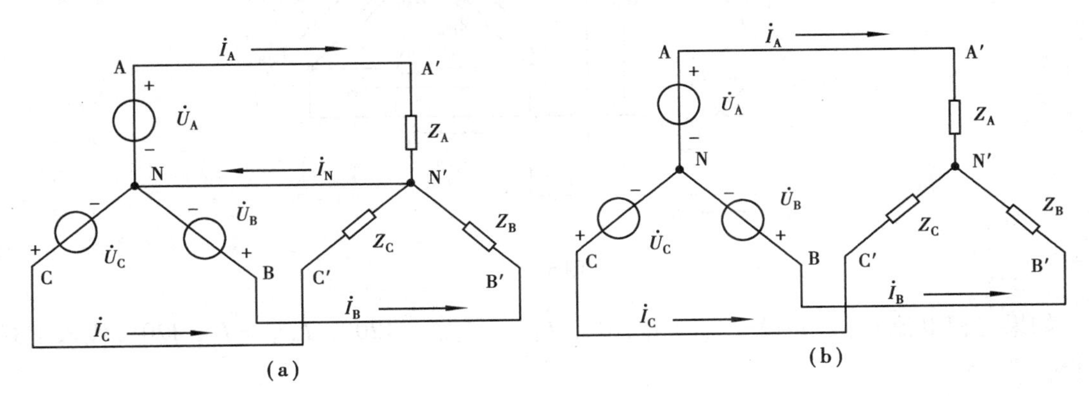

图5.7

②相电流　在三相电路中，流过各相负载的电流称为相电流。显然，星形连接的负载线电流等于相电流。

③中线电流　在三相四线制中，流过中线的电流称为中线电流。由KCL定理可知，中线电流 $\dot{I}_N$为

$$\dot{I}_N = \dot{I}_A + \dot{I}_B + \dot{I}_C \tag{5.6}$$

3）负载的相电压与线电压关系

由上图5.7(a)可知，若各相负载电压对称，则线电压也对称，同样有

$$U_l = \sqrt{3}U_p \tag{5.7}$$

即:线电压的有效值等于相电压的有效值的$\sqrt{3}$倍。线电压与相电压的相量关系为:

$$\dot{U}_{A'B'}=\sqrt{3}\dot{U}_{A'}\angle 30°,\ \dot{U}_{B'C'}=\sqrt{3}\dot{U}_{B'}\angle 30°,\ \dot{U}_{C'A'}=\sqrt{3}\dot{U}_{C'}\angle 30°$$

4)三相负载的三相三线制星形连接

在星形连接的三相电路中,如果三相负载电流对称,即 $\dot{I}_A$、$\dot{I}_B$、$\dot{I}_C$振幅相等、彼此相差120°,则中线电流为零,这时可以省去中线,如图5.7(b)所示。这种用三根导线将电源和负载连接起来的三相电路称为三相三线制。

(3)三相负载的三角形连接

1)三相负载的三角形连接

将三个阻抗为Z_{AB}、Z_{BC}、Z_{CA}的负载采用三角形连接,然后将负载的三个端点分别与电源的三根端线相连,这种连接方式称为三相负载的三角形连接,如图5.8(a)所示。

2)线电流与相电流的关系

由图5.8可知,负载采用三角形连接时,线电压等于相电压,而流过各相负载的相电流$\dot{I}_{A'B'}$、$\dot{I}_{B'C'}$、$\dot{I}_{C'A'}$与各端线电流$\dot{I}_A$、$\dot{I}_B$、$\dot{I}_C$有如下关系,即

$$\dot{I}_A=\dot{I}_{A'B'}-\dot{I}_{C'A'}\quad \dot{I}_B=\dot{I}_{B'C'}-\dot{I}_{A'B'}\quad \dot{I}_C=\dot{I}_{C'A'}-\dot{I}_{B'C'}$$

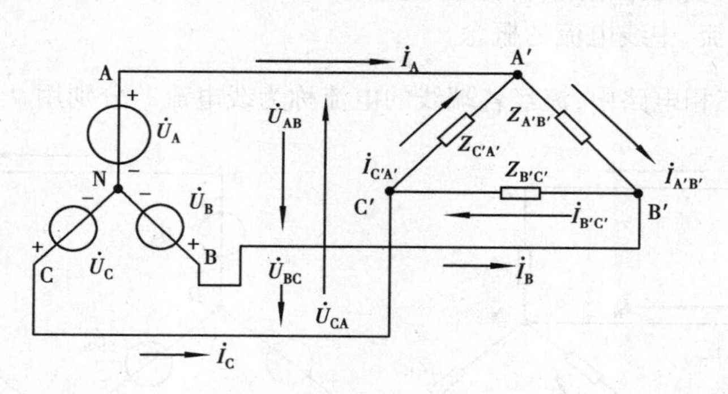

图5.8

如果三相电流对称,并设$\dot{I}_{A'B'}=I_p\angle 0°$,$\dot{I}_{B'C'}=I_p\angle -120°$,$\dot{I}_{C'A'}=I_p\angle 120°$,代入上式可得

$$\begin{cases}\dot{I}_A=\sqrt{3}\dot{I}_{A'B'}\angle -30°\\ \dot{I}_B=\sqrt{3}\dot{I}_{B'C'}\angle -30°\\ \dot{I}_C=\sqrt{3}\dot{I}_{C'A'}\angle -30°\end{cases}\tag{5.8}$$

在三角形连接中,若相电流对称,则线电流也对称,且线电流的有效值等于相电流的$\sqrt{3}$倍,即

$$I_l=\sqrt{3}I_p\tag{5.9}$$

而线电流的相位滞后于后续相的相电流30°,其相量关系如图5.9所示。

三相电路就是由以上各种连接方式的三相电源和三相负载组成的系统。根据电源和负载连接方式构成Y-Y、Y-△、△-△、△-Y等。

例5.1　对称三相负载,若每相阻抗 $Z=6+\mathrm{j}8\ \Omega$,接入线电压为380 V的三相电源,求下列两种情况下负载各相电流及各线电流:①对称三相负载星形连接;②对称三相负载三角形连接。

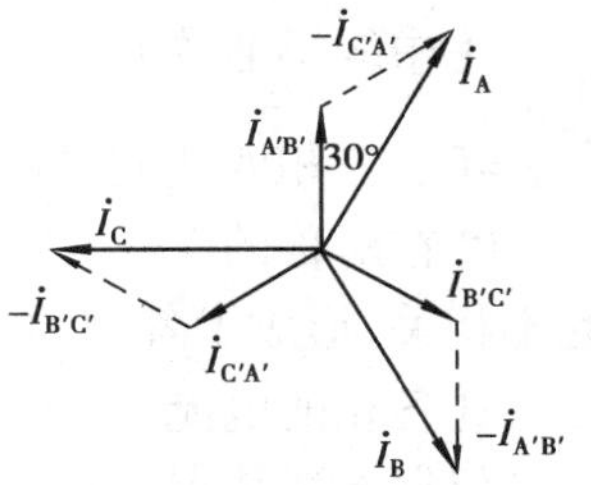

图5.9

解　设 $\dot{U}_{AB}=380\angle 0°$,则 $\dot{U}_{A}=220\angle -30°$。

①三相对称负载作Y连接时,线电流等于相电流且对称。因此,各相电流为

$$\dot{I}_{A}=\frac{\dot{U}_{A}}{Z_{A}}=\frac{220\angle -30°}{6+8\mathrm{j}}\ \mathrm{A}=\frac{220\angle -30°}{10\angle 53.1°}\ \mathrm{A}=22\angle -83.1°\ \mathrm{A}$$

$$\dot{I}_{B}=(22\angle -83.1°-120°)\ \mathrm{A}=22\angle -203.1°=22\angle 156.9°\ \mathrm{A}$$

$$\dot{I}_{C}=(22\angle 156.9°-120°)\ \mathrm{A}=22\angle 36.9°\ \mathrm{A}$$

②三相对称负载采用三角形连接时,各相电流为

$$\dot{I}_{A'B'}=\frac{\dot{U}_{A'B'}}{Z_{A'B'}}=\frac{380\angle 0°}{6+8\mathrm{j}}\ \mathrm{A}=\frac{380\angle 0°}{10\angle 53.1°}\ \mathrm{A}=38\angle -53.1°\ \mathrm{A}$$

$$\dot{I}_{B'C'}=(38\angle -53.1°-120°)\ \mathrm{A}=38\angle -173.1°\ \mathrm{A}$$

$$\dot{I}_{C'A'}=(38\angle -53.1°+120°)\ \mathrm{A}=38\angle 66.9°\ \mathrm{A}$$

各线电流为

$$\dot{I}_{A}=\sqrt{3}I_{A'B'}\angle -30°\mathrm{A}=66\angle -83.1°\ \mathrm{A}$$

$$\dot{I}_{B}=\sqrt{3}I_{B'C'}\angle -30°\mathrm{A}=66\angle 156.9°\ \mathrm{A}$$

$$\dot{I}_{C}=\sqrt{3}I_{C'A'}\angle -30°\mathrm{A}=66\angle 36.9°\ \mathrm{A}$$

由本例分析可知:电源电压不变时,对称负载由星形连接改为三角形连接后,相电压为星形连接时的$\sqrt{3}$倍,相电流也为星形连接时的$\sqrt{3}$倍,而线电流则为星形连接时的3倍。在电动机控制电路中,对于大功率的三相电动机正常运行时采用△连接,为了减少启动电流,降低因大功率的电动机启动对电网电压的影响,常常启动时先将电动机采用Y连接,转动后再改成为△连接。

5.3　对称三相电路的特点和计算

第3章讨论的有关正弦电流电路的基本理论、基本定理和分析方法,对于三相正弦电流电路完全适用。但是,在分析对称三相电路时,要利用对称三相电路的一些特点简化三相电路的分析计算。

5.3.1　对称Y-Y三相电路的特点

对称三相电路就是由对称电源和对称传输导线及对称三相负载组成的三相电路。对于图5.10(a)所示的对称Y-Y三相电路具有以下特点:

①中线不起作用。即无论有无中线、中线阻抗 Z_l 为多少，中点电压 $\dot{U}_{N'N}=0$，中线电流 $\dot{I}_N=0$。三相四线制可以变成三相三线制。

②在对称的 Y-Y 三相电路中，每相的电流、电压仅由该相的电源和阻抗决定，各相之间彼此不相关，形成了各相的独立性。

③各相的电流、电压都是与电源电压同相序的对称量。

根据上述特点，对于对称 Y-Y 三相电路，只要分析计算其中一相的电流、电压，其他两相可根据对称性直接求出。因此，在分析计算时，可以单独画出一相电路（A 相），如图 5.10(b) 所示。这一计算方法可以推广到其他连接方式的对称三相电路，因为根据星形和三角形的等效互换，最后都可以化为对称的 Y-Y 三相电路处理。

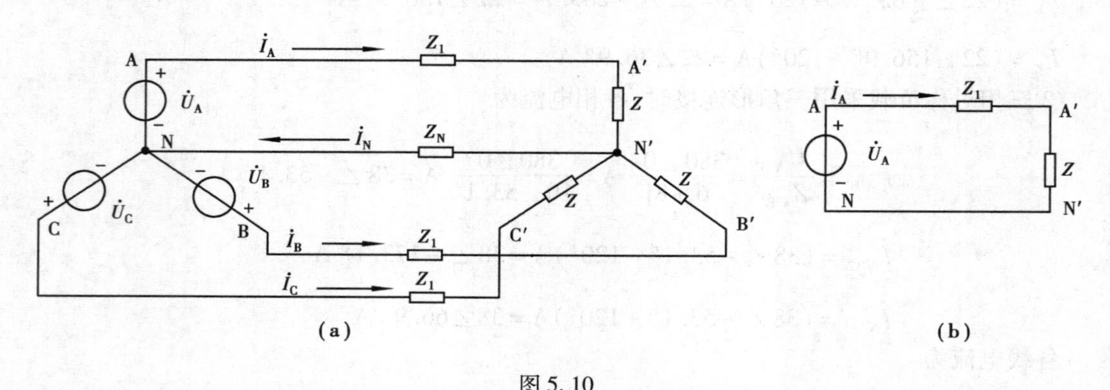

图 5.10

5.3.2 对称三相电路的分析方法

由上讨论可知，分析计算对称三相电路的一般方法及其步骤为：

①将非 Y-Y 连接方式的对称三相电路，化成 Y-Y 连接的对称三相电路。

②将所有中点用虚设的、阻抗为零的路线连接起来。

③取出一相电路（A 相）分析计算。

④由对称性直接求出其他两相。

例 5.2 在图 5.11(a) 所示的电路中，电源线电压有效值为 380 V，两组负载 $Z_2=34+21\text{j}\ \Omega$，$Z_3=48+36\text{j}\ \Omega$，端线阻抗 $Z_1=0.1+0.2\text{j}\ \Omega$，试求各组负载的相电流、各端线电流、每相负载的功率及电源的功率。

解 将电源看成 Y 连接，其相电压为

$$U_p=\frac{U_l}{\sqrt{3}}=\frac{380}{\sqrt{3}}\ \text{V}=220\ \text{V}$$

将 Z_3 组三角形连接的负载等效为星形连接的负载，则

$$Z_3'=\frac{Z_3}{3}=\frac{48+36\text{j}}{3}\ \Omega=(16+12\text{j})\ \Omega=20\angle 36.87°\ \Omega$$

用虚设的、阻抗为零的中线连接三个中点 N_1、N_2、N，电路化成图 5.11(b) 所示。取 A 相进行分析计算，单独画出等效的 A 相，如图 5.11(c) 所示。设 Z_2、Z_3' 并联的等效复阻抗为 Z_{23}'，则 Z_{23}' 为

$$Z'_{23}=\frac{Z_2Z'_3}{Z_2+Z'_3}=\frac{(34+21j)(16+12j)}{34+21j+16+12j}\ \Omega=\frac{39.96\angle 31.7^\circ\times 20\angle 36.87^\circ}{59.91\angle 33.43^\circ}\ \Omega$$
$$=13.34\angle 35.14^\circ\ \Omega=10.9+7.68j\ \Omega$$

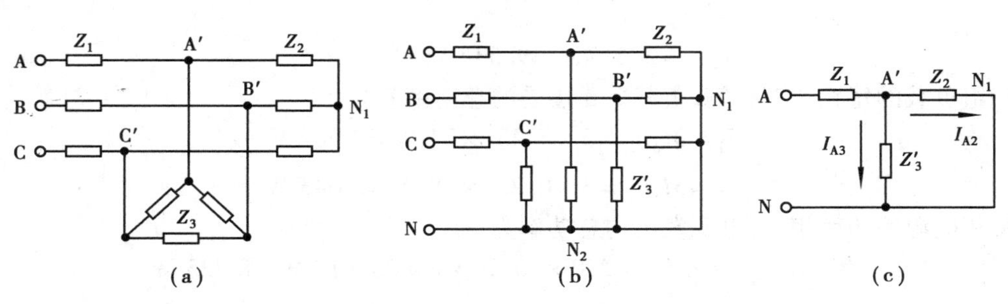

图5.11

Z'_{23}与Z_1串联的等效复阻抗为Z，则Z为

$$Z=Z_1+Z'_{23}=(0.1+0.2j+10.9+7.68j)\Omega=(11+7.88j)\Omega=13.53\angle 35.61^\circ\ \Omega$$

设$\dot U_A=220\angle 0^\circ$，则

$$\dot I_A=\frac{\dot U_A}{Z}=\frac{220\angle 0^\circ}{13.53\angle 35.61^\circ}\ \text{A}=16.26\angle -35.61^\circ\ \text{A}$$

$$\dot U_{A'N}=\dot I_A Z'_{23}=16.26\angle -35.61^\circ\times 13.34\angle 35.14^\circ\ \text{V}=216.91\angle -0.47^\circ\ \text{V}$$

$$\dot I_{A2}=\frac{\dot U_{A'N}}{Z_2}=\frac{216.91\angle -0.47^\circ}{39.96\angle 31.7^\circ}\ \text{A}=5.43\angle -32.17^\circ\ \text{A}$$

$$\dot I_{A3}=\frac{\dot U_{A'N}}{Z'_3}=\frac{216.91\angle -0.47^\circ}{20\angle 36.87^\circ}\ \text{A}=10.85\angle -37.34^\circ\ \text{A}$$

Z_3的相电流为

$$\dot I_{A'B'}=\frac{1}{\sqrt 3}\dot I_{A3}\angle 30^\circ=\frac{1}{\sqrt 3}\times 10.85\angle -7.34^\circ\ \text{A}=6.26\angle -7.34^\circ\ \text{A}$$

其他各电流由对称性可得

$$\dot I_B=16.26\angle -155.61^\circ\ \text{A}\qquad \dot I_C=16.26\angle 84.39^\circ\ \text{A}$$

$$\dot I_{B2}=5.43\angle -152.17^\circ\ \text{A}\qquad \dot I_{C2}=5.43\angle 87.83^\circ\ \text{A}$$

$$\dot I_{B'C'}=6.26\angle -127.34^\circ\ \text{A}\qquad \dot I_{C'A'}=6.26\angle 112.66^\circ\ \text{A}$$

Z_2的相电压为

$$\dot U_{A'N_1}=\dot U_{A'N}=216.91\angle -0.47^\circ\ \text{V}$$

$$\dot U_{B'N_1}=216.91\angle -120.47^\circ\ \text{V}$$

$$\dot U_{C'N_1}=216.91\angle 119.53^\circ\ \text{V}$$

Z_3的相电压为

$$\dot{U}_{A'B'}=\sqrt{3}\dot{U}_{A'N_1}\angle 30^\circ=375.7\angle 29.53^\circ\ \text{V}$$

$$\dot{U}_{B'C'}=375.7\angle -90.47^\circ\ \text{V}$$

$$\dot{U}_{C'A'}=375.7\angle 149.53^\circ\ \text{V}$$

每组负载的每相功率相等,负载2、3接受的总功率各为

$$P_2=3I_2^2R_2=3\times 5.43^2\times 34\ \text{W}=3\ 007\ \text{W}$$

$$P_3=3I_3^2R_3=3\times 6.26^2\times 48\ \text{W}=5\ 643\ \text{W}$$

每相电源的功率相等,电源发出的总功率为

$$P=3U_pI_p\cos\varphi=3\times 220\times 16.26\times\cos 35.61^\circ\ \text{W}=8\ 725\ \text{W}$$

5.4 不对称星形连接负载

5.4.1 Y-Y 三相不对称电路的一般分析方法

不对称三相电路由于失去对称性的特点,不能引用上节介绍的方法,一般可把它作为一个复杂电路,应用以前学习过的方法求解。

对于图5.12所示的由一组不对称的负载Z_A、Z_B、Z_C连接的Y-Y三相不对称电路,可用节点电压法对此电路进行计算。设节点电压(即两中性点间的电压)用$\dot{U}_{N'N}$表示,则有

$$\dot{U}_{N'N}=\frac{\dot{U}_AY_A+\dot{U}_BY_B+\dot{U}_CY_C}{Y_A+Y_B+Y_C+Y_N} \tag{5.10}$$

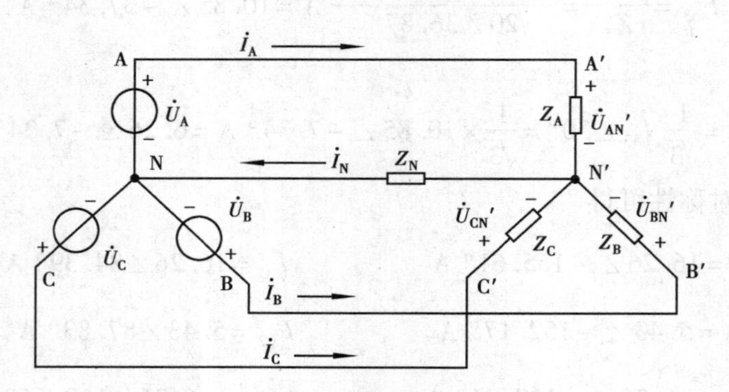

图5.12

根据基尔霍夫第二定律可以得出星形负载的各相电压,即

$$\begin{cases}\dot{U}_{AN'}=\dot{U}_A-\dot{U}_{N'N}\\ \dot{U}_{BN'}=\dot{U}_B-\dot{U}_{N'N}\\ \dot{U}_{CN'}=\dot{U}_C-\dot{U}_{N'N}\end{cases} \tag{5.11}$$

各相负载电流(亦即各线电流)则为

$$\dot{I}_A = \dot{U}_{AN'}Y_A,\ \dot{I}_B = \dot{U}_{BN'}Y_B,\ \dot{I}_C = \dot{U}_{CN'}Y_C$$

中线电流为

$$\dot{I}_A = \dot{U}_{N'N}Y_N$$

或

$$\dot{I}_N = \dot{I}_A + \dot{I}_B + \dot{I}_C$$

5.4.2　位形图

为了简单明了地用图解法分析三相电路中的电压、电位问题,常常应用一种称为位形图的特殊相量图。位形图上的每一点都要与三相电路中的相应各点一一对应,且位形图中每一点的坐标均可表示电路中对应点的相量电位,位形图中任意两点间连成的向量均表示电路中对应的两点之间的电压。图5.13为图5.12的位形图。

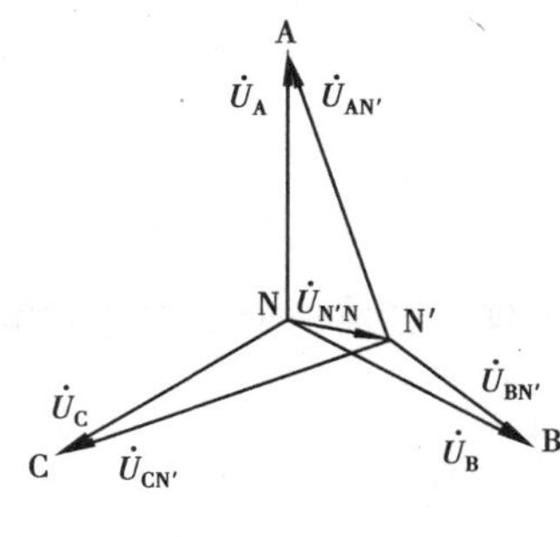

图5.13

由图5.13可知:由于负载不对称,相量 $\dot{U}_{N'N} \neq 0$,在位形图上表现为N′点与N点不复合,这种现象称为中性点位移。而 $\dot{U}_{N'N}$ 称为中性点位移电压。

5.4.3　中线的作用

由图4.12还可看出,由于中性点位移,引起负载上各相电压分配不对称,以致会使某些相负载电压过高,超过额定值,可能造成设备损坏;而另一些相负载电压过低,达不到额定值,设备不能正常工作,这些都是不允许的。从中性点位移电压公式

$$\dot{U}_{N'N} = \frac{\dot{U}_A Y_A + \dot{U}_B Y_B + \dot{U}_C Y_C}{Y_A + Y_B + Y_C + Y_N}$$

可知,要使 $\dot{U}_{N'N} = 0$,必须使分子等于零,或分母为无限大才行。显然,当负载对称时有 $Y_A = Y_B = Y_C = Y$,则有

$$\dot{U}_A Y_A + \dot{U}_B Y_B + \dot{U}_C Y_C = (\dot{U}_A + \dot{U}_B + \dot{U}_C)Y = 0$$

这样,中性点位移电压为零,即 $\dot{U}_{N'N} = 0$。另外,若接入中线并使其阻抗很小,即 $Z_N \approx 0$,则 $Y \to \infty$,这样将使中性点位移电压公式中的分母为无限大,则无论三相负载阻抗对称与否,都可使 $\dot{U}_{N'N} = 0$。

由此可知,当三相负载不对称而采用星形连接时,必须连接中线,而且为了防止中线断开,在中线上是不允许装开关和熔断器(俗称保险丝)的。同时,为了增加其机械强度使中线工作可靠,在干线上的中线有时还采用钢线或钢芯铝线、钢芯铜线等。

5.4.4　相序指示器

例5.3　图5.14(a)所示的电路是用来测定三相电源相序的仪器,称为相序指示器。任意

指定电源的一相为 A 相,将电容 C 接到 A 相上,两只白炽灯接到另外两相上。设 $R=1/\omega C$,试说明如何根据两只灯的亮度来确定 B、C 相。

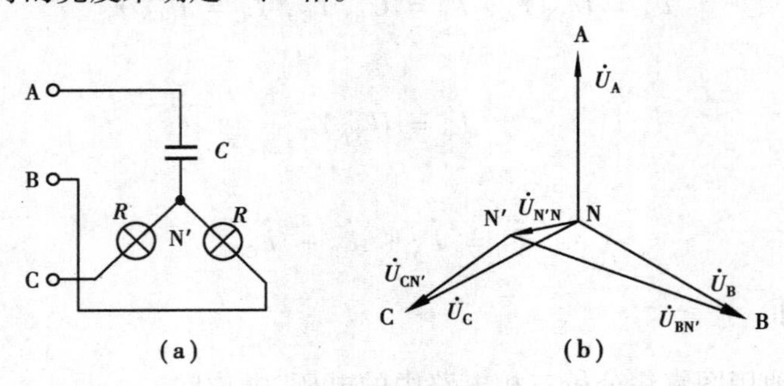

图 5.14

解 这是一个不对称的星形负载连接电路。设 $\dot U_A=U_p\angle 0°$,则有

$$\dot U_{N'N}=\frac{\dot U_A j\omega C+\dot U_B G+\dot U_C G}{j\omega C+2G}$$

$$\dot U_{N'N}=\frac{jU_p\angle 0°+U_p\angle -120°+U_p\angle 120°}{2+j}=(-0.2+j0.6)U_p=0.63U_p\angle 108°$$

$$\dot U_{BN'}=\dot U_B-\dot U_{N'N}=U_p\angle -120°-0.63U_p\angle 108°=1.5U_p\angle -102°$$

$$\dot U_{CN'}=\dot U_C-\dot U_{N'N}=U_p\angle 120°-0.63U_p\angle 108°=0.4U_p\angle 138°$$

根据上述结果可以判断,电容器所在那一相若定为 A 相,则灯泡比较亮的为 B 相,较暗的则为 C 相。其位形图如图 5.14(b)所示。

5.4.5 对称负载发生故障的分析

例 5.4 对称 Y-Y 三相三线制电路如图 5.15 所示,试求:①A 相负载短路;②A 相负载开路时各相电压的变化情况。

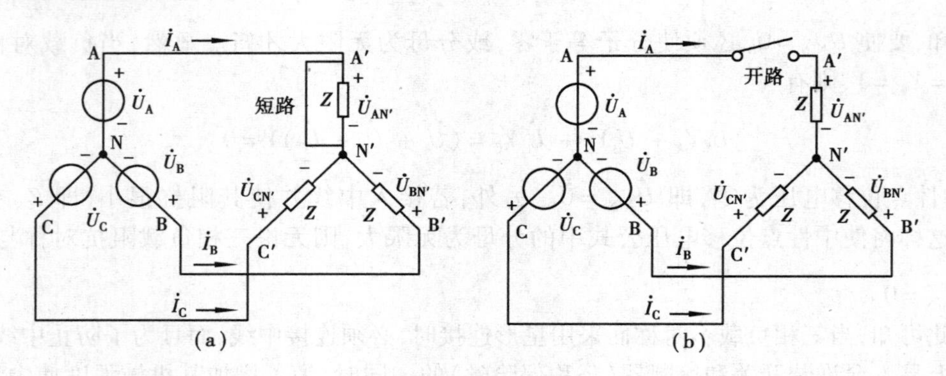

图 5.15

解 有一相负载短路或开路时,原对称三相电路成为不对称三相电路。

①A 相负载短路(图(a))

设故障前 $Z_A=Z_B=Z_C=Z$,A 相短路后 $Z_A=0$,$Y_A\to\infty$,由于 $Y_N=0$,$Y_B\ll Y_A$,$Y_C\ll Y_A$,故中

性点位移电压为

$$\dot{U}_{N'N}=\frac{\dot{U}_A Y_A+\dot{U}_B Y_B+\dot{U}_C Y_C}{Y_A+Y_B+Y_C+Y_N}=\dot{U}_A$$

$$\dot{U}_{BN'}=\dot{U}_B-\dot{U}_{N'N}=\dot{U}_{BA}=-\dot{U}_{AB}$$

$$\dot{U}_{CN'}=\dot{U}_C-\dot{U}_{N'N}=\dot{U}_{CA}$$

即 A 相负载电压为零，B、C 相负载电压升高到正常电压的$\sqrt{3}$倍（由相电压上升到线电压）。

②A 相负载开路（图（b））

从图 5.15(b)可以看出，A 相开路后，B 与 C 相负载阻抗串联，处在线电压 U_{BC}的作用下。因为 B 相与 C 相的负载阻抗相等，所以 N′在位形图中的位置应在 BC 连线的中点上，如图 5.16。A 相负载断开处的电压和 B，C 两相的电压可由位形图直接得出，若设 $\dot{U}_A=U_p\angle 0°$，则有

$$\dot{U}_{AN'}=\frac{3}{2}U_p\angle 0°,\ \dot{U}_{BN'}=\frac{\sqrt{3}}{2}U_p\angle -90°,\ \dot{U}_{CN'}=\frac{\sqrt{3}}{2}U_p\angle 90°$$

即 B、C 两相负载上的电压低于其额定相电压，这时负载不能正常工作。

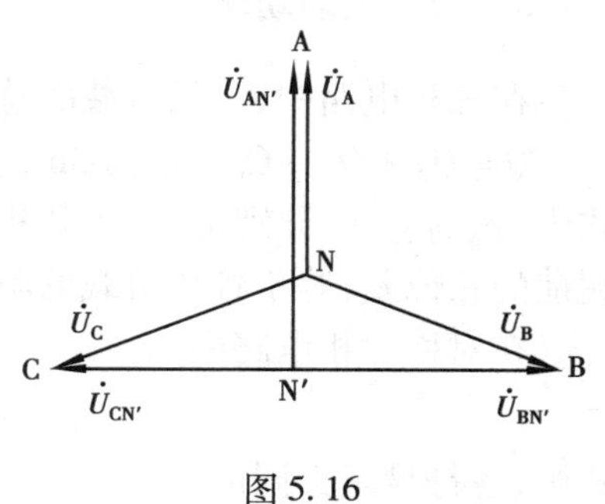

图 5.16

5.5　三相电路的功率

5.5.1　有功功率

有功功率又称平均功率。在三相电路中，三相负载吸收的总有功功率等于各相负载吸收的有功功率之和，即

$$P=P_A+P_B+P_C=U_A I_A\cos\varphi_A+U_B I_B\cos\varphi_B+U_C I_C\cos\varphi_C=I_A^2R_A+I_B^2R_B+I_C^2R_C$$

式中，φ_A、φ_B、φ_C 分别是 A 相、B 相和 C 相在电压与电流为关联参考方向下的相电压与相电流之间的相位差，等于各相负载的阻抗角。

若三相负载是对称的，则有

$$U_A I_A\cos\varphi_A=U_B I_B\cos\varphi_B=U_C I_C\cos\varphi_C=U_P I_P\cos\varphi$$

三相总有功功率则为

$$P=3U_P I_P\cos\varphi \tag{5.12}$$

式中，U_P 是相电压，I_P 是相电流，φ 是相电压与相电流之间的相位差，等于负载的阻抗角。

当负载为星形连接时，$U_P=\frac{U_l}{\sqrt{3}}$、$I_P=I_l$，则

$$P=\sqrt{3}U_l I_l\cos\varphi$$

当负载为三角形连接时，$U_P=U_l$、$I_P=\frac{I_l}{\sqrt{3}}$，则

$$P = \sqrt{3} U_l I_l \cos \varphi$$

式中，U_l 是线电压，I_l 是线电流，φ 是相电压与相电流之间的相位差，等于负载的阻抗角。

所以，对称三相电路，不论独立源和负载是 Y 还是△连接，其总功率均为：

$$P = \sqrt{3} u_l I_l \cos \varphi \tag{5.13}$$

分析计算对称三相电路的总有功功率，常用到式(5.13)，因为它对 Y 连接或△连接的负载都适用，同时三相设备铭牌上标明的都是线电压和线电流，三相电路中容易测量出来的也是线电压和线电流。

5.5.2 无功功率

在三相电路中，三相负载的总无功功率为

$$Q = Q_A + Q_B + Q_C = U_A I_A \sin \varphi_A + U_B I_B \sin \varphi_B + U_C I_C \sin \varphi_C = I_A^2 X_A + I_B^2 X_B + I_C^2 X_C$$

式中，φ_A、φ_B、φ_C 分别是 A 相、B 相和 C 相在电压与电流为关联参考方向下的相电压比相电流超前的相位差，等于各相负载的阻抗角。

在对称三相电路中，有

$$Q = 3 U_P I_P \sin \varphi = \sqrt{3} U_l I_l \sin \varphi \tag{5.14}$$

式中，各符号意义同前。

5.5.3 视在功率与功率因数

在三相电路中，三相负载的总视在功率为

$$S = \sqrt{P^2 + Q^2}$$

在三相对称的情况下，有

$$S = 3 U_P I_P = \sqrt{3} U_l I_l \tag{5.15}$$

三相负载的总功率因数为

$$\lambda = \frac{P}{S}$$

在三相对称情况下，$\lambda = \cos \varphi$，也就是一相负载的功率因数，φ 即为负载的阻抗角。

5.5.4 对称三相电路中的瞬时功率

对称三相电路的瞬时功率之和 p 为

$$p = p_A + p_B + p_C = u_A i_A + u_B i_B + u_C i_C = \sqrt{3} U_l I_l \cos \varphi \tag{5.16}$$

此式表明，对称三相制的瞬时功率是一个常量，其值等于平均功率(证明过程本书略)。运转中的单相电动机，因为瞬时功率时大时小，产生振动，功率越大，振动越剧烈。在对称三相电路中的三相电机，因为它的总瞬时功率不是时大时小，而是一个常量，运转中不会像单相电机那样剧烈振动。这是三相交流电与单相交流电相比的又一优点。

瞬时功率恒定的这种性质称为瞬时功率的平衡。瞬时功率平衡的电路称为平衡制电路，三相电路是平衡制电路。

5.5.5　三相电路功率的测量

(1)三相四线制电路

三相四线制电路一般不对称,可采用三只功率表。按图5.17(a)所示接线进行功率的测量。每只功率表测的是一相的有功功率,三相总有功功率为三只功率表指示值之和,这种方法称为三表法。

当三相四线制电路完全对称时,图5.17(a)所示三只功率表的指示值完全相同。这时可只用其中的任何一只功率表测量,其指示值乘以3即得三相总有功功率。

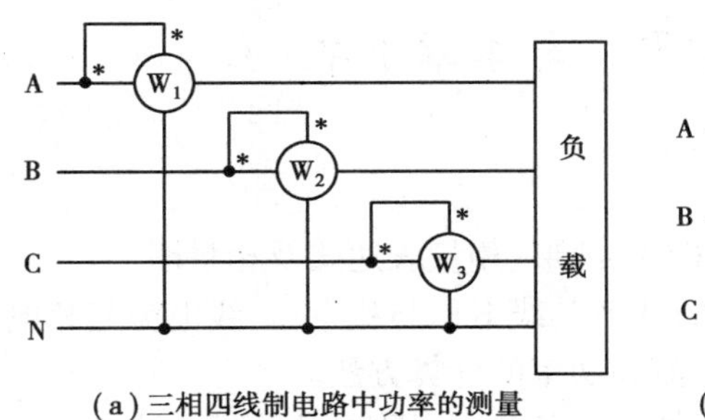

(a)三相四线制电路中功率的测量

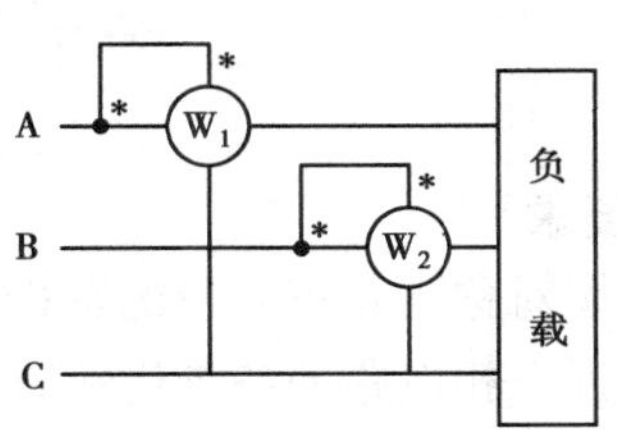

(b)三相三线制电路功率的测量

图5.17

(2)三相三线制电路

无论电路是否对称,也无论三相负载采用星形连接还是三角形连接,都可以采用两只功率表,按图5.17(b)接线测量三相三线制电路的有功功率。

图5.17(b)所示的接线仅仅是二表法中的一种接线方式。事实上,只要遵循以下原则接线都可测量三相三线制电路的总有功功率:

①两只功率表的电流线圈分别任意串入两根端线,通过电流线圈的电流为三相电路的线电流,电流线圈的"发电机端"(即标有"＊"端)必须接到电源的一侧。

②两只功率表的电压线圈的"发电机端"必须接到该功率表电流线圈所在的那一端线,而两只功率表电压线圈的非发电机端必须同时接至未接入功率表电流线圈的端线上。

按照上述的接线原则,二表法有三种不同的接线方式。

需要说明的是,二表法测量三相三线制电路总有功功率时,按接线原则正确接线仍可能产生一表指针反偏,读数为负值的情形。这时,为了读取实验数据,应对调该功率表电流线圈的两个端钮的接线,使仪表指针正偏,但在计算功率时,必须将这个反接功率表的读数应记为负值(有的功率表上装有专门的换向开关,将换向开关由"+"转至"-"的位置,功率表的指针就会改变偏转方向)。

最后强调指出,二表法一般不能用于三相四线制总有功功率的测量。

例5.5　在图5.18的电路中,三相电动机的功率为3 kW,$\cos\varphi=0.866$,电源的线电压为380 V,求图中两功率表的读数。

解　由$P=\sqrt{3}U_lI_l\cos\varphi$可求得线电流为

$$I_l=\frac{P}{\sqrt{3}U_l\cos\varphi}=\frac{3\times10^3}{\sqrt{3}\times380\times0.866}\ \text{A}=5.26\ \text{A}$$

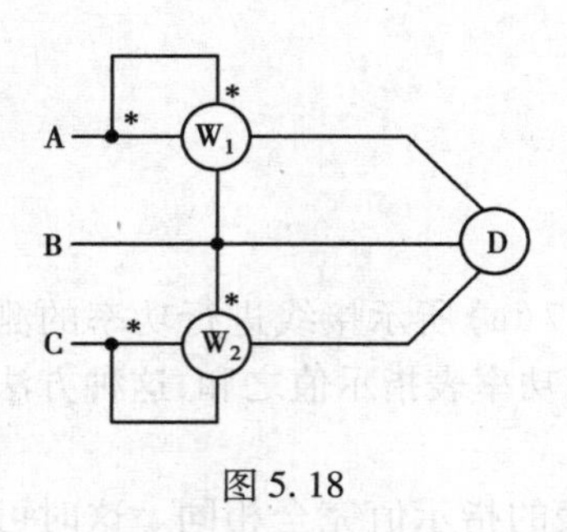

图 5.18

设

$$U_{AB}=380\angle 0°$$

因 $\cos\varphi=0.866$，则 $\varphi=30°$。则有

$$I_A=5.26\angle -60°$$

$$U_{CB}=-U_{BC}=-380\angle -120°=380\angle 60°$$

$$I_C=5.26\angle 60°$$

$$P_1=U_{AB}I_A\cos\varphi_1=380\times 5.26\cos[0°-(-60°)]\ \text{kW}=1\ \text{kW}$$

$$P_2=U_{CB}I_C\cos\varphi_1=380\times 5.26\cos[60°-(60°)]\ \text{kW}=2\ \text{kW}$$

基本要求与本章小结

(1)基本要求

①牢固掌握对称三相正弦量的解析式、波形、相量表达式及相量图。

②牢固掌握三相电路的各种连接方式及其线电压与相电压、线电流与相电流之间的关系。

③牢固掌握对称三相电路电压、电流和功率的计算方法。

④理解不对称三相电路的概念，了解三相负载不对称时的分析方法。

(2)内容提要

1)对称三相正弦量

对称三相正弦量是指三个频率相同、振幅相同而相位互差120°的三个正弦量。以对称三相正弦电压为例，其解析式为

$$\begin{cases}u_A(t)=\sqrt{2}U\sin\omega t\\ u_B(t)=\sqrt{2}U\sin(\omega t-120°)\\ u_C(t)=\sqrt{2}U\sin(\omega t+120°)\end{cases}$$

三个对称正弦量的瞬时值之和为零，其相量关系式为

$$\begin{cases}\dot{U}_A=U\angle 0°\\ \dot{U}_B=U\angle -120°=a^2\dot{U}_A\\ \dot{U}_C=U\angle 120°=a\dot{U}_A\end{cases}$$

相量和也为零。上述三个相量的相序称为正序。

2)三相正弦交流电路中的电压、电流

①相电压和线电压

在规定的参考方向下，三角形连接独立源或负载的线电压等于相电压；星形连接的独立源或负载的线电压与相电压关系为

$$\dot{U}_{AB}=\dot{U}_A-\dot{U}_B,\ \dot{U}_{BC}=\dot{U}_B-\dot{U}_C,\ \dot{U}_{CA}=\dot{U}_C-\dot{U}_A$$

星形连接独立源或负载的相电压为对称正弦量时，线电压也对称。其有效值为相电压的$\sqrt{3}$倍，其相位比相关的相电压超前30°，即

$$\begin{cases}\dot{U}_{AB}=\sqrt{3}\dot{U}_{A}\angle 30^\circ\\ \dot{U}_{BC}=\sqrt{3}\dot{U}_{B}\angle 30^\circ\\ \dot{U}_{CA}=\sqrt{3}\dot{U}_{C}\angle 30^\circ\end{cases}$$

三个线电压的瞬时值的和恒为零。

②中点电压

$$\dot{U}_{N'N}=\frac{Y_A\dot{U}_A+Y_B\dot{U}_B+Y_C\dot{U}_C}{Y_A+Y_B+Y_C+Y_N}$$

式中，$\dot{U}_A$、$\dot{U}_B$、$\dot{U}_C$为负载所接星形连接电压源的各相电压。负载对称或 $Y_N\to\infty$ 时，$\dot{U}_{N'N}=0$。负载不对称且 $Y_N\neq\infty$ 时 $\dot{U}_{N'N}\neq 0$。

③相电流和线电流

在规定的参考方向下，星形连接独立源或负载的线电流等于相电流。三相负载连接成星形时，有三相四线制和三相三线制两种。三相四线制，中线电流为

$$\dot{I}_N=\dot{I}_A+\dot{I}_B+\dot{I}_C$$

如三相电流对称（振幅相等，彼此相差 120°），则

$$\dot{I}_N=0$$

三角形连接的独立源或负载的线电流与相电流的关系为

$$\dot{I}_A=\dot{I}_{AB}-\dot{I}_{CA},\ \dot{I}_B=\dot{I}_{BC}-\dot{I}_{AB},\ \dot{I}_C=\dot{I}_{CA}-\dot{I}_{BC}$$

三角形连接独立源或负载的相电流为对称正弦量时，线电流也对称。其有效值为相电流的$\sqrt{3}$倍，其相位比相关的相电压滞后 30°，即

$$\begin{cases}\dot{I}_{A}=\sqrt{3}\dot{I}_{AB}\angle -30^\circ\\ \dot{I}_{B}=\sqrt{3}\dot{I}_{BC}\angle -30^\circ\\ \dot{I}_{C}=\sqrt{3}\dot{I}_{CA}\angle -30^\circ\end{cases}$$

三相三线制电路中，三个线电流的瞬时值的和恒为零。

④中线电流

三相四线制中，中线电流的瞬时值等于三个线电流瞬时值之和。其相量关系为

$$\dot{I}_N=\dot{I}_A+\dot{I}_B+\dot{I}_C$$

3）对称三相电路

①对称三相电路的特点

a. 有没有中线，电路情况都一样；

b. 独立源和负载都是星形连接时，每相情况和其他两相无关；

②对称三相电路的分析计算

对称三相电路可化为 Y-Y 接线，负载中性点对电源中性点电压 $\dot{U}_{N'N}=0$，中线不起作用，形

成各相的独立性，因而可归纳为一相计算。可单独画出等效的 A 相计算电路（$Z_N=0$）进行计算，然后按照对称量的方法求得 B 相、C 相。

4）三相电路的功率

三相电路的功率等于三相功率之和。对称三相电路的功率为

$$P=\sqrt{3}UI\cos\psi$$

式中，U、I 分别为对称三相电路的线电压、线电流，ψ 为各相负载的阻抗角。

习　题

5.1　在对称三相电压中，$\dot{U}_B=220\angle-30°$ V，①试写出 $\dot{U}_A$、$\dot{U}_C$；②写出 $u_A(t)$、$u_B(t)$、$u_C(t)$；③作相量图；④求 $t=T/4$ 时的各电压及各电压之和。

5.2　三相正弦电压源每相电压源电压为 380 V，每相绕组的复阻抗为 0.5 + j1 Ω，现将它采用三角形连接。①如果有一相接反，试求电源回路的电流；②如果有两相接反，试求电源回路的电流。

5.3　已知对称星形连接的三相电源，A 相电压为 $u_A=311\sin(\omega t-30°)$，试写出各线电压瞬时值表达式，并画出各相电压和线电压的相量图。

5.4　测得三角形负载的三个线电流均为 10 A，能否说线电流和相电流都是对称的？若已知负载对称，求相电流。

5.5　已知星形连接负载每相电阻为 10 Ω，感抗为 150 Ω，对称线电压的有效值为 380 V，求此负载的相电流。

5.6　有一对称三相感性负载，每相负载的电阻 $R=20\ \Omega$，感抗 $X_L=15\ \Omega$。若将此负载采用星形连接，接于线电压 $U_l=50$ V 的对称三相电源上，试求相电压、相电流、线电流，并画出电压和电流的相量图。

5.7　将上题的三相负载采用三角形接于原来的三相电源上，试求负载的相电流和线电流，画出负载电压和电流的相量图，并将此题所得结果与上题结果加以比较，求得两种接法相应的电流之比。

5.8　在三相四线制电路中，有一组电阻性三相负载，三相负载的电阻值分别为 $R_A=R_B=5\ \Omega$，$R_C=10\ \Omega$，三相电源对称，电源线电压为 380 V，设电源的内阻抗、线路阻抗、中性线阻抗均为零，试求：①负载相电流及中性线电流；②中性线完好，C 相断线时的负载相电压、相电流及中线电流；③C 相断线，中性线也断开时的负载相电流、相电压；④根据②和③的结果说明中性线的作用。

5.9　在三相△连接的对称电路中，电源线电压为 380 V，每相电阻值均为 5 Ω，试求：①AB相负载断路；②A 火线断路时，负载上的相电压、相电流和线电流。

5.10　三相异步电动机在线电压为 380 V 的情况下以三角形连接的形式运转，当电动机耗用电功率 6.55 kW 时，它的功率因数为 0.79，求电动机的相电流和线电流。

5.11　已知对称三相电源的线电压为 380 V，对称三相负载的每相电阻为 32 Ω，电抗为 24 Ω，试求在负载采用星形连接和三角形连接两种情况下接上电源，线电流及负载所吸收的

有功功率、无功功率和视在功率。

5.12　一个电源对称的三相四线制电路，电源相电压 $U_U=311\ \sin(\omega t-30°)$ V，端线及中性线阻抗忽略不计，三相负载对称，三相负载的电阻及感抗分别为 $R=20\ \Omega$、$X=15\ \Omega$，试求线电流及三相负载吸收的有功功率、无功功率及视在功率。

5.13　一台三相异步电动机接于线电压为 380 V 的对称三相电源上运行，测得线电流为 202 A，输入功率为 110 kW，试求电动机的功率因数、无功功率及视在功率。

5.14　对称三相感性负载采用三角形连接，接到线电压为 380 V 的三相电源上，总有功功率为 2.4 kW，功率因数为 0.6，试求线电流 I_l、负载的相电压 U_P、相电流 I_P 及每相负载的阻抗 $|Z|$。

5.15　某栋楼采用三相四线制供电，有一次照明线路发生故障，故障现象如下：第二层和第三层楼的所有电灯突然都暗下来，并且第三层楼的电灯比第二层楼的还要暗一些，而第一层楼的电灯亮度未变，试问这栋楼的电灯是如何连接的，画出电路图，并分析此故障的原因。

5.16　题图 5.16 所示的对称三相电路中，已知星形负载一相阻抗 $Z_1=(96-j28)\ \Omega$，一相电压有效值为 220 V；三角形负载一相阻抗 $Z_2=(144+j42)\ \Omega$，线路阻抗 $Z_l=j1.5\ \Omega$，试求：①线电流；②电源端的线电压。

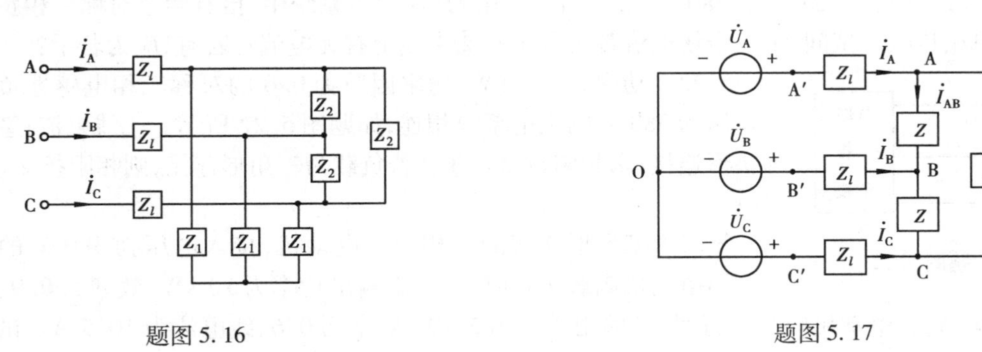

题图 5.16　　　　题图 5.17

5.17　在题图 5.17 所示的电路中，已知 $\dot{U}_A=220\angle0°$ V，$\dot{U}_B=220\angle-120°$ V，$\dot{U}_C=220\angle120°$ V，$Z_l=(0.1+j0.17)\ \Omega$，$Z=(9+j6)\ \Omega$，试求负载相电流 $\dot{I}_{AB}$ 和线电流 $\dot{I}_A$。

5.18　一每相阻抗为 $(3+j4)\ \Omega$ 的对称三相负载，与一线电压为 380 V 的对称三相电源采用无中线的 Y-Y 连接，试求：①A 相负载短路，如图(a)所示，这时负载各相电压和线电流的有效值应为若干？画出各线电压和相电压的相量图；②A 线断开，如图(b)所示，这时负载各相电压和各线电流的有效值应为若干？画出各相电压和线电压的相量图。

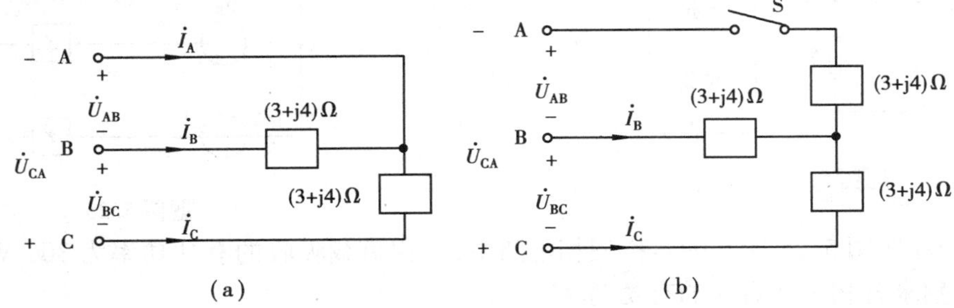

题图 5.18

5.19 每相复阻抗 $Z=45+\mathrm{j}20\ \Omega$ 的对称负载,Y 连接到线电压为 380 V 的三相电源,试求:①正常情况下负载的电压和电流;②A 相负载短路后,B、C 两相负载的电压和电流,端线 A 的电流;③A 相负载开路后,B、C 两相负载的电压和电流。

5.20 题图 5.20 所示的电路中,当 S_1、S_2 都闭合时,各电流表的读数均为 5 A,电压表的读数为 220 V,试问:在下列两种情况下,各电表的读数应为若干?

①S_1 闭合,S_2 断开;②S_1 断开,S_2 闭合。

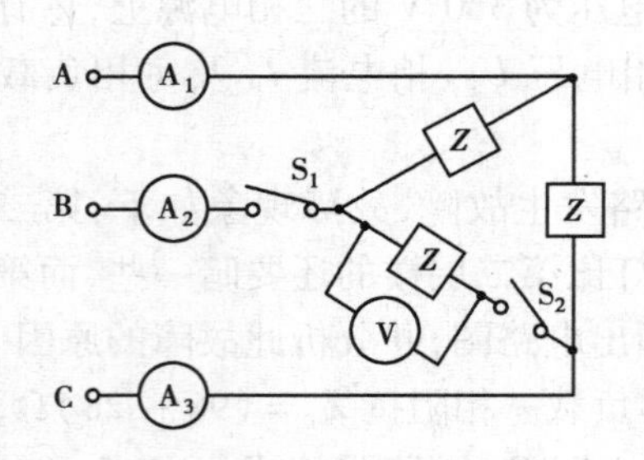

题图 5.20

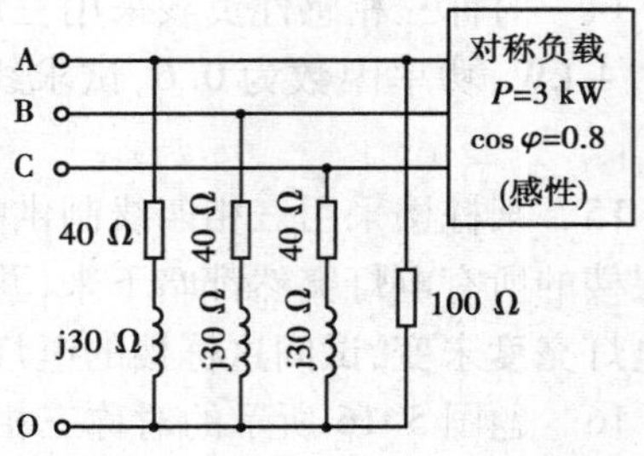

题图 5.21

5.21 题图 5.21 所示 380 V/220 V 的三相四线制供电系统中,接有两个对称三相负载和一个单相负载。试问:①三个线电流各为若干? ②中线上有无电流? 若有,应为若干?

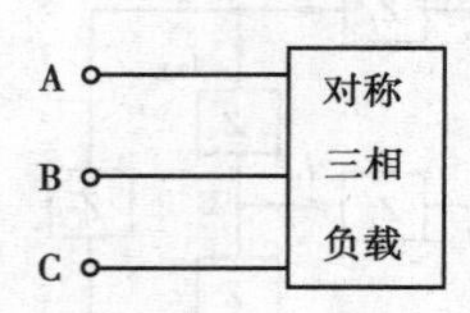

题图 5.22

5.22 功率为 2.4 kW、功率因数为 0.6 的对称三相电感性负载与线电压为 380 V 的供电系统相连,如题图 5.22 所示。①线电流;②负载为星形连接,求相阻抗 Z_Y;③又若负载为三角形连接,则相阻抗 $Z_\triangle$ 应为多少?

5.23 某星形连接的三相异步电动机,接入电压为 380 V 的电网中。当电动机满载运行时,其额定输出功率为 10 kW,效率为 0.9,线电流为 20 A;当电动机轻载运行时,其输出功率为 2 kW,效率为 0.6,线电流为 10.5 A。试求在上述两种情况下的功率因数。

5.24 在题图 5.24 所示的电路中,对称三相电源的线电压为 380 V,对称三相负载吸收的功率为 40 kW,$\cos\varphi=0.85$(感性),B、C 两端线间接入一个功率为 12 kW 的电阻,试求各线电流相量 $\dot{I}_A$、$\dot{I}_B$、$\dot{I}_C$。

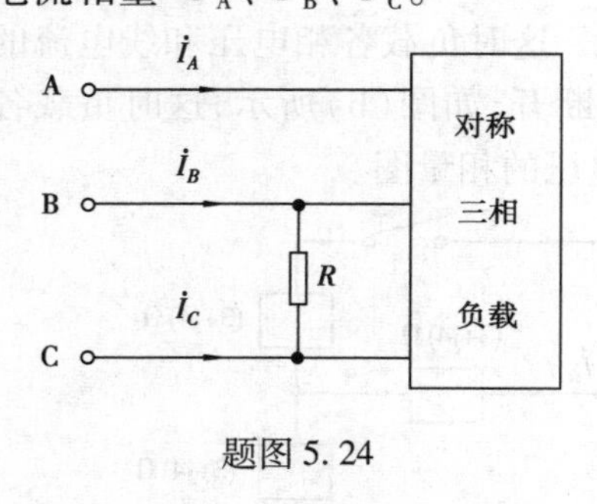

题图 5.24

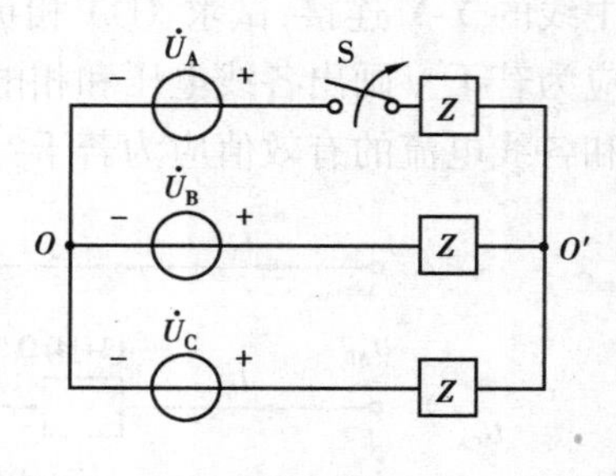

题图 5.25

5.25 在题图 5.25 所示的对称三相电路中,三相负载吸收的有功功率为 300 W,在 A 相断开后,分别求各相负载吸收的有功功率。

第 6 章 线性电路过渡过程的时域分析

在自然界中，各种事物的运动过程通常都存在稳定状态和过渡状态。在一定条件下的稳定状态，简称稳态。当条件改变时，它将从一种稳态转变到另一种新的稳态，这是需要一定时间的，这个转变过程称为过渡过程。例如，电动机从接通电源开始启动，其转速逐渐增加，需要经过一段时间才能到达正常稳定运行状态，而断开电源后，也要有一个减速的过程，才能从正常稳定运行状态逐步停下来。由于电路出现过渡过程的时间较短，所以常称为暂态过程。

暂态过程虽然时间很短，但在实际工作中却具有极为重要的实际意义，一方面是为了便于利用它，以实现某种技术目的，例如，在电子技术中，大量应用 RC 充放电电路来改善电流或电压的波形；另一方面则是为了对某些电路在过渡里程中可能出现的过电压、过电流获得预见，以便采取有效的措施加以防止。

6.1 换路定律和初始条件的计算

6.1.1 换路定律

电路理论中将电路中支路的接通、切断、短路，电源或电路参数的突然改变，以及电路连接方式的其他改变统称为换路，并认为换路是即时完成的。

若电路中含有电容及电感等储能元件，则电路中电压和电流的建立或其量值的改变，必然伴随着电容中电场能量和电感中磁场能量的改变。一般而言，这种改变只能是渐变，而不可能跃变，即不可能从一个量值即时地变到另一个量值，否则将导致功率 $p=\frac{\mathrm{d}w}{\mathrm{d}t}$ 成为无限大，这在实际中是不可能的。

在电容中储能表现为其电场能量 $W_C=\frac{1}{2}Cu_C^2$，由于换路时能量一般不能跃变，所以电容电压一般不能跃变。从电流的观点看，电容电压的跃变将导致其电流 $i_C=C\frac{\mathrm{d}u_C}{\mathrm{d}t}$ 变为无限大，这通常也是不可能的。由于电路中总要存在电阻，i_C 只能是有限值，以有限电流对电容充电，

电容电荷及电压 u_C 就只能逐渐增加，而不可能在无限短暂的时间间隔内突然跃变。

在电感中储能表现为其磁场能量 $W_L=\frac{1}{2}Li_L^2$，由于换路时能量一般不能够跃变，所以电感电流一般不能跃变。从电压的观点看，电感电流的跃变将导致其端电压 $u_L=L\frac{\mathrm{d}i_L}{\mathrm{d}t}$ 变为无限大，这通常也是不可能的。由于 u_L 只能是有限值，电感电流 i_L 也只能逐渐增加，不可能在无限短暂的时间间隔内突然跃变。

在换路瞬间，电容元件的电流值有限时，其电压 u_C 不能跃变；电感元件的电压值有限时，其电流 i_L 不能跃变，这一结论称为换路定律。若将换路发生的时刻取为计时起点，即取为 $t=0$，而以 $t=0_-$ 表示换路前的最后一瞬间，它和 $t=0$ 之间的间隔趋近于零；以 $t=0_+$ 表示换路后的最前一瞬间，它与 $t=0$ 之间的间隔也趋近于零，则换路定律可表示为

$$\begin{cases}u_C(0_+)=u_C(0_-)\\i_L(0_+)=i_L(0_-)\end{cases}\tag{6.1}$$

除了电容电压及其电荷量，以及电感电流及其磁链以外，其余的电容电流、电感电压、电阻的电流和电压、电压源的电流、电流源的电压在换路瞬间都是可以跃变的。因为它们的跃变不会引起电场和磁场能量的跃变，也就不会出现无限大的功率。

6.1.2 初始值的计算

换路后最初时刻即 $t=0_+$ 的电压和电流值统称为初始值。初始值分两类：一类是不能跃变的，例如：$u_C(0_+)$、$i_L(0_+)$ 称为独立初始值；另一类可以发生突变的，例如：$i_C(0_+)$、$u_L(0_+)$、$u_R(0_+)$、$i_R(0_+)$ 等，称为相关初始值。初始值的确定步骤如下：

①作 $t=0_-$ 等效电路，求出 $u_C(0_-)$ 或 $i_L(0_-)$；

②根据换路定律确定出 $u_C(0_+)$ 或 $i_L(0_+)$；

③画出 $t=0_+$ 时刻的等效电路。

在画 $t=0_+$ 时刻的等效电路时，用电压为 $u_C(0_+)$ 的电压源取代原电路中电容元件；用电流为 $i_L(0_+)$ 的电流源取代原电路中电感元件。

④由 $t=0_+$ 等效电路求出相关初始值。

例 6.1 在图 6.1(a) 所示的电路中，已知 $U_S=18\ \mathrm{V}$，$R_1=1\ \Omega$，$R_2=2\ \Omega$，$R_3=3\ \Omega$，$L=0.5\ \mathrm{H}$，$C=4.7\ \mu\mathrm{F}$，开关 S 在 $t=0$ 时合上，设 S 合上前电路已进入稳态。试求 $i_1(0_+)$、$i_L(0_+)$、$i_C(0_+)$、$u_L(0_+)$ 和 $u_C(0_+)$。

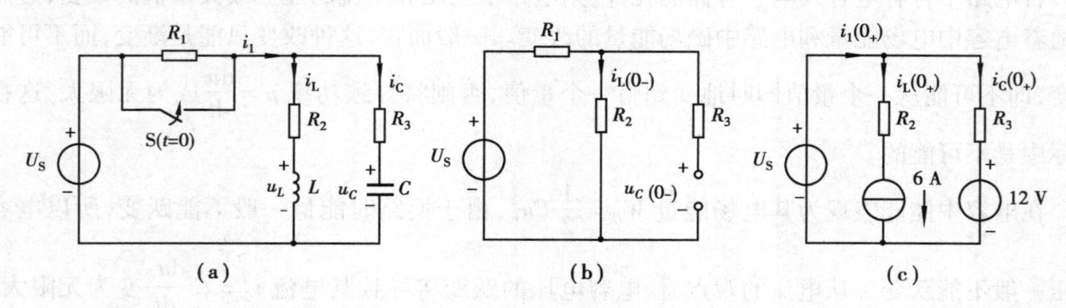

图 6.1

解　①作 $t=0_-$ 等效电路如图 6.1(b)所示，这时电感相当于短路，电容相当于开路。

②根据 $t=0_-$ 等效电路，计算换路前的电感电流和电容电压，即

$$i_L(0_-)=\frac{U_S}{R_1+R_2}=\frac{18}{1+2}\ \text{A}=6\ \text{A}\quad u_C(0_-)=R_2 i_L(0_-)=2\times 6\ \text{V}=12\ \text{V}$$

所以
$$i_L(0_+)=i_L(0_-)\ \text{A}=6\ \text{A}\quad u_C(0_+)=u_C(0_-)=12\ \text{V}$$

③作 $t=0_+$ 等效电路如图 6.1(c)所示，这时电感 L 相当于一个 6 A 的电流源，电容 C 相当于一个 12 V 的电压源。

④根据 $t=0_+$ 等效电路，计算其他的相关初始值，即

$$i_C(0_+)=\frac{U_S-u_C(0_+)}{R_3}=\frac{18-12}{3}\ \text{A}=2\ \text{A}$$

$$i_1(0_+)=i_L(0_+)+i_C(0_+)=(6+2)\text{A}=8\ \text{A}$$

$$u_L(0_+)=U_S-R_2 i_L(0_+)=(18-2\times 6)\text{V}=6\ \text{V}$$

例 6.2　如图 6.2(a)所示的电路 $U_S=9$ V，$R_1=3\ \Omega$，$R_2=6\ \Omega$。在 $t=0$ 时换路，即开关 S 由位置 1 合到位置 2。设换路前电路已经稳定，求换路后的初始值 $i_1(0_+)$、$i_2(0_+)$ 和 $u_L(0_+)$。

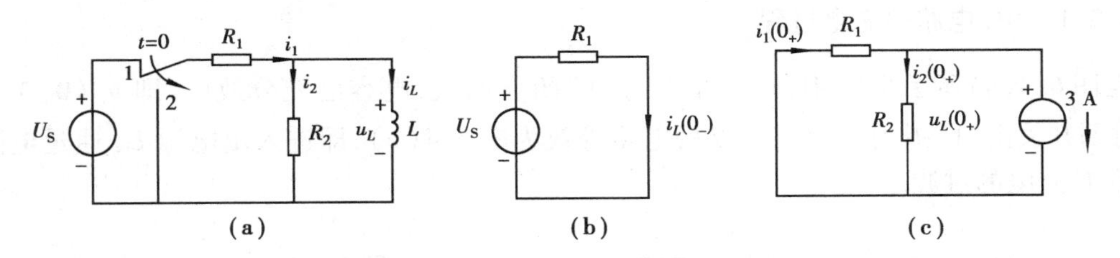

图 6.2

解　①作 $t=0_-$ 等效电路如图 6.2(b)所示，则有

$$i_L(0_+)=i_L(0_-)=\frac{U_S}{R_1}=\frac{9}{3}\ \text{A}=3\ \text{A}$$

②作 $t=0_+$ 等效电路如图 6.2(c)所示，由此可得

$$i_1(0_+)=\frac{R_2}{R_1+R_2}i_L(0_+)=\frac{6}{3+6}\times 3\ \text{A}=2\ \text{A}$$

$$i_2(0_+)=i_1(0_+)-i_L(0_+)=(2-3)\text{A}=-1\ \text{A}$$

$$u_L(0_+)=R_2 i_2(0_+)=6\times(-1)\text{V}=-6\ \text{V}$$

例 6.3　如图 6.3(a)所示的电路，$U_S=10$ V，$R_1=4\ \Omega$，$R_2=3\ \Omega$，$R_3=6\ \Omega$。$t=0$ 时刻，开关 S 闭合，换路前电路无储能。试求开关闭合后各电压、电流的初始值。

解　①根据题中所给定条件，换路前电路无储能，则有

$$u_C(0_+)=u_C(0_-)=0,i_L(0_+)=i_L(0_-)=0$$

②作 $t=0_+$ 等效电路如图 6.3(b)所示，这时 $u_C(0_+)=0$，$i_L(0_+)=0$，则有

$$i_1(0_+)=i_C(0_+)=\frac{10}{4+6}\ \text{A}=1\ \text{A}$$

$$u_1(0_+)=R_1 i_1(0_+)=4\times 1\ \text{V}=4\ \text{V}$$

$$u_3(0_+)=R_3 i_C(0_+)=6\times 1\ \text{V}=6\ \text{V}$$

$$u_2(0_+)=0$$

$$u_L(0_+)=u_3(0_+)=6\text{ V}$$

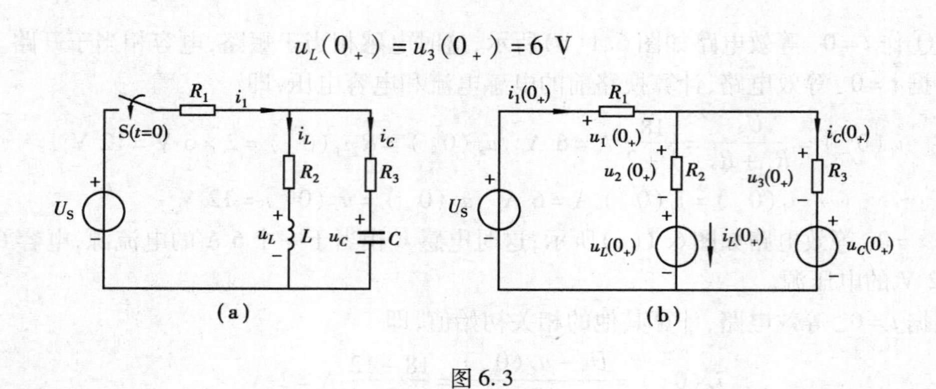

图 6.3

6.2 分析一阶电路的三要素

6.2.1 RC 电路的充电过程

在图 6.4(a) 所示电路中,开关原来与“1”闭合已久,电容已充分放电,即 $u_C(0_-)=0$。$t=0$时刻开关由“1”扳到“2”位置,以后电路等效为图 6.4(b),即进入由电源 U_S 通过电阻 R 给电容 C 充电的过渡过程。

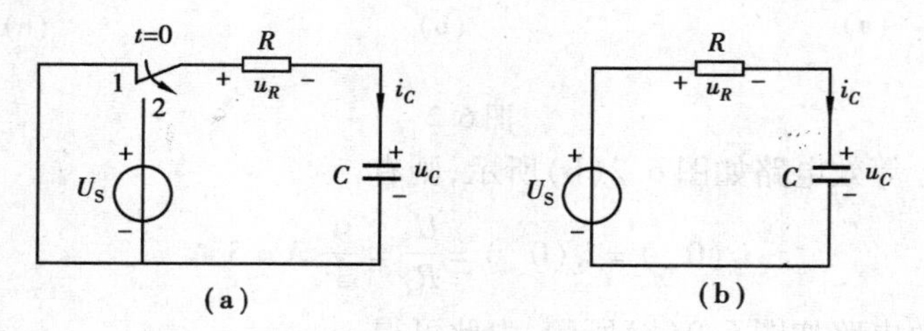

图 6.4

对于图 6.4(b) 所示电路,由 KVL 得

$$u_R+u_C=U_S$$

由于 $i_C=C\dfrac{\mathrm{d}u_C}{\mathrm{d}t}$,则有

$$u_R=Ri_C=RC\frac{\mathrm{d}u_C}{\mathrm{d}t}$$

故有

$$RC\frac{\mathrm{d}u_C}{\mathrm{d}t}+u_C=U_S$$

上式是一个关于变量 u_C 的一阶线性非齐次微分方程。它的通解由两部分组成:一部分是非齐次方程的特解 u'_C,另一部分是对应的齐次方程的通解 u''_C,即

$$u_C=u'_C+u''_C$$

其中特解应满足

$$RC\frac{\mathrm{d}u'_C}{\mathrm{d}t}+u'_C=U_\mathrm{S}$$

特解在形式上应与外施激励相同。由于激励为直流电压源,故可设激励为一常数,设

$$u'_C=k$$

代入上式解得

$$u'_C=U_\mathrm{S}$$

而齐次方程的通解应满足

$$RC\frac{\mathrm{d}u''_C}{\mathrm{d}t}+u''_C=0$$

由高等数学可知,通解 u''_C 是一个时间的指数函数,即

$$u''_C=A\mathrm{e}^{pt}$$

代入上式并化简,得微分方程的特征方程为

$$RCp+1=0$$

其根为

$$p=-\frac{1}{RC}$$

故有

$$u''_C=A\mathrm{e}^{-\frac{t}{RC}}$$

因此,有

$$u_C=u'_C+u''_C=U_S+A\mathrm{e}^{-\frac{t}{RC}}$$

由换路定律可得

$$u_C(0_+)=u_C(0_-)=0$$

代入上式得

$$A=-U_\mathrm{S}$$

最后得电容电压为

$$u_C(t)=U_\mathrm{S}-U_\mathrm{S}\mathrm{e}^{-\frac{t}{RC}}\quad(t\geqslant0)\tag{6.2}$$

6.2.2　分析一阶电路的三要素法

(1)三要素法

由上述求解可知,由于线性动态电路的方程常为常系数线性微分方程,因此可以利用直接求解微分方程的方法来分析线性动态电路,这种方法称为经典法。但经典法需列写和求解微分方程,均较麻烦。下面介绍一种求解一阶电路暂态过程的简便方法——三要素法。

只包含一个储能元件或者用串、并联方法化简后只包含一个储能元件的电路称为一阶电路,其暂态过程可用一阶线性微分方程来描述。图6.4所示的电路就是一个一阶电路。进一步分析上述 RC 电路的充电过程可知:电路的稳态值 $u_C(\infty)=U_\mathrm{S}$,初始值 $u_C(0_+)=0$。因此式(6.2)可写为

$$u_C(t)=U_\mathrm{S}+(0-U_\mathrm{S})\mathrm{e}^{-\frac{t}{RC}}=u_C(\infty)+[u_C(0_+)-u_C(\infty)]\mathrm{e}^{-\frac{1}{RC}}\quad(t\geqslant0)$$

若令 $\tau=RC$ 为电路的时间常数,则上式可写为

$$u_C(t)=u_C(\infty)+(u_C(0_+)-u_C(\infty))e^{-\frac{t}{\tau}}\quad(t\geqslant 0)$$

上式表明:对于直流电源作用下的一阶 RC 电路,只要求出初始值 $u_C(0_+)$、稳态值 $u_C(\infty)$ 和时间常数 τ,就可以写出电容两端的电压 $u_C(t)$ 的表达式,即完全确定暂态过程中 u_C 随时间变化的规律。因此,初始值 $u_C(0_+)$、稳态值 $u_C(\infty)$、时间常数 τ 是分析一阶 RC 电路暂态过程的三要素,这种利用三要素分析暂态过程的方法称为三要素法。

对于任何一阶电路中的电压和电流,均可以用三要素法进行分析,写成一般形式为

$$f(t)=f(\infty)+[f(0_+)-f(\infty)]e^{-\frac{t}{\tau}} \tag{6.3}$$

式中:$f(t)$——暂态过程中的电压或电流;

$f(\infty)$——电压或电流的稳态值;

$f(0_+)$——换路后一瞬间电压或电流的初始值;

τ——一阶电路的时间常数。

(2)时间常数

三要素法中的 τ 为一阶电路的时间常数。它的大小仅与电路的结构参数有关,在 RC 电路中,$\tau=RC$;在 RL 电路中,$\tau=L/R$。其中 R 为换路后电容或电感两端的等效电阻。求等效电阻 R 的方法是在换路后,从储能元件 C 或 L 两端看进去的戴维南等效电阻。

(3)三要素法分析一阶电路的思路

①求初始值 $f(0_+)$。

②画出 $t\to\infty$ 时的稳态等效电路(稳态时电容相当于开路,电感相当于短路),求稳态值 $f(\infty)$。

③求出电路的时间常数 τ,$\tau=RC$ 或 L/R。其中 R 值是换路后断开储能元件 C 或 L,由储能元件两端看进去,用戴维南或诺顿等效电路求得的等效电阻。

④根据所求得的三要素,代入式(6.3),即可得暂态过程表达式。

例 6.4 供电局向某一企业供电电压为 10 kV,在切断电源瞬间,电网上遗留有 $10\sqrt{2}$ kV 的电压。已知送电线路长 $L=30$ km,电网对地绝缘电阻为 500 MΩ,电网的分布每千米电容为 $C_0=0.008\ \mu F/km$。试求:①拉闸后 1 min,电网对地的残余电压为多少?②拉闸后 10 min,电网对地的残余电压为多少?

解 电网拉闸后,储存在电网电容上的电能逐渐通过对地绝缘电阻放电,这是一个 RC 串联电路的零输入响应问题。

由题意知,长 30 km 的电网总电容量为

$$C=C_0\times L=0.008\times 30\ \mu F=0.24\ \mu F=2.4\times 10^{-7} F$$

放电电阻为

$$R=500\ M\Omega=5\times 10^8\ \Omega$$

时间常数为

$$\tau=RC=5\times 10^8\times 2.4\times 10^{-7}\ s=120\ s$$

电容上初始电压为

$$u_C(0_+)=U_0=10\sqrt{2}\ kV$$

稳态值为

$$u_C(\infty)=0$$

由一阶电路三要素可知：在电容放电过程中，电容电压（即电网电压）的变化规律为

$$u_C(t)=u_C(\infty)+[u_C(0_+)-u_C(\infty)]\mathrm{e}^{-\frac{t}{\tau}}=U_0\mathrm{e}^{-\frac{t}{\tau}}$$

故

$$u_C(60\ \mathrm{s})=10\sqrt{2}\times 10^3\mathrm{e}^{-\frac{60}{120}}\ \mathrm{V}\approx 8\ 576\ \mathrm{V}\approx 8.6\ \mathrm{kV}$$

$$u_C(600\ \mathrm{s})=10\sqrt{2}\times 10^3\mathrm{e}^{-\frac{600}{120}}\ \mathrm{V}\approx 95.3\ \mathrm{V}$$

例 6.5　图 6.5 所示的电路为一直流发电机电路简图，已知励磁电阻 $R=20\ \Omega$，励磁电感 $L=20\ \mathrm{H}$，外加电压为 $U_s=200\ \mathrm{V}$。试求：①当 S 闭合后，励磁电流的变化规律和达到稳态值所需的时间；②如果将电源电压提高到 250 V，励磁电流达到额定值的时间。

解　①这是一个 RL 一阶电路暂态过程问题，由 RL 串联电路的分析得

$$i_L(0_+)=i_L(0_-)=0\ \mathrm{A}$$

$$\tau=\frac{L}{R}=\frac{20}{20}=1\ \mathrm{s}$$

$$i_L(\infty)=\frac{u_s}{R}=\frac{200}{20}=10\ \mathrm{A}$$

$$i_L(t)=i_L(\infty)+[i_L(0_+)-i_L(\infty)]\mathrm{e}^{-\frac{t}{\tau}}=10(1-\mathrm{e}^{-t})\mathrm{A}$$

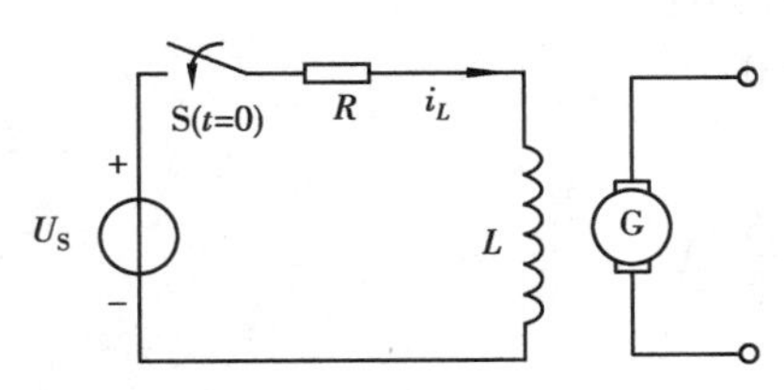

图 6.5

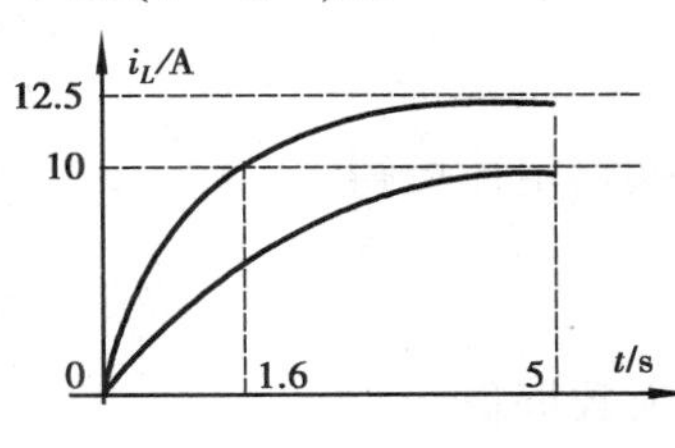

图 6.6

一般认为当 t 为 $(3\sim5)\tau$ 时过渡过程基本结束，取 $t=5\tau$，则合上开关 S 后，电流达到稳态所需的时间为 5 s。

②同理将电源电压提高到 250 V 时，励磁电流达到额定值的时间

$$i(t)=\frac{250}{20}(1-\mathrm{e}^{-\frac{t}{\tau}})=12.5(1-\mathrm{e}^{-t})=10$$

$$t=1.6\ \mathrm{s}$$

其电流与时间关系曲线如图 6.6 所示。

例 6.6　电路如图 6.7(a)所示，已知 $R_1=1\ \Omega$，$R_2=2\ \Omega$，$R_3=1\ \Omega$，$L=3\ \mathrm{H}$，$t=0$ 时开关由 a 拨向 b。试求 i_L 和 i_1、i_2 的表达式（假定换路前电路已处于稳态）。

解　①画出 $t=0_-$ 时的等效电路，如图 6.7(b)所示。因换路前电路已处于稳态，故电感 L 相当于短路，有

$$R=R_1+\frac{R_2R_3}{R_2+R_3}=\left(1+\frac{1\times2}{1+2}\right)\Omega=\frac{5}{3}\ \Omega$$

$$i_1(0_-)=\frac{U_{S1}}{R}=-\frac{3}{5/3}\ \mathrm{A}=-\frac{9}{5}\ \mathrm{A}$$

$$i_L(0_-)=i_1(0_-)\frac{R_2}{R_2+R_3}=-\frac{9}{5}\times\frac{2}{1+2}\ \mathrm{A}=-\frac{6}{5}\ \mathrm{A}$$

$$i_2(0_-)=i_1(0_-)\frac{R_3}{R_2+R_3}=-\frac{9}{5}\times\frac{1}{1+2}\text{ A}=-\frac{3}{5}\text{ A}$$

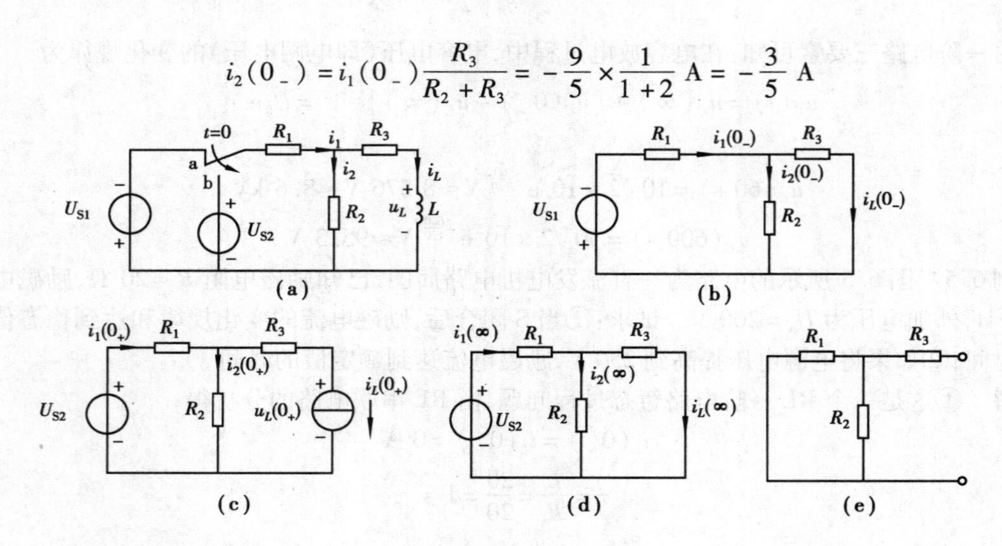

图 6.7

②画出 $t=0_+$ 时的等效电路，如图 6.7(c)所示，求 $i_1(0_+)$、$i_2(0_+)$。由基尔霍夫定律可得

$$U_{S2}=i_1(0_+)R_1+i_2(0_+)R_2$$
$$i_1(0_+)=i_2(0_+)+i_L(0_+)$$

由换路定律可得

$$i_L(0_+)=i_L(0_-)=-\frac{6}{5}\text{ A}$$

代入数据得

$$\begin{cases}3=i_1(0_+)+2i_2(0_+)\\ i_1(0_+)=i_2(0_+)-\dfrac{6}{5}\end{cases}$$

解方程组得

$$\begin{cases}i_1(0_+)=0.2\text{ A}\\ i_2(0_+)=1.4\text{ A}\end{cases}$$

③画出 $t\to\infty$ 时的等效电路，如图 6.7(d)所示，求 $i_1(\infty)$、$i_2(\infty)$、$i_L(\infty)$。

$$i_1(\infty)=\frac{3}{R_1+\dfrac{R_2R_3}{R_2+R_3}}=\frac{3}{1+\dfrac{1\times2}{1+2}}\text{ A}=1.8\text{ A}$$

$$i_L(\infty)=i_1(\infty)\frac{R_2}{R_2+R_3}=1.8\times\frac{2}{1+2}\text{ A}=1.2\text{ A}$$

$$i_2(\infty)=i_1(\infty)\frac{R_3}{R_2+R_3}=1.8\times\frac{1}{1+2}\text{ A}=0.6\text{ A}$$

④求等效电阻，其等效电路如图 6.7(e)所示，则 R_0 为

$$R_0=R_3+\frac{R_1R_2}{R_1+R_2}=1+\frac{1\times2}{1+2}\ \Omega=\frac{5}{3}\ \Omega$$

于是有

$$\tau=\frac{L}{R_0}=\frac{3}{\frac{5}{3}}\text{ s}=\frac{9}{5}\text{ s}=1.8\text{ s}$$

$$i_1(t)=i(\infty)+[i(0_+)-i(\infty)]\mathrm{e}^{-\frac{t}{\tau}}=[1.8+(0.2-1.8)\mathrm{e}^{-\frac{t}{1.8}}]\text{A}=(1.8-1.6\mathrm{e}^{-\frac{t}{1.8}})\text{A}$$

$$i_L(t)=i_L(\infty)+[i_L(0_+)-i_L(\infty)]\mathrm{e}^{-\frac{t}{\tau}}=[1.2+(-1.2-1.2)\mathrm{e}^{-\frac{t}{1.8}}]\text{A}=(1.2-2.4\mathrm{e}^{-\frac{t}{1.8}})\text{A}$$

$$i_2(t)=i_2(\infty)+[i_2(0_+)-i_2(\infty)]\mathrm{e}^{-\frac{t}{\tau}}=[0.6+(1.4-0.6)\mathrm{e}^{-\frac{t}{1.8}}]\text{A}=(0.6-0.8\mathrm{e}^{-\frac{t}{1.8}})\text{A}$$

6.3　一阶电路的响应

6.3.1　RC 电路的零输入响应

动态电路与电阻性电路不同的一点是，电阻性电路中如果没有独立源就没有响应；动态电路中，即使没有独立源，只要动态元件的 $u_C(0_+)$ 或 $i_L(0_+)$ 不为零，就会由它们的初始能量 $\frac{1}{2}Cu_C^2(0_+)$ 或 $\frac{1}{2}Li_L^2(0_+)$ 引起响应。动态电路在没有独立源作用的情况下，由初始储能激励而产生的响应称为零输入响应。

设图6.8(a)中的开关置于1位置，电路已处于稳定状态，电容 C 已充电到 U_S。$t=0$ 时，将开关倒向2的位置，则已充电的电容 C 与电源脱离并开始向电阻 R 放电，如图6.8(b)所示。由于此时已没有外界能量输入，只靠电容中的储能在电路中产生响应，所以这种响应为零输入响应。

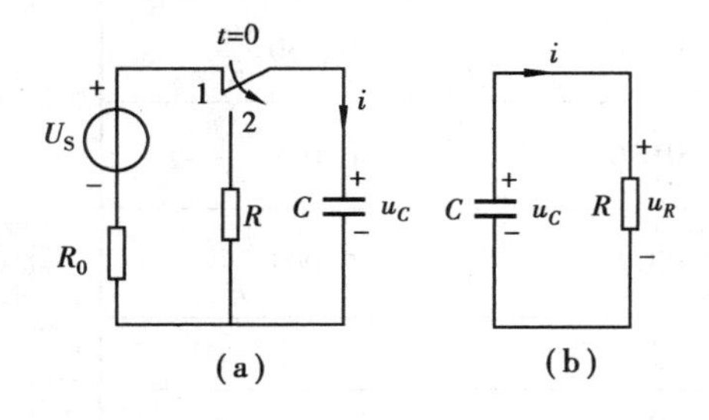

图6.8

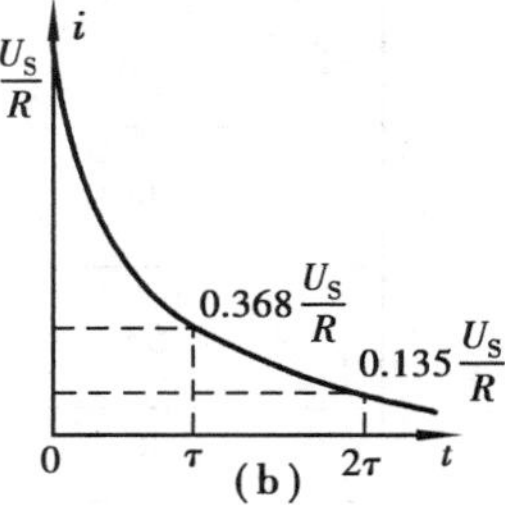

图6.9

因为：

$$\begin{cases}u_C(0_+)=u_C(0_-)=U_S\\ u_C(\infty)=0\\ \tau=RC\end{cases}$$

$$\begin{cases}i(0_+)=\dfrac{u_C(0_+)}{R}=\dfrac{U_S}{R}\\ i(\infty)=0\\ \tau=RC\end{cases}$$

由一阶电路三要素法可得

$$u_C(t)=u_C(\infty)+[u_C(0_+)-u_C(\infty)]\mathrm{e}^{-\frac{t}{\tau}}=U_S\mathrm{e}^{-\frac{t}{RC}}\quad(t\geqslant0)\tag{6.4}$$

$$i(t)=i(\infty)+[i(0_{+})-i(\infty)]\mathrm{e}^{-\frac{t}{\tau}}=\frac{U_{\mathrm{S}}}{R}\mathrm{e}^{-\frac{t}{RC}}\quad(t>0)\tag{6.5}$$

上式表明：电流 i 在 $t=0$ 瞬间，由零跃变到$\frac{U_{\mathrm{S}}}{R}$，随着放电过程的进行，电流也按指数规律衰减，最后趋于零。$u_C(t)$、$i(t)$随时间变化的曲线如图 6.9 所示。由式(6.4)可知：若经过一个 τ 的时间，$u_C(t)$衰减为

$$u_C(\tau)=U_{\mathrm{S}}\mathrm{e}^{-1}=0.368U_{\mathrm{S}}$$

因此，时间常数 τ 就是指按指数规律衰减到初始值的 36.8%时所需要的时间。

由式(6.4)还可以看出，从理论上讲，$t\to\infty$ 时，$u_C(t)$才衰减为零，即放电要经过无限长的时间才结束。实际上，经过 5τ 的时间，$u_C(t)$已衰减为 $U_{\mathrm{S}}\mathrm{e}^{-5}=0.007U_{\mathrm{S}}$，即为初始值的 0.7%。可以认为经过 5τ 的时间后，过渡过程即已结束。因此，电路的时间常数决定了零输入响应的快慢，时间常数越大，衰减越慢，放电持续的时间越长；反之，时间常数越小，衰减越快，放电持续的时间越短。电容电压及电流随时间变化的规律见表 6.1。

表 6.1　电容电压及电流随时间变化的规律

t	$\mathrm{e}^{-\frac{t}{\tau}}$	$U_C(t)$	
			$\frac{U_0}{R}$
τ	$\mathrm{e}^{-1}=0.368$	$0.368U_0$	$0.368\frac{U_0}{R}$
2τ	$\mathrm{e}^{-2}=0.135$	$0.135U_0$	$0.135\frac{U_0}{R}$
3τ	$\mathrm{e}^{-3}=0.050$	$0.050U_0$	$0.050\frac{U_0}{R}$
4τ	$\mathrm{e}^{-4}=0.018$	$0.018U_0$	$0.018\frac{U_0}{R}$
5τ	$\mathrm{e}^{-5}=0.007$	$0.007U_0$	$0.007\frac{U_0}{R}$
⋮	⋮	⋮	⋮
∞	$\mathrm{e}^{-\infty}=0$	0	

在工程上可以用示波器观察 RC 电路的 $u_C(t)$和 $i(t)$的变化曲线。有了这种曲线，就可以根据时间常数的含义估算其值。可以证明(证明过程本书略)，$u_C(t)$和 $i(t)$的指数曲线上任意的切距长度 ab 乘以时间轴的比例尺均等于 τ，如图 6.10 所示。

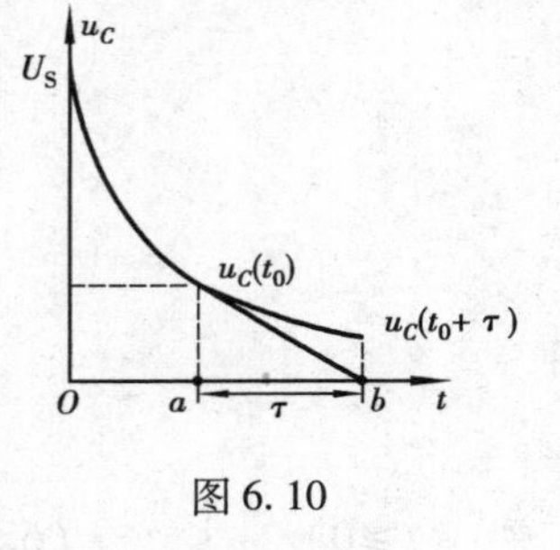

图 6.10

在放电过程中，电容不断放出能量，电阻则不断消耗能量，最后原来储存的电场能全部为电阻吸收而转换成热能。

例 6.7　一组电容其容量为 40 μF 从高压电路中断开，断开时电容器电压为 10 kV。断开后，电容器经它本身的漏电电阻放电，设电容器的漏电电阻为 100 MΩ。试求断开多久后，电容器的电压衰减为 1 kV？

解　电路的时间常数为

$$\tau = RC = 100 \times 10^{6} \times 40 \times 10^{-6}\ \text{s} = 4\ 000\ \text{s}$$

按式(6.4)有

$$u_C = U_S e^{-\frac{t}{RC}} = 10e^{-\frac{t}{4\ 000}}\ \text{kV}$$

将 $u_C = 1$ kV 代入求解得

$$t = 9\ 210\ \text{s}$$

由于 C 及电阻 R 都较大，放电持续时间很长。本例中的电容器从电路断开后，经过 2 h 33.5 min，仍有 1 kV 的高电压。因此，在检修具有大电容的设备时，停电后须先将其短接放电才能工作。

6.3.2　RL 电路的零输入响应

图 6.11 所示电路在换路前电路已处于稳态，电感 L 的电流为 I_0。在 $t=0$ 时合上开关 S，它将 RL 串联电路短路，电源不再向此串联电路供电，因此，短路后的 RL 电路中的响应为零输入响应。

图 6.11

因为

$$\begin{cases} i_L(0_+) = i_L(0_-) = I_0 \\ i_L(\infty) = 0 \\ \tau = \dfrac{L}{R} \end{cases}$$

由一阶电路三要素法可得

$$i_L(t) = i_L(\infty) + [i_L(0_+) - i_L(\infty)]e^{-\frac{t}{\tau}} = i_L(0_+)e^{-\frac{t}{\tau}} = I_0 e^{-\frac{R}{L}t}\ (t \geqslant 0) \tag{6.6}$$

由欧姆定律和基尔霍夫定律可得

$$u_R(t) = i_L(t)R = I_0 R e^{-\frac{R}{L}t}$$

$$u_L(t) = -u_R(t) = -I_0 R e^{-\frac{R}{L}t}$$

RL 电路的零输入响应，就是具有磁场储能的电感对电阻释放储能的电路响应。上述各响应的波形图如图 6.12 所示。

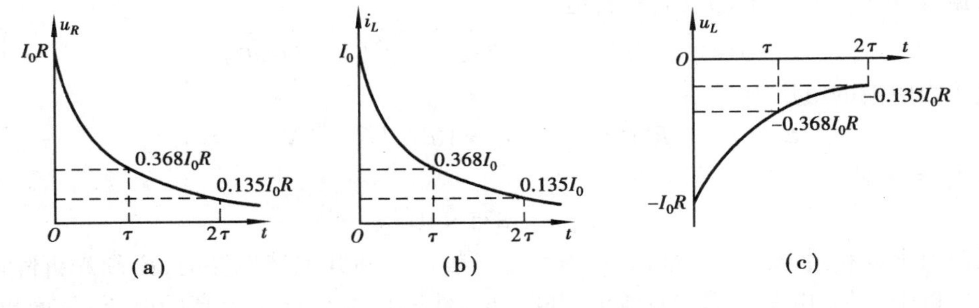

图 6.12

$i_L(t)$、$u_R(t)$、$u_L(t)$ 都是随时间按指数规律衰减而逐渐趋于零。因为电流在减小，所以电感电压的方向与电流方向相反。开始释放储能时，电感电压最大，其大小为 I_0R。电感电流衰减过程中，其磁场能转换给电阻变为热能而消耗。

由式(6.6)可知,若经过一个 τ 的时间,$i_L(t)$ 衰减为

$$i_L(\tau) = I_0 e^{-1} = 0.368 I_0$$

因此,与 RC 电路一样,RL 电路的时间常数 τ 也是指按指数规律衰减到初始值的 36.8% 时所需要的时间。

由式(6.6)还可以看出,从理论上讲,$t\to\infty$ 时 $i_L(t)$ 才衰减为零,即放电要经过无限长的时间才结束。实际上,经过 5τ 的时间,$i_L(t)$ 已衰减为 $I_0 e^{-5} = 0.007 I_0$,即为初始值的 0.7%。可以认为经过 5τ 的时间后,过渡过程即已结束。因此,与 RC 电路一样,RL 电路的时间常数也决定了零输入响应的快慢,时间常数越大,衰减越慢,放电持续的时间越长;反之,时间常数越小,衰减越快,放电持续的时间越短。

例 6.8 图 6.13(a)所示的电路为发电机励磁回路,已知直流电压源电压 $U_S = 35$ V,励磁绕组的电阻 $R = 0.2\ \Omega$、电感 $L = 0.4$ H,电压表的内阻 $R_V = 5$ kΩ,量程为 50 V。开关 S 原来闭合,电路已处于稳态,在 $t = 0$ 时,将开关打开。试求:①电流 $i(t)$ 和电压表两端的电压 $u(t)$;②$t = 0$时(开关 S 刚打开)电压表两端的电压。

解 ①$t \geqslant 0$ 电路如图 6.13(b)所示,为一 RL 电路。电路的时间常数为

$$\tau = \frac{L}{R + R_V} \approx \frac{0.4}{5\times10^3}\ \text{s} = 8\times10^{-5}\ \text{s}$$

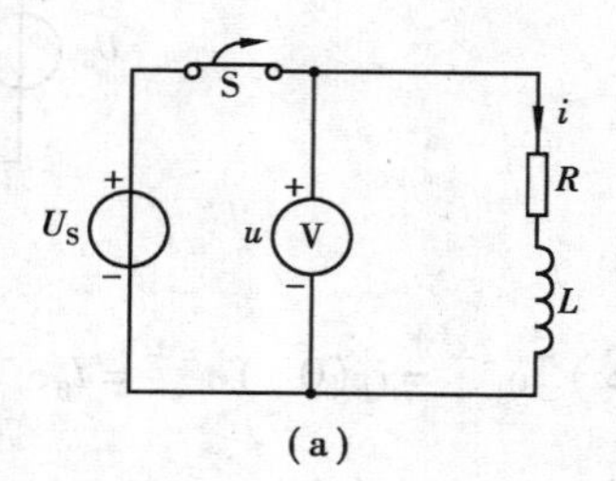

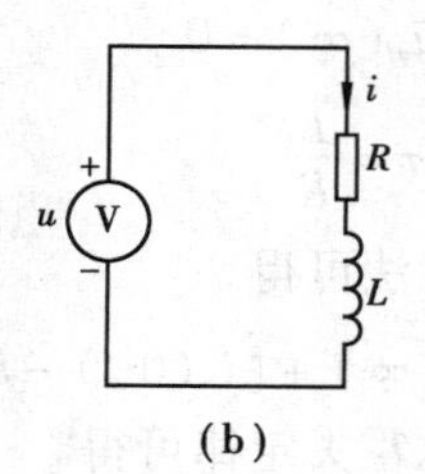

图 6.13

电感中电流的初始值为

$$i(0_+) = i(0_-) = \frac{U_S}{R} = \frac{35}{0.2}\ \text{A} = 175\ \text{A}$$

根据式(6.6),可得电感电流的表达式为

$$i(t) = i(0_+) e^{-\frac{t}{\tau}} = 175 e^{-1.25\times10^4 t}\ \text{A} \quad (t \geqslant 0)$$

电压表两端的电压为

$$u_V(t) = -R_V i(t) = -875\times10^3 e^{-1.25\times10^4 t}\ \text{V} \quad (t \geqslant 0)$$

②当 $t = 0$ 时

$$u_V = -875\times10^3\ \text{V}$$

该数值远远超过电压表的量程,将损坏电压表。在断开电感电路时,必须先拆除电压表。从上例分析中可见,电感线圈的直流电源断开时,线圈两端会产生很高的电压,从而出现火花甚至电弧,轻则损坏开关设备,重则引起火灾。因此工程上都采取一些保护措施。常用的办法是在线圈两端并联续流二极管或接入一个低电阻,如图 6.14(a)、(b)所示。这个二极管或低电阻称为续流二极管或续流电阻。值得注意的是,续流电阻也不能太小,否则过渡过程持续的时间太长。

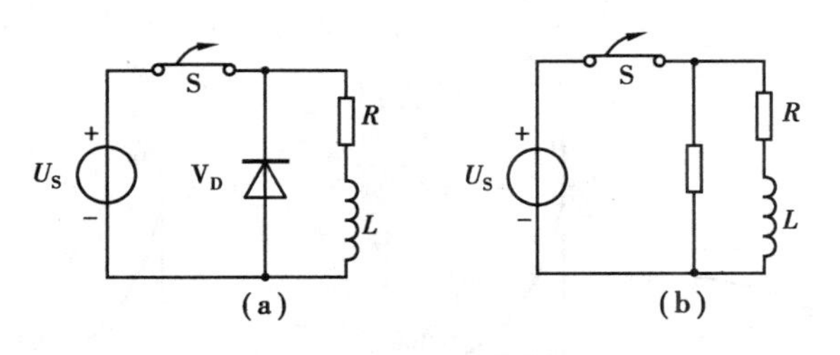

图6.14

6.3.3　RC电路在直流激励下的零状态响应

动态电路中所有动态元件的$u_C(0_+)$、$i_L(0_+)$都为零的情况，称为零状态。零状态的动态电路由外施激励引起的响应，称为零状态响应。

RC电路在直流激励下的零状态响应，就是未充电的电容经电阻接至直流电源的充电电路响应。6.2.1节介绍了RC电路充电过程就是RC电路在直流激励下的零状态响应。本节应用三要素法讨论其响应过程，如图6.15所示。

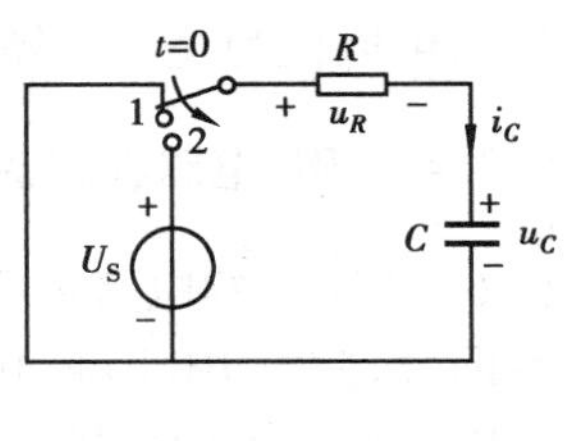

图6.15

由于开关原来与“1”闭合已久，电容已充分放电，即$u_C(0_-)=0$。因此，$t=0$时刻开关由“1”拨到“2”位置，以后电路的响应过程就是在直流激励下的零状态响应。

因为

$$\begin{cases} u_C(0_+)=u_C(0_-)=0 \\ u_C(\infty)=U_S \\ \tau=RC \end{cases}$$

$$\begin{cases} i_C(0_+)=\dfrac{U_S}{R} \\ i_C(\infty)=0 \\ \tau=RC \end{cases}$$

由三要素法可得

$$u_C(t)=u_C(\infty)+[u_C(0_+)-u_C(\infty)]e^{-\frac{t}{\tau}}=U_S(1-e^{-\frac{t}{RC}}) \tag{6.7}$$

$$i_C(t)=i_C(\infty)+[i_C(0_+)-i_C(\infty)]e^{-\frac{t}{\tau}}=\frac{U_S}{R}e^{-\frac{t}{RC}} \tag{6.8}$$

与6.2.1利用常微分方程讨论的结果一样。显然，利用三要素法分析一阶电路的暂态过程要简单得多。

由欧姆定律可知，电阻两端电压为

$$u_R(t)=i_C(t)R=U_Se^{-\frac{t}{RC}}$$

各响应的波形如图6.16所示。在充电过程中，电容电压由初始值按指数规律随时间逐渐增长，最后趋于直流电源的电压U_S；充电电流方向与电容电压方向一致，充电开始其值最大，为$\dfrac{U_S}{R}$，以后逐渐衰减到零。充电结束，达到新的稳态，这时电容电压为U_S，电容储存的电场能为$\frac{1}{2}CU_S^2$，电流为零。

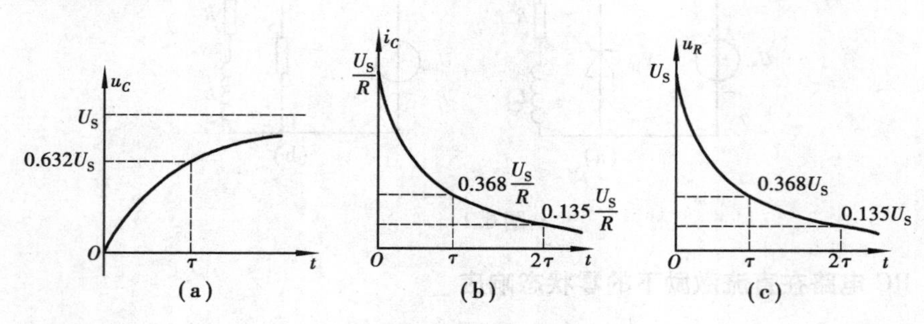

图 6.16

$t=\tau$ 时，电容电压增长为 $u_C(t)=(1-e^{-1})U_S=0.632U_S$，$t=5\tau$ 时，$u_C(t)=(1-e^{-5})U_S=0.993U_S$，可以认为充电已经结束。时间常数越大，充电持续时间越长。

6.3.4 RL 电路在直流激励下的零状态响应

图 6.17 所示的电路为 RL 串联电路，开关 S 断开时电路处于稳态，且 L 中无储能。在 $t=0$ 时将 S 闭合，此时 RL 串联电路与外激励接通，电感 L 将不断从电源吸取电能转换为磁场能储存在线圈内部。下面分析在此过程中电压、电流的变化规律。

因为

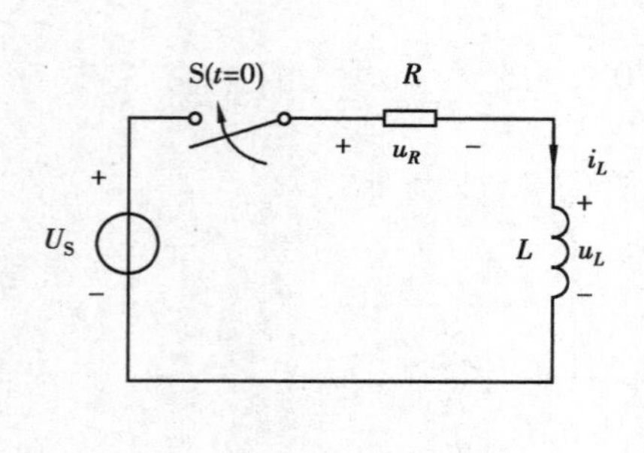

图 6.17

$$\begin{cases} i_L(0_+)=i_L(0_-)=0 \\ i_L(\infty)=\dfrac{U_S}{R} \\ \tau=\dfrac{L}{R} \end{cases}$$

$$\begin{cases} u_R(0_+)=i_L(0_+)R=0 \\ u_R(\infty)=U_S \\ \tau=\dfrac{L}{R} \end{cases}$$

由三要素法可得

$$i_L(t)=i_L(\infty)+[i_L(0_+)-i_L(\infty)]e^{-\frac{t}{\tau}}=i_L(\infty)(1-e^{-\frac{t}{\tau}})=\frac{U_S}{R}(1-e^{-\frac{R}{L}t}) \tag{6.9}$$

$$u_R(t)=u_R(\infty)+[u_R(0_+)-u_R(\infty)]e^{-\frac{t}{\tau}}=U_S(1-e^{-\frac{R}{L}t})$$

由基尔霍夫定律可得

$$u_L(t)=U_S-u_R(t)=U_S e^{-\frac{R}{L}t} \tag{6.10}$$

各响应的波形图如图 6.18 所示，电感电流由初始值按指数规律随时间逐渐增长，最后趋近于稳态值$\frac{U_S}{R}$。电感电压方向与电流方向一致，开始接通时其值最大为 U_S，以后逐渐衰减到零。达到新的稳态时，电感的磁场储能为$\frac{1}{2}L\left(\frac{U_S}{R}\right)^2$。

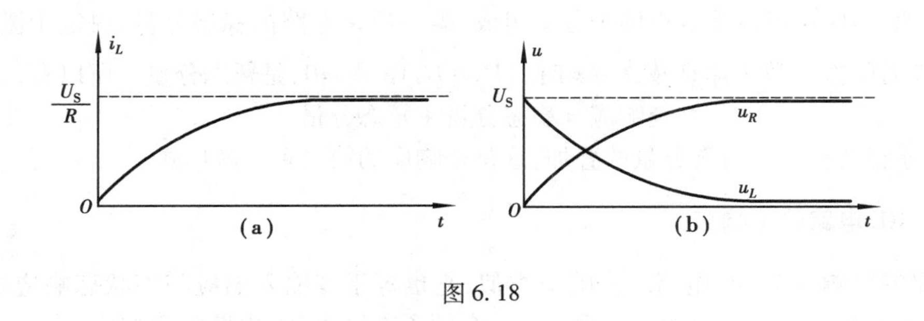

图 6. 18

6. 4　一阶电路的全响应

6. 4. 1　RC 电路的全响应

动态电路中非零初始状态及外施激励在电路中共同产生的响应称为全响应。下面讨论 RC 电路的全响应。

在图 6. 19 所示的电路中,在开关 S 闭合前电容已被充电,即 $u_C(0_+)=u_C(0_-)=U_0$。$t=0$ 时开关闭合,RC 元件串联与直流电源接通。电路的响应由外施激励 U_S 和初始电压 U_0 共同作用产生,电路属于全响应。

因为

$$\begin{cases} u_C(0_+)=u_C(0_-)=U_0 \\ u_C(\infty)=U_S \\ \tau=RC \end{cases}$$

$$\begin{cases} i_C(0_+)=\dfrac{U_S-U_0}{R} \\ i_C(\infty)=0 \\ \tau=RC \end{cases}$$

图 6. 19

由三要素法可得

$$u_C(t)=u_C(\infty)+[u_C(0_+)-u_C(\infty)]e^{-\frac{t}{\tau}}=U_0e^{-\frac{t}{RC}}+U_S(1-e^{-\frac{t}{RC}}) \tag{6.11}$$

$$i_C(t)=i_C(\infty)+[i_C(0_+)-i_C(\infty)]e^{-\frac{t}{\tau}}=\frac{U_S-U_0}{R}e^{-\frac{t}{RC}} \tag{6.12}$$

由基尔霍夫定律可得

$$u_R(t)=U_S-u_C(t)=(U_S-U_0)e^{-\frac{t}{RC}}$$

式(6. 11)表明:全响应可以看成由两个分量组成:第一项是电路的零输入响应;第二项是零状态响应。可见

全响应 = 零输入响应 + 零状态响应

即全响应等于零输入响应与零状态响应的叠加,这是全响应的一种分解形式。

式(6. 11)也可写为

$$u_C(t)=U_0e^{-\frac{t}{RC}}+U_S(1-e^{-\frac{t}{RC}})=U_S+(U_0-U_S)e^{-\frac{t}{RC}} \tag{6.13}$$

上式表明:全响应可以看成由两个分量组成:第一项是电路的稳态分量,决定于激励的性质;第二项随时间按指数规律衰减,$t\to\infty$ 时,$(U_0-U_S)e^{-\frac{t}{RC}}=0$,是暂态分量。所以有

$$全响应 = 稳态分量 + 暂态分量$$

即全响应等于稳态分量与暂态分量的叠加,这是全响应的第二种分解形式。

6.4.2 RL 电路的全响应

RL 电路的全响应与 RC 电路的全响应类似,它也等于零输入响应与零状态响应之和,也等于稳态分量与暂态分量的叠加。下面通过一个例子来说明 RL 电路的全响应。

例 6.9 电路如图 6.20(a)所示,$t<0$ 时,$i_L(0_-)=1$ A,当 $t=0$ 时,开关闭合,当 $t\geqslant0$,求 $i_L(t)$ 的全响应。

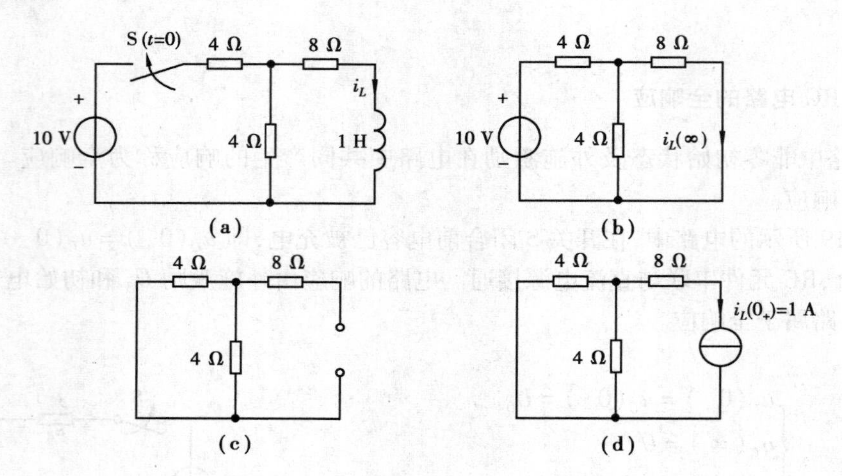

图 6.20

解法一 利用三要素法求解

$$i_L(0_+)=i_L(0_-)=1\ \text{A}$$

$t\to\infty$ 时等效电路如图 6.20(b)所示。

$$i_L(\infty)=\frac{10}{4+\frac{4\times8}{4+8}}\times\frac{4}{4+8}\ \text{A}=0.5\ \text{A}$$

求等效电阻 R 的等效电路如图 6.20(c)所示。

$$R=\left(8+\frac{4}{2}\right)\Omega=10\ \Omega$$

$$\tau=\frac{L}{R}=0.1\ \text{s}$$

由三要素法可得

$$i_L(t)=i_L(\infty)+[i_L(0_+)-i_L(\infty)]e^{-\frac{t}{\tau}}=[0.5+(1-0.5)e^{-\frac{t}{0.1}}]\ \text{A}=(0.5+0.5e^{-10t})\ \text{A}$$

解法二 利用全响应等于零输入响应与零状态响应之和求解。

设 $i_L(0_-)=0$ A,由 RL 电路的零状态响应可得

$$i_{L1}(t)=i_{L1}(\infty)(1-e^{-\frac{t}{\tau}})=0.5(1-e^{-10t})\ \text{A}$$

设 $U_S=0\ \text{V}$，$i_L(0_-)=1\ \text{A}$，RL 电路的零输入响应 $t(0_+)$ 时的等效电路如图 6.20(d)所示。由 RL 电路的零输入响应可得

$$i_{L2}(t)=i_L(0_+)\mathrm{e}^{-\frac{t}{\tau}}=\mathrm{e}^{-10t}\mathrm{A}$$

由全响应等于零输入响应与零状态响应之和可得

$$i_L(t)=i_{L1}(t)+i_{L2}(t)=[0.5(1-\mathrm{e}^{-10t})+\mathrm{e}^{-10t}]\mathrm{A}=0.5(1+\mathrm{e}^{-10t})\mathrm{A}$$

6.5　阶跃函数和一阶电路的阶跃响应

6.5.1　阶跃函数

单位阶跃函数，用 $\varepsilon(t)$ 表示，其定义为

$$\varepsilon(t)=\begin{cases}0 & t<0\\ 1 & t>0\end{cases}$$

其波形如图 6.21(a)所示。它在 $t<0$ 时恒为 0，$t>0$ 时恒为 1，其值在 $t=0$ 处不连续，有一个阶形跃变，跃变的幅度为 1。

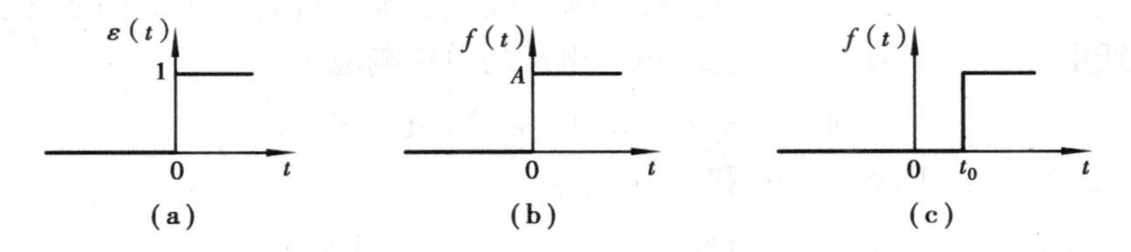

图 6.21

将单位阶跃函数 $\varepsilon(t)$ 乘以常量 A，所得的结果 $A\varepsilon(t)$ 称为阶跃函数。其表达式为

$$A\varepsilon(t)=\begin{cases}0 & t<0\\ A & t>0\end{cases}$$

其波形图如图 6.21(b)所示，其中 A 称为阶跃量。

阶跃函数在时间上延迟 t_0，则称为延迟阶跃函数。其波形如图 6.21(c)所示。它在 t_0 处出现阶跃，表达式为

$$A\varepsilon(t-t_0)=\begin{cases}0 & t<0\\ A & t>0\end{cases}$$

阶跃函数的应用之一是用来描述开关动作。例如，在图 6.22 所示的电路中分别表示在

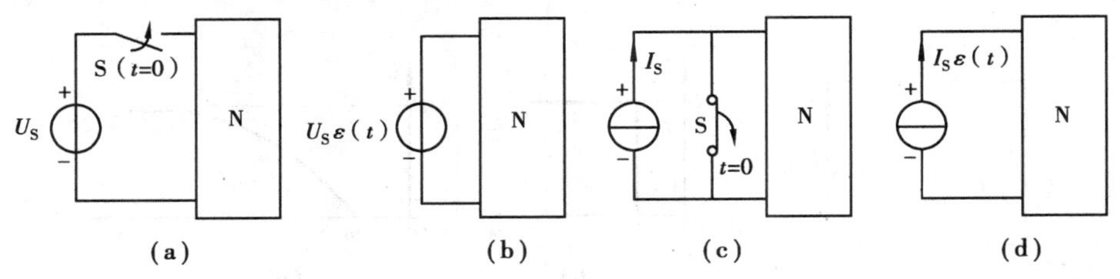

图 6.22

$t=0$时电路接入电压为U_S的电压源和电流为I_S的电流源。可见，单位阶跃函数可作为开关动作的数学模型，因此，单位阶跃函数$\varepsilon(t)$也称为开关函数。

阶跃函数的另一个应用是用来表示某些信号。如图6.23(a)所示的矩形脉冲信号，可以看成图6.23(b)和图6.23(c)所示的两个延迟信号的叠加。可表示为

$$f(t)=f_1(t)+f_2(t)=A\varepsilon(t-t_1)-A\varepsilon(t-t_2)$$

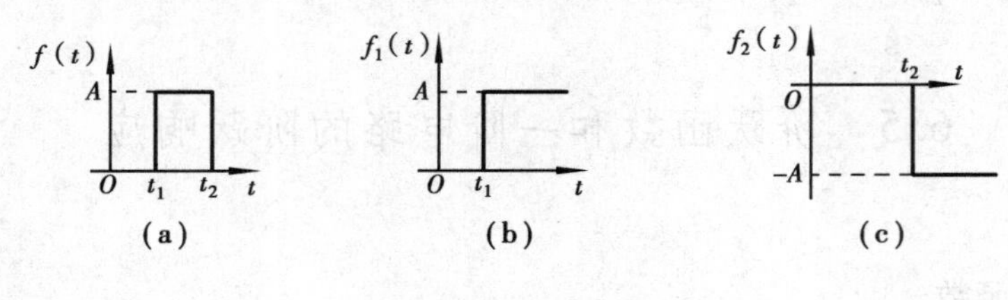

图6.23

6.5.2 一阶电路的阶跃响应

电路在阶跃函数激励下产生的零状态响应称为阶跃响应。单位阶跃信号的零状态响应称为单位阶跃响应，用$s(t)$表示。

一阶电路的单位阶跃响应是指一阶电路在$t=0$时与幅值为1(1 V或1 A)的直流源接通时的零状态响应。可以利用一阶电路的零状态响应或三要素法进行分析。例如，图6.24(a)所示的单位阶跃电压激励作用于RC电路，电容电压的单位响应为

$$u_C(t)=s(t)=(1-e^{-\frac{t}{RC}})\varepsilon(t)$$

$u_S(t)$、$u_C(t)$的波形分别如图6.24(b)和(c)所示。

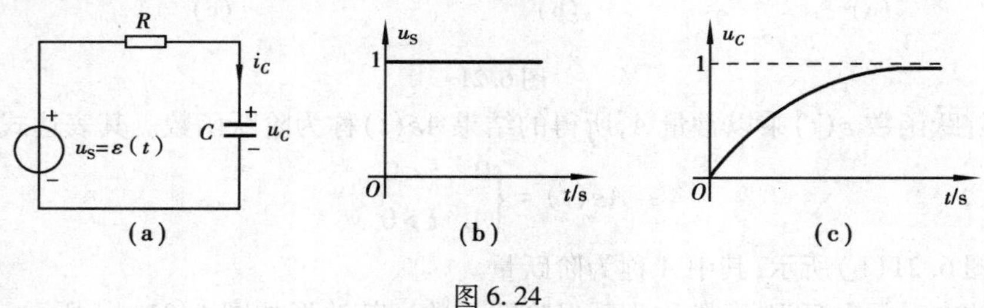

图6.24

在线性电路中，零状态响应是激励的线性函数。如果$u_S(t)$是幅值为U的阶跃函数，即$u_S(t)=U\varepsilon(t)$，则电容电压的阶跃响应为

$$u_C(t)=U(1-e^{-\frac{t}{RC}})\varepsilon(t)$$

同样，如果$u_S(t)$是幅值为U的延迟阶跃函数，即$u_S(t)=U\varepsilon(t-t_0)$，则电容电压的阶跃响应为

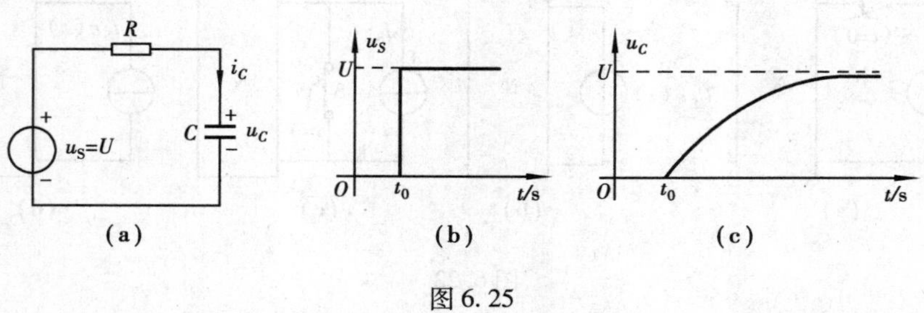

图6.25

$$u_C(t)=U(1-\mathrm{e}^{-\frac{t}{RC}})\varepsilon(t-t_0)$$

其波形如图6.25所示。

6.5.3　微分电路和积分电路

在电子技术中，常用到微分电路和积分电路，这些电路一般都由RC电路构成。在满足一定的条件下，电路可以完成对信号进行微分和积分处理。

(1)微分电路

微分电路的结构如图6.26(a)所示。输出电压 u_o 为电阻两端电压，有

$$u_o=u_R=Ri=RC\frac{\mathrm{d}u_C}{\mathrm{d}t}$$

若输入电压 u_i 为阶跃信号，即 $u_i=U\varepsilon(t)$，则电路的阶跃响应为

$$u_C(t)=U(1-\mathrm{e}^{-\frac{t}{RC}})\varepsilon(t)$$

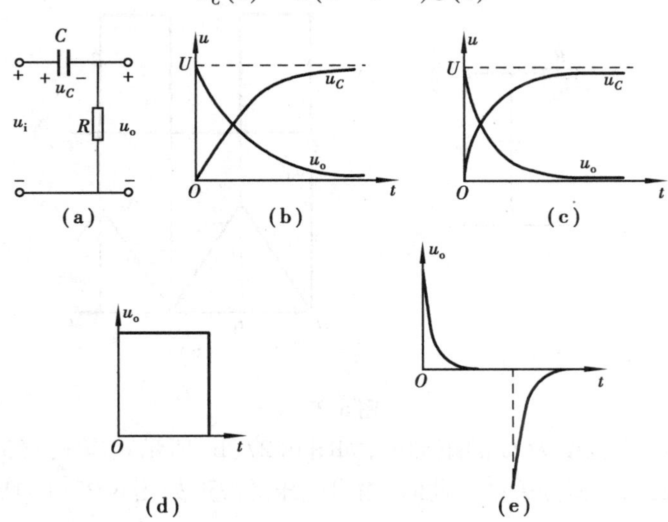

图6.26

因此，输出电压为

$$u_o(t)=RC\frac{\mathrm{d}u_C}{\mathrm{d}t}=U\mathrm{e}^{-\frac{t}{RC}}\varepsilon(t)$$

电压 $u_C(t)$、$u_o(t)$ 的变化波形如图6.26(b)所示。

如果适当选择电路的参数，使时间常数 $\tau=RC$ 很小，$u_C(t)$、$u_o(t)$ 的曲线将变得很陡，如图6.26(c)所示。此时，可认为 $u_C(t)$ 的暂态分量很快消失，$u_C\approx u_i$，输出电压可以认为是

$$u_o(t)=RC\frac{\mathrm{d}u_C}{\mathrm{d}t}\approx RC\frac{\mathrm{d}u_i}{\mathrm{d}t}$$

即输出电压近似与输入电压的导数成正比关系。因此，上述RC电路在时间常数很小的情况下，便成了微分电路。

如果输入电压 u_i 为矩形波，如图6.26(d)所示。其波形宽度为 t_p，当 $\tau\leqslant(\frac{1}{5}\sim\frac{1}{3})t_P$ 时，输出电压与输入电压之间就近似为微分关系，此时，输出电压的波形如图6.26(e)所示，是正

负两个尖脉冲。

(2)**积分电路**

积分电路的结构如图 6.27(a)所示,输出电压取电容两端电压,则有

$$u_0 = u_C = \frac{1}{C}\int i\mathrm{d}t$$

如果 R 足够大,可以认为输入电压 u_i 全部加在电阻 R 上,即 $u_R \approx u_i$,则电路中的电流 $i \approx \frac{u_i}{R}$,因此有

$$u_0 \approx \frac{1}{RC}\int u_i \mathrm{d}t$$

即输出电压近似与输入电压的积分成正比关系。这说明图 6.27(a)所示的电路时间常数 τ 足够大时,便可构成积分电路。

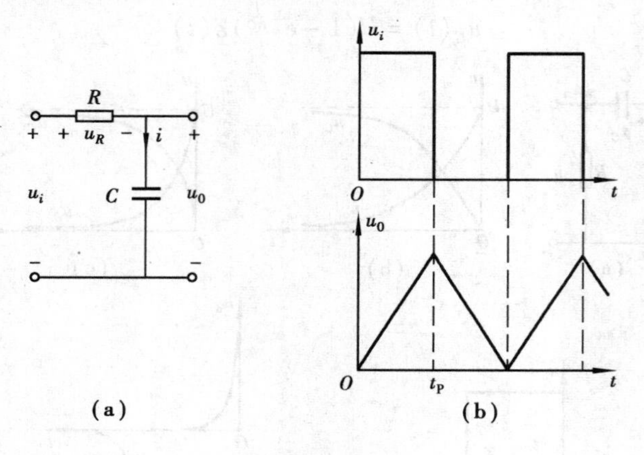

图 6.27

如果输入电压 u_i 是宽度为 t_P 的矩形波,如图 6.27(b)所示。当 $\tau \geqslant (3\sim5)t_P$ 时,输出电压与输入电压之间近似为积分关系。此时,输出电压的波形如图 6.27(b)所示为三角形波。

基本要求与本章小结

(1)**基本要求**

①了解电路的瞬态过程。

②深刻理解换路定律,牢固掌握确定电路的初始值的方法。

③掌握 RC 电路和 RL 电路的瞬态过程响应的求解。

④牢固掌握并能熟练应用三要素法。

⑤了解微分电路和积分电路及其应用。

(2)**内容提要**

1)瞬态过程与换路定律

①换路

电路状态的改变(如通电、断电、短路、电信号突变、电路参数的变化等),统称为换路。含

有储能元件的电路如果发生换路，电路将从换路前的稳定状态经历一段过渡过程达到另一新的稳定状态。

②换路定律

电路换路时，各储能元件的能量不能跃变。具体表现在电容电压不能跃变；电感电流不能跃变。换路定律的数学表达式为

$$u_C(0_+)=u_C(0_-),i_L(0_+)=i_L(0_-)$$

③初始值计算

独立初始值 $u_C(0_+)$ 和 $i_L(0_+)$ 按换路定律确定，其他相关的初始值可以画出换路后的 $t=0_+$ 等效电路图（将电容元件代之以电压为 $u_C(0_+)$ 的电压源，将电感代之以电流为 $i_L(0_+)$ 的电流源，独立源取其在 $t=0_+$ 时的值）计算。

2）一阶电路的瞬态过程及其三要素法

一阶电路就是指可用一阶微分方程描述的电路或者只含一种储能元件的电路。常见的一阶电路有 RC、RL 电路。

①RC 电路的瞬态过程

a. RC 电路的零输入响应

零输入响应：仅由储能元件初始储能引起的响应。

$$u_C(t)=U_0\mathrm{e}^{-\frac{1}{\tau}t}\quad(t>0)$$

b. RC 电路的零状态响应

零状态响应：仅由外施激励引起的响应。

$$u_C(t)=U_\mathrm{S}(1-\mathrm{e}^{-\frac{1}{\tau}t})\quad(t>0)$$

c. RC 电路的全响应

全响应：初始储能及外施激励共同产生的响应。

$$u_C(t)=U_\mathrm{S}+(U_0-U_\mathrm{S})\mathrm{e}^{-\frac{1}{\tau}t}\quad(t>0)$$

②RL 电路的瞬态过程

a. RL 电路的零输入响应

$$i_L(t)=\frac{U_0}{R}\mathrm{e}^{-\frac{1}{\tau}t}\quad(t>0)$$

b. RL 电路的零状态响应

$$i_L(t)=\frac{U_\mathrm{S}}{R}(1-\mathrm{e}^{-\frac{1}{\tau}t})\quad(t>0)$$

c. RL 电路的全响应

$$i_L(t)=\frac{U_0}{R}\mathrm{e}^{-\frac{1}{\tau}t}+\frac{U_\mathrm{S}}{R}(1-\mathrm{e}^{-\frac{1}{\tau}t})\quad(t>0)$$

③时间常数 τ

时间常数 τ 是决定响应衰减快慢的物理量。瞬态过程理论上要经历无限长时间才结束。实际的瞬态过程长短可根据电路的时间常数 τ 来估算，一般认为当 t 为 $(3\sim5)\tau$ 时，过渡过程基本结束，电路已进入新的稳定状态。一阶 RC 电路 $\tau=RC$；一阶 RL 电路 $\tau=\frac{L}{R}$，τ 的单位为 s。求一阶电路的时间常数的方法可归纳为：

a. 将原电路中的独立电源“去掉”,即电压源用短路线代替,电流源用断路代替。

b. 除储能元件外,所有电阻可直接用串、并联或星形—三角形变换化成一个等效电阻,最后化简成一个无分支的 RC 或 RL 串联电路。此时时间常数为

$$\tau = RC$$

或

$$\tau = \frac{L}{R}$$

④三要素法

直流激励下的全响应公式为

$$f(t) = f(\infty) + [f(0_+) - f(\infty)]e^{-\frac{t}{\tau}} \quad (t > 0)$$

式中,$f(\infty)$为稳态分量,$f(0_+)$为初始值,τ为时间常数,合称三要素。

3)微分电路和积分电路

在电子技术中,常用到由 RC 构成的微分电路和积分电路,这些电路在满足一定的条件下,可以完成对信号进行微分和积分处理。

4)阶跃函数和一阶电路的阶跃响应

单位阶跃函数定义为

$$\varepsilon(t) = \begin{cases} 0 & t < 0 \\ 1 & t > 0 \end{cases}$$

$A\varepsilon(t)$称为阶跃函数,$A\varepsilon(t - t_0)$为延迟阶跃函数。

电路对阶跃激励的零状态响应称为阶跃响应。如果电路是一阶的,则其响应就是一阶阶跃响应。

利用阶跃函数可将电路的输入表示为 $U_S = U_S\varepsilon(t)$,零状态响应电流可以为

$$i = \frac{U_S}{R}(1 - e^{-\frac{t}{\tau}})\varepsilon(t)$$

习 题

6.1 电路如题图 6.1 所示,$I_S = 3$ A,$R_1 = 36$ Ω,$R_2 = 12$ Ω,$R_3 = 24$ Ω,电路原来处于稳态。求换路后的 $i(0_+)$及 $u_L(0_+)$。

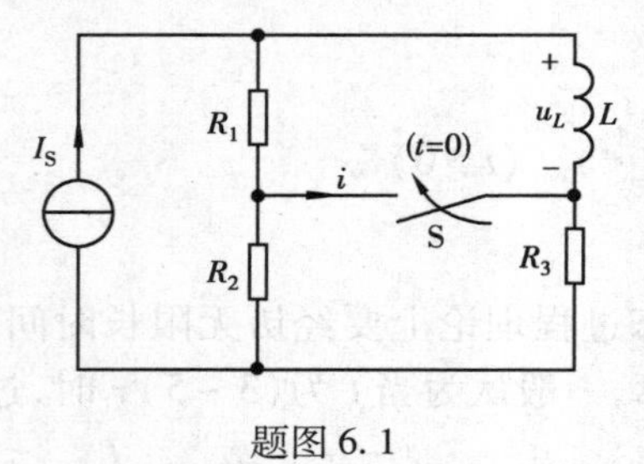

题图 6.1

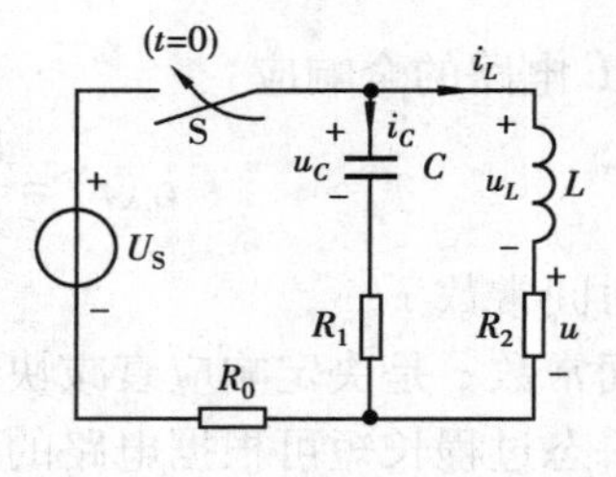

题图 6.2

6.2 在题图 6.2 所示的电路中,已知 $R_0 = 4$ Ω,$R_1 = R_2 = 8$ Ω,$U_S = 12$ V,$u_C(0_-) = 0$,$i_L(0_-) = 0$。试求开关 S 闭合后各支路电流的初始值和电感上电压的初始值。

6.3　在题图6.3所示的电路中，已知 $U_S=10$ V，$R_1=15$ Ω，$R_2=5$ Ω，开关S断开前电路处于稳态。求开关S断开后电路中各电压、电流的初始值。

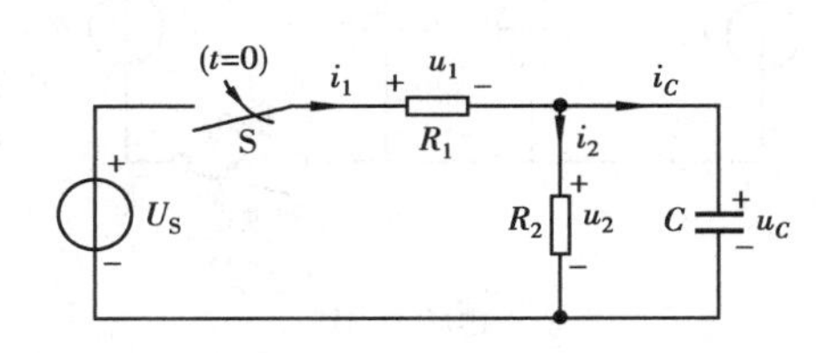

题图6.3

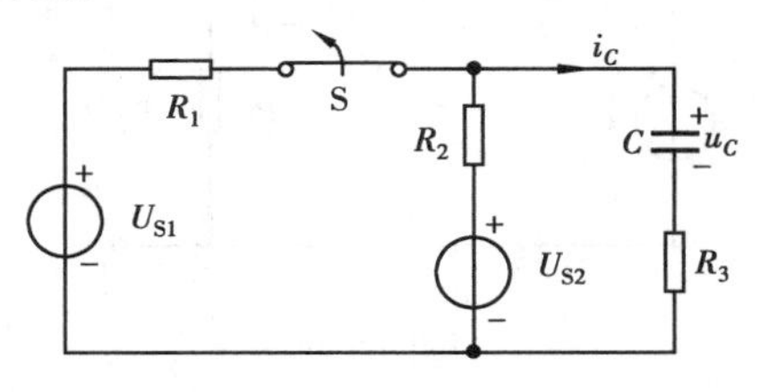

题图6.4

6.4　在题图6.4所示的电路中，已知 $U_{S1}=50$ V，$U_{S2}=10$ V，$R_1=35$ Ω，$R_2=5$ Ω，$R_3=15$ Ω，电路原先处于稳定，$t=0$ 时开关S断开。求 $u_C(0_+)$ 及 $i_C(0_+)$。

6.5　在题图6.5所示的电路中，已知 $R_1=5$ Ω，$R_2=3$ Ω，电路原先处于稳定，$t=0$ 时开关S闭合。求 $u_C(0_+)$、$i_C(0_+)$、$u_L(0_+)$ 及 $i_L(0_+)$。

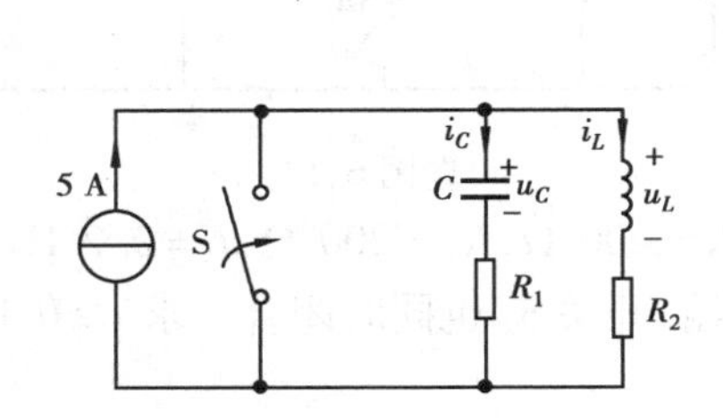

题图6.5

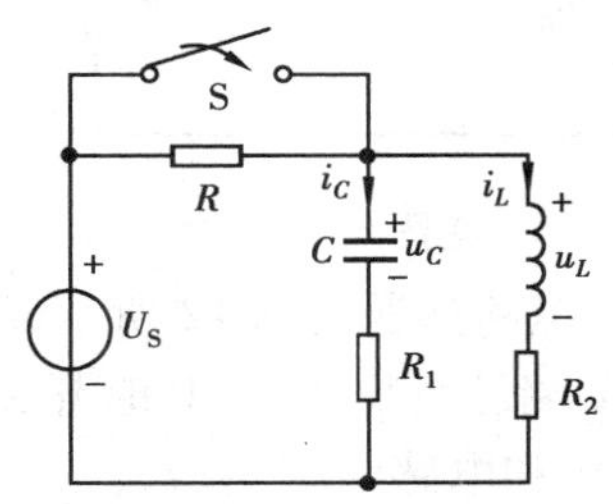

题图6.6

6.6　在题图6.6所示的电路中，已知 $U_S=100$ V，$R=10$ Ω，$R_1=R_2=20$ Ω，电路原先处于稳定，$t=0$ 时开关S闭合。求 $u_C(0_+)$、$i_C(0_+)$、$u_L(0_+)$ 及 $i_L(0_+)$。

6.7　电路如题图6.7所示，已知 $U_S=12$ V，$R_1=4$ kΩ，$R_2=8$ kΩ，$C=2$ μF。开关S闭合时电路已处于稳态，$t=0$ 时将开关S断开。求开关S断开后48 ms及80 ms时电容上的电压值。

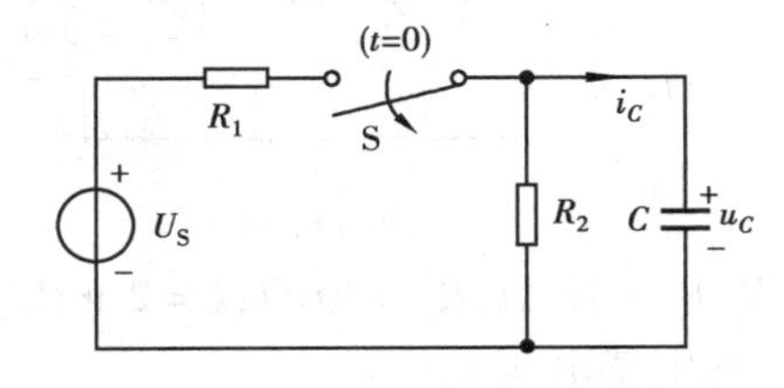

题图6.7

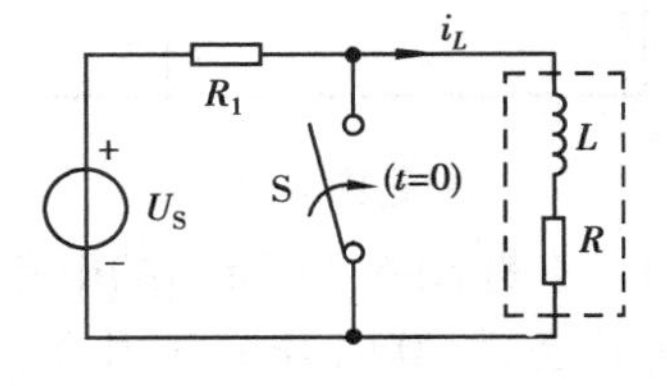

题图6.8

6.8　电路如题图6.8所示，继电器线圈的电阻 $R=250$ Ω，吸合时其电感值 $L=25$ H。已知电阻 $R_1=230$ Ω，电源电压 $U_S=24$ V，若继电器的释放电流为4 mA。求开关S闭合多长时间继电器能够释放？

6.9　在题图6.9所示的电路中，已知 $U_S=6$ V，$R_1=10$ kΩ，$R_2=20$ kΩ，$C=1\,000$ pF，$u_C(0_-)=0$ V。求电路的响应 $u(t)$。

6.10　如题图6.10所示电路原处于稳态，已知 $U_{S1}=20$ V，$R_1=10$ Ω，$R_2=10$ Ω，$C=1$ F，当 U_{S2} 为何值时，将能使S闭合后电路不出现瞬态过程？若 $U_{S2}=50$ V，求 u_C。

6.11　在题图6.11所示的电路中，已知 $U_S=12$ V，$R_1=1$ Ω，$R_2=5$ Ω，$C=10$ μF，开关S

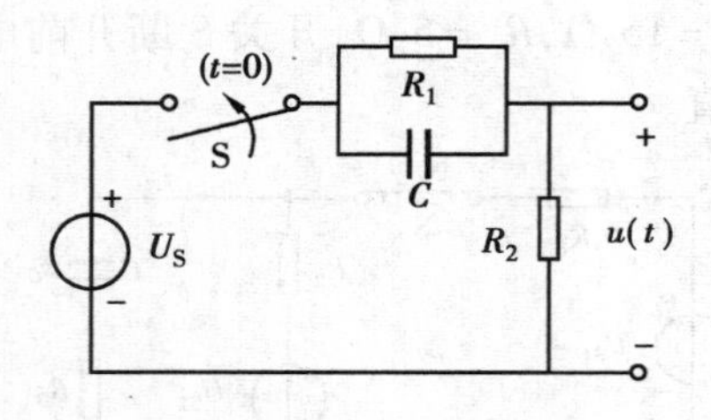

题图 6.9

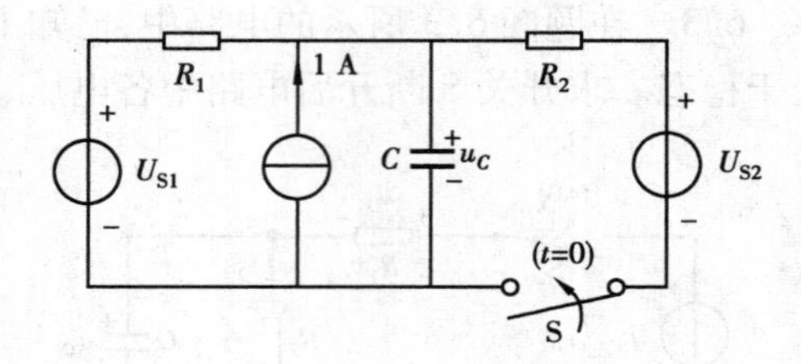

题图 6.10

没闭合前电容储能为零。在 $t=0$ 时将开关 S 闭合，求 S 闭合后要用多长时间才能使电容两端电压达到 8 V？此时电容的储能 W_C 等于多少？

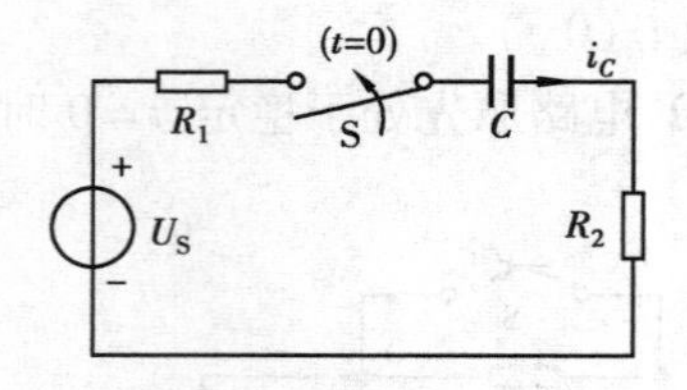

题图 6.11

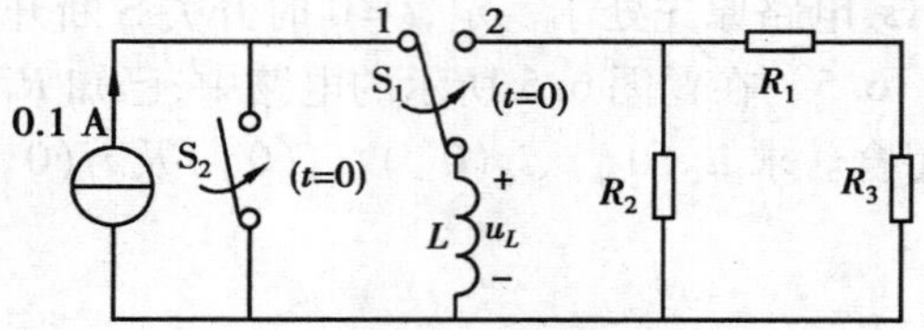

题图 6.12

6.12　电路如题图 6.12 所示，已知 $R_1=200\ \Omega, R_2=400\ \Omega, R_3=200\ \Omega, L=0.2$ H。开关 S_1 连接至 1 端已经很久，$t=0$ 时开关 S_1 由 1 端倒向 2 端，开关 S_2 也同时闭合。求 $t\geqslant 0$ 时的电感电流 $i_L(t)$ 和电感电压 $u_L(t)$。

6.13　电路如题图 6.13 所示，已知 $U_S=36$ V, $R_1=24\ \Omega, R_2=12\ \Omega$, $L=0.4$ H。电感电流 $i_L(0_-)=0$，$t=0$ 闭合开关。求 $t\geqslant 0$ 时的电感电流 $i_L(t)$ 和电感电压 $u_L(t)$。

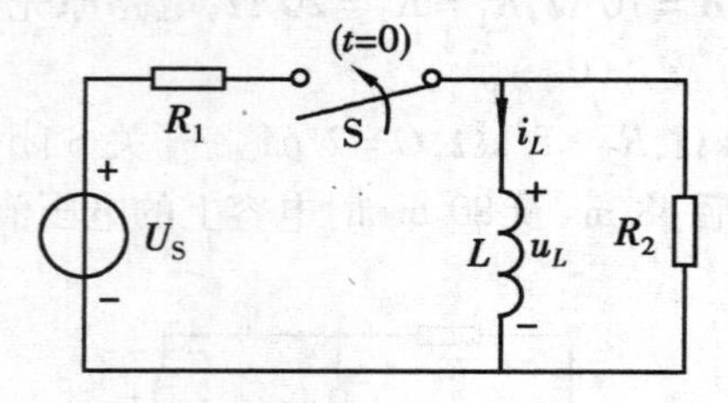

题图 6.13

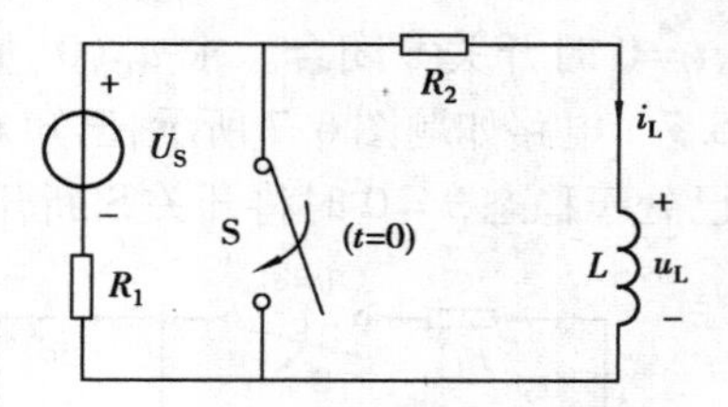

题图 6.14

6.14　在题图 6.14 所示的电路中，已知 $U_S=60$ V, $R_1=10\ \Omega, R_2=20\ \Omega, L=2$ mH。原来处于稳定状态，$t=0$ 时开关 S 闭合。求电感电流 $i_L(t)$ 和电感电压 $u_L(t)$。

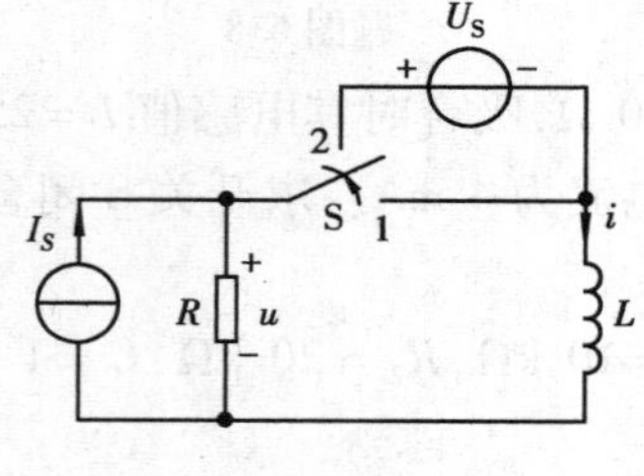

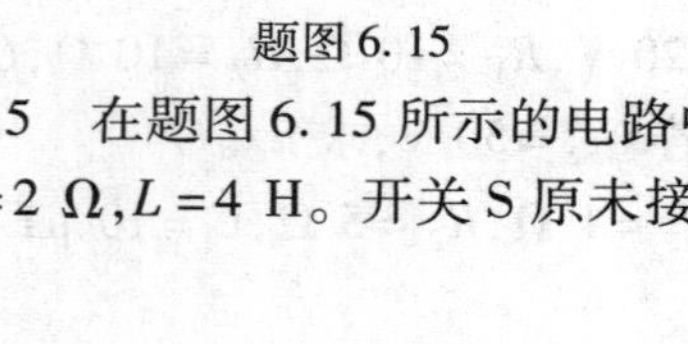

题图 6.15

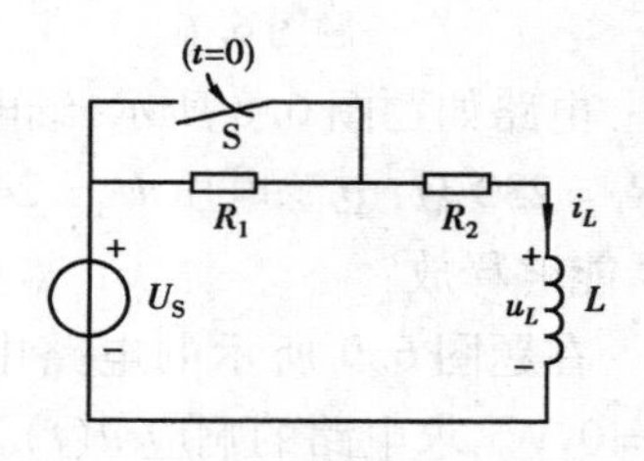

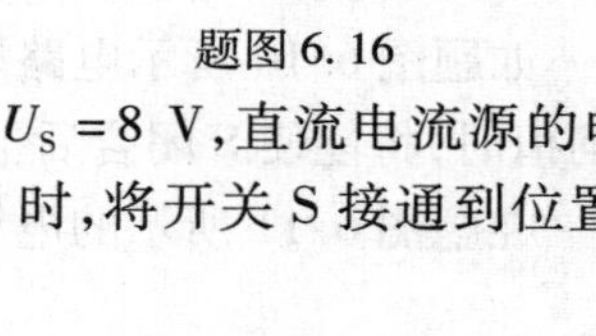

题图 6.16

6.15　在题图 6.15 所示的电路中，直流电压源的电压 $U_S=8$ V，直流电流源的电流 $I_S=2$ A, $R=2\ \Omega, L=4$ H。开关 S 原未接通，L 无电流。在 $t=0$ 时，将开关 S 接通到位置 1；经过

1 s,将S从位置1断开并立即接通到位置2。试求 $i(t)$ 和 $u(t)$。

6.16　在题图6.16所示的电路中,已知 $U_S=100$ V,$R_1=R_2=4$ Ω,$L=4$ H,电路原已处于稳态。$t=0$ 瞬间开关S断开。求S断开后电感电流 $i_L(t)$ 和电感电压 $u_L(t)$。

6.17　在题图6.17所示的电路中,已知 $R_1=5$ kΩ,$R_2=10$ kΩ,$C=10$ μF,在 $t=0$ 时先断开开关 S_1,使电容充电,到 $=0.1$ s时,再闭合开关 S_2。试求电容电流 $i_C(t)$ 和电容电压 $u_C(t)$,并画出它们的曲线。

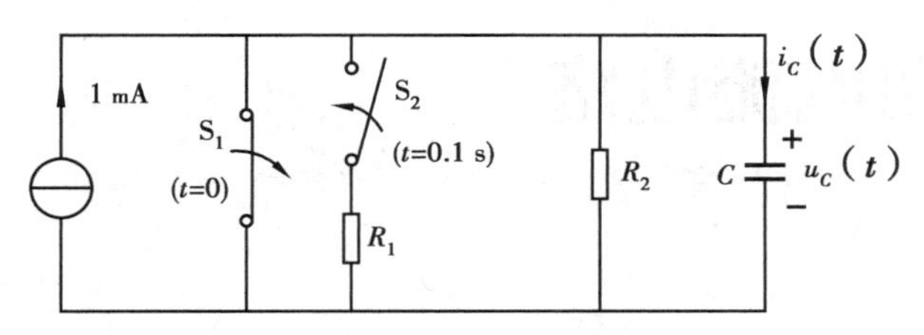

题图6.17

6.18　在题图6.18所示为发电机的激磁回路。为使其中的激励电流迅速达到额定值,可在建立磁场过程中,一方面提高激励电压,即在激磁回路中增加一个电源;另一方面串入一个适当电阻,以便使线圈电流的额定值不发生改变,如图中虚线所示。在合上开关 S_1 建立起额定激励电流后,即可闭合 S_2,再断开 S_1,使激磁回路处于正常工作状态。现要求将建立额定磁场所需要的时间缩短为 $\frac{1}{3}$,问附加电压 U_S 及电阻 R 各应为多少?

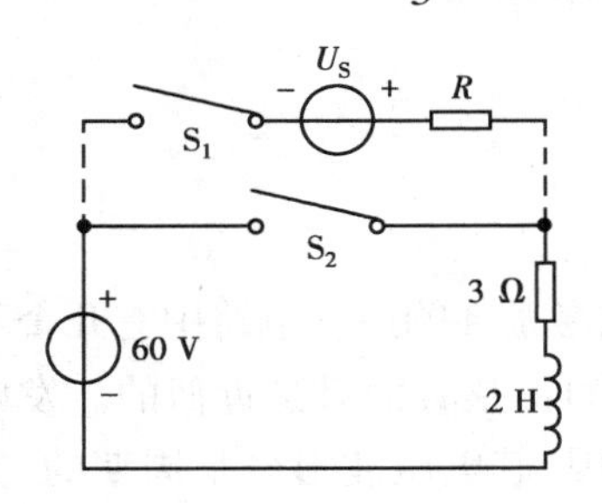

题图6.18

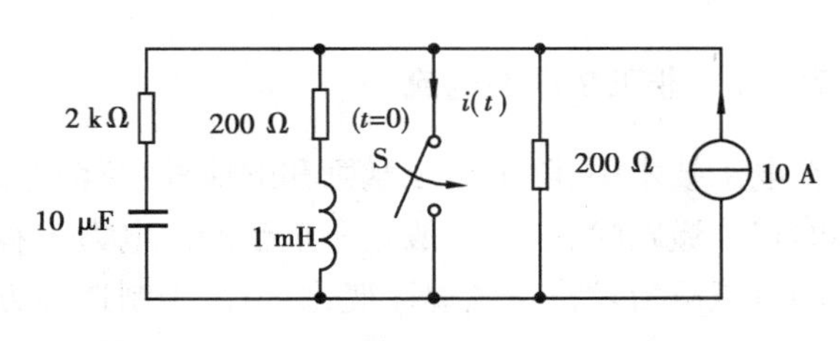

题图6.19

6.19　求题图6.19所示的电路中的电流 $i(t)$。设换路前电路处于稳定状态。

6.20　在题图6.20所示的电路中,电容电压的初始值为 -4 V,试求开关闭合后的全响应 $u_C(t)$ 和 $i(t)$,并画出它们的曲线。

6.21　题图6.21所示的电路在换路前已建立起稳定状态,试求开关闭合后的全响应 $u_C(t)$,并画出它的曲线。

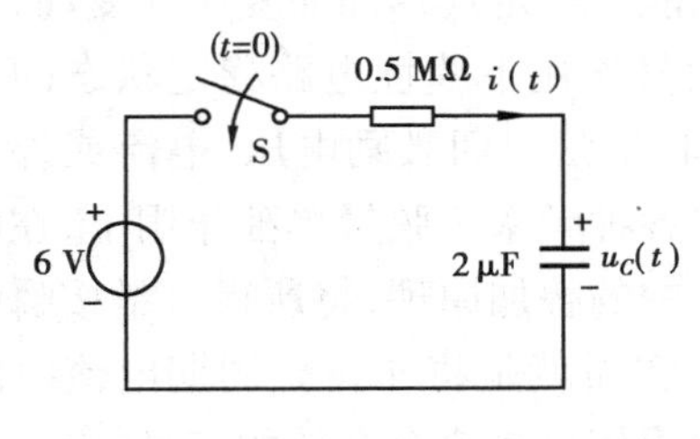

题图6.20

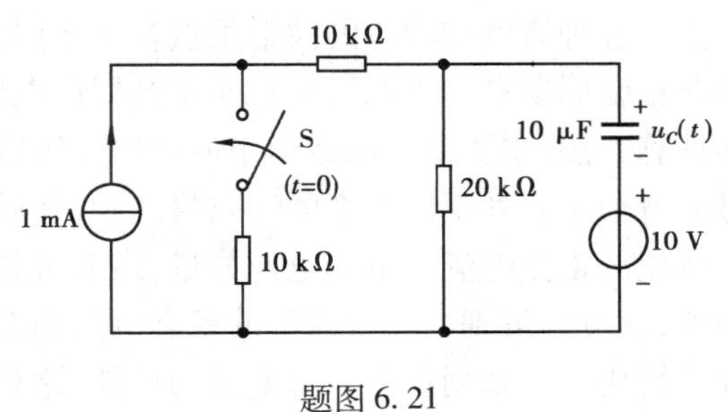

题图6.21

第7章

非正弦周期电流电路

本章介绍的非正弦周期电流电路,是指非正弦周期量激励下线性电路的稳定状态,非正弦周期电流电路的分析方法是在正弦电流电路的基础上,应用高等数学中的傅里叶级数与电路理论中的叠加定理来进行的。本章的主要内容有:周期函数分解为傅里叶级数,周期量的有效值、平均值、平均功率,非正弦周期电流电路的计算以及三相电路中的谐波等。

7.1 周期函数分解为傅里叶级数

7.1.1 非正弦周期电流

在电工技术中,除了正弦激励和响应外,还会遇到非正弦激励和响应。电路中有几个不同频率的正弦激励时,响应一般是非正弦的。电力工程中应用的正弦激励只是近似的。发电机产生的电压虽力求按正弦规律变化,但由于制造等方面的原因,其电压波形虽是周期的,但与正弦波形或多或少会有差别。发电机和变压器等主要设备中都存在非正弦周期电流或电压。分析电力系统的工作状态时,有时也需考虑这些周期电流、电压因其波形与正弦波有些差异而带来的影响。

在电子设备、自动控制等技术领域内大量应用的脉冲电路中,电压和电流的波形也都是非正弦的,图7.1(a)、(b)就是周期脉冲电压和方波电压的波形图;图7.1(c)所示为锯齿波;图7.1(d)所示为通过半波整流器得出的电压波形。

上述各种激励与响应的波形虽然各不相同,但如果它们能按一定规律周而复始地变动,则称为非正弦周期量。本章讨论在非正弦周期电压、电流或信号作用下线性电路稳定状态的分析和计算方法,主要是利用数学中的傅里叶级数展开法,将非正弦周期激励电压、电流或外施信号分解为一系列不同频率的正弦量之和,然后分别计算在各种频率正弦量单独作用下,在电路中产生的正弦电流分量和电压分量,最后再利用线性电路中的叠加原理,将所得分量按瞬时值相加,就可以得到电路中实际的稳态电流和电压。算法的实质就是将非正弦周期电流电路的计算转化为一系列正弦电流电路的计算,这样仍能充分利用相量法这个有效的工具。

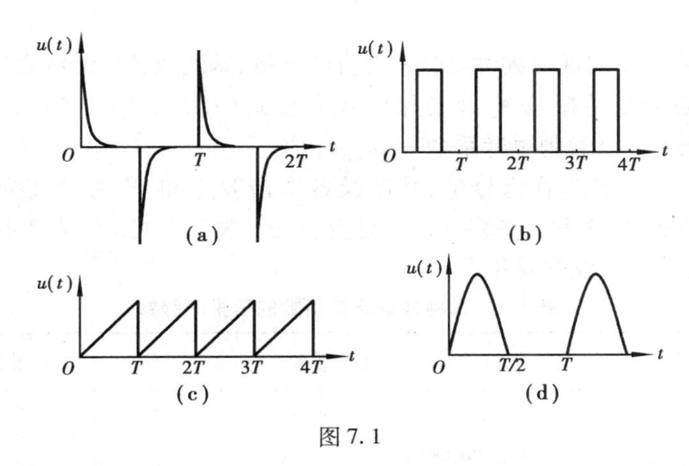

图 7.1

7.1.2　周期函数分解为傅里叶级数

凡是满足狄利克雷条件的周期函数都可以分解为傅里叶级数,电工技术中遇到的周期函数都是满足狄利克雷条件的。

周期为 T 的周期性时间函数 $f(t)$ 分解成的傅里叶级数为

$$f(t) = \frac{a_0}{2} + \sum_{k=1}^{\infty}(a_k\cos k\omega t + b_k\sin k\omega t) \tag{7.1}$$

式中,$\omega = \frac{2\pi}{T}$,T 为 $f(t)$ 的周期;a_0、a_k、b_k 为傅里叶系数,它们的计算公式为

$$\begin{cases} a_0 = \dfrac{2}{T}\displaystyle\int_0^T f(t)\,\mathrm{d}t \\ a_k = \dfrac{2}{T}\displaystyle\int_0^T f(t)\cos k\omega t\mathrm{d}t \\ b_k = \dfrac{2}{T}\displaystyle\int_0^T f(t)\sin k\omega t\mathrm{d}t \end{cases} \tag{7.2}$$

若将式(7.1)中同频率的正弦项与余弦项合并,就得到傅里叶级数另一种常用的表达式,即

$$f(t) = A_0 + \sum_{k=1}^{\infty} A_k\sin(k\omega t + \psi_k) \tag{7.3}$$

其中:

$$\begin{cases} A_0 = \dfrac{a_0}{2} \\ A_k = \sqrt{a_k^2 + b_k^2} \\ \psi_k = \arctan\dfrac{a_k}{b_k} \end{cases} \tag{7.4}$$

式中,A_0 项为常数项,它为非正弦周期函数在一个周期内的平均值,且与时间无关,称为直流分量;$k=1$ 项表达式为 $A_1\sin(\omega t+\psi_1)$,此项频率与原非正弦周期函数 $f(t)$ 的频率相同,称为非正弦周期函数的基波;A_1 为基波的振幅,ψ_1 为基波的初相位。$k\geqslant 2$ 各项统称为高次谐波。并根据分量的频率是基波的 k 倍,称 k 次谐波。如二次谐波、三次谐波。A_k 及 ψ_k 为 k 次谐波

的振幅及初相位。

由上分析可知,一个周期函数可以分解为直流分量、基波及各次谐波之和。若要确定各分量,则需计算确定各分量的振幅 A_k 及初相位 ψ_k。由式(7.2)、式(7.4)可知,确定周期函数 $f(t)$ 的各分量,实质上是计算傅里叶系数 a_0、a_k、b_k 值。

将周期函数 $f(t)$ 分解为直流分量、基波及各次谐波之和,称为谐波分析。它可以由式(7.2)~式(7.4)进行,但工程上更多利用的是查表法。表 7.1 列出了电工技术中常遇到的几种典型周期函数的傅里叶级数展开式。

表 7.1　几种典型周期函数的傅里叶级数

名称	函数波形图	傅里叶级数	有效值	整流平均值
正弦波	$f(t)$, A_m, $-A_m$, O, T, t	$f(t)=A_m\sin(\omega t)$	$\frac{A_m}{\sqrt{2}}$	$\frac{2A_m}{\pi}$
半波整流波	$f(t)$, A_m, O, $T/2$, T, t	$f(t)=\frac{2}{\pi}A_m\left[\frac{1}{2}+\frac{\pi}{4}\cos(\omega t)+\frac{1}{1\times 3}\cos(2\omega t)-\frac{1}{3\times 5}\cos(4\omega t)+\frac{1}{5\times 7}\cos(6\omega t)-\cdots\right]$	$\frac{A_m}{2}$	$\frac{A_m}{\pi}$
全波整流波	$f(t)$, A_m, O, $T/2$, T, t	$f(t)=\frac{4}{\pi}A_m\left[\frac{1}{2}+\frac{1}{1\times 3}\cos(\omega t)-\frac{1}{3\times 5}\cos(2\omega t)+\frac{1}{5\times 7}\cos(3\omega t)+\cdots\right]$	$\frac{A_m}{\sqrt{2}}$	$\frac{2A_m}{\pi}$
矩形波	$f(t)$, A_m, $-A_m$, O, T, t	$f(t)=\frac{4}{\pi}A_m\left[\sin(\omega t)+\frac{1}{3}\sin(3\omega t)+\cdots+\frac{1}{k}\sin(k\omega t)+\cdots\right]$($k$ 为奇数)	A_m	A_m
锯齿波	$f(t)$, A_m, O, T, $2T$, t	$f(t)=A_m\left\{\frac{1}{2}-\frac{1}{\pi}\left[\sin(\omega t)+\frac{1}{2}\sin(2\omega t)+\frac{1}{3}\sin(3\omega t)+\cdots\right]\right\}$	$\frac{A_m}{\sqrt{3}}$	$\frac{A_m}{2}$
梯形波	$f(t)$, A_m, O, t_0, T, t	$f(t)=\frac{4}{\omega t_0\pi}A_m\left[\sin(\omega t_0)\sin(\omega t)+\cdots+\frac{1}{k^2}\sin(k\omega t_0)\sin(k\omega t)+\cdots\right]$($k$ 为奇数)	$A_m\sqrt{1-\frac{4\omega t_0}{3\pi}}$	$A_m(1-\frac{\omega t_0}{\pi})$
三角波	$f(t)$, A_m, O, T, t	$f(t)=\frac{8}{\pi^2}A_m\left[\sin(\omega t)-\frac{1}{9}\sin(3\omega t)+\cdots+\frac{(-1)^{\frac{k-1}{2}}}{k^2}\sin(k\omega t)+\cdots\right]$($k$ 为奇数)	$\frac{A_m}{\sqrt{3}}$	$\frac{A_m}{2}$

傅里叶级数是一个收敛级数,理论上应取无限多项方能准确表示原非正弦周期函数,但在实际工程计算时只取有限的几项,取多少项可根据工程所需精度而定。如表 7.1 矩形波傅里

叶展开式中，若取式中前三项，即取到五次谐波，并分别画出各谐波的曲线然后相加，得到如图 7.2(a)所示曲线，可以看出，合成曲线与方波相差较大。若取展开式中前四项，即取到七次谐波，其合成曲线如图 7.2(b)所示，就较接近方波了。

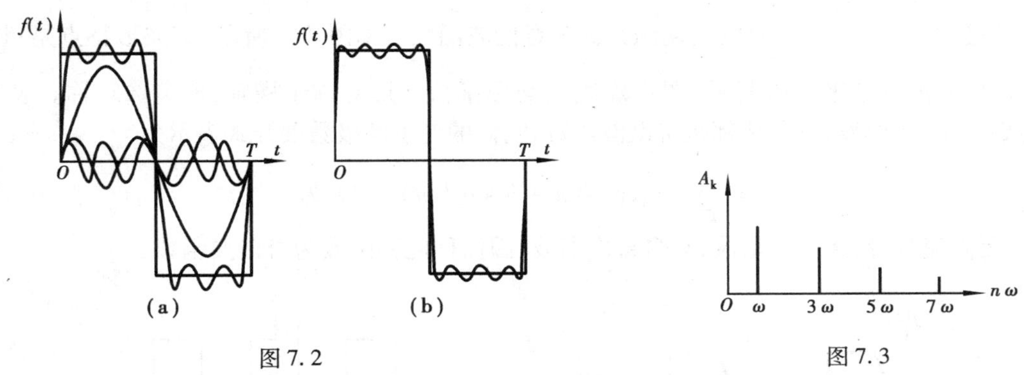

图 7.2　　　　图 7.3

为了直观地表示一个周期函数分解为各次谐波后，其中包含哪些频率分量及各分量占有多大比重，可画出如图 7.3 所示频谱图，用横坐标表示各谐波的频率，用纵坐标方向的线段长度表示各次谐波振幅的大小。这种频谱只表示各次谐波振幅，所以称为振幅频谱。

7.1.3　对称波形的傅里叶级数分解形式

工程中常见的非正弦波具有某种对称性，波的对称性与傅里叶系数有密切关系。对某非正弦波进行傅里叶分解时，可先根据波的对称性，直观地判断出某些谐波分量存在与否，从而可简化傅里叶级数分解计算。例如，周期性函数的波形在横轴上下部分包围的面积相等。此时，函数的平均值等于零，傅里叶级数展开式中 $a_0=0$ 即无直流分量。下面专门讨论几种工程中常见的非正弦波的对称性及其傅里叶级数分解的特点。

(1)周期函数为奇函数

满足 $f(t)=-f(-t)$ 的周期函数称为奇函数，如图 7.4 所示，其波形对称于原点。表 7.1 中的矩形波、梯形波、三角波都是奇函数。它们的傅里叶级数展开式中，$a_0=0$、$a_k=0$，即无直流分量，无余弦谐波分量，可表示为

$$f(t)=\sum_{k=1}^{\infty} b_k \sin k\omega t$$

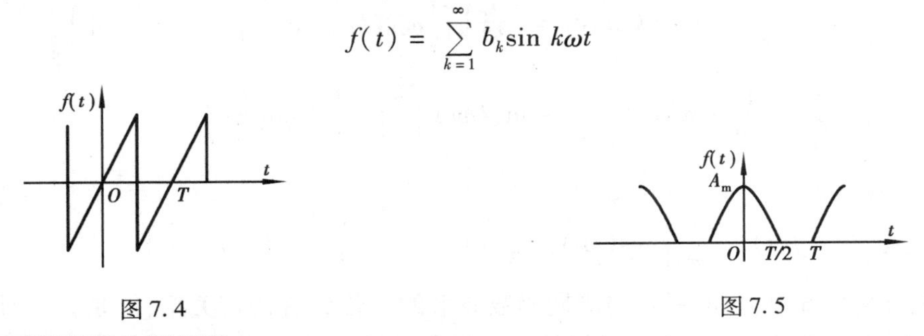

图 7.4　　　　图 7.5

(2)周期函数为偶函数

满足 $f(t)=f(-t)$ 的周期函数称为偶函数，如图 7.5 所示的半波整流波，其波形对称于纵轴。表 7.1 中的全波整流波也是偶函数。它们的傅里叶级数展开式中，$b_k=0$，即无正弦谐波分量，可表示为

$$f(t) = \frac{a_0}{2} + \sum_{k=1}^{\infty} a_k \cos k\omega t$$

(3)周期函数为奇谐波函数

满足$f(t) = -f(t + \frac{T}{2})$的周期函数称为奇谐波函数。如图7.6所示,其波形特点是:将函数$f(t)$的波形移动半个周期后(图中虚线),与原函数波形对称于横轴,即镜像对称。表7.1中的矩形波、梯形波、三角波都是奇谐波函数,它们的傅里叶级数展开式表示为

$$f(t) = \sum_{k=1}^{\infty} (a_k \cos k\omega t + b_k \sin k\omega t) \quad (k\text{ 为奇数})$$

式中,无直流分量,无偶次谐波,只含奇次谐波,因而称此种函数为奇谐波函数。

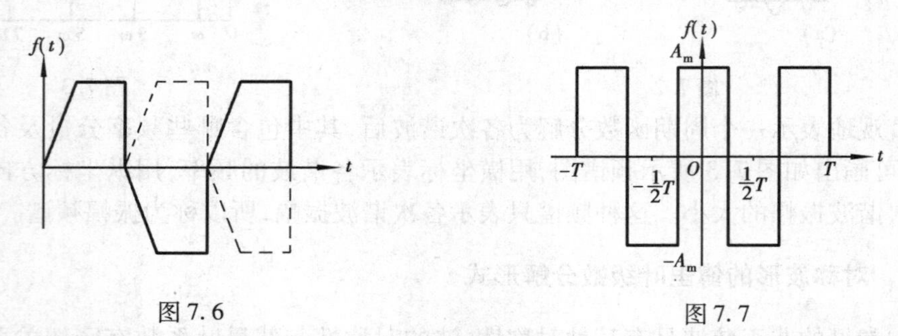

图7.6　　　　图7.7

综上所述,根据周期函数的对称性,不仅可预先判断它包含的谐波分量的类型,定性地判定哪些谐波不存在(这在工程上常常是要用到的),并且使傅里叶系数的计算得到简化。傅里叶级数展开式中存在的谐波分量的系数仍可用式(7.2)计算确定。

如果周期函数$f(t)$同时具有两种对称性,则在它的傅里叶级数展开式中也应兼有两种对称的特点,下面举例说明。

例7.1　已知周期函数$f(t)$如图7.7所示,求其傅里叶级数的展开式。

解　由图可知,$f(t)$既是偶函数,又是奇谐波函数,因此,$f(t)$中既不含正弦谐波($b_k = 0$),又不含直流分量($a_0 = 0$)及偶次谐波。只需计算系数a_k,由式(7.2)可得

$$a_k = \frac{4}{T}\int_0^{\frac{T}{2}} f(t)\cos(k\omega t)\,\mathrm{d}t = \frac{4A_m}{T}\left[\int_0^{\frac{T}{4}}\cos(k\omega t)\,\mathrm{d}t - \int_{\frac{T}{4}}^{\frac{T}{2}}\cos(k\omega t)\,\mathrm{d}t\right]$$

$$= \frac{4A_m}{T}\frac{1}{k\omega}\left[\sin(k\omega t)\Big|_0^{\frac{T}{4}} - \sin(k\omega t)\Big|_{\frac{T}{4}}^{\frac{T}{2}}\right] = \frac{4A_m}{k\pi}\sin\left(\frac{k\pi}{2}\right)$$

故

$$f(t) = \frac{4A_m}{\pi}\left[\cos(\omega t) - \frac{1}{3}\cos(3\omega t) + \frac{1}{5}\cos(5\omega t) - \cdots\right]$$

由以上分析可知,傅里叶系数与周期函数波形的对称性有密切关系,但是,一个周期函数$f(t)$是奇函数还是偶函数有时还与时间的计算起点,即与纵轴的位置有关。如图7.8(a)中的$f_1(t)$为奇函数,故$a_k = 0$。如将纵轴向右平移1/4周期后,奇函数$f_1(t)$变为偶函数$f_2(t)$,如图7.8(b)所示,此时,$b_k = 0$。若已知$f_1(t)$的傅里叶级数展开式,则$f_2(t)$的傅里叶级数不必重算,只需将$f_1(t)$中的t用$t + \frac{T}{4}$代入即可。

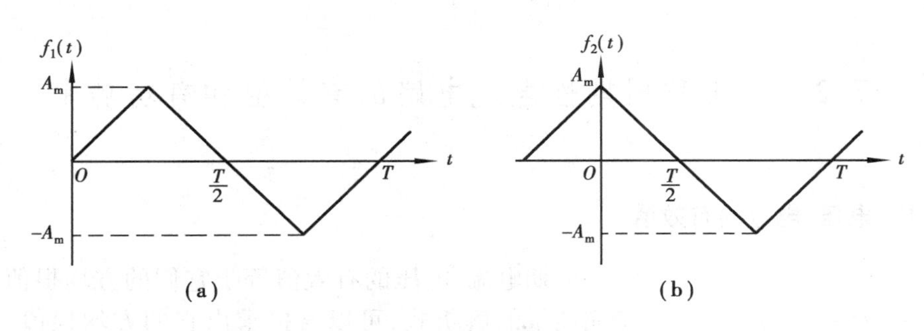

图7.8

例7.2　求图7.8(b)所示三角波$f_2(t)$的傅里叶级数展开式。

解　由表7.1查得三角波$f_1(t)$的展开式为

$$f_1(t)=\frac{8}{\pi^2}A_m\left[\sin(\omega t)-\frac{1}{9}\sin(3\omega t)+\cdots+\frac{1}{25}\sin(5\omega t)-\cdots\right]$$

则$f_2(t)$的傅里叶级数不必重算,可将上式中的t用$t+\frac{T}{4}$代入即可,则有

$$\begin{aligned}f_1(t)&=\frac{8}{\pi^2}A_m\left\{\sin\left[\omega\left(t+\frac{T}{4}\right)\right]-\frac{1}{9}\sin\left[3\omega\left(t+\frac{T}{4}\right)\right]+\frac{1}{25}\sin\left[5\omega\left(t+\frac{T}{4}\right)\right]-\cdots\right\}\\&=\frac{8}{\pi^2}A_m\left[\cos(\omega t)+\frac{1}{9}\cos(3\omega t)+\frac{1}{25}\cos(5\omega t)+\cdots\right]\end{aligned}$$

注意:一个函数是否是奇谐波函数,仅与该函数的波形有关,而与时间起点的选择无关。

最后应当指出:有时平移横轴会使谐波分析简化。如图7.9(a)中的$f(t)$,本来并不具有任何对称性,但若将横轴向上平移$\frac{1}{2}A_m$后,则得到奇函数$f_1(t)$,如图7.9(b)所示,这样就容易得出$f(t)$的展开式。

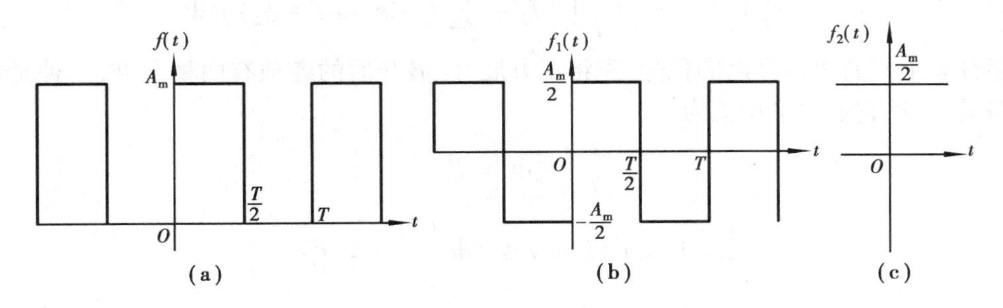

图7.9

例7.3　求图7.9(a)所示矩形波$f(t)$的傅里叶级数展开式。

解　将$f(t)$分解为$f_1(t)$和$f_2(t)$之和,其中$f_1(t)$为奇函数(图7.9(b)),其傅里叶级数可由表7.1查得,而$f_2(t)$是直流分量(图7.9(c))。因此,很容易写出周期函数$f(t)$的傅里叶级数,即

$$f(t)=f_1(t)+f_2(t)=\frac{2}{\pi}A_m\left[\sin(\omega t)+\frac{1}{3}\sin(3\omega t)+\frac{1}{5}\sin(5\omega t)+\cdots\right]+\frac{1}{2}A_m$$

7.2 非正弦周期性电流电路的有效值和有功功率

7.2.1 电压、电流的有效值

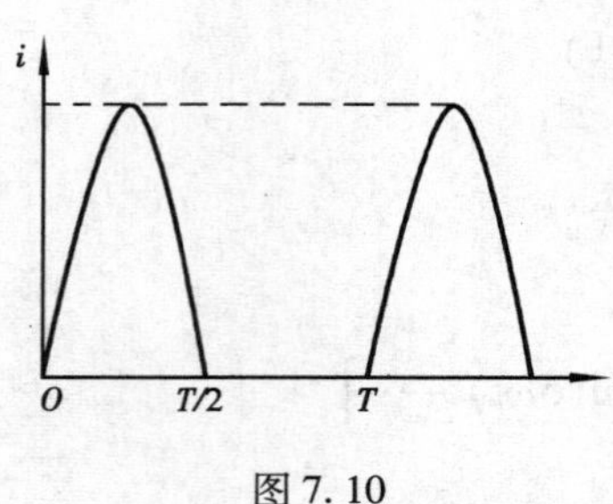

图 7.10

周期电流、电压的有效值等于它们的方均根值。如果已知周期量的解析式,可以直接求出它的方均根值。例如,图7.10所示的半波整流电流在一个周期内其数学表达式为

$$i=\begin{cases}I_m\sin\omega t & 0\leqslant t\leqslant\dfrac{T}{2}\\ 0 & \dfrac{T}{2}\leqslant t\leqslant T\end{cases}$$

其有效值为

$$I=\sqrt{\frac{1}{T}\int_0^T i^2\mathrm{d}t}=\sqrt{\frac{1}{T}\int_0^{\frac{T}{2}}(I_m\sin\omega t)^2\mathrm{d}t}$$

$$=\sqrt{\frac{1}{T}\int_0^{\frac{T}{2}}\frac{1}{2}I_m^2(1-\cos 2\omega t)\mathrm{d}t}=\frac{I_m}{2}$$

如果已知周期量的傅里叶级数,则可由各次谐波的有效值计算其总有效值,以电流为例,设

$$i=I_0+\sum_{k=1}^{\infty}I_{km}\sin(k\omega t+\psi_k)$$

则其有效值为

$$I=\sqrt{\frac{1}{T}\int_0^T i^2\mathrm{d}t}=\sqrt{\frac{1}{T}\int_0^T\left[I_0+\sum_{k=1}^{\infty}I_{km}\sin(k\omega t+\psi_k)\right]^2\mathrm{d}t}$$

为了计算上式右边根号内的积分,先将平方展开,展开后的各项有两种类型,一种是各次谐波自身的平方,它们的平均值为

$$\frac{1}{T}\int_0^T I_0^2\mathrm{d}t=I_0^2$$

$$\frac{1}{T}\int_0^T I_{km}^2\sin^2(k\omega t+\psi_k)\mathrm{d}t=\frac{I_{km}^2}{2}=I_k^2$$

$I_k=\dfrac{I_{km}}{\sqrt{2}}$是 k 次谐波(正弦波)的有效值;另一种类型是两个不同次谐波乘积的两倍,根据三角函数的正交性,它们的平均值为

$$\frac{1}{T}\int_0^T 2I_0I_{km}\sin(k\omega t+\psi_k)\mathrm{d}t=0$$

$$\frac{1}{T}\int_0^T 2I_{km}\sin(k\omega t+\psi_k)I_{lm}\sin(l\omega t+\psi_l)\mathrm{d}t=0(k\neq l)$$

所以

$$I=\sqrt{I_0^2+I_1^2+I_2^2+\cdots+I_k^2}\tag{7.5}$$

即周期量的有效值等于它的各次谐波(包括直流分量,其有效值即为 I_0)有效值的平方和的平方根。

周期量的有效值与各次谐波的初相位无关,它不是等于而是小于各次谐波有效值的和。

对于非正弦周期电压的有效值也存在同样的计算式,即

$$U=\sqrt{U_0^2+U_1^2+U_2^2+\cdots+U_k^2} \tag{7.6}$$

例7.4　求电源电压 $u=[40+180\sin\omega t+60\sin(3\omega t+45°)]\text{V}$ 的有效值。

解　电源电压的傅里叶级数展开式为

$$u=40+180\sin\omega t+60\sin(3\omega t+45°)$$

利用式(7.6)直接得

$$U=\sqrt{U_0^2+U_1^2+U_2^2+U_3^2}=\sqrt{40^2+(\frac{180}{\sqrt{2}})^2+(\frac{60}{\sqrt{2}})^2}\ \text{V}=140\ \text{V}$$

7.2.2　电压、电流的平均值

除有效值外,对非正弦周期量还引用平均值。非正弦周期量的平均值是它的直流分量,以电流为例,其平均值为

$$I_{\text{av}}=\frac{1}{T}\int_0^T i\text{d}t=I_0 \tag{7.7}$$

对于一个周期内有正、负的周期量,其平均值可能很小,甚至为零。为了对周期量进行测量和分析(如整流效果),常将交流量的绝对值在一个周期内的平均值定义为整流平均值,以电流为例,其整流平均值为

$$I_{\text{rect}}=\frac{1}{T}\int_0^T |i|\text{d}t \tag{7.8}$$

对于上下半周期对称的周期电流,则有

$$I_{\text{rect}}=\frac{2}{T}\int_0^{\frac{T}{2}} |i|\text{d}t \tag{7.9}$$

例7.5　计算正弦电流 $i_1=I_{\text{m}}\sin\omega t$ 及表7.1所示矩形波电压 u_2 的整流平均值,后者的最大电压为 U_{m}。

解　正弦电流的整流平均值可取第一个半周期作计算,即

$$I_{1\text{rect}}=\frac{2}{T}\int_0^{\frac{T}{2}} I_{\text{m}}\sin\omega t=\frac{2I_{\text{m}}}{\omega T}(-\cos\omega t)\Big|_0^{\frac{T}{2}}=\frac{2}{\pi}I_{\text{m}}$$

矩形电压的整流平均值为

$$U_{\text{rect}}=\frac{2}{T}\int_0^{\frac{T}{2}} U_{\text{m}}\text{d}t=U_{\text{m}}$$

7.2.3　波形因数

工程上为粗略反映波形的性质,定义波形因数 K_f,即

$$K_f=\frac{\text{有效值}}{\text{整流平均值}} \tag{7.10}$$

正弦波的波形因数为

$$K_f=\frac{\frac{I_m}{\sqrt{2}}}{\frac{2}{\pi}I_m}=1.11$$

如果以正弦波的波形因数作为标准,对非正弦波,如波形因数 $K_f \geqslant 1.11$,则可估计非正弦波的波形比正弦波尖;$K_f \leqslant 1.11$,则波形比正弦波平坦。

以表 7.11 中的三角波为例,其有效值、整流平均值可由表查得,则其波形因数为

$$K_f=\frac{\frac{A_m}{\sqrt{3}}}{\frac{A_m}{2}}=\frac{2}{\sqrt{3}}=1.15>1.11$$

显然,三角波比正弦波尖。

不同的波形具有不同的波形因数 K_f,这给用万用表测量非正弦周期电量的有效值带来误差。在电工实验中可知,在万用表的交流挡中,一般为磁电系测量机构连接全波整流装置,指针的偏转角与被测电量的整流平均值成比例。因为正弦量的有效值与整流平均值之比即波形因数 $K_f=1.11$,因此,将万用表直流挡的刻度扩大 1.11 倍,即作为交流挡的刻度,可用以测量正弦量的有效值。用万用表测量正弦电压或电流的有效值时,其读数是准确的。但万用表测量非正弦周期电量时,如果非正弦周期壁的波形因数不是 1.11,则测量将有误差。

电磁系及电动系电压表(电流表)的指针的偏转角与被测电压(或电流)有效值的平方成正比,因此,可用来测量非正弦周期电压(或电流)的有效值。

7.2.4 非正弦周期电流电路的有功功率

设一条支路或一个二端网络,其电压、电流取关联参考方向,并设其电压、电流为

$$i=I_0+\sum_{k=1}^{\infty}I_{km}\sin(k\omega t+\psi_{ki})$$

$$u=U_0+\sum_{k=1}^{\infty}U_{km}\sin(k\omega t+\psi_{ku})$$

则支路或二端网络吸收的瞬时功率为

$$p=ui=\left[U_0+\sum_{k=1}^{\infty}U_{km}\sin(k\omega t+\psi_{ku})\right]\times\left[I_0+\sum_{k=1}^{\infty}I_{km}\sin(k\omega t+\psi_{ki})\right]$$

代入平均功率的定义式,得平均功率为

$$P=\frac{1}{T}\int_0^T p\mathrm{d}t=\frac{1}{T}\int_0^T ui\mathrm{d}t=\frac{1}{T}\int_0^T\left[U_0+\sum_{k=1}^{\infty}U_{km}\sin(k\omega t+\psi_{ku})\right]\times\left[I_0+\sum_{k=1}^{\infty}I_{km}\sin(k\omega t+\psi_{ki})\right]\mathrm{d}t$$

为了计算上式右边的积分,先将积分号内的因式展开,展开后的各项有两种类型:一种是同次谐波电压和电流的乘积,它们的平均值为

$$P_0=\frac{1}{T}\int_0^T U_0I_0\mathrm{d}t=U_0I_0$$

$$\begin{aligned}P_k&=\frac{1}{T}\int_0^T\left[U_0+\sum_{k=1}^{\infty}U_{km}\sin(k\omega t+\psi_{ku})\right]\times\left[I_0+\sum_{k=1}^{\infty}I_{km}\sin(k\omega t+\psi_{ki})\right]\mathrm{d}t\\&=\frac{1}{2}U_{km}I_{km}\cos(\psi_{ku}-\psi_{ki})=U_kI_k\cos\psi_k\end{aligned}$$

U_k、I_k 为各次谐波电压、电流的有效值，ψ_k 为 k 次谐波电压比 k 次谐波电流超前的相位差；另一种是不同次谐波电压和电流的乘积，根据三角函数的正交性，它们的平均值为零，于是得

$$P = U_0I_0 + \sum_{k=1}^{\infty} U_kI_k\cos\psi_k = P_0 + P_1 + P_2 + \cdots + P_k \tag{7.11}$$

综上所述，在非正弦周期性电流电路中，不同次（包括零次）谐波电压、电流虽然构成瞬时功率，但不构成平均功率；只有同次谐波电压、电流才构成平均功率；电路的功率等于各次谐波功率（包括直流分量，其功率为 U_0I_0）的和。

例7.6　二端网络在相关联的参考方向下，$u = [10 + 141.4\ \sin\omega t + 50\ \sin(3\omega t + 60°)$ V $i = [\sin(\omega t - 70°) + 0.3\ \sin(3\omega t + 60°)]$ A，求二端网络吸收的功率。

解

$$P_0 = U_0I_0 = 0$$

$$P_1 = U_1I_1\cos\psi_1 = \frac{141.1}{\sqrt{2}} \times \frac{1}{\sqrt{2}} \times \cos 70°\ \text{W} = 24.2\ \text{W}$$

$$P_3 = U_3I_3\cos\psi_3 = \frac{50}{\sqrt{2}} \times \frac{0.3}{\sqrt{2}} \times \cos(60° - 60°)\ \text{W} = 7.5\ \text{W}$$

所以有

$$P = P_0 + P_1 + P_3 = (24.2 + 7.5)\ \text{W} = 31.7\ \text{W}$$

7.3　非正弦周期性电流电路的计算

已知电路的参数和非正弦周期量激励时，计算电路稳定状态响应的一般步骤如下：

①将激励分解为傅里叶级数。谐波取到第几项，视计算精度的要求而定。

②分别求各次谐波单独作用下的响应。对于直流分量，电感元件相当于短路，电容元件相当于开路，电路成为电阻性电路。对于各次谐波，电路成为正弦电流电路。要注意的是，电感和电容元件对不同频率的谐波的感抗、容抗不同。如基波的角频率为 ω，电感 L 对基波的复阻抗为 $Z_{L1} = \text{j}\omega L$，对 k 次谐波的复阻抗为 $Z_{Lk} = \text{j}k\omega L = kZ_{L1}$。电容 C 对基波的复阻抗为 $Z_{C1} = \frac{1}{\text{j}\omega C}$，对 k 次谐波的复阻抗为 $Z_{Ck} = \frac{1}{\text{j}k\omega C} = \frac{Z_{C1}}{k}$。

③应用线性电路的叠加定理，将由第②步算出的属于同支路响应（电压或电流）的各分量进行合成。应当注意的是：不能将代表不同频率的电流（电压）相量直接相加减，必须先将它们变为瞬时值后方可求其代数和。最终求得的响应是时间函数表示的，电压、电流应记作 $u(t)$、$i(t)$，简记为 u、i。

例7.7　在图7.11(a)所示的电路中，已知 $R = 10\ \Omega$，$L = 0.05$ H，$C = 50\ \mu$F，电源电压为 $u = [40 + 180\ \sin\omega t + 60\ \sin(3\omega t + 45°)]$ V，式中 $\omega = 314$ rad/s。试求电路中的电流。

解　非正弦周期电压 u 的傅里叶级数已给出，可直接按上述步骤②求电流 i 的各个分量。为此，先画出对应于直流分量、基波及三次谐波分量的电路模型，分别如图7.11(b)、(c)、(d)所示。

①电压 u 的直流分量单独作用时，由于电容 C 相当于开路，如图7.11(b)所示，故 $I_0 = 0$。

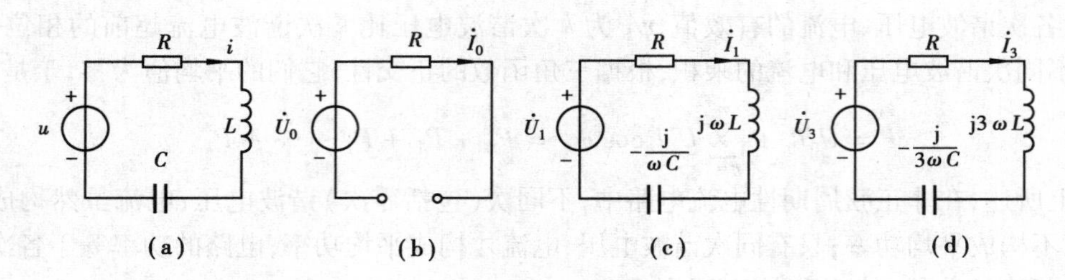

图 7.11

②电压 u 中的基波分量单独作用时，可按图 7.11(c)所示的电路计算。

$$\dot{U}_1=\frac{180}{\sqrt{2}}\angle 0°\ \text{V}=127.3\angle 0°\ \text{V}$$

$$Z_1=10+\text{j}314\times 0.05-\text{j}\frac{1}{314\times 50\times 10^{-6}}=(10-\text{j}47.99)\ \Omega=49\angle -78.2°\ \Omega$$

$$\dot{I}_1=\frac{\dot{U}_1}{Z_1}=\frac{127.3\angle 0°}{49\angle -78.2°}\ \text{A}=2.6\angle 78.2°\ \text{A}$$

③电压 u 中的三次谐波分量单独作用时，可按图 7.11(d)所示的电路计算。

$$\dot{U}_3=\frac{60}{\sqrt{2}}\angle 45°\ \text{V}=42.4\angle 45°\ \text{V}$$

$$Z_3=\left(10+\text{j}3\times 314\times 0.05-\text{j}\frac{1}{3\times 314\times 50\times 10^{-6}}\right)\Omega=(10-\text{j}25.87)\ \Omega=27.7\angle 68.9°\ \Omega$$

$$\dot{I}_3=\frac{\dot{U}_3}{Z_3}=\frac{42.4\angle 45°}{27.7\angle 68.9°}\ \text{A}=1.53\angle -23.9°\ \text{A}$$

④电流 i 为基波和三次谐波电流瞬时值之和为

$$\begin{aligned}i&=i_1+i_3=[2.6\sqrt{2}\sin(314t+78.2°)+1.53\sqrt{2}\sin(314t-23.9°)]\ \text{A}\\&=[3.67\sin(314t+78.2°)+2.17\sin(314t-23.9°)]\ \text{A}\end{aligned}$$

电容在直流分量作用下相当于开路，因此，电流中无直流分量。电容的这种作用称为隔直作用。

例 7.8 在图 7.12(a)所示电路中，$R=100\ \Omega$，$L=1\ \text{H}$，$u_S(t)$为图 7.12(b)所示的矩形波，其振幅为 100 V，频率为 50 Hz。试求各响应的解析式和有效值。

解 ①$u_S(t)$可以看成图 7.12(c)所示 $U_{S0}=50$ V 和图 7.12(d)所示的振幅为 50 V 的矩形波 $u'_S(t)$的叠加。查表 7.1 得

$$u'_S(t)=\frac{4}{\pi}\times 50\left[\sin 100\pi t+\frac{1}{3}\sin(3\times 100\pi t)+\frac{1}{5}\sin(5\times 100\pi t)+\cdots\right]$$

$$=[63.66\sin 100\pi t+21.22\sin 300\pi t+12.73\sin 500\pi t+\cdots]\text{V}$$

$$u_S(t)=U_{S0}+u'_S(t)=[50+63.66\sin 100\pi t+21.22\sin 300\pi t+12.73\sin 500\pi t+\cdots]\text{V}$$

②激励的直流分量 $U_{S0}=50$ V 单独作用时，将 L 代之以短路，电路如图 7.12(e)所示。由图 7.12(e)可得

$$U_{L0}=0\ \text{V}\qquad U_{R0}=U_{S0}=50\ \text{V}\qquad I_0=\frac{U_{S0}}{R}=\frac{50}{100}\ \text{A}=0.5\ \text{A}$$

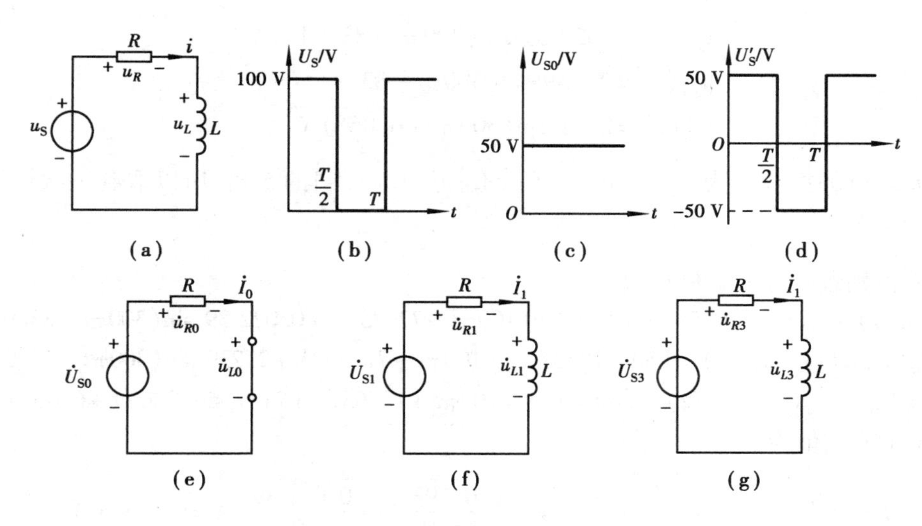

图7.12

③激励的基波 $u_{S1}(t)=63.66\ \sin\ 100\pi t$ 单独作用时，相量模型如图7.12(f)所示，网络对基波的复阻抗为

$$Z_1=R+jX_{L1}=R+j\omega L=(100+j100\pi)\ \Omega=(100+j314.2)\ \Omega=329.7\angle 72.35°\ \Omega$$

基波响应的最大值相量为

$$\dot{I}_{1m}=\frac{\dot{U}_{S1m}}{Z_1}=\frac{63.66\angle 0°}{329.7\angle 72.35°}\ A=0.193\ 1\angle -72.35°\ A$$

$$\dot{U}_{R1m}=R\dot{I}_{1m}=100\times 0.193\angle -72.35°V=19.31\angle -72.35°\ V$$

$$\dot{U}_{L1m}=jX_{L1}\dot{I}_{1m}=j314.2\times 0.193\angle -72.35°\ V=60.67\angle 17.65°\ V$$

各基波响应的解析式为

$$i_1(t)=0.193\ 1\ \sin(100\pi t-72.35°)\ A$$

$$u_{R1}(t)=19.31\ \sin(100\pi t-72.35°)\ V$$

$$u_{L1}(t)=60.67\ \sin(100\pi t-17.65°)\ A$$

④激励的三次谐波 $u_{S3}(t)=21.22\ \sin\ (3\times 100\ \pi t)$ 单独作用时，相量模型如图7.12(g)所示，网络对三次谐波的复阻抗为

$$Z_3=R+jX_{L3}=R+j3\times\omega L=(100+j3\times 100\pi)\ \Omega=(100+j942.6)\ \Omega=947.9\angle 83.94°\ \Omega$$

各基波响应的最大值相量为

$$\dot{I}_{3m}=\frac{\dot{U}_{S3m}}{Z_3}=\frac{21.22\angle 0°}{947.9\angle 83.94°}=0.022\ 39\angle -83.94°\ A$$

$$\dot{U}_{R3m}=R\dot{I}_{3m}=100\times 0.022\ 39\angle -83.94°\ V=2.239\angle -83.94°\ V$$

$$\dot{U}_{L3m}=jX_{L3}\dot{I}_{3m}=j3\times 314.2\times 0.022\ 39\angle -83.94°\ V=21.1\angle 6.06°\ V$$

各基波响应的解析式为

$$i_3(t)=0.02239\sin(300\pi t-83.94°)\text{ A}$$
$$u_{R3}(t)=2.239\sin(300\pi t-83.94°)\text{ V}$$
$$u_{L3}(t)=21.1\sin(300\pi t+6.06°)\text{ A}$$

由于$u_{S5}(t)$的振幅仅为$u_{S1}(t)$的$\frac{1}{5}$，而$|Z_5|$近似为$|Z_1|$的5倍，所以取到三次谐波已够准确。

⑤最后得到各响应的解析式为

$$i(t)=I_0+i_1(t)+i_3(t)=[0.5+0.1931\sin(100\pi t-72.35°)+0.02239\sin(300\pi t-83.94°)]\text{ A}$$
$$u_R(t)=U_{R0}+u_{R1}(t)+u_{R3}(t)=[50+19.31\sin(100\pi t-72.35°)+2.239\sin(300\pi t-83.94°)]\text{ V}$$
$$u_L(t)=U_{L0}+u_{L1}(t)+u_{L3}(t)=[60.67\sin(100\pi t+17.65°)+21.1\sin(300\pi t+6.06°)]\text{ V}$$

各响应的有效值为

$$I=\sqrt{I_0^2+\left(\frac{I_{1m}}{\sqrt{2}}\right)^2+\left(\frac{I_{3m}}{\sqrt{2}}\right)^2}=\sqrt{0.5^2+\frac{0.1931^2}{2}+\frac{0.02239^2}{2}}\text{ A}=0.5186\text{ A}$$
$$U_R=RI=100\times0.5186\text{ V}=51.86\text{ V}$$
$$U_L=\sqrt{\left(\frac{U_{L1m}}{\sqrt{2}}\right)^2+\left(\frac{U_{L3m}}{\sqrt{2}}\right)^2}=\sqrt{\frac{60.67^2}{2}+\frac{21.1^2}{2}}\text{ A}=45.42\text{ A}$$

本例中$u_S(t)$中的交流成分大，而$i(t)$和$u_R(t)$中的交流成分小，$i(t)$和$u_R(t)$的波形要比$u_S(t)$的波形平得多。这是因为电感元件的感抗与频率成正比，它对直流和低频交流起导通作用，对高频交流起抑制作用。

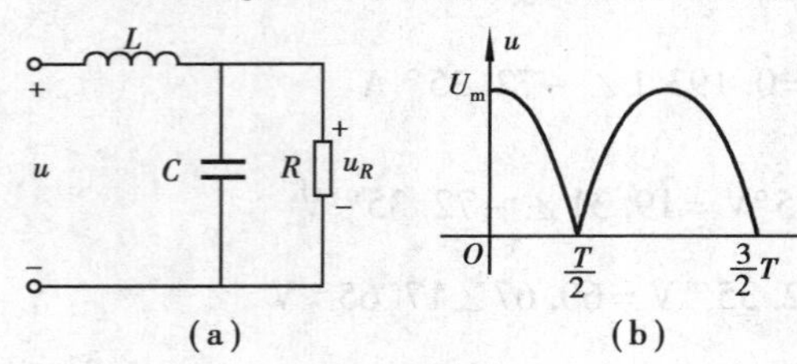

图 7.13

例 7.9 为了减小整流器输出电压的纹波，使其更接近直流。常在整流的输出端与负载电阻R间接有LC滤波器，其电路如图7.13(a)所示。若已知$R=1\text{ k}\Omega$，$L=5\text{ H}$，$C=30\ \mu\text{F}$，输入电压u的波形如图7.13(b)所示，其中振幅$U_m=157\text{ V}$，基波角频率$\omega=314\text{ rad/s}$，求输出电压u_R。

解 查表7.1可得输入电压u的傅里叶级数为

$$u=\frac{4U_m}{\pi}\left(\frac{1}{2}+\frac{1}{3}\cos2\omega t-\frac{1}{15}\cos4\omega t+\cdots\right)$$

取到四次谐波，并代入$U_m=157\text{ V}$得

$$u=[100+66.7\cos2\omega t-13.33\cos4\omega t]\text{ V}$$

①求直流分量

对于直流分量，电感相当于短路，电容相当于开路，故$U_{R0}=100\text{ V}$。

②求二次谐波分量

$$Z_2=\text{j}2\omega L+\frac{R\left(-\text{j}\frac{1}{2\omega C}\right)}{R-\text{j}\frac{1}{2\omega C}}=\left[\text{j}2\times314\times5+\frac{10^3\left(-\text{j}\frac{1}{2\times314\times30\times10^{-6}}\right)}{10^3-\text{j}\frac{1}{2\times314\times30\times10^{-6}}}\right]\Omega=3087.1\angle89.95°\ \Omega$$

$$\dot{U}_{R2m}=\frac{\dot{U}_{2m}}{Z_2}\times\frac{R\left(-j\frac{1}{2\omega C}\right)}{R-j\frac{1}{2\omega C}}=\frac{66.7\angle 90^\circ}{3\ 087.1\angle 89.95^\circ}\times 53\angle -87^\circ\ \text{V}=1.15\angle -87.5^\circ\ \text{V}$$

$$u_{R2}=1.15\ \sin(2\omega t-87.5^\circ)\text{V}$$

③求四次谐波分量

$$Z_4=\text{j}4\omega L+\frac{R(-j\frac{1}{4\omega C})}{R-j\frac{1}{4\omega C}}=\text{j}6\ 280+26.5\angle -88.5^\circ\ \Omega=6\ 253.5\angle 90^\circ\ \Omega$$

$$\dot{U}_{R4m}=\frac{\dot{U}_{4m}}{Z_4}\times\frac{R(-j\frac{1}{4\omega C})}{R-j\frac{1}{4\omega C}}=\left(\frac{13.3\angle -90^\circ}{6\ 253.5\angle 90^\circ}\times 26.5\angle -88.5^\circ\right)\text{V}=0.056\angle 91.5^\circ\ \text{V}$$

$$u_{R4}=0.056\ \sin(4\omega t+91.5^\circ)\text{V}$$

④输出电压为

$$u_R=[100+1.15\ \sin(2\omega t-87.5^\circ)+0.056\ \sin(4\omega t-91.5^\circ)]\text{V}$$

比较本例题的输入电压和输出电压可看到:二次谐波分量由原本占直流分量的66.7%减小到1.15%，四次谐波分量由原本占直流分量的13.3%减小到0.056%　。因此,输入电压u经过LC后，高次谐波分量受到抑制，负载两端得到较平稳的输出电压。这种接在电源和负载之间,可让某些需要的频率分量通过,而抑制某些不需要的频率分量的电路称为滤波电路,在电子技术中得到广泛的应用。

基本要求与本章小结

(1)基本要求

①了解用傅里叶级数将非正弦周期量分解为谐波的方法。

②掌握应用叠加定理计算非正弦周期电流电路的方法。

③了解非正弦周期电流电路中的有效值、平均值以及有功功率的计算方法。

(2)内容提要

1)将非正弦周期量分解为谐波

非正弦的周期信号,在满足狄利克雷条件的情况下可以分解成傅里叶级数。傅里叶级数一般包含有直流分量、基波分量和高次谐波分量。它有两种表示式,即

$$f(t)=\frac{a_0}{2}+\sum_{k=1}^{\infty}(a_k\cos k\omega t+b_k\sin k\omega t)$$

$$f(t)=A_0+\sum_{k=1}^{\infty}A_k\sin(k\omega t+\psi_k)$$

式中,$\omega=\frac{2\pi}{T}$,T为$f(t)$的周期;a_0、a_k、b_k为傅里叶系数,它们的计算公式为

$$\begin{cases} a_0 = \dfrac{2}{T}\int_0^T f(t)\,\mathrm{d}t \\ a_k = \dfrac{2}{T}\int_0^T f(t)\cos k\omega t\mathrm{d}t \\ b_k = \dfrac{2}{T}\int_0^T f(t)\sin k\omega t\mathrm{d}t \end{cases}$$

且有

$$\begin{cases} A_0 = \dfrac{a_0}{2} \\ A_k = \sqrt{a_k^2 + b_k^2} \\ \psi_k = \arctan \dfrac{a_k}{b_k} \end{cases}$$

2）对称性非正弦周期量的傅里叶级数展开

根据非正弦周期量波形的对称性，可直观判定：

①波形在横轴上、下部分包围的面积相等，则无直流分量，$a_0 = 0$。

②波形对称于原点，则周期量为奇函数，无直流分量，无余弦谐波分量，$a_0 = 0, a_k = 0$。

③波形对称于纵轴，则周期量为偶函数，无正弦谐波分量，$b_k = 0$。

④波形为镜像对称，则周期量为奇谐波函数，无直流分量，无偶次谐波，只含奇次谐波。

3）周期量的有效值、整流平均值及波形因数

非正弦周期信号有效值的定义与正弦信号有效值的定义相同，即

$$I = \sqrt{\frac{1}{T}\int_0^T i^2\mathrm{d}t}$$

$$U = \sqrt{\frac{1}{T}\int_0^T u^2\mathrm{d}t}$$

与各次谐波分量有效值的关系为

$$I = \sqrt{I_0^2 + I_1^2 + \cdots + I_k^2 + \cdots}$$

$$U = \sqrt{U_0^2 + U_1^2 + \cdots + U_k^2 + \cdots}$$

周期量的整流平均值指一个周期内函数绝对值的平均值。其定义为

$$I_{\mathrm{rect}} = \frac{1}{T}\int_0^T |i|\mathrm{d}t$$

$$U_{\mathrm{av}} = \frac{1}{T}\int_0^T |u|\mathrm{d}t$$

周期量的波形因数定义为

$$K_f = \frac{\text{有效值}}{\text{整流平均值}}$$

波形因数：正弦波等于1.11，尖顶波大于1.11，平顶波小于1.11。

4）非正弦周期性电流电路的功率

非正弦周期性电流电路的平均功率的定义也与正弦交流电路平均功率的定义相同，都表示瞬时功率在一个周期内的平均值。其定义为：

$$P=\frac{1}{T}\int_0^T p\mathrm{d}t=\frac{1}{T}\int_0^T ui\mathrm{d}t$$

与各次谐波功率之间的关系为

$$P=P_0+P_1+P_2+\cdots+P_k+\cdots=U_0I_0+U_1I_1\cos\varphi_1+U_2I_2\cos\varphi_2+\cdots+U_kI_k\cos\varphi_k+\cdots$$

5)非正弦周期性电流电路的计算

非正弦周期性电流电路的计算,实际上是应用了线性电路的叠加原理,并借助于直流及交流电路的计算方法,其步骤如下:

①将非正弦信号分解成傅里叶级数;

②计算直流分量和各次谐波分量分别作用于电路时的电压和电流响应。但要注意感抗和容抗在不同谐波所表现的不同。即:

$$X_{kL}=k\omega L\qquad X_{kC}=\frac{1}{k\omega C}$$

③将各次谐波的电压和电流响应用瞬时值表示后再叠加。

习　题

7.1　已知矩形周期电压的波形如题图7.1所示,求 $u(t)$ 的傅里叶级数。

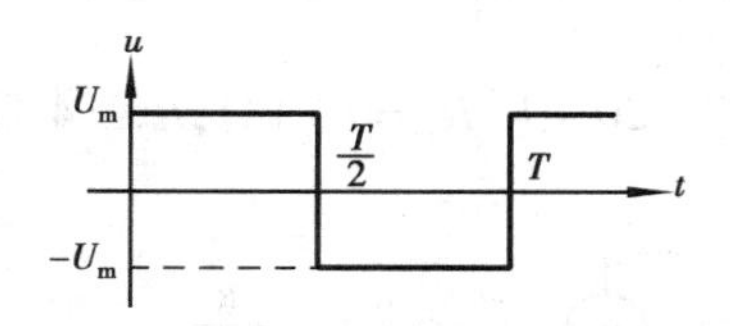

题图7.1

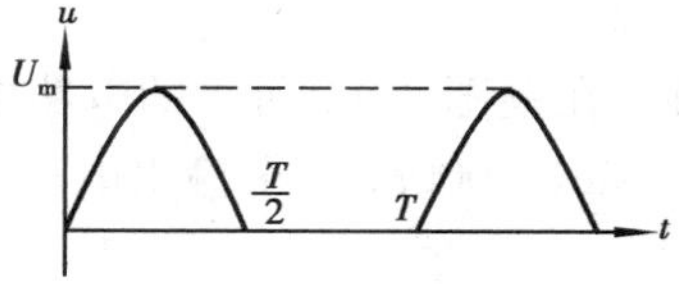

题图7.2

7.2　求题图7.2所示的电压的傅里叶级数的展开式。

7.3　$R=10\ \Omega$、$C=159\ \mu F$ 的电阻电容串联电路接到 $u_S(t)=(50+190\sin 314t)$ V 的电压源。试求电容电压的有效值和最大值。

7.4　电感线圈与电容串联,已知外加电压 $u=(300\sin\omega t+150\sin 3\omega t)$ V,电感线圈基波阻抗 $Z_L=(5+\mathrm{j}12)\Omega$,电容基波阻抗 $X_C=30\ \Omega$。求电路电流瞬时值及有效值。

7.5　已知题图7.5所示电路中 $R=\omega L=\frac{1}{\omega C}=10\ \Omega$,$u=(220\sin\omega t+90\sin 3\omega t+50\sin 5\omega t)$ V,求各支路电流、总电流的瞬时值及电感支路电流的有效值,并画出三条支路电流的振幅频谱图。

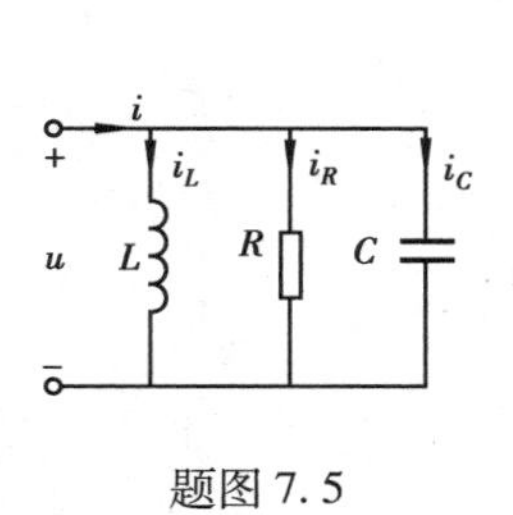

题图7.5

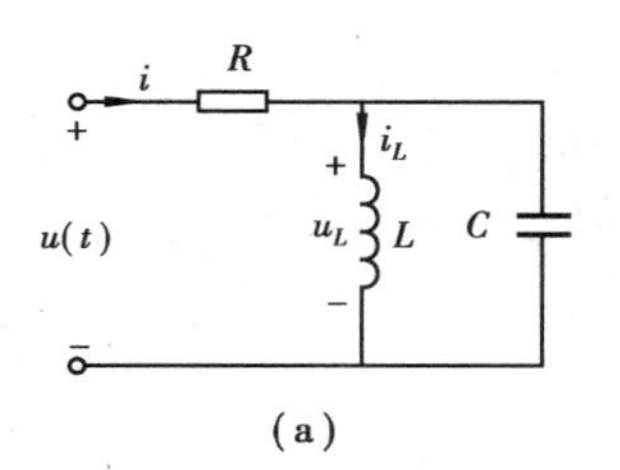

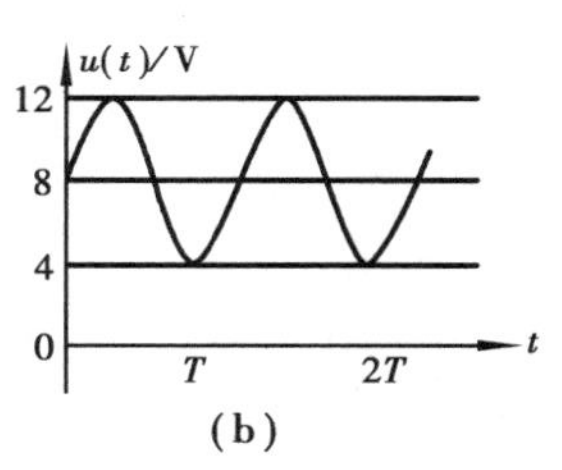

题图7.6

7.6 在题图 7.6(a)所示的电路中,电压 $u_L(t)$ 的波形如题图 7.6(b)所示。试写出电压瞬时值表达式、有效值和平均值。当 $R=\omega L=\dfrac{1}{\omega C}=40\ \Omega$ 时,求 $u_L(t)$、$i_L(t)$ 表达式。

7.7 二端网络的电压和电流为 $u=[100\sin(\omega t+30°)+50\sin(3\omega t+60°)+25\sin 5\omega t]$ V,$i=[10\sin(\omega t-30°)+5\sin(3\omega t+30°)+2\sin(5\omega t-30°)]$ A。求二端网络吸收的功率。

7.8 在题图 7.8 所示的电路中,已知 $u_R=(50+10\sin\omega t)$ V,$R=100\ \Omega$,$L=2$ mH,$C=50\ \mu$F,$\omega=1\ 000$ rad/s,试求电源电压 u 的表达式,有效值及电源消耗的功率。

题图 7.8　　　　题图 7.9

7.9 在题图 7.9 所示的电路中,$u_S=(10+50\sqrt{2}\sin\omega t+30\sqrt{2}\sin 3\omega t)$ V,已知 $R=10\ \Omega$,$\omega L=10\ \Omega$,$\dfrac{1}{\omega C}=90\ \Omega$。试求:$i(t)$、$i_L(t)$、$u_L(t)$。

7.10 在 RLC 串联电路中,已知 $R=10\ \Omega$,$L=50$ mH,$C=22.5\ \mu$F。电路两端电压为 $u=[40+180\sin\omega t+60\sin(3\omega t+45°)+20\sin(5\omega t+18°)]$ V,基波频率 $f=50$ Hz,求电路中的电流。

7.11 在题图 7.11 所示的电路中,已知 $E=12$ V,$C=20\ \mu$F,$R_1=12$ kΩ,$R_2=4$ kΩ,$R_3=1$ kΩ,$u_1=\sin(1\ 000t)$ V,求输出电压 u_2。

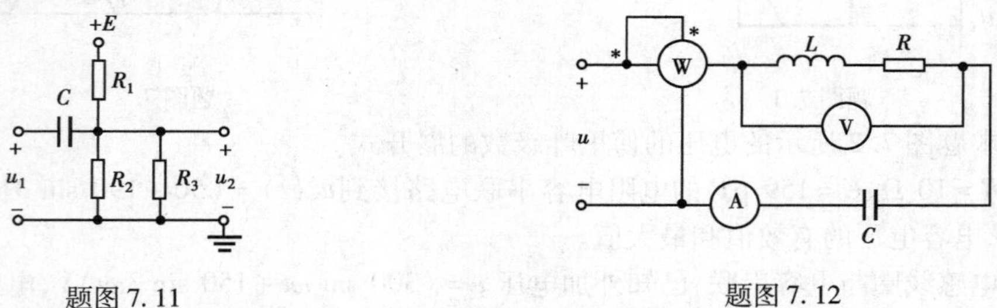

题图 7.11　　　　题图 7.12

7.12 在题图 7.12 所示电路中,已知 $u=[10+80\sqrt{2}\sin(\omega t+30°)+18\sqrt{2}\sin(3\omega t)]$ V,$R=12\ \Omega$,$\omega L=2\ \Omega$,$\dfrac{1}{\omega C}=18\ \Omega$。求电磁电流表、电压表及电动系功率表的读数及电流瞬时值的表达式。

第8章 二端口网络

在网络分析中，当只需研究网络与外电路连接的一个端口情况时，可将网络看作是端口网络。当只需要研究网络的输出与输入之间的关系时，可以将网络看作是一个具有一个输入端口与一个输出端口的二端口网络。若网络不止一个输出端口或输入端口，则称为多端口网络。本章研究内部不含独立源的线性时不变二端口网络，介绍表示端口电压、电流之间关系的参数与方程，以及等效电路。

8.1 二端口网络

在实际工程中，常遇到具有两个端口的网络，如图8.1(a)、(b)、(c)所示，包括变压器、晶体管放大器和传输线等。如果只研究其两个端口的电压与电流之间的关系，无论网络内部如何复杂，都可以用一个方框将两个端口之间的网络框起来，如图8.1(d)所示。对于网络的两个端口，一般地，一个接电源，称为输入端口(图8.1(d)中1-1′端口)；另一个接负载，称为输出端口(图8.1(d)中2-2′端口)。显然，在任何瞬间，每一个端口两个端钮的电流量值必相等，并且电流从一个端钮流入而从另一个端钮流出，这称为端口条件。四端网络只有满足端口条件时才是二端口网络。一般四端网络的4个端钮电流不一定成对相等，即不一定满足端口条件，也不一定能作为二端口网络。本章研究线性时不变二端口网络，它可能包含电阻、电感、电容、受控源等元器件，但不包含独立源，也没有与外界耦合的互感或受控源。在分析中按正弦电流

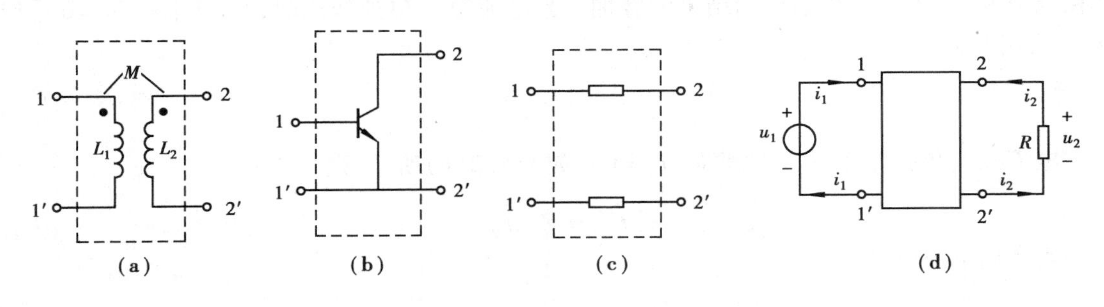

图8.1

电路的稳定状态考虑,并应用相量法。

用二端口网络概念分析电路时,其中一个很重要的内容就是要找出它的两个端口处的电流、电压(通常也就是输入和输出)之间的相互关系。下面将会看到,这种相互关系可以通过一些参数表示,而这些参数只取决于构成二端口网络本身的元件的参数和它们的连接方式及激励电源频率。一旦确定了表征这个端口网络的参数,当一个端口处的电流或电压发生变化时,要找出另外一个端口的电流和电压就比较容易。

二端口网络中共有4个变量:$\dot{U}_1$、$\dot{U}_2$和$\dot{I}_1$、$\dot{I}_2$,每个端口有一个由外电路决定的约束关系,因此,二端口网络内部有2个约束关系就可以确定二端口网络的所有4个变量。在这2个约束关系中,可以是4个变量中的任意2个作为自变量(已知量)而其他2个作为因变量(待求量)。自变量和因变量的组合共有6种不同方式,当自变量不同时,得到的网络参数也不同。本章介绍其中最常用的导纳参数、阻抗参数、传输参数和混合参数等4种。

8.2 二端口网络的导纳参数和阻抗参数

8.2.1 阻抗参数、阻抗参数方程

图8.2所示为一无源线性二端口网络,其激励为正弦量,电路已达稳定,端口电压、电流相量参考方向如图所示。设端口电流$\dot{I}_1$、$\dot{I}_2$是已知量,端口电压$\dot{U}_1$、$\dot{U}_2$是待求量。

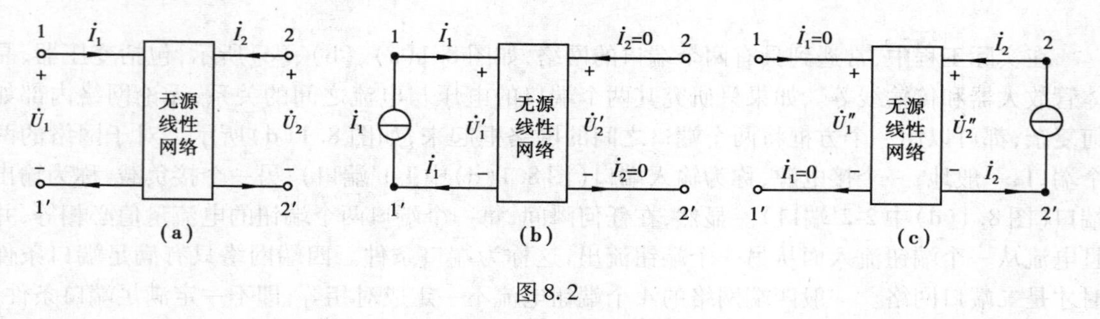

图8.2

将端口电流$\dot{I}_1$、$\dot{I}_2$用电流源替代,因网络内无独立电源,根据叠加定理,端口电压$\dot{U}_1$可看作由电流源$\dot{I}_1$、$\dot{I}_2$分别单独作用结果的叠加。当电流源$\dot{I}_1$单独作用时,2-2′开路($\dot{I}_2=0$),如图8.2(b)所示,则

$$\dot{U}_1' = Z_{11}\dot{I}_1$$

电流源$\dot{I}_2$单独作用时,1-1′开路($\dot{I}_1=0$),如图8.2(c)所示,则

$$\dot{U}_1'' = Z_{12}\dot{I}_2$$

由叠加定理可得

$$\dot{U}_1 = \dot{U}_1' + \dot{U}_1'' = Z_{11}\dot{I}_1 + Z_{12}\dot{I}_2 \tag{8.1}$$

同样，$\dot{U}_2$也可看作由电流源$\dot{I}_1$、$\dot{I}_2$分别单独作用结果的叠加。当电流源$\dot{I}_1$单独作用时，如图 8.2(b)所示，则

$$\dot{U}_2' = Z_{21}\dot{I}_1$$

电流源$\dot{I}_2$单独作用时，如图 8.2(c)所示，则

$$\dot{U}_2'' = Z_{22}\dot{I}_2$$

由叠加定理可得

$$\dot{U}_2 = \dot{U}_2' + \dot{U}_2'' = Z_{21}\dot{I}_1 + Z_{22}\dot{I}_2 \tag{8.2}$$

将式(8.1)、式(8.2)联立，便得到方程组

$$\begin{cases}\dot{U}_1 = Z_{11}\dot{I}_1 + Z_{12}\dot{I}_2 \\ \dot{U}_2 = Z_{21}\dot{I}_1 + Z_{22}\dot{I}_2\end{cases} \tag{8.3}$$

式中，Z_{11}、Z_{12}、Z_{21}、Z_{22}具有阻抗性质，称为二端口网络的 Z 参数，即阻抗参数。它们仅与网络内部元件参数、结构及激励电源频率有关，而与激励电源电压量值无关，因而可以用这些参数来描述网络本身的特性。

Z 参数可用下列方法计算或测试获得。将网络 2-2′端口开路($\dot{I}_2=0$)，1-1′端口施加电流$\dot{I}_1$，由式(8.3)可得

$$Z_{11} = \left.\frac{\dot{U}_1}{\dot{I}_1}\right|_{\dot{I}_2=0},\quad Z_{21} = \left.\frac{\dot{U}_2}{\dot{I}_1}\right|_{\dot{I}_2=0}$$

当在二端口网络 2-2′端口施加电流$\dot{I}_2$，端口 1-1′开路($\dot{I}_1=0$)，由式(8.3)可得

$$Z_{12} = \left.\frac{\dot{U}_1}{\dot{I}_2}\right|_{\dot{I}_1=0},\quad Z_{22} = \left.\frac{\dot{U}_2}{\dot{I}_2}\right|_{\dot{I}_1=0}$$

式中：Z_{11}——2-2′开路时 1-1′端口的输入阻抗；

Z_{21}——2-2′开路时 1-1′端口对 2-2′的转移阻抗；

Z_{22}——1-1′开路时端口 2-2′的输入阻抗；

Z_{12}——1-1′开路时 2-2′端口对 1-1′的转移阻抗。

对于不含独立源和受控源的线性时不变二端口网络，$Z_{12}=Z_{21}$，这时网络具有互易性，称为互易网络。若这样的二端口参数中还存在 $Z_{11}=Z_{22}$关系，则此二端口网络的输入端与输出端互换位置后，对外电路特性不变，这样的网络称为对称二端口网络。对称二端口网络只有两个独立的 Z 参数。

式(8.3)还可以用矩阵表示，其形式为

$$\begin{bmatrix}\dot{U}_1 \\ \dot{U}_2\end{bmatrix} = \begin{bmatrix}Z_{11} & Z_{12} \\ Z_{21} & Z_{22}\end{bmatrix}\begin{bmatrix}\dot{I}_1 \\ \dot{I}_2\end{bmatrix}$$

简写为

$$\dot{U} = Z\dot{I}$$

式中：$Z = \begin{bmatrix} Z_{11} & Z_{12} \\ Z_{21} & Z_{22} \end{bmatrix}$——$Z$ 参数矩阵；

$\dot{U} = \begin{bmatrix} \dot{U}_1 \\ \dot{U}_2 \end{bmatrix}$——端口电压列相量；

$\dot{I} = \begin{bmatrix} \dot{I}_1 \\ \dot{I}_2 \end{bmatrix}$——端口电流列相量。

例 8.1 求图 8.3 所示空心变压器的 Z 参数。

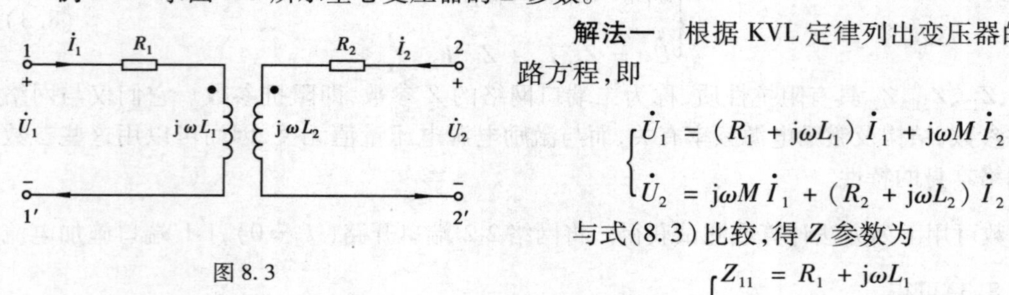

图 8.3

解法一 根据 KVL 定律列出变压器的两边回路方程，即

$$\begin{cases} \dot{U}_1 = (R_1 + \mathrm{j}\omega L_1)\dot{I}_1 + \mathrm{j}\omega M\dot{I}_2 \\ \dot{U}_2 = \mathrm{j}\omega M\dot{I}_1 + (R_2 + \mathrm{j}\omega L_2)\dot{I}_2 \end{cases}$$

与式(8.3)比较，得 Z 参数为

$$\begin{cases} Z_{11} = R_1 + \mathrm{j}\omega L_1 \\ Z_{12} = Z_{21} = \mathrm{j}\omega M \\ Z_{22} = R_2 + \mathrm{j}\omega L_2 \end{cases}$$

解法二 直接由 Z 参数计算式求解。

设变压器副边开路，即图 8.3 中的副边电流 $\dot{I}_2 = 0$，原边加电压 $\dot{U}_1$，分别列出原边和副边的 KVL 方程，即

$$\begin{cases} \dot{U}_1 = (R_1 + \mathrm{j}\omega L_1)\dot{I}_1 \\ \dot{U}_2 = \mathrm{j}\omega M\dot{I}_1 \end{cases}$$

则有

$$\begin{cases} Z_{11} = \left.\dfrac{\dot{U}_1}{\dot{I}_1}\right|_{\dot{I}_2 = 0} = R_1 + \mathrm{j}\omega L_1 \\ Z_{21} = \left.\dfrac{\dot{U}_2}{\dot{I}_1}\right|_{\dot{I}_2 = 0} = \mathrm{j}\omega M \end{cases}$$

设变压器原边开路，即图 8.3 中的原边电流 $\dot{I}_1 = 0$，原边加电压 $\dot{U}_2$，分别列出原边和副边的 KVL 方程，即

$$\begin{cases} \dot{U}_1 = \mathrm{j}\omega M\dot{I}_2 \\ \dot{U}_2 = (R_2 + \mathrm{j}\omega L_2)\dot{I}_2 \end{cases}$$

则有

$$\begin{cases} Z_{12} = \left.\dfrac{\dot{U}_1}{\dot{I}_2}\right|_{\dot{I}_1=0} = \mathrm{j}\omega M \\ Z_{22} = \left.\dfrac{\dot{U}_2}{\dot{I}_2}\right|_{\dot{I}_1=0} = R_2 + \mathrm{j}\omega L_2 \end{cases}$$

可见，$Z_{21} = Z_{12} = \mathrm{j}\omega M$，为互易网络。

8.2.2　导纳参数方程、导纳参数

对于图8.4(a)所示的无源线性二端口网络。设端口电压$\dot{U}_1$、$\dot{U}_2$是已知量，端口电流$\dot{I}_1$、$\dot{I}_2$是待求量。

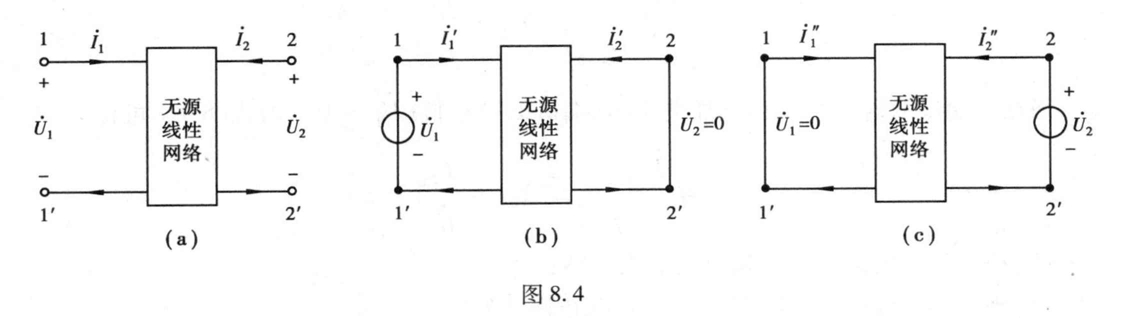

图8.4

同样，若将端口电压$\dot{U}_1$、$\dot{U}_2$用电压源替代，因网络内无独立电源，根据叠加定理，端口电流$\dot{I}_1$可看作由电压源$\dot{U}_1$、$\dot{U}_2$分别单独作用结果的叠加。当电压源$\dot{U}_1$单独作用时，2-2′短接($\dot{U}_2 = 0$)，如图8.4(b)所示，则

$$\dot{I}_1' = Y_{11}\dot{U}_1$$

电压源$\dot{U}_2$单独作用时，1-1′短接($\dot{U}_1 = 0$)，如图8.4(c)所示，则

$$\dot{I}_1'' = Y_{12}\dot{U}_2$$

由叠加定理可得

$$\dot{I}_1 = \dot{I}_1' + \dot{I}_1'' = Y_{11}\dot{U}_1 + Y_{12}\dot{U}_2 \tag{8.4}$$

同样，$\dot{I}_2$也可看作由电压源$\dot{U}_1$、$\dot{U}_2$分别单独作用结果的叠加。当电压源$\dot{U}_1$单独作用时，如图8.4(b)所示，则

$$\dot{I}_2' = Y_{21}\dot{U}_1$$

电压源$\dot{U}_2$单独作用时，如图8.4(c)所示，则

$$\dot{I}_2'' = Y_{22}\dot{U}_2$$

由叠加定理可得

$$\dot{I}_2 = \dot{I}'_2 + \dot{I}''_2 = Y_{21}\dot{U}_1 + Y_{22}\dot{U}_2 \tag{8.5}$$

将式(8.4)、式(8.5)联立,便得到方程组,即

$$\begin{cases} \dot{I}_1 = Y_{11}\dot{U}_1 + Y_{12}\dot{U}_2 \\ \dot{I}_2 = Y_{21}\dot{U}_1 + Y_{22}\dot{U}_2 \end{cases} \tag{8.6}$$

式中,Y_{11}、Y_{12}、Y_{21}、Y_{22} 具有导纳性质,称为二端口网络的 Y 参数,即导纳参数。同 Z 参数一样,Y 参数仅与网络内部元件参数、结构及激励电源频率有关,而与激励电源电压量值无关,因而可以用这些参数来描述网络本身的特性。

Y 参数可用下列方法计算或测试获得。当在二端口网络 1-1′ 端口施加电压 $\dot{U}_1$,2-2′ 端口短接($\dot{U}_2 = 0$),由式(8.6)可得

$$Y_{11} = \left.\frac{\dot{I}_1}{\dot{U}_1}\right|_{\dot{U}_2=0}, \quad Y_{21} = \left.\frac{\dot{I}_2}{\dot{U}_1}\right|_{\dot{U}_2=0}$$

当在二端口网络 2-2′ 端口施加电压 $\dot{U}_2$,端口 1-1′ 短接($\dot{U}_1 = 0$),由式(8.6)可得

$$Y_{12} = \left.\frac{\dot{I}_1}{\dot{U}_2}\right|_{\dot{U}_1=0}, \quad Y_{22} = \left.\frac{\dot{I}_2}{\dot{U}_2}\right|_{\dot{U}_1=0}$$

式中:Y_{11}——2-2′ 短路时 1-1′ 端口的输入导纳;

Y_{21}——2-2′ 短路时 1-1′ 端口对 2-2′ 的转移导纳;

Y_{22}——1-1′ 短路时端口 2-2′ 的输入导纳;

Y_{12}——1-1′ 短路时 2-2′ 端口对 1-1′ 的转移导纳。

同样,对于不含独立源和受控源的线性时不变二端口网络,$Y_{12} = Y_{21}$。式(8.6)还可以用矩阵表示,其形式为

$$\begin{bmatrix} \dot{I}_1 \\ \dot{I}_2 \end{bmatrix} = \begin{bmatrix} Y_{11} & Y_{12} \\ Y_{21} & Y_{22} \end{bmatrix} \begin{bmatrix} \dot{U}_1 \\ \dot{U}_2 \end{bmatrix}$$

简写为

$$\dot{I} = Y\dot{U}$$

式中:$Y = \begin{bmatrix} Y_{11} & Y_{12} \\ Y_{21} & Y_{22} \end{bmatrix}$——$Y$ 参数矩阵;

$\dot{U} = \begin{bmatrix} \dot{U}_1 \\ \dot{U}_2 \end{bmatrix}$—— 端口电压列相量;

$\dot{I} = \begin{bmatrix} \dot{I}_1 \\ \dot{I}_2 \end{bmatrix}$—— 端口电流列相量。

阻抗矩阵与导纳矩阵之间存在以下关系,即

$$Z = Y^{-1}$$

例 8.2　设有一线性二端口网络,如图 8.5(a) 所示。当 2-2′ 端口短路,$U_1 = 10$ V 时测得 $I_1 = 2$ A,$I_2 = 4$ A,如图 8.5(b) 所示;当 1-1′ 端口短路,$U_2 = 8$ V 时测得 $I_1 = 3.2$ A,$I_2 = 6.4$ A, 如图8.5(c) 所示。试求:① 此网络的 Y 参数矩阵;② 若要求负载电压 $U_2 = 0.5$ V,电流 $I_2 = 0.5$ A,则电源电压、电流为多少?

解　① 求 Y 参数矩阵

将图 8.5(b) 测得的数据可得

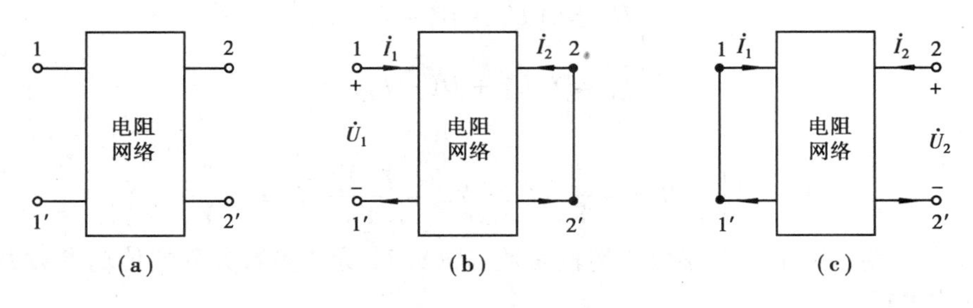

图 8.5

$$Y_{11} = \frac{I_1}{U_1}\bigg|_{U_2=0} = \frac{2}{10}\text{ S} = 0.2\text{ S},\quad Y_{21} = \frac{I_2}{U_1}\bigg|_{U_2=0} = \frac{4}{10}\text{ S} = 0.4\text{ S}$$

$$Y_{12} = \frac{I_1}{U_2}\bigg|_{U_1=0} = \frac{3.2}{8}\text{ S} = 0.4\text{ S},\quad Y_{22} = \frac{I_2}{U_2}\bigg|_{U_1=0} = \frac{6.4}{8}\text{ S} = 0.8\text{ S}$$

Y 参数矩阵为

$$Y = \begin{bmatrix} 0.2 & 0.4 \\ 0.4 & 0.8 \end{bmatrix}\text{S}$$

Y 参数方程为

$$\begin{cases} I_1 = 0.2U_1 + 0.4U_2 \\ I_2 = 0.4U_1 + 0.8U_2 \end{cases}$$

将已知负载电压 $U_2 = 0.5$ V、电流 $I_2 = 0.5$ A 代入上式第二个方程得

$$U_1 = \frac{0.5 - 0.8 \times 0.5}{0.4}\text{ V} = 0.25\text{ V}$$

将 U_1、U_2 代入第一个方程得

$$I_1 = (0.2 \times 0.25 + 0.4 \times 0.5)\text{ A} = 0.25\text{ A}$$

8.3　二端口网络的传输参数和混合参数

8.3.1　传输参数、传输参数方程

工程上常需求出二端口网络输入端口 $\dot{U}_1$、$\dot{I}_1$ 与输出端口 $\dot{U}_2$、$\dot{I}_2$ 之间的关系。设 $\dot{U}_2$、$\dot{I}_2$ 为已

知量，$\dot{U}_1$、$\dot{I}_1$ 为未知量。用$\dot{U}_2$、$\dot{I}_2$ 来表示$\dot{U}_1$、$\dot{I}_1$。由上节式(8.6) 第二式可得

$$\dot{U}_1 = -\frac{Y_{22}}{Y_{21}}\dot{U}_2 + \frac{1}{Y_{21}}\dot{I}_2$$

将上式代入式(8.6) 第一式得

$$\dot{I}_1 = (Y_{12} - \frac{Y_{11}Y_{22}}{Y_{21}})\dot{U}_2 + \frac{Y_{11}}{Y_{21}}\dot{I}_2$$

上述二式可写成

$$\begin{cases}\dot{U}_1 = A\dot{U}_1 + B(-\dot{I}_2)\\ \dot{I}_1 = C\dot{U}_2 + D(-\dot{I}_2)\end{cases} \tag{8.7}$$

其中

$$A = -\frac{Y_{22}}{Y_{21}}, B = -\frac{1}{Y_{21}}, C = Y_{12} - \frac{Y_{11}Y_{22}}{Y_{21}}, D = -\frac{Y_{11}}{Y_{21}} \tag{8.8}$$

A、B、C、D 称为二端口网络的 T 参数或传输参数。式(8.7) 为 T 参数方程或传输参数方程。传输参数可由下式求得

$$A = \left.\frac{\dot{U}_1}{\dot{U}_2}\right|_{\dot{I}_2=0},\quad B = \left.\frac{\dot{U}_1}{-\dot{I}_2}\right|_{\dot{U}_2=0},\quad C = \left.\frac{\dot{I}_1}{\dot{U}_2}\right|_{\dot{I}_2=0},\quad D = \left.\frac{\dot{I}_1}{-\dot{I}_2}\right|_{\dot{U}_2=0} \tag{8.9}$$

式中：A——2-2′ 端口开路时两端口电压之比，称为转移电压比；

B——2-2′ 端口短路时转移阻抗；

C——2-2′ 端口开路时的转移导纳；

D——2-2′ 端口短路时两端口电流之比，称为转移电流比。

对于互易二端口网络，由于 $Y_{12} = Y_{21}$，由式(8.8) 可得

$$AD - BC = \left(-\frac{Y_{22}}{Y_{21}}\right)\left(-\frac{Y_{11}}{Y_{21}}\right) - \left(-\frac{1}{Y_{21}}\right)\left(Y_{12} - \frac{Y_{11}Y_{22}}{Y_{21}}\right) = 1$$

因此，互易二端口网络的 4 个参数中只有 3 个独立的。对于对称二端口网络，还有 $A = D$ 的关系，4 个参数中只有 2 个是独立的。

传输参数方程用矩阵表示为

$$\begin{bmatrix}\dot{U}_1\\ \dot{I}_1\end{bmatrix} = \begin{bmatrix}A & B\\ C & D\end{bmatrix}\begin{bmatrix}\dot{U}_2\\ -\dot{I}_2\end{bmatrix} = T\begin{bmatrix}\dot{U}_2\\ -\dot{I}_2\end{bmatrix} \tag{8.10}$$

式中：$T = \begin{bmatrix}A & B\\ C & D\end{bmatrix}$—— 传输参数矩阵，简称 T 矩阵。

8.3.2 混合参数、混合参数方程

电子电路中常用的二端口网络中，以$\dot{U}_2$、$\dot{I}_1$ 为已知量，$\dot{U}_1$、$\dot{I}_2$ 为待求量。用叠加定理求$\dot{U}_1$、$\dot{I}_2$ 的方程为

$$\begin{cases} \dot{U}_1 = H_{11}\dot{I}_1 + H_{12}\dot{U}_2 \\ \dot{I}_2 = H_{21}\dot{I}_1 + H_{22}\dot{U}_2 \end{cases} \tag{8.11}$$

式中,H_{11}、H_{12}、H_{21}、H_{22} 称为 H 参数或混合参数。式(8.11)为 H 参数方程或混合参数方程。混合参数可由下式求得

$$H_{11} = \left.\frac{\dot{U}_1}{\dot{I}_1}\right|_{\dot{U}_2=0},\quad H_{21} = \left.\frac{\dot{I}_2}{\dot{I}_1}\right|_{\dot{U}_2=0},\quad H_{12} = \left.\frac{\dot{U}_1}{\dot{U}_2}\right|_{\dot{I}_1=0},\quad H_{22} = \left.\frac{\dot{I}_2}{\dot{U}_2}\right|_{\dot{I}_1=0} \tag{8.12}$$

式中:H_{11}——2-2′端口短路时 1-1′端口的入端阻抗;

H_{12}——1-1′端口开路时电压之比;

H_{21}——2-2′端口短路时两端口电流之比的倒数;

H_{22}——1-1′端口开路时 2-2′端口的入端导纳。

对于互易二端口网络,由于 $Y_{12} = Y_{21}$,这种网络有 $H_{12} = -H_{21}$ 关系,其 H 参数只有 3 个是独立的。

混合参数方程用矩阵表示为

$$\begin{bmatrix} \dot{U}_2 \\ \dot{I}_2 \end{bmatrix} = \begin{bmatrix} H_{11} & H_{12} \\ H_{21} & H_{22} \end{bmatrix} \begin{bmatrix} \dot{I}_1 \\ \dot{U}_2 \end{bmatrix} = H \begin{bmatrix} \dot{I}_1 \\ \dot{U}_2 \end{bmatrix} \tag{8.13}$$

式中:$H = \begin{bmatrix} H_{11} & H_{12} \\ H_{21} & H_{22} \end{bmatrix}$——混合参数矩阵,简称 H 矩阵。

根据 H 参数方程式(8.11),二端口网络也可以用含受控源的等效电路表示,如图 8.6 所示。

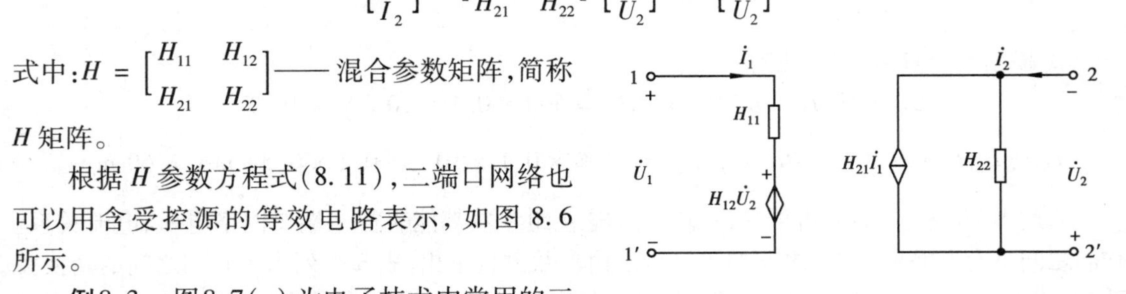

图 8.6

例 8.3　图 8.7(a)为电子技术中常用的三极管元件,图(b)为图(a)在小信号工作条件下的简化等效电路。① 试求此电路的混合参数;② 若晶体管输入电阻 $R_1 = 500\ \Omega$,电流放大倍数 $\beta = 100$,输出电导 $\frac{1}{R_2} = 0.1$ S,当 $I_1 = 0.1$ mA,$U_2 = 0.5$ V 时,求 U_1、I_2 值。

解　① 将 2-2′短路,在 1-1′端口加电压 $\dot{U}_1$,由图 8.7(c)所示电路求得

$$H_{11} = \left.\frac{\dot{U}_1}{\dot{I}_1}\right|_{\dot{U}_2=0} = R_1,\text{为三极管的输入电阻;}$$

$$H_{21} = \left.\frac{\dot{I}_2}{\dot{I}_1}\right|_{\dot{U}_2=0} = \beta,\text{为三极管电流放大倍数。}$$

将 1-1′开路,在 2-2′端口加电压 $\dot{U}_2$,由图 8.7(d)所示电路求得

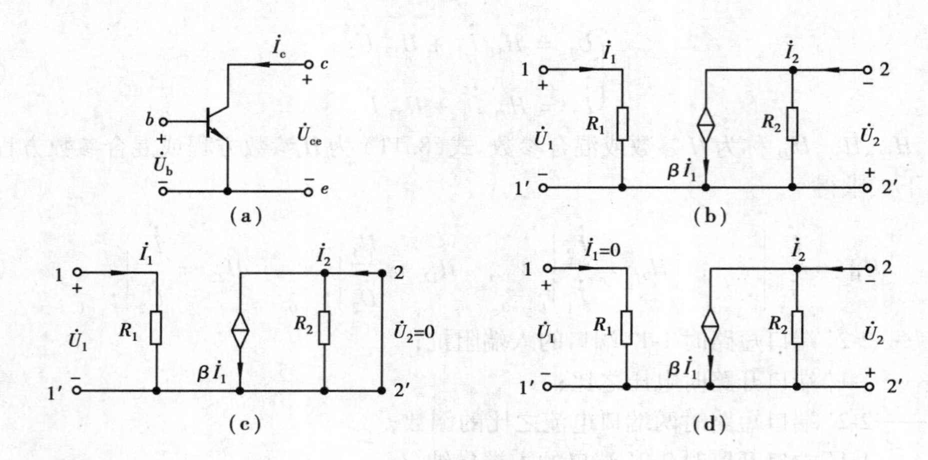

图 8.7

$$H_{12} = \left.\frac{\dot{U}_1}{\dot{U}_2}\right|_{\dot{I}_1=0} = 0$$

$H_{22} = \left.\dfrac{\dot{I}_2}{\dot{U}_2}\right|_{\dot{I}_1=0} = \dfrac{1}{R_2}$,为三极管输出电导。

② 根据混合参数方程,则有

$$U_1 = H_{11}I_1 + H_{12}U_2 = R_1I_1 = 500 \times 0.1 \times 10^{-3}\ \text{V} = 0.05\ \text{V}$$

$$I_2 = H_{21}I_1 + H_{22}U_2 = \beta I_1 + \frac{1}{R_2}U_2 = (100 \times 0.1 \times 10^{-3} + 0.1 \times 0.5)\ \text{mA} = 60\ \text{mA}$$

通过本节和上节的分析可知,Y、Z、T、H这4组参数都能表征二端口网络电压、电流关系。它们之间是有联系的,它们之间的关系可以由参数方程求出。表8.1列出了它们之间的转换关系。但值得一提的是,对于一个二端口网络,并不一定同时存在4组参数,有的网络无Y参数,有的既无Y参数也无Z参数。另外,这4组参数的应用,在工程上常根据不同的场合采用不同参数。在电力和电信传输中,常用传输参数分析传输线的端口电压、电流关系,而混合参数在电子电路中得到广泛的应用,在高频电路中导纳参数用得较多。

表 8.1　二端口网络 4 种参数的转换关系

已知 / 未知	Z参数	Y参数	H参数	T参数
Z参数	Z_{11}　Z_{12} Z_{21}　Z_{22}	$\frac{Y_{22}}{\det Y}$　$-\frac{Y_{12}}{\det Y}$ $-\frac{Y_{21}}{\det Y}$　$\frac{Y_{11}}{\det Y}$	$\frac{\det H}{H_{22}}$　$\frac{H_{12}}{H_{22}}$ $-\frac{H_{21}}{H_{22}}$　$\frac{1}{H_{22}}$	$\frac{A}{C}$　$\frac{\det T}{C}$ $\frac{1}{C}$　$\frac{D}{C}$
Y参数	$\frac{Z_{22}}{\det Z}$　$-\frac{Z_{12}}{\det Z}$ $-\frac{Z_{21}}{\det Z}$　$\frac{Z_{11}}{\det Z}$	Y_{11}　Y_{12} Y_{21}　Y_{22}	$\frac{1}{H_{11}}$　$-\frac{H_{12}}{H_{11}}$ $\frac{H_{21}}{H_{11}}$　$\frac{\det H}{H_{11}}$	$\frac{D}{B}$　$-\frac{\det T}{B}$ $-\frac{1}{B}$　$\frac{A}{B}$

续表

已知 / 未知	Z参数	Y参数	H参数	T参数
H参数	$\frac{\det Z}{Z_{22}}$　$\frac{Z_{12}}{Z_{22}}$ $-\frac{Z_{21}}{Z_{22}}$　$\frac{1}{Z_{22}}$	$\frac{1}{Y_{11}}$　$-\frac{Y_{12}}{Y_{11}}$ $\frac{Y_{21}}{Y_{11}}$　$\frac{\det Y}{Y_{11}}$	H_{11}　H_{12} H_{21}　H_{22}	$\frac{D}{B}$　$\frac{\det T}{B}$ $-\frac{1}{D}$　$\frac{C}{D}$
T参数	$\frac{Z_{11}}{Z_{21}}$　$\frac{\det Z}{Z_{21}}$ $\frac{1}{Z_{21}}$　$\frac{Z_{22}}{Z_{21}}$	$-\frac{Y_{22}}{Y_{21}}$　$-\frac{1}{Y_{21}}$ $-\frac{\det Y}{Y_{21}}$　$-\frac{Y_{11}}{Y_{21}}$	$-\frac{\det H}{H_{21}}$　$-\frac{H_{11}}{H_{21}}$ $-\frac{H_{22}}{H_{21}}$　$-\frac{1}{H_{21}}$	A　B C　D

表中：

$$\det Z = \begin{vmatrix} Z_{11} & Z_{12} \\ Z_{21} & Z_{22} \end{vmatrix}, \quad \det Y = \begin{vmatrix} Y_{11} & Y_{12} \\ Y_{21} & Y_{22} \end{vmatrix}$$

$$\det H = \begin{vmatrix} H_{11} & H_{12} \\ H_{21} & H_{22} \end{vmatrix}, \quad \det T = \begin{vmatrix} A & B \\ C & D \end{vmatrix}$$

8.4　互易二端口网络的等效电路

一个互易二端口网络的4个参数中只有3个参数是独立的，其外特性可用3个参数表征。若能找到由3个阻抗（或导纳）组成的简单二端口网络，其参数与给定的互易二端口网络参数分别相等，则这两个二端口网络的外特性就完全相同了，也即它们是等效的。

由3个阻抗（或导纳）组成的简单二端口网络只有两种形式：Π形电路（即三角形网络）和T形电路（即星形网络），如图8.8所示，因此，一个互易二端口网络可以用Π形电路或T形电路等效。

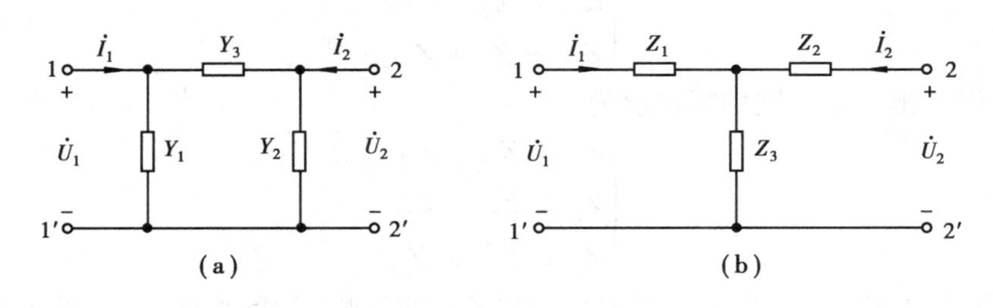

图8.8

8.4.1　Π形等效电路

对于图8.8(a)所示的Π形电路的结点1、2列KCL方程，得

$$\begin{cases}\dot{I}_1 = Y_1\dot{U}_1 + Y_3(\dot{U}_1 - \dot{U}_2) = (Y_1 + Y_3)\dot{U}_1 - Y_3\dot{U}_2 \\ \dot{I}_2 = Y_2\dot{U}_2 + Y_3(\dot{U}_2 - \dot{U}_1) = -Y_3\dot{U}_1 + (Y_2 + Y_3)\dot{U}_2\end{cases} \tag{8.14}$$

要求用 Y 参数表述的二端口网络与 Π 形电路等效，比较式(8.14)与式(8.6)可得

$$\begin{cases}Y_{11} = Y_1 + Y_3 \\ Y_{12} = Y_{21} = -Y_3 \\ Y_{22} = Y_2 + Y_3\end{cases} \tag{8.15}$$

解上式，得 Π 形等效电路中导纳值为

$$\begin{cases}Y_1 = Y_{11} + Y_{12} \\ Y_2 = Y_{22} + Y_{12} \\ Y_3 = -Y_{12} = -Y_{21}\end{cases} \tag{8.16}$$

如果给定二端口网络的 T 参数，则可以根据 Y 参数和 T 参数的变换关系（见表8.1）求出用 T 参数表示的 Y_1、Y_2、Y_3，即

$$\begin{cases}Y_1 = \dfrac{D-1}{B} \\ Y_2 = \dfrac{A-1}{B} \\ Y_3 = \dfrac{1}{B}\end{cases} \tag{8.17}$$

8.4.2 T 形等效电路

对于上图 8.8(b) 所示的 T 形电路列 KCL 方程得

$$\begin{cases}\dot{U}_1 = Z_1\dot{I}_1 + Z_3(\dot{I}_1 + \dot{I}_2) = (Z_1 + Z_3)\dot{I}_1 + Z_3\dot{I}_2 \\ \dot{U}_2 = Z_2\dot{I}_2 + Z_3(\dot{I}_1 + \dot{I}_2) = Z_3\dot{I}_1 + (Z_2 + Z_3)\dot{I}_2\end{cases} \tag{8.18}$$

要求用 Z 参数表述的二端口网络与 T 形电路等效，比较式(8.18)与式(8.3)可得

$$\begin{cases}Z_{11} = Z_1 + Z_3 \\ Z_{12} = Z_{21} = Z_3 \\ Z_{22} = Z_2 + Z_3\end{cases} \tag{8.19}$$

解上式，得 T 形等效电路中阻抗值为

$$\begin{cases}Z_1 = Z_{11} - Z_{12} \\ Z_2 = Z_{22} - Z_{12} \\ Z_3 = Z_{12} = Z_{21}\end{cases} \tag{8.20}$$

如果给定二端口网络的 T 参数，则可以根据 Z 参数和 T 参数的变换关系（见表8.1）求出用 T 参数表示的 Z_1、Z_2、Z_3，即

$$\begin{cases} Z_1 = \dfrac{A-1}{C} \\ Z_2 = \dfrac{D-1}{C} \\ Z_3 = \dfrac{1}{C} \end{cases} \tag{8.21}$$

例 8.4　已知线性二端口网络的传输参数 A = 0.83 − j0.8, $B = (9.52 - \mathrm{j}0.48)\Omega$, $C = -\mathrm{j}0.53$, $D = 3.5 - \mathrm{j}2.7$。求网络的T形等效电路参数。

解　首先验证网络的互易性，即

$$AD - BC = (0.83 - \mathrm{j}0.8)(3.5 - \mathrm{j}2.7) - (9.52 - \mathrm{j}0.48)(-\mathrm{j}0.53) = 1$$

此二端口网络为互易网络。

根据式(8.21)可知等效电路的阻抗值为

$$Z_1 = \frac{A-1}{C} = \frac{0.83 - \mathrm{j}0.8 - 1}{-\mathrm{j}0.53}\ \Omega = (1.51 - \mathrm{j}0.32)\Omega$$

$$Z_2 = \frac{D-1}{C} = \frac{3.5 - \mathrm{j}2.7 - 1}{-\mathrm{j}0.53}\ \Omega = (5.09 + \mathrm{j}4.72)\Omega$$

$$Z_3 = \frac{1}{C} = \frac{1}{-\mathrm{j}0.53}\ \Omega = \mathrm{j}1.89\ \Omega$$

基本要求与本章小结

(1) **基本要求**

①了解二端口网络的基本概念。

②了解二端口网络的参数方程，了解导纳、阻抗、传输、混合等参数的物理意义和求解方法。

③了解互易二端口网络的等效电路。

(2) **内容提要**

1)二端口网络的概念

四端网络满足端口条件时称为二端口网络。线性、不含独立源的二端口网络可以用两个线性独立方程表示端口电压$\dot{U}_1$、$\dot{U}_2$和端口电流$\dot{I}_1$、$\dot{I}_2$之间的关系，这一方程称为二端口网络方程。常用的二端口网络方程有4种。

2)4种二端口网络参数方程

①阻抗参数及Z参数方程

$$\begin{cases} \dot{U}_1 = Z_{11}\dot{I}_1 + Z_{12}\dot{I}_2 \\ \dot{U}_2 = Z_{21}\dot{I}_1 + Z_{22}\dot{I}_2 \end{cases}$$

②导纳参数及Y参数方程

$$\begin{cases}\dot{I}_1 = Y_{11}\dot{U}_1 + Y_{12}\dot{U}_2 \\ \dot{I}_2 = Y_{21}\dot{U}_1 + Y_{22}\dot{U}_2\end{cases}$$

③传输参数及 T 参数方程

$$\begin{cases}\dot{U}_1 = A\dot{U}_1 + B(-\dot{I}_2) \\ \dot{I}_1 = C\dot{U}_2 + D(-\dot{I}_2)\end{cases}$$

④混合参数及 H 参数方程

$$\begin{cases}\dot{U}_1 = H_{11}\dot{I}_1 + H_{12}\dot{U}_2 \\ \dot{I}_2 = H_{21}\dot{I}_1 + H_{22}\dot{U}_2\end{cases}$$

上述二端口网络方程中的4个系数能表征二端口网络的特性,总称为二端口网络的参数。它们分别为阻抗参数、导纳参数、传输参数、混合参数。这些参数可由试验或计算确定。4组参数之间相联系,知道一组参数即可求出其他参数,表8.1给出它们的互换关系。

3)互易二端口网络

不含独立源和受控源的二端口网络称为互易二端口网络。它们的各个参数间还存在特殊的关系,例如:$Y_{12} = Y_{21}$、$Z_{12} = Z_{21}$、$AD - BC = 1$、$H_{12} = -H_{21}$ 等。因此,互易二端口网络只需用3个参数表征。

如果互易二端口网络是对称的,即二端口网络的输入端口与输出端口互换后,对外电路特性不变,则它们的参数间还存在进一步的特殊关系,如 $Y_{11} = Y_{22}$、$A = D$、$H_{11}H_{22} - H_{12}H_{21} = 1$、$Z_{11} = Z_{22}$ 等。因此,互易对称二端口网络只需用2个参数表征。

4)互易二端口网络的等效电路

互易二端口网络可以用3个阻抗的T形或Π形网络作为它的等效电路,如果互易网络是对称的,则其等效电路也是对称的。

习　题

8.1　已知电阻二端网络导纳参数矩阵 $Y = \begin{vmatrix} 0.5 & -0.2 \\ -0.2 & 0.4 \end{vmatrix}$ S。设输入电压 $U_1 = 12$ V,输入端电流 $I_1 = 2$ A,试求输出端电压、电流。

8.2　求题图8.2所示的二端口网络的 Y 参数。

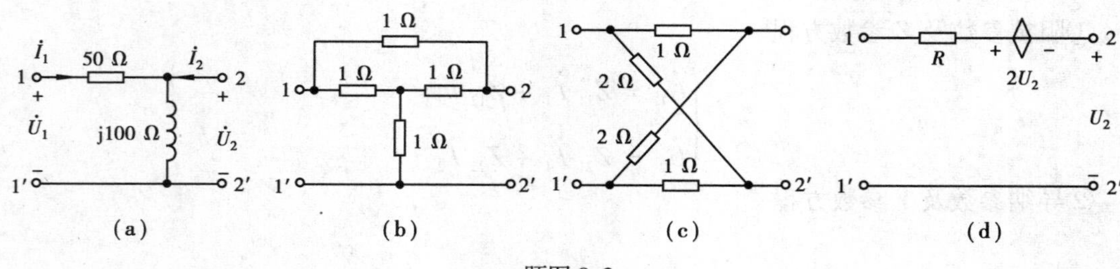

题图8.2

8.3　求题图 8.3 所示的二端口网络的 Z 参数。

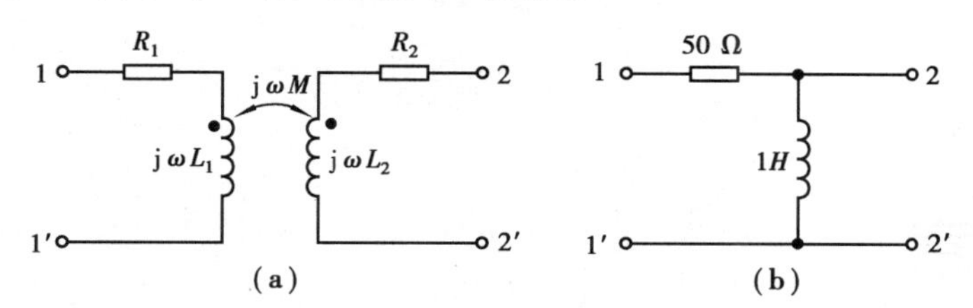

题图 8.3

8.4　求题图 8.4 所示的二端口网络在角频率为 ω 时的 Z 矩阵($g = 2$ S)。

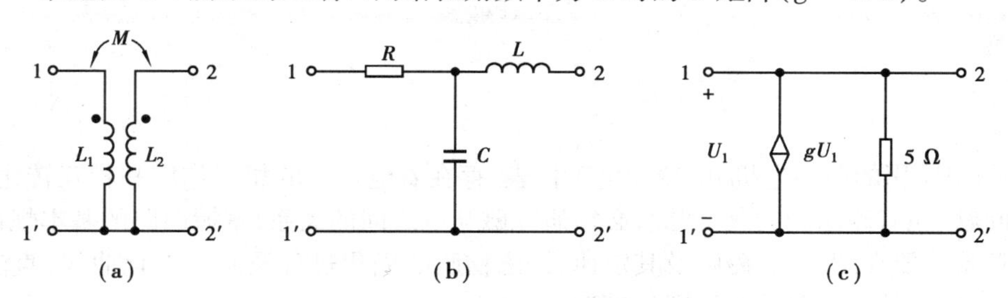

题图 8.4

8.5　求题图 8.5 所示的二端口网络的 T 参数。

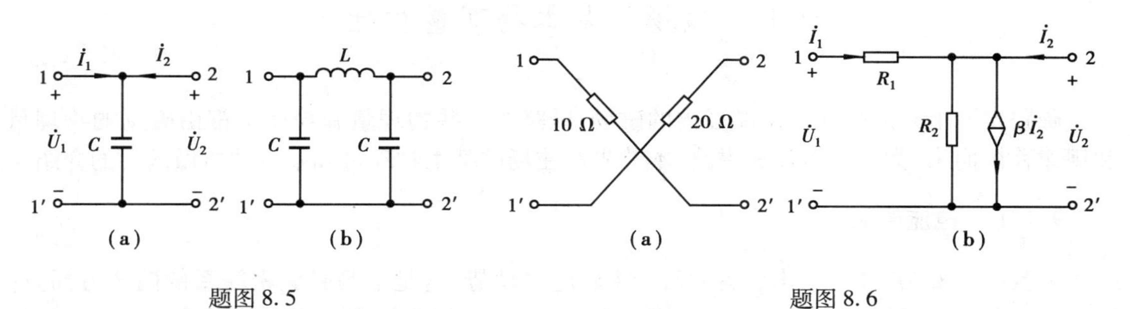

题图 8.5　　　　题图 8.6

8.6　求题图 8.6 所示的二端口网络的 H 参数。

8.7　已知二端口网络的导纳参数 $Y_{11} = 5$ S, $Y_{12} = Y_{21} = -2$ S, $Y_{22} = 3$ S, 求 T 形等效电路阻抗值。

第9章 磁路和铁芯线圈电路

工程中应用的各种电机、电器和电工仪表，存在着电与磁的相互作用和相互转化，不仅有电路的问题，还有磁路的问题，因此，必须研究磁与电之间的关系，掌握磁路的基本规律。

本章将简要介绍磁场、磁路及其定律，铁磁物质的磁化过程及基本磁化曲线，直流磁路的计算、交流磁路的特点及铁芯线圈的模型。

9.1 磁场的基本物理量和性质

磁路实质上是局限在一定路径内的磁场，磁路的一些物理量和规律也都由磁场的物理量和规律移植而来。为了分析计算磁路，本节先对磁场的基本物理量和基本性质做简要的介绍。

9.1.1 电流磁场

电流产生磁场，磁场变化或运动又产生感应电动势，这是电与磁紧密联系的两个方面。许多电气设备都是根据电与磁之间的作用原理而工作的。实验表明，在载流导体或永久磁铁的周围有磁场存在。磁场具有两种表现：一是磁场对处在磁场内的另一载流导体或铁磁物质有力的作用，并使在对磁场做相对运动的导体中产生感应电动势；二是磁场内具有能量。

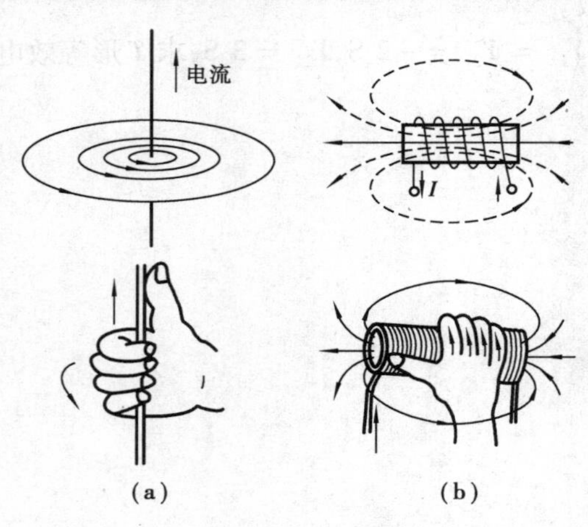

图 9.1

产生磁场的根本原因是电流，既使永久磁铁的磁场也是由分子电流产生的，由此可见，电流和磁场有着不可分割的联系，即磁场总是伴随电流而存在，而电流永远被磁场包围着。若将小磁针放在磁场中的任一点上，则其 N 极的指向就规定为该点的磁场方向。

为了使磁场形象化，可用磁感应线来描绘磁场。磁感应线都是些闭合的曲线，线上任一点的切线方向即为该点的磁场方向，如图 9.1 所示。载流导体周围的磁场方向与产生磁场的电流方向有关。磁场方向与电流方向之间的关系，可用右手定则来确定。对于载流直导体，在运用这个定则时，应使右手的大拇指指向电流方向，而四指的弯曲方向则表示磁场方向，如图9.1(a) 所示；如果载流导体成螺旋状，则四指的弯曲方向表示电流方向，大拇指的指向表示磁场方向，如图9.1(b) 所示。

9.1.2　磁场的基本物理量

(1)磁感应强度和磁通

磁感应强度是磁场的基本物理量，用矢量$\boldsymbol{B}$来表示。其方向可用小磁针N极在磁场中某点P的指向来定义，也即磁场的方向。在磁场中一点放一小段长度为Δl、电流为I并与磁场方向垂直的导体，如导体所受电磁力为ΔF，则该点磁感应强度的量值为

$$B = \frac{\Delta F}{I\Delta l} \tag{9.1}$$

磁感应强度B的SI单位为特[斯拉](T)。工程上曾用高斯为磁感应强度的单位，记作Gs。

$$1\ \mathrm{T} = 10^4\ \mathrm{Gs}$$

磁感应强度矢量的通量称为磁通量，简称磁通，用Φ表示。在磁场中，当各点磁场的强弱或方向不同时，各点的磁感应强度矢量$\boldsymbol{B}$也不同，如图9.2所示。设磁场中有一个曲面S，在曲面上取一个面积元$\mathrm{d}S$，$\mathrm{d}S$处的磁感应强度的大小为B、方向与$\mathrm{d}S$的法线夹角为α，则此面元的磁通量为

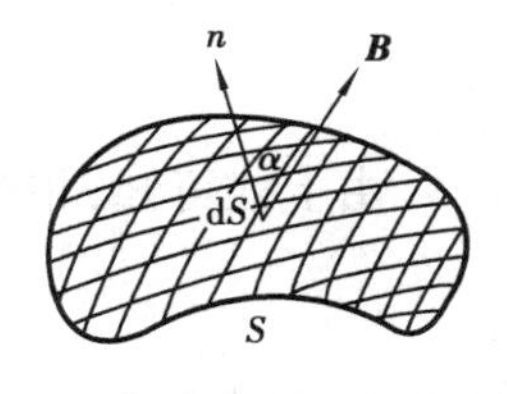

图9.2

$$\mathrm{d}\Phi = B\mathrm{d}S\cos\alpha = \boldsymbol{B}\cdot\mathrm{d}\boldsymbol{S}$$

矢量$\mathrm{d}\boldsymbol{S}$的方向为其法线方向。曲面S的磁通为各个$\mathrm{d}S$中的$\mathrm{d}\Phi$的总和，即

$$\Phi = \int_S \mathrm{d}\Phi = \int_S \boldsymbol{B}\cdot\mathrm{d}\boldsymbol{S} \tag{9.2}$$

磁感应强度的大小相等、方向相同的磁场，称为均匀磁场。在磁感应强度大小为B的均匀磁场中，面积为S、与磁场方向垂直的平面的磁通量为

$$\Phi = BS$$

而

$$B = \frac{\Phi}{S} \tag{9.3}$$

因此，磁感应强度又称磁通密度。磁通的SI单位为韦[伯](Wb)。工程上曾用麦克斯韦，记为Mx：

$$1\ \mathrm{Wb} = 10^8\ \mathrm{Mx}$$

(2)磁场强度和磁导率

由于磁场中某点的磁感应强度不仅与电流、导体的几何形状以及位置等有关，而且还与物质的导磁性能有关，这就使磁场的计算(尤其是计算不同铁磁物质的磁场) 变得比较复杂。为了便于计算，引入了一个计算磁场的辅助量——磁场强度H。磁场内某一点的磁场强度H只与电流大小、线圈匝数以及该点的几何位置有关，而与磁场媒质的导磁性能无关，即在一定电流值下，同一点的磁场强度不因磁场媒质的不同而发生变化，但磁感应强度是与磁场媒质的导磁性能有关的，当媒质不同(即导磁性能不同) 时，在同样电流值下，同一点的磁感应强度的大小就不同。

磁场强度 $\boldsymbol{H}$ 也是一个矢量。磁场中某点的磁场强度的方向就是该点磁感应强度的方向。在国际单位制中，磁场强度的单位为安／米(A/m)，磁场强度的另一单位为安／厘米(A/cm)。运用磁场强度不仅可以简化磁场的计算，而且还可用它来分析铁磁物质的磁化状况。

处在磁场中的任何物质均会或多或少地影响磁场的强弱，而影响的程度则与该物质的导磁性能有关。磁导率 μ 就是用来衡量物质导磁性能的物理量。它与磁场强度的乘积等于磁感应强度，即

$$\boldsymbol{B} = \mu\boldsymbol{H} \tag{9.4}$$

由上式可知，磁导率的单位为亨／米(H/m)。

自然界中的大多数物质对磁场强弱的影响都很小，有的物质使磁场比处于真空时的略微增强些，有的则略微减弱些，即它们的磁导率近似地等于真空中的磁导率 μ_0。由实验测出，真空中的磁导率为

$$\mu_0 = 4\pi \times 10^{-7}\text{H/m}$$

因为这是一个常数，所以将其他物质的磁导率和它进行比较是很方便的。任意一种物质的磁导率 μ 与真空中的磁导率 μ_0 的比值，称为该物质的相对磁导率 μ_r，即

$$\mu_r = \frac{\mu}{\mu_0} \tag{9.5}$$

由上式可知，相对磁导率为

$$\mu_r = \frac{\mu H}{\mu_0 H} = \frac{B}{B_0}$$

即当磁场媒质是某种物质时，某点的磁感应强度 B 与在同样电流下真空时该点的磁感应强度 B_0 的比值。

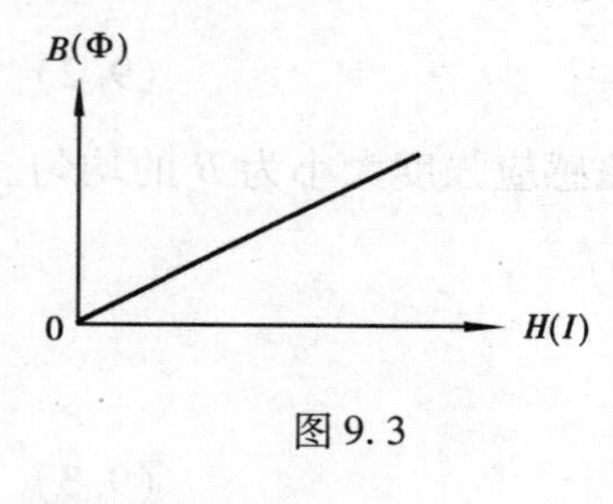

图 9.3

自然界的所有物质按磁导率的大小或按磁化的特性，大体可分为磁性材料和非磁性材料两大类。对非磁性材料而言，其磁导率工程上可近似认为与真空中的磁导率相同，即 $\mu \approx \mu_0$，或 $\mu_r \approx 1$。即每一种非磁性材料的磁导率都是常数。这类物质包括除铁族元素及其化合物以外全部物质，例如空气、铜、木材、橡胶等。因此，当磁场媒质是非磁性材料时，B 与 H 成正比，磁通 Φ 与产生磁通的电流 I 成正比，即它们之间为线性关系，如图 9.3 所示。

9.1.3 安培环路定律

(1)磁位差

如图9.4(a) 所示，在均匀磁场中，取一个与磁场方向一致的、长为 l 的直线，若磁场强度的大小为 H，则定义 $U_m = Hl$ 为 l 的磁位差。

如果所取的 l 的方向不与磁场方向一致，而是磁场强度矢量与 l 的方向成 α 角，如上图 9.4(b) 所示，由于磁场强度矢量在 l 方向的分量为 $H_l = H\cos\alpha$，所以 l 的磁位差为 $U_m = Hl\cos\alpha = H_l l$。如果 l 不是直线，而是曲线，磁场又非均匀磁场，如图 9.4(c) 所示，则可以将曲线分成许多微小的长度元 dl，每个 dl 都可看成直线，且它所在的磁场也可以看成是均匀的。设长度元 dl 与该处磁场方向成 α 角，则该长度元的磁位差为

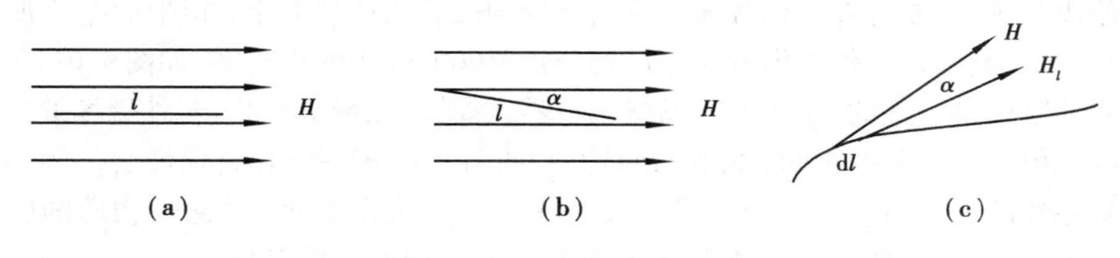

图 9.4

$$dU_m = H\cos\alpha dl = H_l dl$$

将各个长度单元的磁位差相加，就得到曲线 l 的磁位差，即

$$U_m = \int dU_m = \int H\cos\alpha dl \tag{9.6}$$

磁位差是个代数量，其正负决定于 dl 的方向选择，单位为 A。

(2)安培环路定律

用 $\int H_l dl$ 表示一个闭合线（回线）的各段磁位差的总和，并称为磁场强度矢量的闭合线积分。

对磁场中的任一回线，实验证明：磁场强度矢量的闭合线积分等于穿过回线围成的面积的所有电流的代数和，即

$$\oint H_l dl = \sum I \tag{9.7}$$

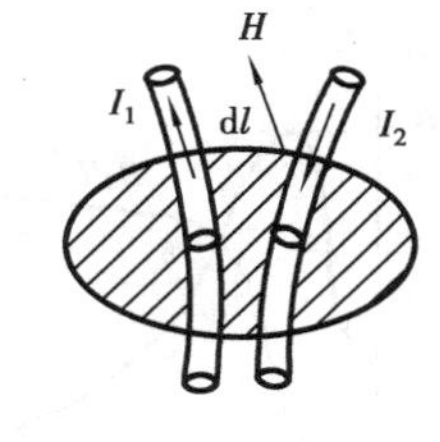

图 9.5

这一规律就是安培环路定律。在应用安培环路定律时，先要对回线选定一个环绕方向，电流方向与回线环绕方向符合右手螺旋定则时，电流取正；反之取负。例如，图 9.5 中的电流 I_1 为正，而 I_2 为负。对于图 9.5 而言，运用安培环路定律有

$$\oint H_l dl = I_1 - I_2$$

9.2　铁磁性物质的磁化

9.2.1　铁磁性物质的磁化与起始磁化曲线

铁磁性物质（铁族元素及其合金）的磁导率比真空磁导率大得多，为其数十倍、数千倍乃至数万倍。铁磁性物质的磁导率不仅较大，而且常常与所在磁场的强弱以及物质磁状态的历史有关，因此，铁磁性物质的 μ 不是一个常量。铁磁性物质中的铁、镍、钴及其合金以及铁氧体（又称铁淦氧）都是电工设备中构成磁路的主要材料。

铁磁性物质在外磁场的作用下，有特殊的磁化过程。铁磁性物质是由许多磁畴的天然磁化区域组成的，每个磁畴的体积很小，但包含有数亿个分子。每个磁畴中的分子电流排列整齐，因此，每个磁畴就是一个永磁体，具有很强的磁性，但在未被磁化的铁磁性物质中，各个磁畴的排齐是紊乱的，各个磁畴的磁场相互抵消，对外不显磁性，如图 9.6(a) 所示。当外加外磁场强度 H_0 由零逐渐增大时，受磁场力的作用，先是各个磁畴发生“畴壁移动”，原与外磁场方向一致的

磁畴分量的边界扩大，原与外磁场方向相反的分量的磁畴的体积缩小，如图9.6(b) 所示。当外磁场增大到一定程度时，与外磁场方向相反的分量磁畴的体积缩小至零，如图9.6(c) 所示。以上的畴壁移动阶段是可逆的，如将外磁场减小至零，磁畴可以恢复原状。若外磁场继续增加，就发生磁畴的“转向”，磁畴要向外磁场的方向转动，如图 9.6(d) 所示。直到最后，全部磁畴都转到与外磁场一致的方向，达到“饱和状态”，如图 9.6(e) 所示。这时，铁磁性物质的磁性很强。转向阶段是不可逆的，即使外磁场减小至零，铁磁性物质仍有一定磁性。

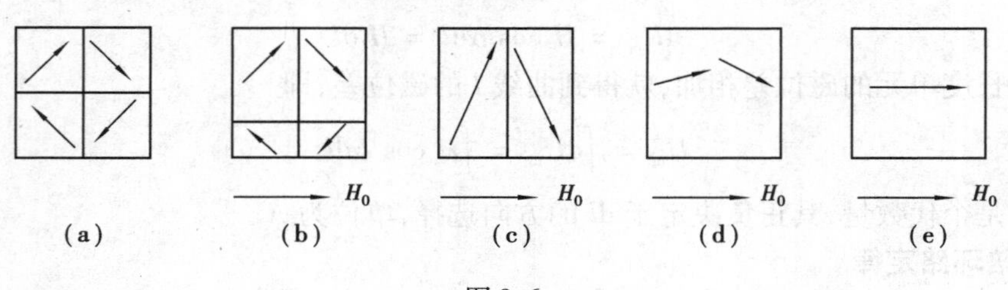

图9.6

由铁磁性物质的磁化过程分析可知，铁磁物质的磁化并不能用一个为常数的磁导率表示，而需要用它的磁化曲线来表示。磁化曲线是表示物质中磁感应强度 B 与磁场强度 H 的关系曲线，即 B-H 曲线。由于磁场强度的大小是由产生外磁场的电流决定的，而 B 相当于电流在真空中所产生磁场和物质磁化后的附加磁场的叠加，所以 B-H 曲线表明了物质的磁状态。

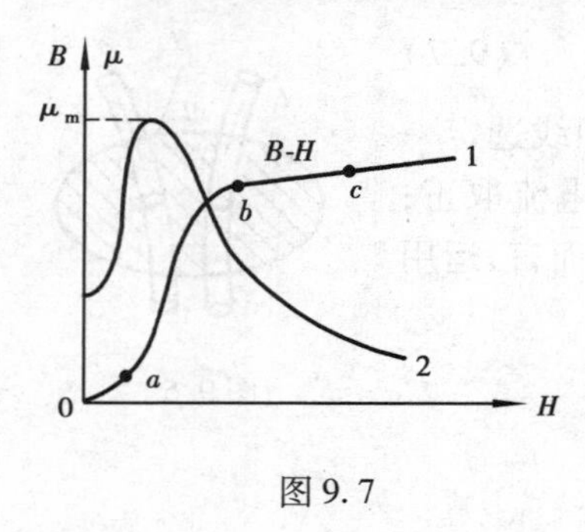

图9.7

铁磁性物质的 B-H 曲线可由实验测得。对原处于中性($B = 0$、$H = 0$) 的铁磁物质，在受到一方向不变、强度单调增加的磁场作用下，所测得的磁化曲线称为起始磁化曲线，如下图9.7 中的曲线1 所示。图中曲线起始的一小段 oa 对应于可逆磁化区，在这一段里，B 与 H 成正比，但 B 的增加缓慢；在起始磁化曲线中间的 ab 段，B 以较大的斜率上升；在此之后，继续增大 H，但由于磁饱和，B 的增加趋缓，磁化特性如 bc 段；在进入磁饱和状态后，再增大 H，B 增加的也很小，与真空或空气中一样；c 点以后近于直线，起始磁化曲线的斜率最终趋近于 μ_0。在曲线的 ab 段，铁磁性物质中的 B 要比真空或空气中的大得多，因此，通常要求铁磁材料工作在 b 点附近。

从整个起始磁化曲线可以看出，铁磁材料的磁导率 $\mu = B/H$ 不是常数值，它随外磁场 H 的变化而变化。在弱磁化区，μ 的值不大；在磁感应强度急剧增加的磁化区里，μ 有一最大值；进入饱和区后，μ 的值减小，并逐渐趋于 μ_0。μ 与 H 的关系曲线如图 9.7 中的曲线 2 所示。

9.2.2 磁滞回线与基本磁化曲线

铁磁性物质在反复磁化过程中的 B-H 关系，是磁滞回线的关系，而不是起始磁化曲线的关系。

如图 9.8 所示，当磁场强度由零增加到 $+H_m$，使铁磁性物质达到饱和，对应的磁感应强度为 B_m 后，如将 H 减小，B 要由 B_m 沿着比起始磁化曲线高的曲线 ab 段下降，特别是当 H 降为零而 B 不为零时，这是由于磁畴翻转的不可逆而引起的，这种 B 的改变落后于 H 的改变的现象称为磁滞现象，简称磁滞。由于磁滞，铁磁性物质在磁场强度减小到零时所存留的磁感应强度，称

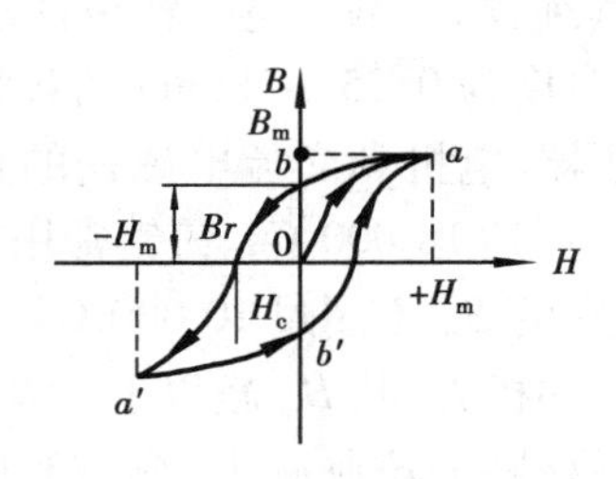

图9.8

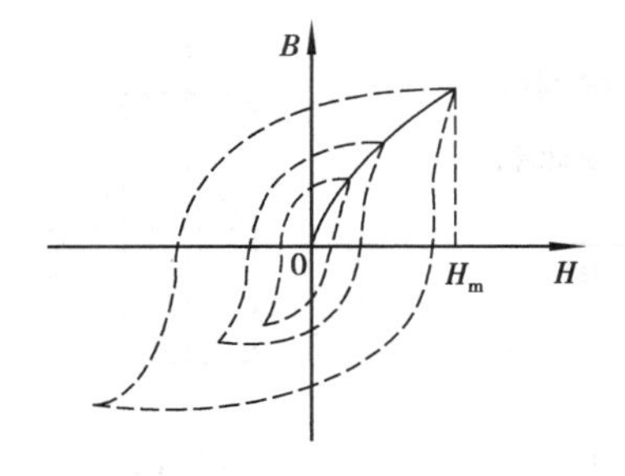

图9.9

为剩磁。如果要消去剩磁，需将铁磁性物质反向磁化。当 H 在相反方向达到图中的 H_C 值时，使 B 降为零，这一磁场强度称为矫顽磁场强度，也称矫顽力。当 H 继续反方向增加时，铁磁性物质开始进行反向磁化；当 $H=-H_m$ 时，铁磁性物质反向磁化到饱和点 a'；当 H 由 $-H_m$ 回到零时，B-H 曲线沿 $a'b'$ 变化；当 H 再由零增加为 $+H_m$ 时，B-H 曲线沿 $b'a$ 变化而完成一个循环。铁磁物质在 $+H_m$ 和 $-H_m$ 之间反复磁化，所得到的近似对称于原点的闭合曲线 $aba'b'a$，称为磁滞回线。

对应于不同的 H_m 值，同一种铁磁性物质有不同的磁滞回线，如图9.9中的虚线所示。将各个不同 H_m 下的各条磁滞回线的正顶点连成的曲线称为基本磁化曲线，如图9.9中实线所示。基本磁化曲线与起始磁化曲线很相近，基本磁化曲线略低于起始磁化曲线，但相差很小。每一种铁磁材料有一条确定的基本磁化曲线，在磁路计算中，一般就以它表示铁磁性物质的磁化特性。图9.10为几种铁磁材料的基本磁化曲线。

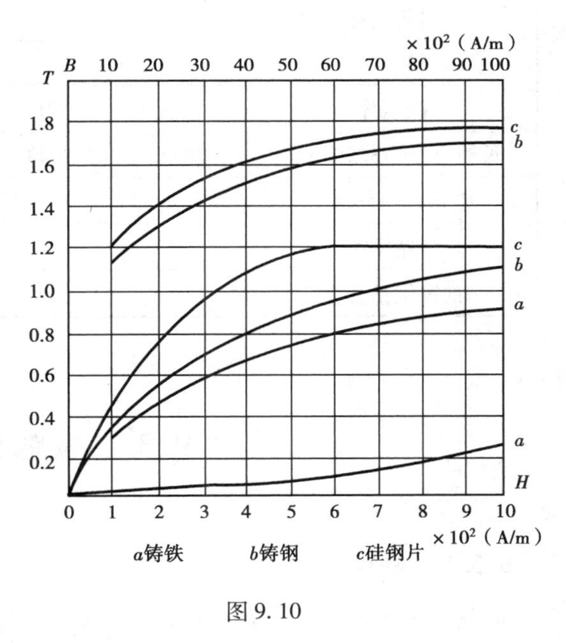

图9.10

铁磁材料在反复磁化过程中，由于磁畴不断地改变方向，使铁磁材料内的分子振动加剧，温度升高，造成能量损失，这种由于磁滞而引起的能量损失称为磁滞损耗。反复磁化一次的磁滞损耗与磁滞回线的面积成正比。不同的铁磁材料具有不同的磁滞损耗，例如，硅钢片的磁滞损耗就比铸铁和铸钢的小。磁滞损耗对电机和变压器等电气设备的运行不利，是导致铁芯发热的原因之一。

9.2.3　铁磁材料的分类

按照铁磁材料的磁性以及在工程上的用途，可以粗略地将它们分为两大类：一类是软磁材料，另一类为硬磁材料（又称为永磁材料）。

软磁材料的矫顽磁力 H_C 小，一般 $H_C<10^2$ A/m，磁导率大，磁滞损耗小，磁滞回线狭长，如图9.11所示，磁滞现象不显著，没有外磁场时磁性基本消失。常用的软磁材料有硅钢片（电工

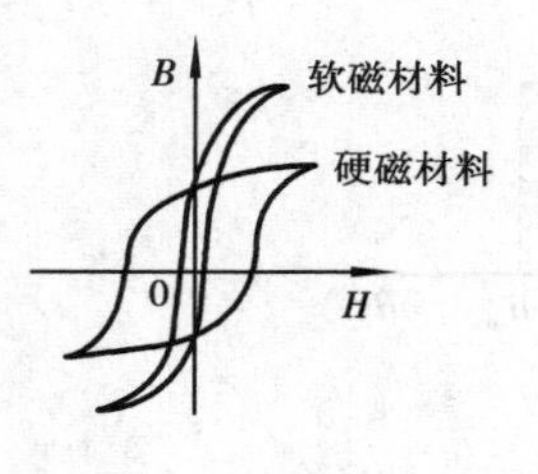

图 9.11

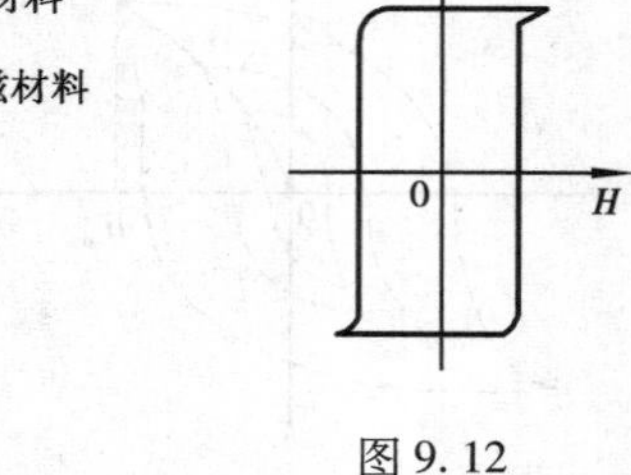

图 9.12

钢)、工程纯铁、铁镍合金、软磁铁氧体、铸铁、铸钢等。厚度为 0.35 ~ 1 mm 的各种硅钢片是制造变压器、电机和交流电磁铁的重要导磁材料,其 B_m 可达 18 000 Gs。铸钢常用来制造电机的机壳,它的 B_m 不超过 10 000 Gs。铸铁也可以铸造电机的机壳,其 B_m 较以上二者为低。

硬磁材料的矫顽磁力、剩磁和磁滞损耗均较大,磁滞回线较宽,如图 9.11 所示。硬磁材料磁化后,能得到很强的剩磁,而不易退磁,因此,这类材料适用于制造永久磁铁。常用的硬磁材料有铬、钨、钴、镍等的合金,如铬钢、钨钢、钴钢、铝镍硅合金等。

此外,还有一种矩磁材料,其磁滞回线近似于一个矩形,如图 9.12 所示。铁氧体材料就是一种矩磁材料。

常用的几种磁性材料的最大相对磁导率、剩磁及矫顽磁力见表 9.1。

表 9.1 常用磁性材料的最大相对磁导率、剩磁及矫顽磁力

材料名称	μ_{max}	B_r/T	$H_C/(A/m)$
铸铁	200	0.475 ~ 0.500	880 ~ 1 040
硅钢片	8 000 ~ 10 000	0.800 ~ 1.200	32 ~ 64
坡镆合金(78.5% Ni)	20 000 ~ 200 000	1.100 ~ 1.400	4 ~ 24
碳钢(0.45% C)		0.800 ~ 1.100	2 400 ~ 3 200
钴钢		0.750 ~ 0.950	7 200 ~ 20 000
铁镍铝钴合金		1.100 ~ 1.350	40 000 ~ 52 000

9.3 磁路和磁路定律

9.3.1 磁路

很多电工设备中需要较强的磁场或较大的磁通。由于铁磁性物质的磁导率远比非铁磁性物质的磁导率大,所以都将铁磁性物质做成闭合或近似闭合的环路,即铁芯。绕在铁芯上的线圈通以较小的电流(励磁电流),便能得到较强的磁场。这种情况下的磁场差不多约束在限定的铁芯范围之内,周围非铁磁性物质(包括空气)中的磁场则很微弱。如上所述,这种约束在限定铁芯范围内的磁场称为磁路。

图 9.13 中示出几种电气设备的磁路,图(a)是一种单相变压器的磁路,它由同一种铁磁性材料组成,且各段铁芯的横截面积相等,这样的磁路称为均匀磁路。图(b)和(c)是接触器与继电器的磁路,图(d)是直流电机的磁路,图(e)是电工仪表的磁路。这些磁路分别由不同的铁磁性物质构成,并且磁路内有时不免有很短的空气隙存在(空气隙简称气隙),各段磁路的横截面积也不一定相等,这样的磁路称为非均匀磁路。

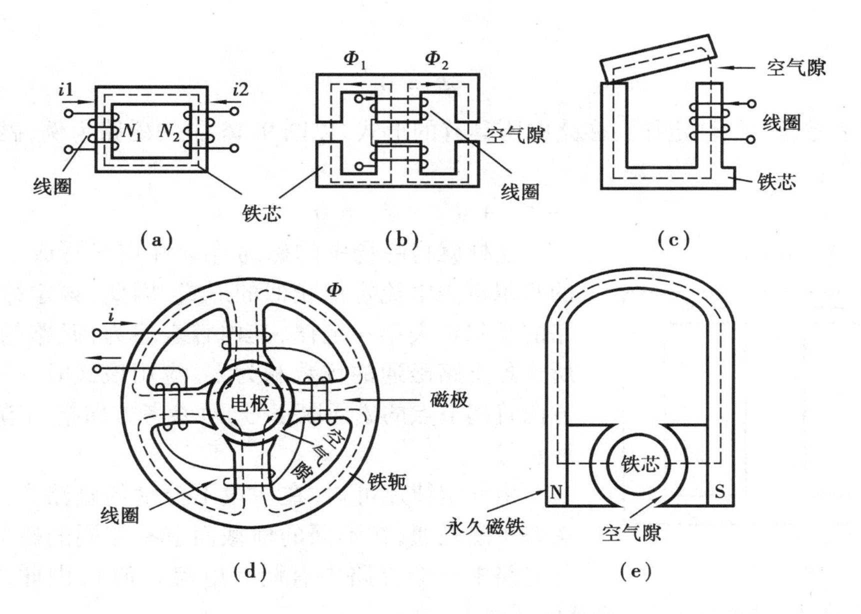

图 9.13

磁路的磁通可以分为两部分：绝大部分是通过磁路（包括气隙）闭合的，称为主磁通，用 Φ 表示；穿出铁芯，经过磁路周围非铁磁性物质（包括空气）而闭合的磁通称漏磁通，如图 9.14(a) 中的 Φ_S。在工程实际中，为了减少漏磁通，采取了很多措施，使漏磁通只占总磁通的很小一部分，因此，对磁路的初步计算中常将漏磁通略去不计；同时选定铁芯的几何中心闭合线作为主磁通的路径。这样，图 9.14(a) 就可以用图 9.14(b) 表示。

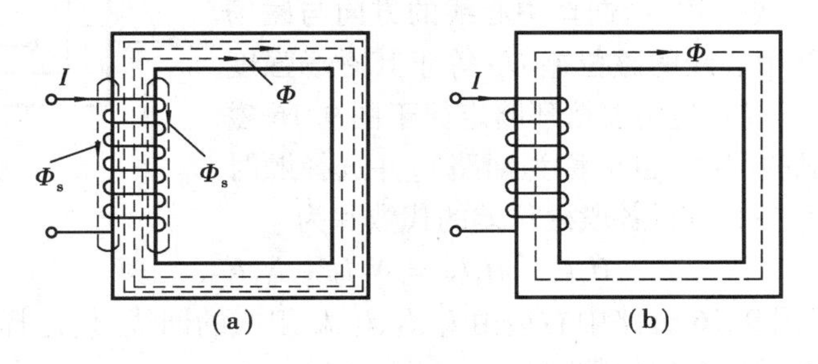

图 9.14

9.3.2　磁路基尔霍夫定律

磁路定律是计算磁路的基础，是在以下假设情况下得出的：

①散布到磁路铁芯之外的漏磁通可以忽略；

②磁路中由含有铁磁物质构成的任何回路均可以划分为若干段，在每一段的磁化是均匀的；

③在磁路的每一段中，可取导磁体的沿磁感应线方向的平均长度作为该段磁路的长度；

④可以用构成磁路的铁磁物质的基本磁化曲线表征磁路中的铁磁材料的磁化特性。

(1)磁路基尔霍夫第一定律

在磁路的分岔处，连接至分岔处的各段铁芯（可称为磁路的支路）中穿出的各磁通的代数

和为零,即

$$\sum \Phi = 0 \tag{9.8}$$

式(9.8) 就是磁通连续性定律在磁路中所具有的形式。以图 9.15 中的磁路为例,磁通连续性定律的方程为:

$$-\Phi_1 + \Phi_2 + \Phi_3 = 0$$

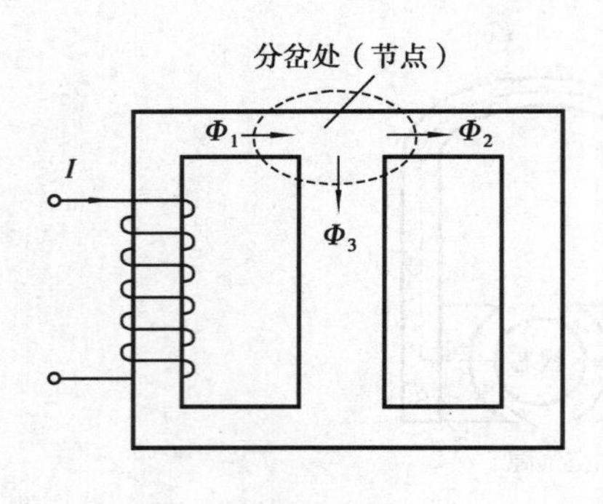

图 9.15

这样就将磁场中的磁通连续性定律写成了与电路中的基尔霍夫电流定律相似的形式。因此,该定律也称为磁路的基尔霍夫第一定律,其内容表述为:磁路的任一节点所连各支路磁通的代数和为零。应用该式时,一般对参考方向背离节点的磁通取正号,对参考方向指向节点的磁通取负号。

由此定律还可知,在一段不分岔的磁路支路中,由于忽略了漏磁通,在不同的横截面上有相同的磁通穿过(这与电路中一个支路中有同一电流相似),因此,截面积大处,磁感应强度小;截面积小处,磁感应强度大。

(2)**磁路基尔霍夫第二定律**

磁路可以分为截面积相等、材料相同的若干段。例如,图 9.16 所示的磁路可以分为平均长度各为 l_1、l_2、l_3、l_4、l_5 等五段。在每一段中,由于各处截面相等,通过的磁通相等,材料也相同,所以每段都为均匀磁路。同一段中磁场强度处处相同,磁场方向与中心线一致。当选择中心线的方向与磁场方向相同时,每段磁路中心线的磁位差 U_m 等于其磁场强度与长度的乘积,即 $U_m = Hl$。运用安培环路定律于图 9.16 磁路中左边由 l_1、l_2 组成的回线(也可称为回路),并选择顺时针方向为回线的绕行方向,可得各段磁位差的代数和为

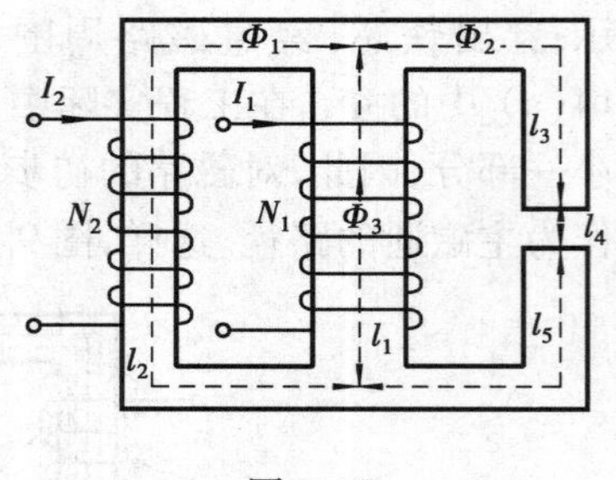

图 9.16

$$H_2 l_2 - H_1 l_1 = N_2 I_2 - N_1 I_1$$

运用安培环路定律于图 9.16 磁路中右边由 l_1、l_3、l_4、l_5 组成的回线,仍选择顺时针方向为回线的绕行方向,可得各段磁位差的代数和为

$$H_1 l_1 + H_3 l_3 + H_4 l_4 + H_5 l_5 = N_1 I_1$$

推广上两式,可得

$$\sum (Hl) = \sum (NI) \tag{9.9}$$

由于励磁电流是磁通的来源,所以将线圈的 $F = NI$ 称为磁通势或磁动势,其单位为 A,则式(9.9) 可写为

$$\sum U_m = \sum F_m \tag{9.10}$$

式(9.10) 就是磁路的基尔霍夫第二定律的表达形式。其内容表述为:磁路的任一回路中,各段磁位差的代数和等于各磁通势的代数和。在应用式(9.10) 时,要选择一环绕方向,磁通的参考方向与环绕方向一致时,该段磁位差取正号,反之取负号;励磁电流的参考方向与环绕方向符合右手螺旋关系时,该磁通势取正号,反之取负号。

9.3.3　磁路的欧姆定律

如图9.17所示,设在磁路中有一段导磁体,其截面积为S,长为l,材料的磁导率为μ磁通为Φ,则有

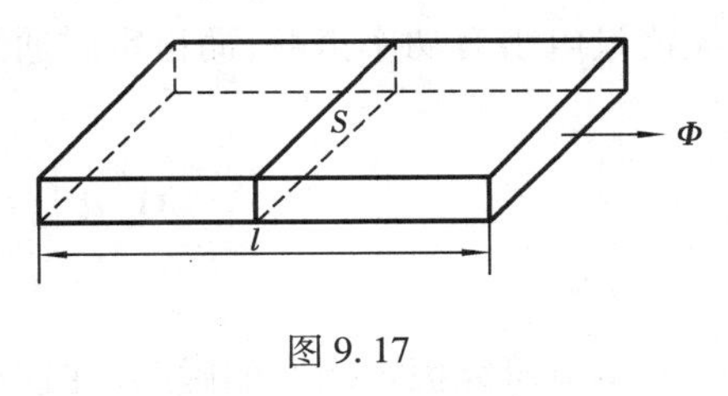

图9.17

$$H = \frac{B}{\mu}, \qquad B = \frac{\Phi}{S}$$

该段的磁位差为

$$U_m = Hl = \frac{B}{\mu} \times l = \frac{l}{\mu S}\Phi = R_m \Phi \qquad (9.11)$$

式中

$$R_m = \frac{l}{\mu S} \qquad (9.12)$$

称为该段导磁体的磁阻(它与电路中导体的电阻相似),磁阻的单位是1/H。磁阻的倒数称为磁导,用A表示,即

$$A = \frac{1}{R_m} = \frac{\mu S}{l} \qquad (9.13)$$

磁导的单位是H。

铁磁性物质的磁导率不是常数,随励磁电流的变化而变化,使得铁磁性物质的磁阻是非线形的,磁路也是非线性的。因此,一般情况下不能应用磁路的欧姆定律进行计算。对磁路做简略的分析时,则常用到磁路欧姆定律及磁阻的概念。例如,一个有气隙的铁芯线圈接到直流电压源上时,由于线圈的电流只决定于电源的电压和线圈的电阻,与磁路情况无关,不随气隙的大小而改变。气隙增大,则磁阻增大,按磁路欧姆定律可知,磁路的磁通将减小;气隙减小,则磁路的磁通增大。

9.3.4　磁路与电路的相似性

由上述磁路与电路定律的相似,可以看出磁路与电路问题的相似性。表9.2列出了磁路与电路中各种量的对比。

表9.2　磁路与电路和对比

磁　路	电　路
磁通 Φ	电流 I
磁位差 Um	电压 U
磁感应强度 B	电流密度 J
磁通势 F_m	电动势 E
磁导率 μ	电导率 ρ
磁阻 R_m	电阻 R
磁路基尔霍夫第一定律 $\sum \Phi = 0$	电路基尔霍夫第一定律 $\sum I = 0$
磁路基尔霍夫第二定律 $\sum U_m = \sum F_m$	电路基尔霍夫第二定律 $\sum U = \sum E$

磁路问题与电路问题在形式上是相似的。但必须指出,磁路与电路的相似仅仅是形式上的。电路中的电流是带电质点的运动,而磁路中的磁通就没有与之对应的物理意义;电路中电流流过电阻有功率消耗,而恒定磁通穿过磁阻却不消耗功率。

9.4 恒定磁通磁路的计算

本节研究恒定磁通的磁路。在这种磁路中,磁通不随时间变化而为恒定值,激磁电流也是恒定的,即直流电流。

磁路计算的问题可以分为两类:一类是已知磁路的磁通及磁路的结构、尺寸、材料,要计算所需的磁通势;另一类问题是已知磁路的磁通势及磁路的结构、尺寸、材料,要计算磁路中的磁通。

9.4.1 恒定磁通无分支磁路的计算

(1)已知磁通求磁通势

无分支磁路中各处磁通相同,但由于磁路是非线性的,且各段的材料与截面可能不同,可按下列步骤进行计算。

①将磁路按材料和截面不同划分为若干段落。

②按磁路的几何尺寸计算各段的截面积 S 和磁路的平均长度。

磁路长度是指各段平均长度,即中心线长度。磁路的截面积用磁路的几何尺寸直接算出。对铁芯,按几何尺寸算出的面积为视在面积 S'。如铁芯是由电工钢片叠成的,因为钢片上涂有绝缘漆,铁芯厚度中包含漆层膜厚度,铁芯有效面积 S 将小于视在面积。引用填充系数(也称叠片系数)K,定义为

$$K = \frac{\text{有效面积}}{\text{视在面积}} = \frac{S}{S'}$$

则有效面积 $S = KS'$。对厚度为 0.5 mm 的钢片,可取 $K = 0.9 \sim 0.92$。对厚度为 0.35 mm 的钢片,可取 $K = 0.85$。

对于气隙,由于存在磁场向外扩张的"边缘效应",如图 9.18 所示,使得气隙的有效截面积比铁芯部分大,即 $S_0 > S$,这里的 S_0 表示气隙的有效截面积,S 表示铁芯的截面积。如果铁芯截

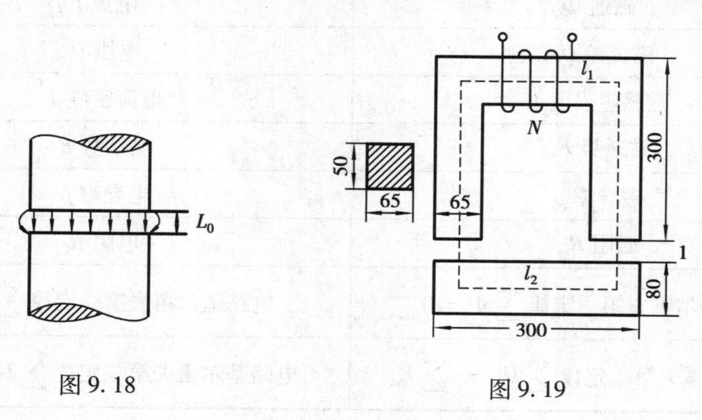

图 9.18　　图 9.19

面积为矩形，宽为 a，高为 b，气隙长为 l，如图9.19所示，在$\frac{a}{l} \geqslant 10 \sim 20$、$\frac{b}{l} \geqslant 10 \sim 20$ 时，可以忽略边缘效应，认为 $S_0 = S$。如需计及边缘效应，则可按下式计算，即

$$S_0 = (a + l) \times (b + l) \approx ab + (a + b) \times l$$

③求各磁路段的磁感应强度 $B(B = \Phi/S)$。

④按照磁路各段的磁感强度 B 求各对应磁场强度 H。对于不同铁磁性物质可查其磁化曲线或磁化数据表。对于气隙，可按下式计算，即

$$H_0 = \frac{B_0}{\mu_0} = \frac{B_0}{4\pi \times 10^{-7}} \approx 0.8 \times 10^6 B_0 \tag{9.14}$$

⑤计算各段磁路的磁位差 $U_m(U_m = Hl)$。

⑥按磁路基尔霍夫第二定律求出所需要的磁通势 F_m。

例9.1　一个直流电磁铁的磁路如图9.19所示。按照工程图例，未注明的长度单位为mm。铁芯由硅钢片叠成，填充系数取0.92，下部衔铁的材料为铸钢。要使长度为1 mm的气隙中的磁通为 3×10^{-3} Wb，试求不计边缘效应时所需的磁动势；若励磁绕组匝数为1000，试求所需的励磁电流。

解　①从磁路的尺寸可知，磁路可分铁芯、气隙、衔铁三段。各段长度为

$$l_1 = \left[(300 - 65) \times 10^{-3} + 2 \times \left(300 - \frac{65}{2}\right) \times 10^{-3}\right] \text{m} = 0.77 \text{ m}$$

$$l_2 = [(300 - 65) \times 10^{-3} + 2 \times 40 \times 10^{-3}] \text{m} = 0.315 \text{ m}$$

$$l_3 = 2 \times 1 \times 10^{-3} \text{m} = 0.002 \text{ m}$$

铁芯的有效截面积为

$$S_1 = KS_1' = 0.92 \times 65 \times 50 \times 10^{-6} \text{m}^2 \approx 30 \times 10^{-4} \text{ m}^2$$

衔铁的截面积为

$$S_2 = 80 \times 50 \times 10^{-6} \text{ m}^2 = 40 \times 10^{-4} \text{ m}^2$$

气隙很小，不计边缘效应，其面积为

$$S_3 = 65 \times 50 \times 10^{-6} \text{ m}^2 = 32.5 \times 10^{-4} \text{ m}^2$$

②每段的磁感应强度为

$$B_1 = \frac{\Phi}{S_1} = \frac{3 \times 10^{-3}}{30 \times 10^{-4}} \text{ T} = 1 \text{ T}$$

$$B_2 = \frac{\Phi}{S_2} = \frac{3 \times 10^{-3}}{40 \times 10^{-4}} \text{ T} = 0.75 \text{ T}$$

$$B_3 = \frac{\Phi}{S_3} = \frac{3 \times 10^{-3}}{32.5 \times 10^{-4}} \text{ T} = 0.92 \text{ T}$$

查图9.10可得

$$H_1 = 340 \text{ A/m} \quad H_2 = 360 \text{ A/m}$$

而由式(9.14)可得

$$H_3 = 0.8 \times 10^6 B_3 = 0.8 \times 10^6 \times 0.92 \text{ A/m} = 0.736 \times 10^6 \text{ A/m}$$

③所需磁通势为

$$F_m = H_1l_1 + H_2l_2 + H_3l_3 = [340 \times 0.77 + 360 \times 0.315 + 2 \times 10^{-3} \times 0.736 \times 10^6]\ \text{A} = 1\ 847\ \text{A}$$

当 $N = 1000$ 时,所需的电流为

$$I = \frac{F_m}{N} = \frac{1\ 847}{1\ 000}\ \text{A} = 1.847\ \text{A}$$

讨论:由本例可知,磁路中气隙虽然短,但由于其磁导率比铁磁性物质小得多,其磁位差却占总磁位差的很大一部分。本例中所占为$\frac{1\ 472}{1\ 847} = 79.6\%$。

(2)**已知磁通势求磁通**

由于磁路的非线性,各磁段的磁阻与磁通的量值有关。在没有求出磁路的磁通前不能将各磁路段的磁位差求出来。因此,对于已知磁通势求磁通问题,一般可采用试探法,其步骤为:

①先假设一个磁通值,按此磁通用已知磁通求磁通势的计算步骤求出磁通势。

②将计算所得磁通势与已知磁通势加以比较。修正第一次假设的磁通值,反复修正,直到所得的磁通势与已知磁通势相近为止。

显然,第一次所假设的磁通值是解此类问题的关键值。由于在含有空气隙的磁路中,气隙磁位差一般占总磁通势绝大部分。因此,可用给定的磁通势除以气隙磁阻得出磁通的上限值,并做出一个比此上限值小一些的磁通进行一次试算。磁通上限值按下列数值等式计算,各量均用 SI 单位。

$$\Phi = B_0S_0 = \frac{H_0}{0.8 \times 10^6}S_0 = \frac{S_0}{0.8 \times 10^6} \times \frac{NI}{l_0} = \frac{NIS_0}{0.8l_0} \times 10^{-6}$$

为了减少试探次数,在试探几次后,可将磁通与磁通势的关系作出 F_m-Φ 曲线。根据这一曲线,便可找出已知磁通势的磁通值。

例 9.2 例 9.1 中,若电磁铁的磁通势为 1 600 A,试求磁路的磁通。

解 已知磁通势求磁通,用试探法,先求第一次试探磁通上限值。

$$\Phi == \frac{NIS_0}{0.8l_0} \times 10^{-6} = \frac{1\ 600 \times 32.5 \times 10^{-4}}{0.8 \times 2 \times 10^{-3}} \times 10^{-6}\text{Wb} = 3.25 \times 10^{-3}\text{Wb}$$

第一次取 $\Phi = 3.0 \times 10^{-3}$Wb 试探得(参见例 9.1)

$$B_1 = 1\ \text{T} \quad B_2 = 0.75\ \text{T} \quad B_0 = 0.92\ \text{T} \quad H_1 = 340\ \text{A/m} \quad H_1 = 360\ \text{A/m}$$

$$H_0 = 7.36 \times 10^5\ \text{A/m} \quad F_m = 1\ 847\ \text{A}$$

结果偏大。第二次取 $\Phi = 2.8 \times 10^{-3}$Wb 试探得

$$B_1 = \frac{\Phi}{S_1} = \frac{2.8 \times 10^{-3}}{30 \times 10^{-4}}\ \text{T} = 0.93\ \text{T}$$

$$B_2 = \frac{\Phi}{S_2} = \frac{2.8 \times 10^{-3}}{40 \times 10^{-4}}\ \text{T} = 0.7\ \text{T}$$

$$B_0 = \frac{\Phi}{S_0} = \frac{2.8 \times 10^{-3}}{32.5 \times 10^{-4}}\ \text{T} = 0.86\ \text{T}$$

查图 9.10 得

$$H_1 = 290\ \text{A/m} \quad H_2 = 300\ \text{A/m}$$

而 H_0 为

$$H_0 = 0.8 \times 10^6 B_0 = 6.88 \times 10^5 \text{ A/m}$$

磁动势 F_m 为

$F_m = H_1 l_1 + H_2 l_2 + H_3 l_3 = (290 \times 0.77 + 300 \times 0.315 + 6.88 \times 10^5 \times 2 \times 10^{-3})\text{A} =$ 1 693.8 A 结果偏大。第三次取 $\Phi = 2.6 \times 10^{-3}$Wb 试探，计算结果列入下表。

故取解答为

$$\Phi = 2.65 \times 10^{-3}\text{Wb}$$

序号	$\Phi \times 10^{-3}$ /Wb	B_1 /T	B_2 /T	B_0 /T	H_1 /(A·m^{-1})	H_2 /(A·m^{-1})	$H_0 \times 10^5$ /(A·m^{-1})	F /A	与 1 600 A 相比
1	3.0	1	0.75	0.92	340	360	7.36	1 847	偏大
2	2.8	0.93	0.7	0.86	290	300	6.88	1 693.8	偏大
3	2.6	0.87	0.65	0.8	260	290	6.4	1 571.5	略小
4	2.65	0.88	0.66	0.82	270	290	6.52	1 603.3	相近

9.4.2　恒定磁通对称分支磁路的计算

对称分支磁路在实际中是常见的。如图9.13(b)所示的接触器磁路，图9.13(d)的电机磁路皆属于此类磁路。这种磁路存在着对称轴，轴两侧磁路的几何形状完全对称，相应部分的材料也相同，两侧作用的磁通势也是对称的。根据磁路定律，这种磁路的磁通分布也是对称的。因此，当已知对称分支磁路的磁通求磁通势时，只要取对称轴的一侧磁路计算，即可求出整个磁路所需的磁通势。

但必须注意的是，取对称轴一侧磁路计算时，如图9.20所示磁路取对称轴右侧磁路计算，中间铁芯柱的面积为原铁芯柱的一半，中间柱的磁通也减为原来的一半，但磁感应强度和磁通势却保持不变。这种磁路的计算也有两类问题：一类是已知磁通求磁通势，另一类则是已知磁通势求磁通。其计算步骤及方法与无分支磁路相似。

例9.3　对称分支铸钢磁路如图9.20(a)所示。若在中间铁芯柱产生 $\Phi = 1.8 \times 10^{-4}$Wb 的磁通，问需要多大磁通势(图中单位为 cm)。

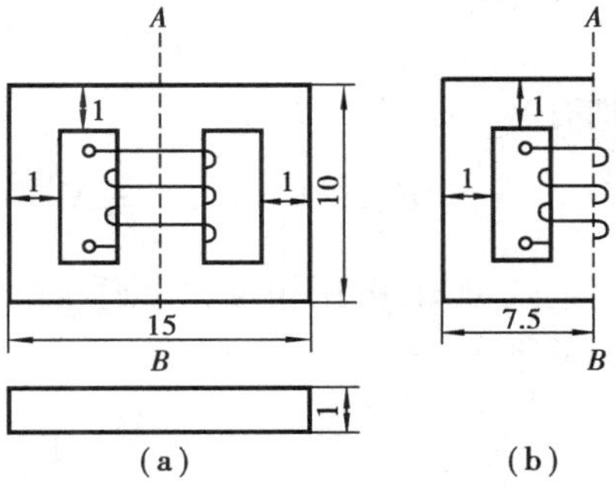

解　此题为对称分支磁路，以 AB 为轴，取其左侧磁路进行计算，如图9.20(b)所示。图中所示磁路的磁通为

$$\Phi_1 = \frac{\Phi}{2} = \frac{1.8 \times 10^{-4}}{2}\text{ Wb} = 0.9 \times 10^{-4}\text{Wb}$$

而左侧磁路为截面、材料相同的磁路，该磁路段截面、长度分别为

(a)　(b)

图9.20

$$S = 1 \times 10^{-2} \times 1 \times 10^{-2}\text{m}^2 = 10^{-4}\text{m}^2$$

$$l = [(7.5 - 1) \times 2 + (10 - 1) \times 2] \times 10^{-2}\text{ m} = 0.31\text{ m}$$

磁路段磁感应强度为

$$B = \frac{\Phi_1}{S} = \frac{0.9 \times 10^{-4}}{10^{-4}}\text{ T} = 0.9\text{ T}$$

查图 9.10 可得

$$H = 550\ \text{A/m}$$

磁路的磁位差为

$$U_{\text{m}} = Hl = 550 \times 0.31\ \text{A} = 170.5\ \text{A}$$

磁路所需的磁通势为

$$F_{\text{m}} = Hl = 170.5\ \text{A}$$

9.5 交流铁芯线圈

交流铁芯线圈(即交流磁路,如铁芯变压器,交流电机的定子绕组等)和直流铁芯线圈在电路与磁路的关系上有很大的区别。直流铁芯线圈的磁通不变,线圈中没有感应电动势,或线圈的电感不起作用,电流只由外加电压 U 和线圈的电阻 R 决定($I = U/R$);励磁电流的大小虽然影响磁通的大小,但磁路的磁阻和磁通都不会反过来影响电流,也就是磁路不影响电路。交流铁芯线圈则由于励磁电流及其所产生的磁通随时间变化,要在线圈中引起感应电动势,也就是电感要起作用,这个感应电动势反过来要影响电路,所以交流铁芯线圈的电路和磁路是相互影响的。另外,交流铁芯线圈中的铁芯有由磁滞和涡流引起的能量损耗,直流铁芯线圈的铁芯则没有这种能量损耗。

9.5.1 正弦电压作用下线圈中电压与磁通的关系

图 9.21 为连接到交流电源的铁芯线圈。选择线圈电压 u、电流 i、磁通 Φ 及感应电动势 e 的参考方向如图 9.21 所示。则有

$$u(t) = -e(t) = N\frac{\mathrm{d}\Phi(t)}{\mathrm{d}t}$$

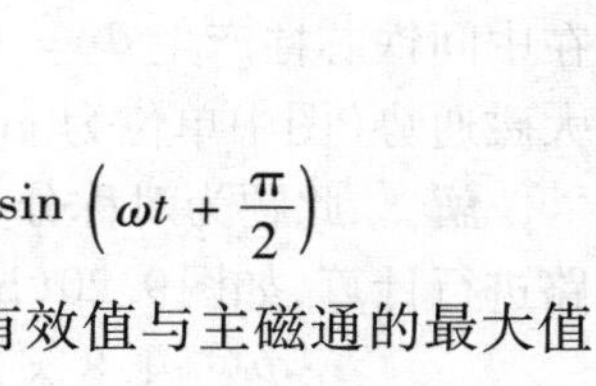

图 9.21

式中,N 为线圈的匝数。由上式可知,电压为正弦量时,磁通也是正弦量。设

$$\Phi(t) = \Phi_{\text{m}} \sin \omega t$$

则有

$$u(t) = -e(t) = N\frac{\mathrm{d}\Phi(t)}{\mathrm{d}t} = N\frac{\mathrm{d}}{\mathrm{d}t}(\Phi_{\text{m}} \sin \omega t) = \omega N \Phi_{\text{m}} \sin\left(\omega t + \frac{\pi}{2}\right)$$

由上式可知,电压相位比磁通相位超前 90°,且电压及感应电动势的有效值与主磁通的最大值的关系为

$$U = E = \frac{\omega N \Phi_{\text{m}}}{\sqrt{2}} = \frac{2\pi fN\Phi_{\text{m}}}{\sqrt{2}} = 4.44fN\Phi_{\text{m}} \tag{9.15}$$

式(9.15)是常用的重要公式。它表明:电源的频率及线圈的匝数一定时,如线圈电压的有效值 U 不变,则主磁通的最大值 Φ_{m} 不变;线圈电压的有效值改变时,Φ_{m} 与 U 成正比的改变,而与磁路情况(如铁芯材料的磁导率、气隙大小等)无关。交流线圈的这一情况与直流线圈不同,直流线圈的电压不变时,电流也不变,但磁路情况改变,则磁通改变。

式(9.15)是在忽略线圈电阻及线圈漏磁通的情况下得到的,由于线圈电阻及漏磁通的影

响一般都不大，因此，在给定的正弦电压源的激励下，铁芯线圈中的磁通最大值即已基本上确定，并基本上保持了正弦波形。

9.5.2　正弦电压作用下磁化电流的波形

铁芯在交变磁化下的 B-H 关系曲线是磁滞回线。由于 $\Phi = BS$，励磁电流 $i = \dfrac{Hl}{N}$，所以 Φ 与 i 的关系曲线与磁滞回线相似。将已知铁芯磁滞回线的纵、横坐标各乘以相应的比例常数，就得到铁芯的 Φ-i 曲线，如图 9.22 中的曲线 1。在略去磁滞和涡流的影响时，Φ-i 曲线可用相应的基本磁化曲线代替，如图 9.22 中的曲线 2。

由图 9.22 中的 Φ-i 曲线可见，由于磁化的非线性，铁芯线圈中的磁通为正弦波时，励磁电流将不是正弦波，为此可用逐点作图法求出励磁电流 $i_{\mathrm{M}}(t)$ 的波形。

设铁芯中的正弦主磁通为 $\Phi(t) = \Phi_{\mathrm{m}} \sin \omega t$。先分别作出 Φ-i 曲线和 $\Phi(t)$ 曲线，两个坐标轴上的 Φ 和 I 采用同一比例尺，然后逐点从 Φ 求 i_M，如图 9.23 所示。

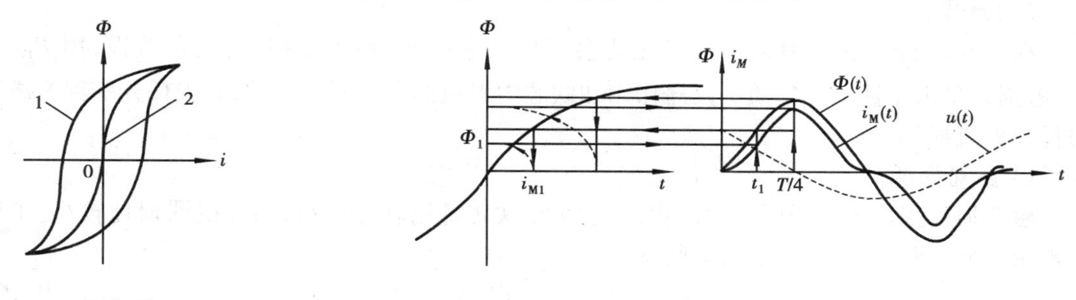

图 9.22　　　　图 9.23

由作图可看出，铁芯线圈的电压为正弦量时，磁通也为正弦量，由于磁饱和的影响，磁化电流不是正弦量，其波形为尖顶波，但 $i_{\mathrm{M}}(t)$ 和 $\Phi(t)$ 同时达到零和最大值。u 越大，则 $\Phi(t)$ 越大，$i_{\mathrm{M}}(t)$ 的波形就越尖；如果 u 越小，则 $\Phi(t)$ 越小，$i_{\mathrm{M}}(t)$ 的波形就较接近正弦波形。要使磁化电流接近正弦波形，就需选用截面积较大的铁芯，减小 B_{m} 值，使铁芯工作于非饱和区，但这样做就会加大铁芯的尺寸和重量，因此，通常使铁芯工作在接近饱和区。

工程上分析交流铁芯线圈时，都将非正弦量的磁化电流看成正弦量，并说成“用等效正弦量代替”，代替的条件除频率相同外，有效值和功率也相等，因此，磁化电流的等效正弦量与磁通相比，比电压滞后 90°。如设主磁通的最大相量为

$$\dot{\Phi} = \Phi_{\mathrm{m}} \angle 0°$$

则电压的有效值相量为

$$\dot{U} = \mathrm{j}4.44fN\dot{\Phi}_{\mathrm{m}}$$

磁化电流的等效正弦量的相量为

$$\dot{I}_M = I_M \angle 0°$$

相量图如图 9.24 所示。

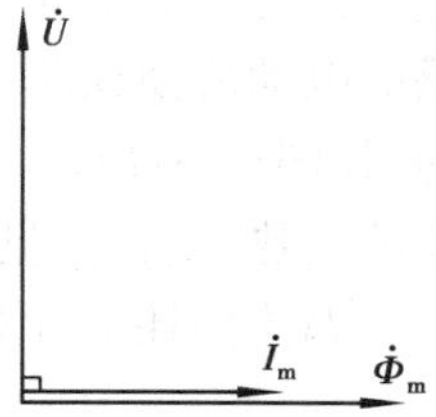

$\dot{U}$　$\dot{I}_{\mathrm{m}}$　$\dot{\Phi}_{\mathrm{m}}$

图 9.24

以上的讨论都未涉及铁芯的磁通和涡流的影响，若将这些因素考虑进去，波形畸变必将更为显著。

9.5.3 正弦电流作用下磁通的波形

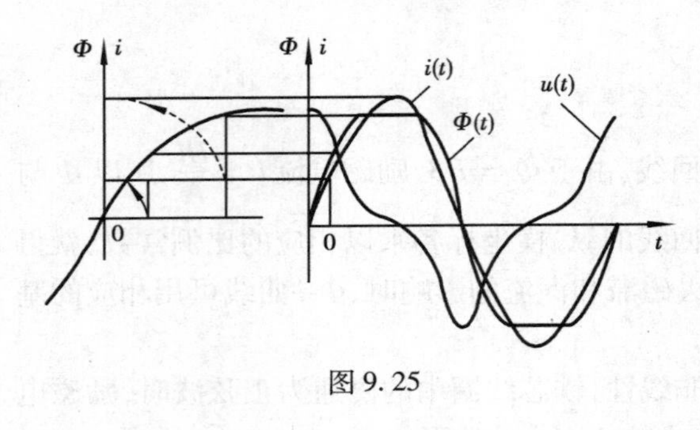

图 9.25

一些情况下会出现铁芯线圈的电流为正弦量(如电流互感器),设

$$i = I_{\mathrm{m}} \sin \omega t$$

则铁芯线圈的磁通 $\Phi(t)$ 的波形也可以用逐点描绘的方法作出,如图 9.25 所示。

由图可见,铁芯线圈的电流为正弦波时,由于磁饱和的影响,磁通和电压都为非正弦波。$\Phi(t)$ 为平顶波,$u(t)$ 为尖顶波。

9.5.4 交流磁路中的损耗

(1)铁损

在交变磁通磁路中,铁芯的交变磁化会产生功率损耗,称为磁损耗,简称铁损,用 P_{Fe} 表示。磁损耗是由于铁磁性物质的磁滞作用和铁芯内涡流的存在而产生的,其损耗分别称为磁滞损耗和涡流损耗。

1)磁滞损耗

磁滞损耗正比于磁滞回线的面积,一般交流铁芯都用软磁材料,因而磁滞损耗较小。工程上常用下列经验公式计算磁滞损耗,即

$$P_h = \sigma_{\mathrm{h}} f B_{\mathrm{m}}^n V \tag{9.16}$$

式中,f为交流电源频率,单位为 Hz;B_{m} 为磁感应强度最大值,单位为 T;n 为指数,当 $B_{\mathrm{m}} < 1$ T 时,$n \approx 1.6$;当 $B_{\mathrm{m}} > 1$ T 时,$n \approx 2$;V 为铁芯体积,单位为 m^3;σ_{h} 为与铁磁性材料性质有关的系数,由实验确定;P_{h} 为磁滞损耗,单位为 W。

为了减小交变磁通磁路中铁芯磁滞损耗,常采用磁滞回线狭长的铁磁性物质,电工硅钢片是目前满足这个条件的理想磁性材料,特别是冷轧硅钢片,冷轧取向硅钢片或坡莫合金则更为理想。同时,在设计时还应适当降低 B_{m} 值,以减小铁芯饱和程度,这也是降低磁滞损耗的有效办法之一。

2)涡流损耗

铁芯中的磁通变化时,不仅线圈中产生感应电动势,铁芯中也产生感应电动势,铁芯中的感应电动势使铁芯中产生旋涡状的电流,称为涡流。涡流在铁芯中垂直于磁通方向的平面内流动,如图 9.26 所示,图(a)为实心铁芯,图(b)为钢片叠装铁芯。铁芯中的涡流要消耗能量而使铁芯发热,这种能量损耗称为涡流损耗。

涡流损耗的计算,工程上常用下列经验公式,即

$$P_{\mathrm{e}} = \sigma_{\mathrm{e}} f^2 B_{\mathrm{m}}^2 V \tag{9.17}$$

式中,σ_{e} 为与铁芯材料的电阻率、厚度及磁通波形有关的系数;P_{e} 为涡流损耗,单位为 W。

在电机、变压器等设备中,常用来减少涡流损耗的方法有两种:一是增大铁芯材料的电阻率,在钢片中渗入硅,能使其电阻率大为提高;二是将铁芯沿磁场方向剖分为许多薄片相互绝缘后再叠合成铁芯,以增大铁芯中涡流路径的电阻。这两种方法都能有效地减少涡流。在工频

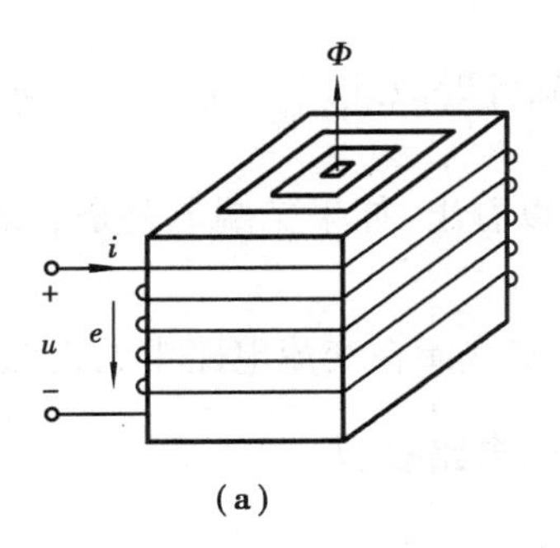

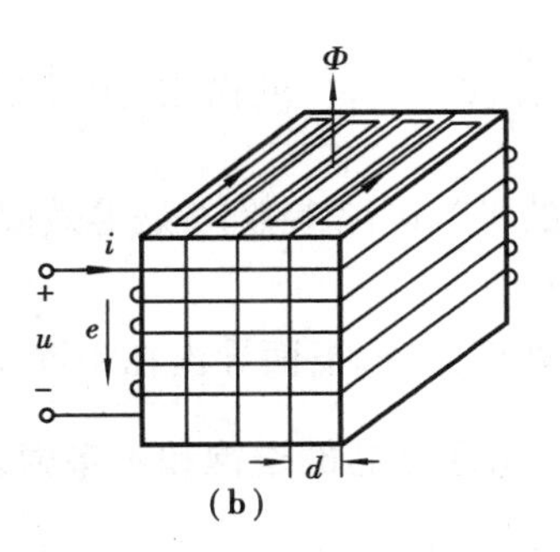

图9.26

下采用的硅钢片有0.35 mm和0.5 mm两种规格，在高频时常采用铁粉芯或铁淦氧磁体，这材料的电阻率则更大。

但是，在有些场合，涡流也是有用的，例如，在冶金、机械生产中用到的高频熔炼、高频焊接以及各种感应加热，都是涡流原理的应用。

磁滞损耗和涡流损耗合并在一起称为磁损耗或铁损，其能量是从电路中通过电磁耦合吸收过来的，并转换为热能散发，从而使铁芯温度升高。因此，铁损对电机、变压器的运行性能影响很大。铁损可由实验测定，也可以从手册的铁磁物质磁损数据表中查得。

(2)**铜损**

在实际电工中，由于线圈电阻R的存在，造成铁芯线圈电路另一部分损耗RI^2，称为电阻损耗，简称铜损，用P_{Cu}表示。一般情况下，铁芯线圈的铜损往往比铁损小得多。

例9.4　将一铁芯接到3 V的直流电源上，测得电流为1.5 A。接在50 Hz、160 V交流电源上，测得电流为2 A，功率表的读数为24 W。试求：① 铁芯线圈的电阻R；② 铁芯线圈的铜损和铁损(不计铁芯漏磁通)。

解　铁芯线圈在直流电源作用下，由测得的电压、电流可算出线圈的电阻R为

$$R = \frac{3}{1.5}\ \Omega = 2\ \Omega$$

铁芯线圈接到交流电源时有

$$P_{Cu} = RI^2 = 2 \times 2^2\ \text{W} = 8\ \text{W}$$

$$P_{Fe} = P - P_{cu} = (24 - 8)\ \text{W} = 16\ \text{W}$$

9.6　交流铁芯线圈的电路模型

含铁芯的线圈是电工中常见的一种器件。由于其中的磁饱和、磁滞、涡流现象的存在，对它的精确分析是复杂的，也难以建立准确的电路模型。下面利用等效正弦波的处理方法，建立铁芯线圈在交流电路中的近似的电路模型。

等效正弦波的处理方法是这样一种近似的方法：设有一个二端电路或器件，它的两端有交变电压u，流入有电流i，它们的波形中主要是基波，另外，还可能含有高次谐波，它们的有效值分别为U、I。此二端电路在上述电压、电流的作用下所吸收的平均功率为P，将近于正弦波的u、i视为有效值分别为U、I、频率为基波频率的正弦波，并引入角度θ作为等效正弦电压、电流的相位

差,使 $\cos\theta=\frac{P}{UI}$。按照这样的做法,上述二端电路就可近似地以一复阻抗 $Z=\frac{\dot{U}}{\dot{I}}=\frac{U}{I}e^{j\theta}=|Z|e^{j\theta}$ 作为它的等效电路参数,θ 是等效阻抗角。可以看出,如果二端电路是非线性的,这样的做法一定是近似的。

按照上述处理方法,下面导出在不同条件下,铁芯线圈在交流电路中的近似模型。

9.6.1 仅考虑铁芯的磁饱和不考虑功率损耗的电路模型

如果仅考虑铁芯的磁饱和而不考虑一切功率损失,就可以用一个非线性电感,如图 9.27(a) 所示。作为铁芯线圈的电路模型,用磁链与电流非线性函数 $\psi=f(i)$ 表示其特性。在频率一定的交流电流、电压的作用下,可以得到铁芯线圈的电压有效值 U 与电流有效值的关系曲线,如图9.27(b) 所示。用等效正弦波的处理方法,便可将铁芯线圈视为一感抗 $X=U/I$,这感抗不是常数,电压越高,铁芯越饱和,此感抗值越小。

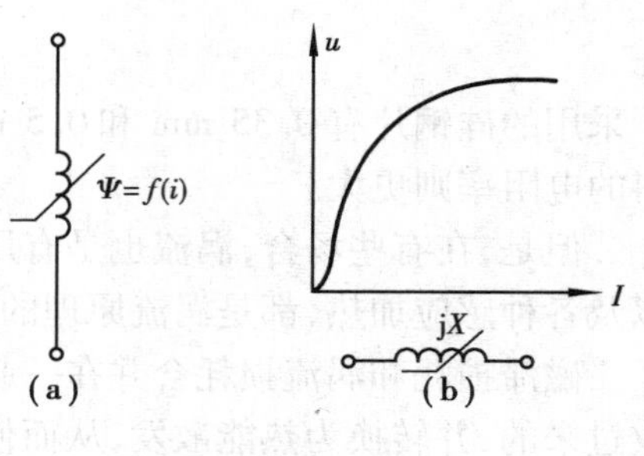

图 9.27

9.6.2 考虑铁芯的磁饱和和铁芯损耗的电路模型

考虑铁芯的磁饱和和铁芯损耗,此时铁芯中的磁通、电流、电压的相量如图 9.28(a) 所示,电压超前于磁通 $\dot{\Phi}_m$ 90°,电流 $\dot{I}$ 滞后于电压的角度 θ 小于 90°。根据这些相量关系,可以作出铁芯线圈在这种情形下的电路模型如图 9.28(b) 所示。它由一个非线形的电纳 B_0 和一个非线性电导 G_0 并联组成。如果对于给定的 U 值,由实验测量出或用某种计算方法得到 I 值和铁芯线圈所得的功率 P 值,就可由之求得 B_0 和 G_0 的值为

$$B_0=-\frac{I_r}{U}=-\frac{I|\sin\theta|}{U},\quad G_0=\frac{I_\alpha}{U}=\frac{I\cos\theta}{U}$$

式中,$\cos\theta=\frac{P}{UI}$。这里所得的 B_0、G_0 也都不是常数值,它们随 U 的改变(磁饱和程度的改变)而变化。

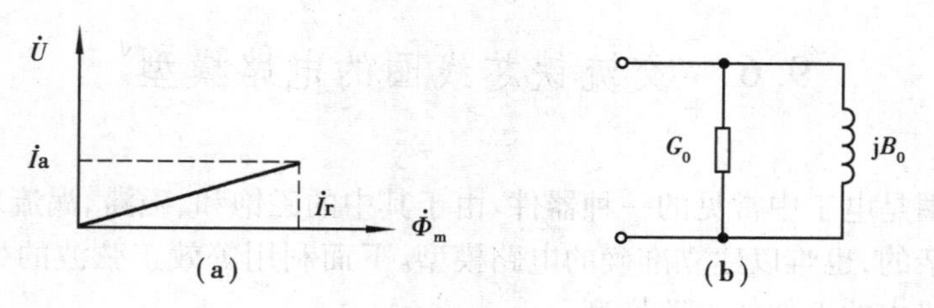

图 9.28

例 9.5 将匝数 $N=100$ 的铁芯线圈接到电压 $U=220$ V 的工频正弦电压源,测得线圈的电流 $I=4$ A,$P=100$ W。不计线圈电阻及漏磁通,试求:① 铁芯线圈主磁通的最大值 Φ_m;② 并联电路模型的 B_0、G_0。

解　①由式(9.15)可得

$$\Phi_m = \frac{U}{4.44fN} = \frac{220}{4.44 \times 50 \times 100}\text{Wb} = 9.91 \times 10^{-3}\text{Wb}$$

②并联电路模型

$$\cos\theta = \frac{P}{UI} = \frac{100}{220 \times 4} = 0.113\ 6$$

$$\theta = \arccos 0.113\ 6 = 83.5°$$

$$B_0 = -\frac{I|\sin\theta|}{U} = -\frac{4\sin 83.5°}{220}\text{S} = 18.1 \times 10^{-3}\text{S}$$

$$G_0 = = \frac{I\cos\theta}{U} = \frac{4\cos 83.5°}{220}\text{S} = 2.07 \times 10^{-3}\text{S}$$

$$Y_0 = G_0 + \text{j}B_0 = [2.07 - \text{j}18.1] \times 10^{-3}\text{S}$$

9.6.3　考虑线圈的电阻和漏磁通的电路模型

考虑线圈的电阻和漏磁通时，可以将线圈的磁链分为两部分，完全经铁芯而闭合的磁通 Φ_0 和经过空气形成闭合路径的漏磁通 Φ_S，如图 9.29(a) 所示。在这种情况下，铁芯线圈的电路方程为

$$Ri + N\frac{\text{d}\Phi}{\text{d}t} = Ri + N\frac{\text{d}\Phi_S}{\text{d}t} + N\frac{\text{d}\Phi_0}{\text{d}t} = u_S \tag{9.18}$$

式中，R 为线圈导线的电阻，u_S 为所加的电压。

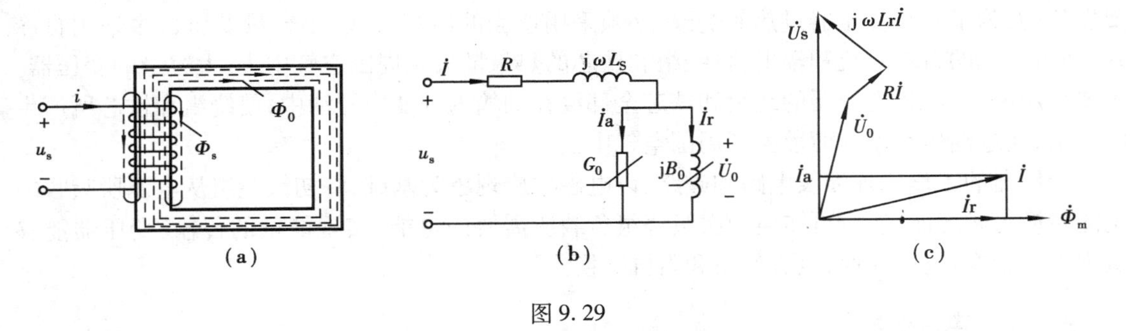

图 9.29

漏磁通的路径有相当大的部分是在空气中，这部分磁通与电流成正比，于是可以引入一线形电感 L_S 为

$$L_S = N\frac{\Phi_S}{i}$$

表示它在电路中的作用，这样就可以作出图9.29(b) 所示的铁芯线圈在交流电路中的模型。将式(9.18) 写成相量形式，有

$$R\dot{I} + \text{j}\omega L_S\dot{I} + \dot{U}_0 = R\dot{I} + \text{j}\omega L_S\dot{I} + \frac{\text{j}\omega N\Phi_m}{\sqrt{2}} = \dot{U}_S$$

按照上式可作相量图如图9.29(c) 所示。上式中 Φ_m 是铁芯中磁通 Φ_0 的幅值。对于一个给定的铁芯线圈，要确定图 9.29(b) 中模型的各电路参数，可用近似的计算方法或实验方法。工作在交流电流电路中的电机和电器中含有铁芯线圈的，常用图 9.29(b) 的模型作为铁芯线圈

的电路模型。

9.7 理想变压器

变压器通常是由一个公共铁芯和两个或两个以上的线圈(又称绕组)所组成。按照铁芯和绕组的结构形式不同,分为心式变压器和壳式变压器两类,如图 9.30 所示。

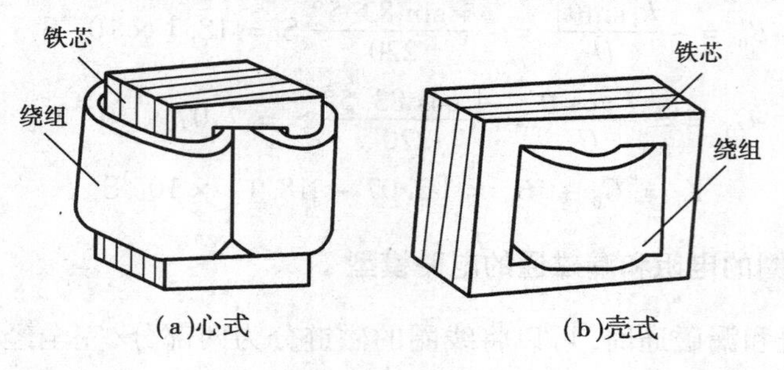

图 9.30

铁芯是变压器的磁路部分。为了减少铁芯损耗,变压器的铁芯用硅钢片叠成。绕组是变压器的电路部分,绕组一般有两个,与电源相接的绕组称为原绕组(或称初级绕组),与负载相接的绕组称为副绕组(或称次级绕组),都是用绝缘导线绕制而成的。

容量大的变压器除铁芯和绕组之外,还有一些附属设备。变压器在运行时铁芯和绕组总是要发热的,为了防止变压器过热而烧毁,必须采用适当的冷却方式。小容量变压器多采用自冷式,通过空气的自然对流和辐射,将绕组和铁芯的热量散失到周围空气中去。大容量的变压器,则要采用油冷式,将变压器的绕组和铁芯全部浸在油箱内的变压器油中,使绕组和铁芯所产生的热量,通过油传给箱壁而散失到周围空气中去。

变压器的工作原理涉及电路和磁路,以电磁感应现象为基础,将初级绕组从电源所吸收的电能转换为磁场能,然后再转换为次级绕组负载所需要的电能,实现能量的传输。变压器能够实现以下变换:电压变换、电流变换和阻抗变换。

9.7.1 电压变换

变压器的工作原理如图 9.31 所示,原、副绕组的匝数分别用 N_1、N_2 表示,其他物理量的参考方向如图所示。

当电源电压 u_1 作用于原绕组之后,原绕组中便有电流 i_1 通过。这个电流在原绕组中产生磁动势 $N_1 i_1$,如果不计漏磁通,认为两个线圈耦合得很好,而且线圈中电阻引起的电压降也忽略不计,两个线圈不存在能量损耗,这样的变压器称为理想变压器。对于理想变压器,由它产生的磁通全部通过铁芯而闭合。根据电磁感应原理,在变压器的副绕组里产生感应电动势,从而副绕组中便有电流 i_2 通过(如果副绕组接有负载)。这个电流在副绕组中产生磁动势 $N_2 i_2$,由它产生

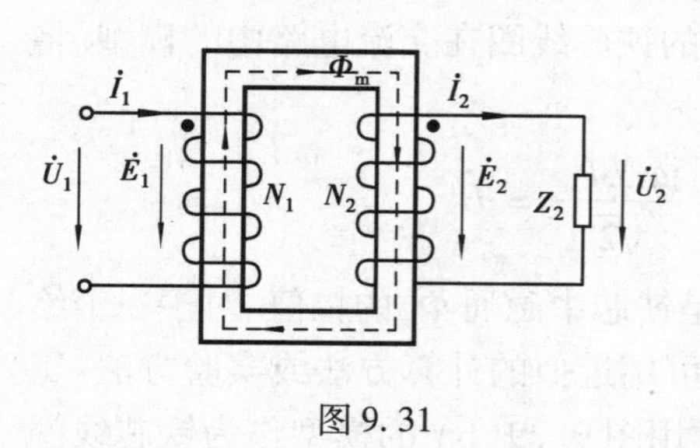

图 9.31

的磁通绝大部分也通过铁芯而闭合。实际上,这时变压器铁芯中的磁通是由原、副绕组的磁动势共同产生的,称为主磁通,用 Φ_m 表示。由式(9.15) 可得

$$U_1 = 4.44fN_1\Phi_m$$
$$U_2 = 4.44fN_2\Phi_m$$

则有

$$\frac{U_1}{U_2} = \frac{4.44fN_1\Phi_m}{4.44fN_2\Phi_m} = \frac{N_1}{N_2} = K \tag{9.19}$$

上式表明,理想变压器原边电压与副边电压之比等于理想变压器原、副绕组匝数之比,比例常数 K 称为理想变压器的变比。同时,变压器具有变换电压的作用。因此,要改变电压,只要改变理想变压器两绕组匝数比。当 $K > 1$ 时,为降压变压器;当 $K < 1$ 时,为升压变压器。这就是理想变压器变换电压的基本原理。

9.7.2　电流变换

由于理想变压器不存在能量损耗,因此,原、副绕组输入和输出功率不变,所以有

$$U_1I_1 = U_2I_2$$

即

$$I_2 = KI_1 \tag{9.20}$$

上式表明,理想变压器带负载运行时,变压器原、副绕组中电流有效值之比与其匝数成反比。因此,改变原、副绕组的匝数不仅可以改变电压,也可以改变原、副绕组电流的关系。同时,变压器具有变换电流的作用。

例9.6　有一台理想变压器原绕组电压为380 V,副绕组电压为110 V,已知原绕组匝数为1 900 匝,试求:①副绕组的匝数;②若在副绕组接入一只“110 V、100 W”的灯泡,则原、副绕组的电流各为多少?

解　①由式(9.19)可得

$$K = \frac{U_1}{U_2} = \frac{380}{110} \approx 3.46$$

副绕组匝数为

$$N_2 = \frac{N_1}{K} = \frac{1\,900}{3.46}\text{匝} \approx 550\text{ 匝}$$

②副绕组电流为

$$I_2 = \frac{P_2}{U_2} = \frac{100}{110}\text{ A} \approx 0.909\text{ A}$$

由式(9.20) 可得

$$I_1 = \frac{I_2}{K} = \frac{0.909}{3.46}\text{ A} \approx 2.63\text{ A}$$

9.7.3　阻抗变换

理想变压器除了具有变换电压、电流的作用外,还可以将原、副边阻抗进行变换。图9.32(a) 的副边接有负载 Z_2,从副边电路来看有

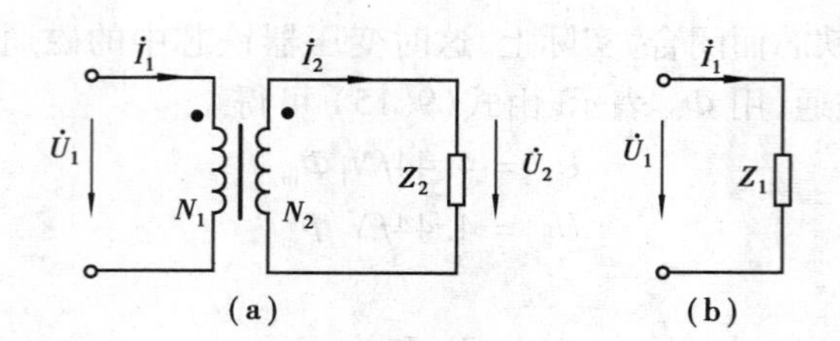

图 9.32

$$\frac{U_2}{I_2} = |Z_2|$$

将式(9.19)、式(9.20)代入上式得

$$\frac{\frac{1}{K}U_1}{KI_1} = |Z_2| \text{或} \frac{U_1}{I_1} = K^2 |Z_2|$$

而

$$\frac{U_1}{I_1} = |Z_1|$$

为原边的等效阻抗,即

$$|Z_1| = K^2 |Z_2| \tag{9.21}$$

Z_1 称为 Z_2 折算到变压器原边的等效负载阻抗,它等于 Z_2 的 K^2 倍。若变压器的匝数比不同,负载阻抗 Z_2 折算到原边的等效阻抗也不同,采用适当的变比 K,就可以将负载阻抗变换为电源所需要的数值,这种做法通常称为阻抗匹配。在电子电路中,常采用阻抗匹配,使负载获得最大功率。

例 9.7 有一收音机其输出变压器(可视为理想变压器)原绕组匝数为 230 匝,副绕组匝数为 80 匝,原配接有阻抗为 8 欧的电动式扬声器,现要改接为阻抗为 4 欧的扬声器,则副绕组的匝数应如何变动?

解 改接前电路是匹配的,即

$$|Z_1| = K^2 |Z_2| = \frac{N_1^2}{N_2^2}|Z_2|$$

改接后,原绕组阻抗不变,现副绕组阻抗变为 Z'_2,则副绕组匝数应变为 N'_2。即

$$|Z_1| = K'^2 |Z'_2| = \frac{N_1^2}{N'^2_2}|Z'_2|$$

因此有

$$\frac{N_1^2}{N_2^2}|Z_2| = \frac{N_1^2}{N'^2_2}|Z'_2|$$

代入数据得

$$N'_2 = \sqrt{\frac{|Z'_2|}{|Z_2|}}N_2 = \sqrt{\frac{4}{8}} \times 80 \text{ 匝} = 57 \text{ 匝}$$

基本要求与本章小结

(1)**基本要求**

①了解磁路中基本物理量(磁感应强度、磁通、磁场强度、磁导率等)的定义和单位。

②了解铁磁性物质的起始磁化曲线、磁滞回线、基本磁化曲线的性质。

③理解磁路的基尔霍夫定律,磁阻与磁导。

④会进行直流磁路的简单计算。

⑤理解交流铁芯线圈中波形畸变的情况和磁滞损耗、涡流损耗的性质。

⑥了解交流铁芯线圈电路的电磁关系、电压电流关系、电路模型。

⑦了解理想变压器的概念,熟练掌握理想变压器电压、电流、阻抗变换的原理。

(2)**内容提要**

1)磁路中基本物理量

磁感应强度 B 是磁场的基本物理量,单位为特[斯拉](T)。磁通 Φ 是磁感应强度 B 的通量,单位为韦[伯](Wb)。在均匀磁场中,与磁场方向垂直的平面 S 的磁通为 $\Phi = BS$,因此,磁感应强度又称为磁通密度。

磁感应强度 B 的大小与磁场强度 H 有关,也与介质的磁导率 μ 有关,$B = \mu H$。磁场强度的单位为安/米(A/m),真空磁导率 $\mu_0 = 4\pi \times 10^{-7}$ H/m。

2)安培环路定律

磁场强度矢量 H 沿任何闭合路径的线积分等于穿过此路径所围成面的电流代数和。

3)铁磁性物质的磁性能具有的特点

①磁导率 μ 比非铁磁性物质大得多。

②存在磁饱和现象,B-H 关系为非线性关系,磁导率 μ 不是常数。

③存在磁滞现象,磁化后除去外磁场,仍有剩磁。

④磁状态与磁化过程有关,交变磁化时的 B-H 曲线为磁滞回线。连接不同幅值的各条磁滞回线顶点所得曲线称为基本磁化曲线。

4)磁路定律

①磁路的基尔霍夫第一定律:

磁路的分支点所连各支路磁通的代数和为零,即

$$\sum \Phi = 0$$

②磁路的基尔霍夫第二定律:

磁路的任意闭合回路中,各段磁位差的代数和等于各磁通势的代数和,即

$$\sum U_{\mathrm{m}} = \sum F = \sum NI$$

③磁阻与磁导率:

磁阻 $R_{\mathrm{m}} = \dfrac{l}{\mu S}$,单位为 H^{-1}。磁导 $A = \dfrac{1}{R_{\mathrm{m}}} = \dfrac{\mu S}{l}$,单位为 H。

5)无分支的直流磁路的计算

已知磁路求磁通势的步骤是：

①将磁路按材料和截面不同划分为若干段，并计算各段的截面积和长度；

②由已知的磁通 Φ 算出磁路各段中的磁感应强度 B；

③根据磁感应强度 B 求各段的磁场强度 H。对于不同的铁磁性物质，可查磁化曲线，对于空气隙，$H_0 = \frac{B_0}{\mu_0}$；

④计算各段的磁位差 U_m；

⑤按磁路基尔霍夫第二定律求所需的磁动势 $F = NI = \sum U_m$。

已知磁通势求磁通，则采用试探法。

6)交流铁芯线圈

①正弦电压作用下线圈中电压与磁通的关系

交流铁芯线圈是一个非线性器件，若不计线圈的电阻和漏磁通时，正弦电压作用下线圈中电压与磁通的关系为 $U = 4.44fN\Phi_m$。由于磁饱和的影响，如要产生正弦波形的磁通，磁化电流需为尖顶的非正弦波。

②交流磁路中的损耗

在交变磁通磁路中，交流铁芯线圈会产生功率损耗。一种是磁损耗（简称铁损），磁损耗是由于铁磁性物质的磁滞作用和铁芯内涡流的存在而产生的，其损耗分别称为磁滞损耗和涡流损耗。工程上常用经验公式 $P_h = \sigma_h f B_m^n V$ 和 $P_e = \sigma_e f^2 B_m^2 V$ 计算磁滞损耗和涡流损耗。另一种是铜损耗（简称铜损），它是由于线圈电阻 R 的存在，造成铁芯线圈电路另一部分损耗 RI^2，称为电阻损耗（又称铜损）。一般情况下，铁芯线圈的铜损往往比铁损小得多。

7)理想变压器

理想变压器是一种不计漏磁通，不计线圈中电阻引起的电压降，即两个线圈不存在能量损耗的理想情况。它具有变电压、变电流、变阻抗的作用，其变换式为

$$\frac{U_1}{U_2} = \frac{N_1}{N_2} = K$$

$$I_2 = KI_1$$

$$|Z_1| = K^2 |Z_2|$$

习　题

9.1　由硅钢片 D21 叠制而成磁路，尺寸如题图 9.1 所示（尺寸单位为 mm），绕组匝数为 200。设铁芯中磁通为 1.2×10^{-4} Wb，试求：①绕组中需通入的电流；②若绕组中电流为 0.55 A，求铁芯磁通。

9.2　一圆环形铁芯线圈如题图 9.2 所示，磁路平均长度为 60 cm，截面积 5 cm^2，铁芯由 D21 硅钢片制成，线圈匝数为 8 000 时，试求：①铁芯内磁通为 5×10^{-4} Wb 时线圈中的电流；②设铁芯开一个气隙长 $L_0 = 0.1$ cm，磁通仍为 5×10^{-4} Wb，求电流。

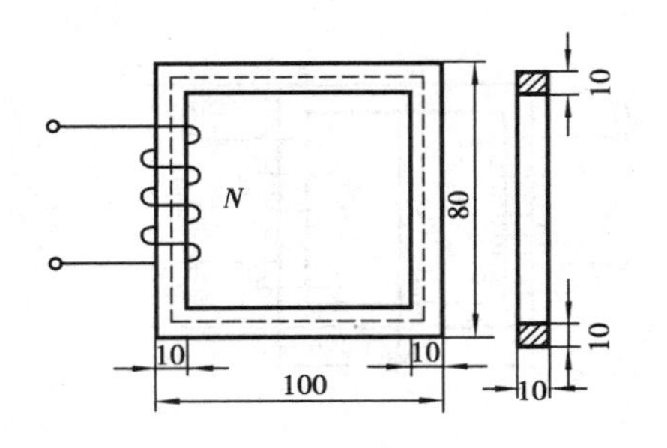

题图 9.1

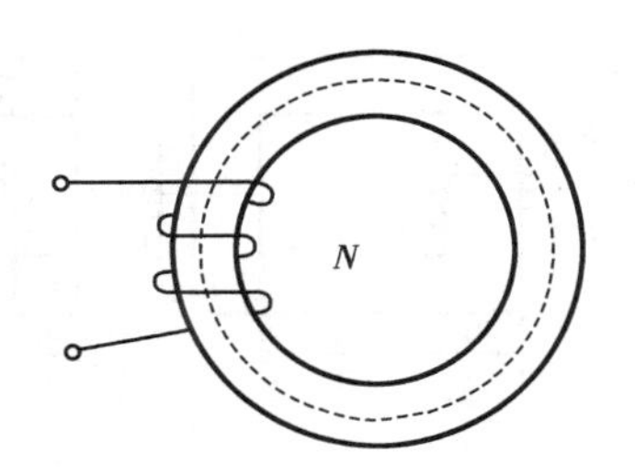

题图 9.2

9.3　题图 9.3 所示的磁场的截面积为 $16\times10^{-4}\mathrm{m}^2$ 且处处相等，中心线长度为 0.5 m，铁芯材料为硅钢片，线圈匝数为 500，电流为 300 mA。试求：① 磁路的磁通；② 若保持磁通不变，改用铸钢片作铁芯材料，所需磁通势为多少？

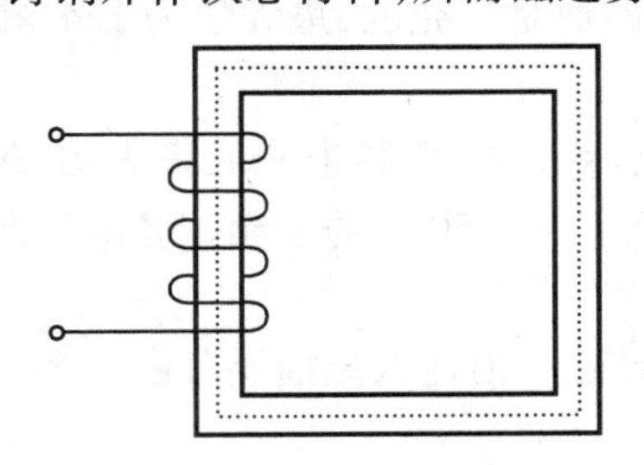

题图 9.3

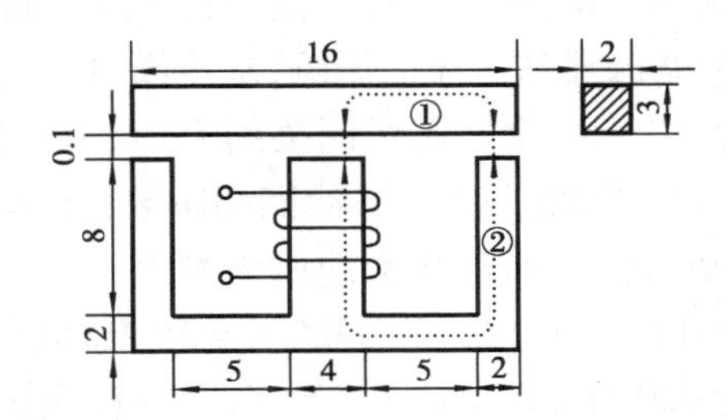

题图 9.4

9.4　对称分支磁路如题图 9.4 所示，铁芯材料 ① 为铸铁，材料 ② 为 D21 硅钢片。已知侧柱中磁通为 4.8×10^{-4} Wb，试求：① 所需磁通势；② 当匝数 $N=4\ 000$ 时，求电流（图中尺寸单位为 mm）。

9.5　题图 9.5 所示磁路的铁芯材料为硅钢片，不考虑填充系数及气隙的边缘效应，要使磁路磁通 $\Phi=5.1\times10^{-3}$ Wb，试求所需的磁通势。

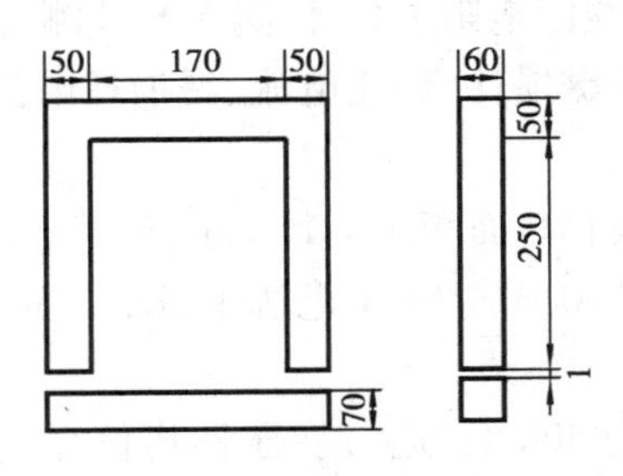

题图 9.5

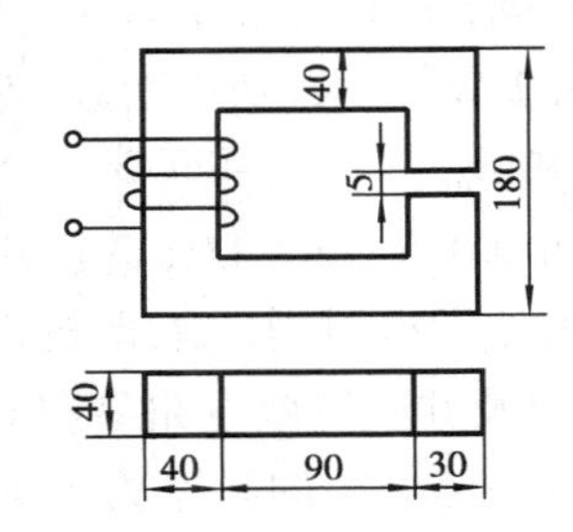

题图 9.6

9.6　题图 9.6 所示磁路的铁芯材料为硅钢片，若使气隙中的感应强度 $B_0=0.8$ T，试求所需的磁通势（不考虑填充系数）。

9.7　D41 硅钢片叠成磁路如题图 9.7 所示，设铁芯叠装因数为 0.9，气隙边缘效应不计，磁通势为 2 000 A，求铁芯磁路中的磁通（图中尺寸单位为 mm）。

9.8　题图 9.8 所示磁路的铁芯材料为硅钢片，线圈 1 的匝数 N_1 为 600，线圈 2 的匝数 N_2 为 200，铁芯厚度为 40 mm，图上标注的尺寸的单位为 mm。试求：① 电流 $I_1=3$ A、$I_2=0$ 时磁

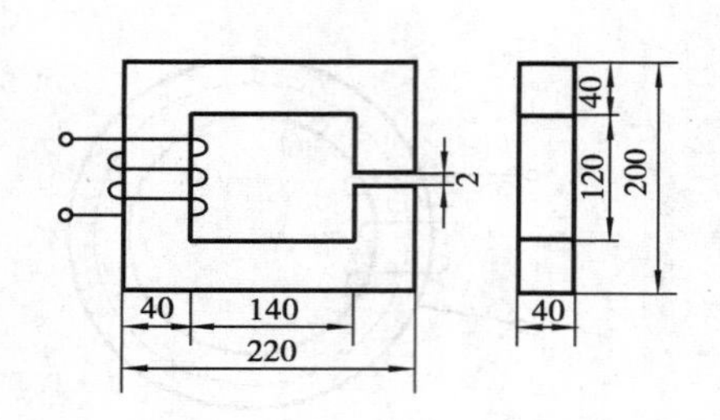

题图 9.7

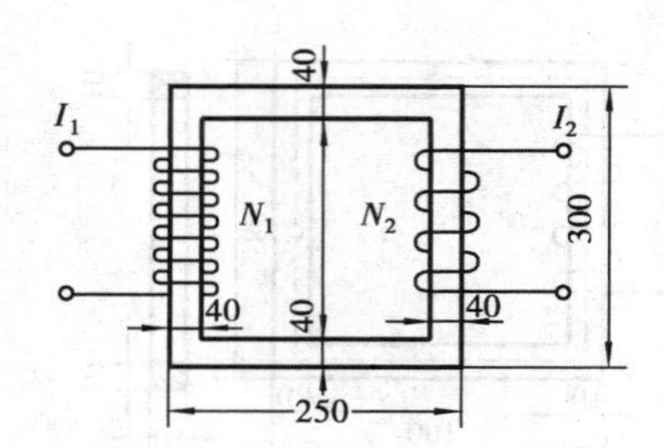

题图 9.8

路的磁通;②$I_1 = I_2 = 3$ A,且两个线圈磁通势方向一致时的磁通;③$I_1 = I_2 = 3$ A,但两个线圈磁通势方向相反时的磁通。

9.9　D23 热轧硅钢片制成的均匀截面的闭合磁路,铁芯有效截面积为 10 cm^2,磁路平均长度为 16 cm,铁芯绕有匝数为 900 的线圈。已知铁芯中的磁通是正弦的,最大值为 1.4×10^{-3} Wb,忽略磁滞和涡流的影响,求线圈电流的有效值。

9.10　一个铁芯线圈接到 $U_s = 100$ V 的工频正弦电压源时,铁芯中磁通最大值 $\Phi_m = 2.25\times10^{-3}$ Wb,试求:① 线圈的匝数;② 若将该线圈改接到 $U_s = 150$ V 的工频正弦电压源,要保持 Φ_m 不变,线圈匝数应改为多少?

9.11　一个铁芯线圈在 $f = 50$ Hz 时的铁损为 1 kW,且磁滞损耗涡流损耗各占一半。若将 f 改为 600 Hz,且保持 B_m 不变,则其铁损该为多少?

9.12　① 一个铁芯线圈所接正弦电压源的有效值不变,频率由 f 增至 $2f$,试问磁滞损耗和涡流损耗如何改变?② 如正弦电压源频率不变,有效值由 U 减为 $U/2$,试问磁滞损耗和涡流损耗如何改变?

9.13　由 D21　0.5 mm 厚热轧硅钢片叠装而成的闭合铁芯,截面均匀,有效截面积 $A = 22.5\ \text{cm}^2$,磁路平均长度 $l = 50$ cm,线圈匝 $N = 200$,铁芯中磁通是正弦的,其最大值 $\Phi_m = 2.7\times10^{-3}$ Wb,频率 $f = 50$ Hz,求线圈电流的有效值和损耗角。

9.14　接到 50 Hz、220 V 电压上的铁芯线圈,线圈电阻 1 Ω,抗漏 5Ω,并测得电流 3.9 A,消耗功率 215.2 W。试求:功率因数、感应电压、铁芯磁损耗、磁化电流、磁损耗电流以及等效电路的参数 G_0 和 B_0,并作出并联等效电路图。

9.15　用厚0.5 mm　D21 硅钢片制作铁芯,铁芯截面积 $A = 16\ \text{cm}^2$,磁路长度 $l = 80$ cm,匝数 $N = 720$,线圈电阻为 2 Ω,漏抗 5 Ω,将其接在 50 Hz、380 V 电源上,试求:磁化电流、励磁电流、磁损耗以及并联等效电路参数 G_0 和 B_0。

9.16　有一信号源的频率为 1 000 Hz,内阻为 500 Ω,通过变压器将信号传给负载电阻 R_L,使负载获得最大功率,已知 $R_L = 10$ Ω。若用理想变压器传递,应选匝数比为多少的变压器?

9.17　有一铁芯变压器,铁芯允许最大磁通 $\Phi_m = 12.5\times10^{-4}$ Wb,电源频率为 50 Hz,原绕组电压 $U_1 = 220$ V,两个副绕组电压分别为 $U_2 = 5$ V、$U_3 = 6.3$ V。试求原绕组匝数和两个副绕组的匝数。

第 10 章 电路的计算机辅助设计

本章简要介绍电路的计算机辅助分析与设计的基本知识,重点介绍常用的电路模拟软件 EWB 在电路分析中的应用。通过 Multisim 2001 在电路分析中的应用举例,使读者初步了解 Multisim 2001 的具体应用,并掌握利用 Multisim 2001 设计、创建以及仿真一个电路的详细操作过程。

10.1 电路的计算机辅助分析与设计简介

利用计算机对电路进行辅助分析和设计,是从事电子工程、信息工程和自动控制等领域的技术人员应该掌握的重要技能。电路的计算机辅助设计(Computer Aided Design),简称电路 CAD。

电路 CAD 是用编制好的计算机程序或软件对电路进行分析、计算和设计的一种现代化的电路分析与设计方法。它的核心是电路 CAA(Computer Aided analysis),即电路计算机辅助分析,也称电路仿真或电路模拟。电路 CAD 主要包括电路原理图绘制 CAD、电路仿真 CAD、印制电路板制作 CAD 及可编程逻辑控制器等。

10.1.1 Multisim 2001 简介

电子工作平台 Electronics Workbench——EWB(现称为 Multisim)软件是加拿大 Interactive Image Technologies—IIT 公司于 20 世纪 80 年代末、90 年代初推出的用于电子电路仿真的虚拟电子工作台软件。Multisim 以 Windows 为基础的仿真工具,它包含了电路原理图的图形输入、电路硬件描述语言输入方式,具有丰富的仿真分析能力。为了适应不同的应用场合,Multisim 推出了许多版本,用户可以根据自己的需要加以选择。

相对于其他的 EDA 软件,EWB 较小巧,但仿真功能却十分强大,几乎能够仿真出真实电路的结果,它的界面直观,易学易用,非常适合电工类课程的教学和实验。

EWB 软件具有如下一些特点:

①采用直观的图形界面创建电路。在计算机屏幕上模仿真实的实验室工作台,绘制电路图需要的元器件、电路仿真需要的测试仪器均可直接从屏幕上选取。

②软件仪器的控制面板外形和操作方式都与实物相似,可以实时显示测量结果。

③EWB 软件带有丰富的电路元器件库,提供多种电路分析方法。

④作为设计工具,它可以同其他流行的电路分析、设计和制版软件交换数据。

⑤EWB 还是一个优秀的电工基础训练工具,利用它提供的虚拟仪器可以用比实验室中更灵活的方式进行电路实验,仿真电路的实际运行情况,熟悉常用电子仪器测量方法。

EWB 软件的版本比较多,从 EWB 6.0 版本开始,IIT 公司将专用于电路级仿真与设计的模块更名为 MultiSim,目前已经推出了最新版的 Multisim 2001,软件增强了仿真测试和分析功能,也扩充了元器件库中仿真元器件的数目,特别是增加了若干个与实际元器件相对应的现实性仿真元器件模型,使得仿真设计的结果更精确、更可靠,但其操作方法也较以前的版本复杂。

10.1.2 MultiSim 的主窗口

(1)电路模拟软件 MultiSim 的主窗口

启动 MultiSim 软件后,将会看到 MultiSim 的基本界面,如图 10.1 所示。

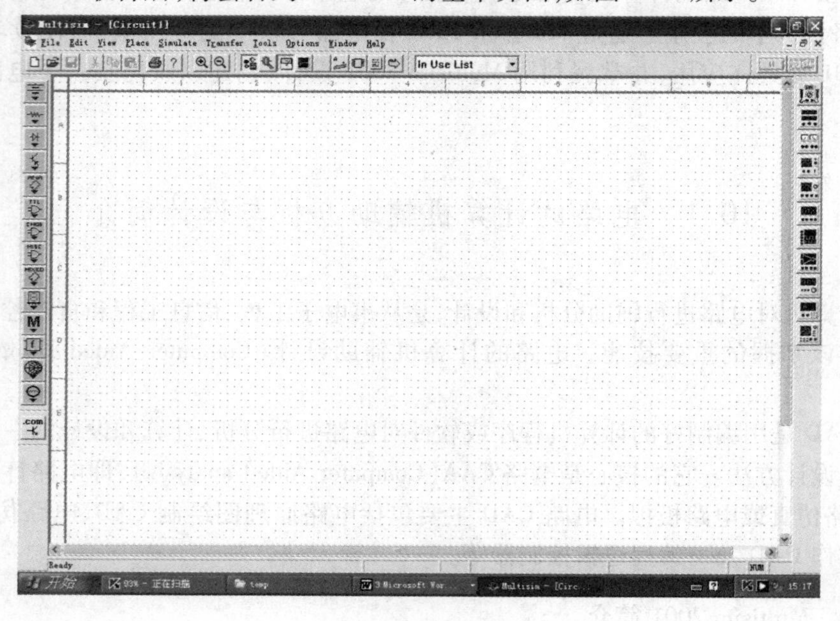

图 10.1

界面由多个区域构成:菜单栏、各种工具栏、电路输入窗口、状态条、列表框等。通过对各部分的操作,可以实现电路图的输入、编辑,并根据需要对电路进行相应的观测和分析。用户可以通过菜单或工具栏改变主窗口的视图内容。

(2)菜单栏

菜单栏位于界面的上方,通过菜单可以对 Multisim 的所有功能进行操作。不难看出,菜单中有一些与大多数 Windows 平台上的应用软件一致的功能选项,如 File、Edit、View、Options、Help。此外,还有一些 EDA 软件专用的选项,如 Place、Simulation、Transfer 以及 Tool 等。在每个主菜单下都有一个下拉菜单,用户可以从中找到电路文件的存取、SPICE 文件的输入和输出、电路图的编辑、电路的仿真与分析以及在线帮助等各项功能的命令,如图 10.2 所示。

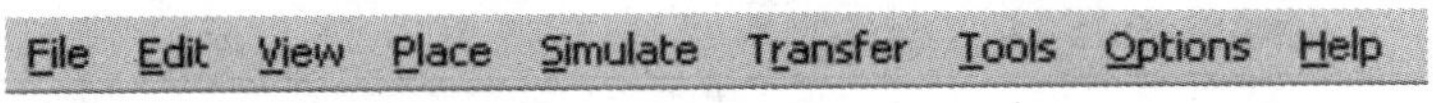

File　Edit　View　Place　Simulate　Transfer　Tools　Options　Help

图10.2

1)File

File菜单中包含了对文件和项目的基本操作以及打印等命令。各命令与对应的功能见表10.1。

表10.1

命　令	功　能
New	建立新文件
Open	打开文件
Close	关闭当前文件
Save	保存
Save As	另存为
New Project	建立新项目
Open Project	打开项目
Save Project	保存当前项目
Close Project	关闭项目
Version Control	版本管理
Print Circuit	打印电路
Print Report	打印报表
Print Instrument	打印仪表
Print Setup	打印设置
Recent Files	最近编辑过的文件
Recent Project	最近编辑过的项目
Exit	退出 Multisim

2)Edit

Edit命令提供了类似于图形编辑软件的基本编辑功能,用于对电路图进行编辑。各命令与对应的功能见表10.2。

表10.2

命　令	功　能
Undo	撤销编辑
Cut	剪切
Copy	复制
Paste	粘贴

续表

命　令	功　能
Delete	删除
Select All	全选
Flip Horizontal	将所选的元件左右翻转
Flip Vertical	将所选的元件上下翻转
90 ClockWise	将所选的元件顺时针90°旋转
90 ClockWiseCW	将所选的元件逆时针90°旋转
Component Properties	元器件属性

3) View

通过 View 菜单可以决定使用软件时的视图,对一些工具栏和窗口进行控制。各命令与对应的功能见表 10.3。

表 10.3

命　令	功　能
Toolbars	显示工具栏
Component Bars	显示元器件栏
Status Bars	显示状态栏
Show Simulation Error Log/Audit Trail	显示仿真错误记录信息窗口
Show XSpice Command Line Interface	显示 Xspice 命令窗口
Show Grapher	显示波形窗口
Show Simulate Switch	显示仿真开关
Show Grid	显示栅格
Show Page Bounds	显示页边界
Show Title Block and Border	显示标题栏和图框
Zoom In	放大显示
Zoom Out	缩小显示
Find	查找

4) Place

通过 Place 命令输入电路图。各命令与对应的功能见表 10.4。

表 10.4

命　令	功　能
Place Component	放置元器件

续表

命　令	功　能
Place Junction	放置连接点
Place Bus	放置总线
Place Input/Output	放置输入/输出接口
Place Hierarchical Block	放置层次模块
Place Text	放置文字
Place Text Description Box	打开电路图描述窗口,编辑电路图描述文字
Replace Component	重新选择元器件替代当前选中的元器件
Place as Subcircuit	放置子电路
Replace by Subcircuit	重新选择子电路替代当前选中的子电路

5) Simulate

通过 Simulate 菜单执行仿真分析命令。各命令与对应的功能见表 10.5。

表 10.5

命　令	功　能
Run	执行仿真
Pause	暂停仿真
Default Instrument Settings	设置仪表的预置值
Digital Simulation Settings	设定数字仿真参数
Instruments	选用仪表(也可通过工具栏选择)
Analyses	选用各项分析功能
Postprocess	启用后处理
VHDL Simulation	进行 VHDL 仿真
Auto Fault Option	自动设置故障选项
Global Component Tolerances	设置所有器件的误差

6) Transfer 菜单

Transfer 菜单提供的命令可以完成 Multisim 对其他 EDA 软件需要的文件格式的输出。各命令与对应的功能见表 10.6。

表 10.6

命　令	功　能
Transfer to Ultiboard	将所设计的电路图转换为 Ultiboard (Multisim 中的电路板设计软件)的文件格式

续表

命　令	功　能
Transfer to other PCB Layout	将所设计的电路图以其他电路板设计软件所支持的文件格式
Backannotate From Ultiboard	将在 Ultiboard 中所作的修改标记到正在编辑的电路中
Export Simulation Results to MathCAD	将仿真结果输出到 MathCAD
Export Simulation Results to Excel	将仿真结果输出到 Excel
Export Netlist	输出电路网表文件

7）Tools

Tools 菜单主要针对元器件的编辑与管理的命令。各命令与对应的功能见表 10.7。

表 10.7

命　令	功　能
Create Components	新建元器件
Edit Components	编辑元器件
Copy Components	复制元器件
Delete Component	删除元器件
Database Management	启动元器件数据库管理器，进行数据库的编辑管理工作
Update Component	更新元器件

8）Option

通过 Option 菜单可以对软件的运行环境进行定制和设置。各命令与对应的功能见表 10.8。

表 10.8

命　令	功　能
Preference	设置操作环境
Modify Title Block	编辑标题栏
Simplified Version	设置简化版本
Global Restrictions	设定软件整体环境参数
Circuit Restrictions	设定编辑电路的环境参数

9）Help

Help 菜单提供了对 Multisim 的在线帮助和辅助说明。各命令与对应的功能见表 10.9。

表10.9

命　令	功　能
Multisim Help	Multisim的在线帮助
Multisim Reference	Multisim的参考文献
Release Note	Multisim的发行申明
About Multisim	Multisim的版本说明

(3)**工具栏**

Multisim 2001提供了多种工具栏,并以层次化的模式加以管理,用户可以通过View菜单中的选项方便地将顶层的工具栏打开或关闭,再通过顶层工具栏中的按钮来管理和控制下层的工具栏。通过工具栏,用户可以方便直接地使用软件的各项功能。

顶层的工具栏有:Standard、Design、Zoom和Simulation。

①Standard工具栏包含了常见的文件操作和编辑操作,如图10.3所示。

②Design工具栏作为设计工具栏是Multisim的核心工具栏,通过对该工作栏按钮的操作,可以完成对电路从设计到分析的全部工作,其中的按钮可以直接开关下层的工具栏:Component中的Multisim Master工具栏、Instrument工具栏。Design工具栏如图10.4所示。

图10.3

图10.4

作为元器件(Component)工具栏中的一项,可以在Design工具栏中通过按钮来开关Multisim Master工具栏。该工具栏有14个按钮,每个按钮都对应一类元器件,其分类方式和Multisim元器件数据库中的分类相对应,通过按钮上图标就可大致清楚该类元器件的类型。具体的内容可以从Multisim的在线文档中获取。Multisim Master工具栏如图10.5所示。

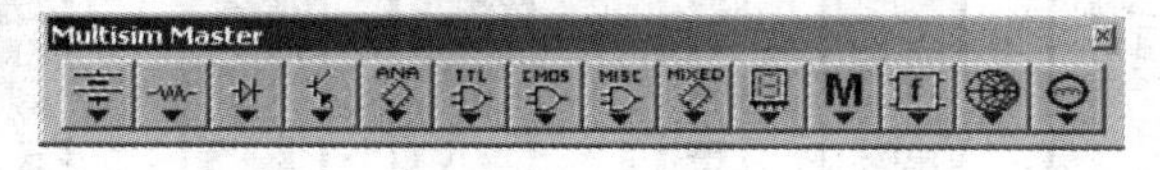

图10.5

这个工具栏作为元器件的顶层工具栏,每一个按钮又可以开关下层的工具栏,下层工具栏是对该类元器件更细致的分类工具栏。以第一个按钮为例,通过这个按钮可以开关电源和信号源类的Sources工具栏,如图10.6所示。

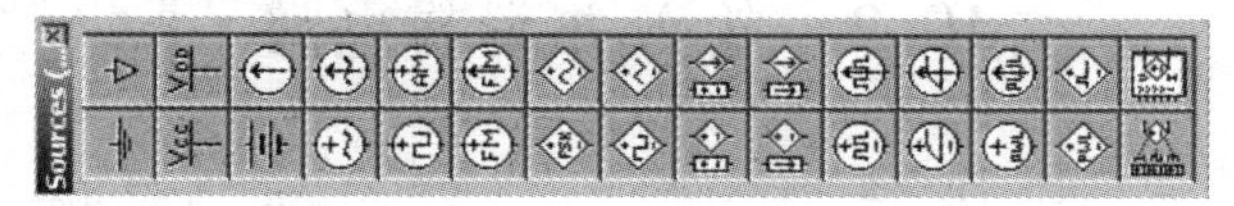

图10.6

Instruments工具栏集中了Multisim为用户提供的所有虚拟仪器仪表,用户可以通过按钮选择自己需要的仪器对电路进行观测。Instruments工具栏如图10.7所示。

③用户可以通过Zoom工具栏方便地调整所编辑电路的视图大小。Zoom工具栏如图10.8所示。

④Simulation 工具栏可以控制电路仿真的开始、结束和暂停。Simulation 工具栏如图 10.9 所示。

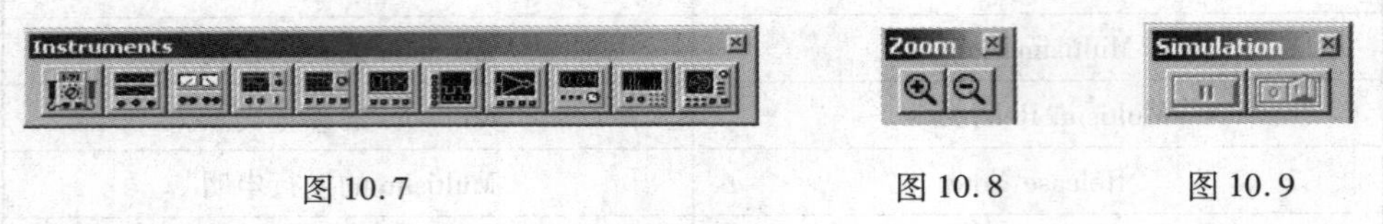

图 10.7　　　　图 10.8　　　　图 10.9

10.1.3　MultiSim 的元件库

MultiSim 软件将品种繁多的元器件和常用的仪器仪表分门别类地存放在各自的元件库中,需要时用鼠标点击元件所在库的图标,打开元器件库找到所需元器件,并将其拖到电路工作区即可。元器件库栏如图 10.10 所示。这里仅仅将电工电路中常用元器件库中常用的元器件介绍如下,其他部分请参考有关资料,信号源库、基本元器件库、二极管库、指示器件库、模拟集成电路库、仪器库如图 10.11 所示。

图 10.10

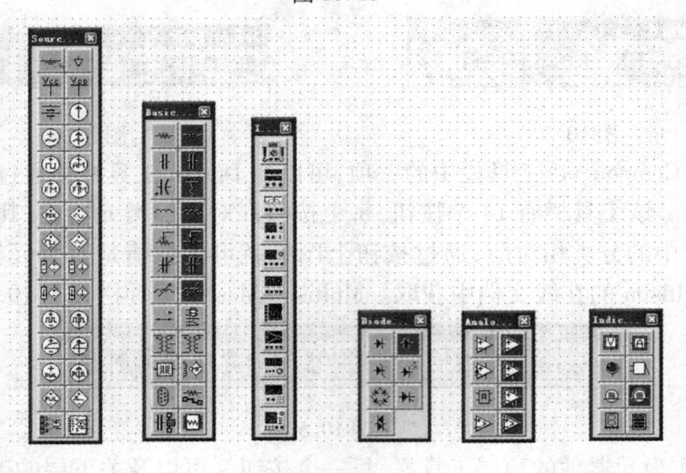

图 10.11

10.2　输入并编辑电路

输入电路图是分析和设计工作的第一步,用户从元器件库中选择需要的元器件放置在电路图中并连接起来,为分析和仿真做准备。

10.2.1　设置 Multisim 的通用环境变量

为了适应不同的需求和用户习惯,用户可以用菜单 Option/Preferences 打开"Preferences"

对话窗口,如图 10.12 所示。

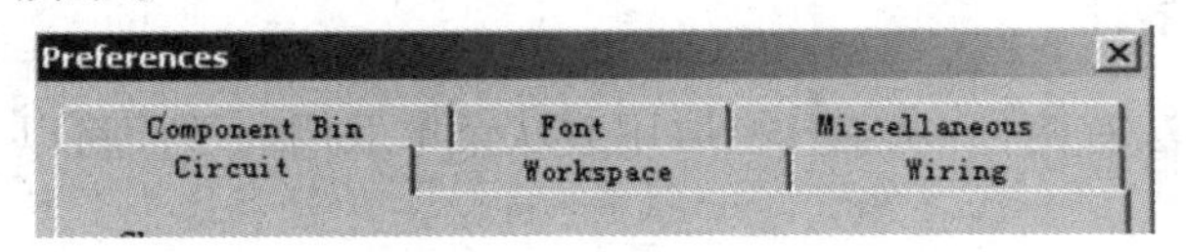

图 10.12

通过该窗口的 6 个标签选项,用户可以就编辑界面颜色、电路尺寸、缩放比例、自动存储时间等内容做相应的设置。

以标签 Workspace 为例,当选中该标签时,"Preferences"对话框如图 10.13 所示。

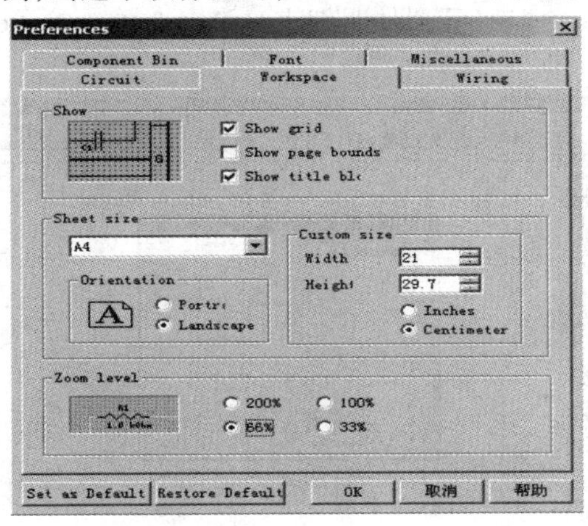

图 10.13

在这个对话窗口中有 3 个分项:

①Show:可以设置是否显示网格,页边界以及标题框。

②Sheet size:设置电路图页面大小。

③Zoom level:设置缩放比例。

颜色设置则可通过 Preferences 的"Circuit"对话窗口对背景、线、元件等颜色进行,如图 10.14 所示。

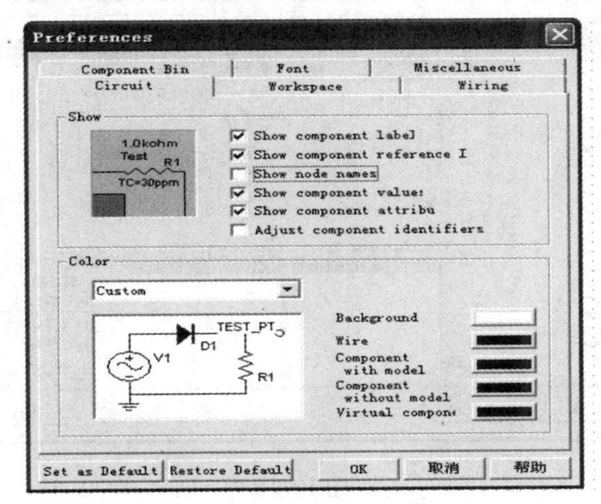

图 10.14

10.2.2 取用元器件

取用元器件的方法有两种:从工具栏取用或从菜单取用。下面将以74LS00为例说明两种方法。

(1)从工具栏取用

Design 工具栏→Multisim Master 工具栏→Basic 工具栏→“RESISTOR”按钮

从 Basic 工具栏中,选择“RESISTOR”按钮,打开这类器件的“Component Browser”窗口,如图10.15所示。其中包含的字段有 Database name(元器件数据库)、Component Family(元器件类型列表)、Component Name List(元器件明细表)、Manufacture Names(生产厂家),Model Level-ID(模型层次)等内容。

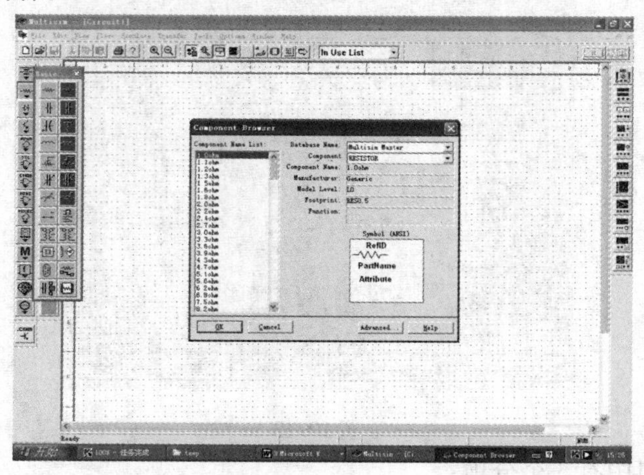

图10.15

(2)从菜单取用

通过“Place/Place Component”命令打开“Component Browser”窗口。该窗口与图10.15一样,如图10.16所示。

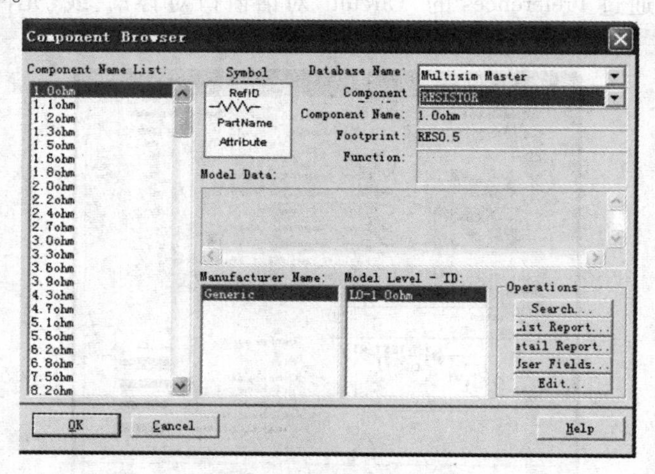

图10.16

(3)选中相应的元器件

在 Component Family Name 中,选择 RESISTOR 系列,在 Component Name List 中选择 1.0ohm。单击"OK"按钮,就可以选中 1.0ohm 的电阻,如图 10.17 所示。器件在电路图中显示的图形符号,用户可以在 Component Browser 中的 Symbol 选项框中预览到。

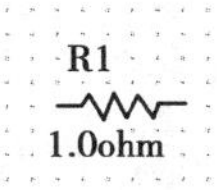

图 10.17

(4)元器件的放置

①移动鼠标到需要的元器件图形上,按下左键,将该元器件符号拖拽到工作区合适的位置。

②元器件的移动。要移动一个元器件,用鼠标拖曳该元器件即可。要移动多个元器件,先框选这些元器件,再拖曳即可。

③元件的旋转、水平翻转、复制和删除。用鼠标单击元件符号选中元件(元件符号变为红色即为选中),再在相应的菜单、工具栏中或单击右键激活弹出的菜单中,选定所需的操作命令。旋转用"Rotate"命令或用热键"Ctrl + R";水平翻转用"Fli PHorizontal"命令。

④元器件的设置。选定该元器件,单击右键,从弹出的菜单中点击"Component Properties",可以设定元器件的标签(Label)、编号(Reference ID)、数值(value)、模型参数(Model)和故障(Fault)等特性。

注意:①元器件各种特性参数的设置也可通过双击元器件弹出的对话框进行操作;②编号(Referencz ID)通常由系统自动分配,必要时可以修改,但必须保证编号的唯一性;③故障(Fault)选项可人为设置元器件的隐含故障,包括开路(Open)、短路(Short)、漏电(Lea'Kage)、无故障(hlone)等设置。

10.2.3　导线的操作

主要包括:导线的连接、弯曲导线的调整、导线颜色的改变及连接点的使用。

①连接　将鼠标指向元器件的一个端点,出现小圆点后,按下左键并拖拽导线到另一个元器件的一个端点,出现小圆点后松开鼠标左键。若要在导线中间加入元器件,只需将元器件拖曳到导线中间,并使引脚对准导线即可。

②删除和改动　选定该导线,单击鼠标右键,在弹出菜单中选中 delete 或者用鼠标拖曳导线的端点,使之与元件的连接点分离。

③导线的颜色　导线较多时,为了区分,需要将导线设置成不同颜色。双击某一导线弹出"Wire Properties"对话框,选中所需颜色即可。

④连接点的使用　连接点是一个小圆点,存放在无源元件库中,一个连接点最多可以连接来自上下左右四个方向的共四根导线,而且可以对连接点进行标识。

⑤地的使用　在 Multisim 中,存放在元件库中的"⊥"是组成电子电路不可缺少的元件。Multisim 规定:含有模电和数电元件的电路必须接地;一些仪器仪表也必须接地。

10.2.4　电路图选项的设置

"Circuit/Schematic Option"对话框可设置标识、编号、数值、模型参数、节点号等的显示方式,以及有关栅格(Grid)、显示字体(Fonts)的设置,该设置对整个电路图的显示方式有效。在 Multisim 中,连线的起点和终点不能悬空。

10.3 虚拟仪器及其使用

对电路进行仿真运行,通过对运行结果的分析,判断设计是否正确合理,是 EDA 软件的一项主要功能。为此,Multisim 为用户提供了类型丰富的虚拟仪器,可以从 Design 工具栏→Instruments 工具栏,或用菜单命令(Simulation/instrument)选用这 11 种仪表,同时还提供了电压表和电流表两种仪表。下面仅介绍在电工电路的分析计算中常用的四种仪器和示波器。

10.3.1 电压表和电流表

从指示器件库中选定电压表或电流表图标,如图 10.18 所示。用鼠标拖曳到电路工作区中,通过旋转操作可以改变其引出线的方向。双击电压表或电流表,可以在弹出对话框中设置工作参数。电压表和电流表可以多次选用。

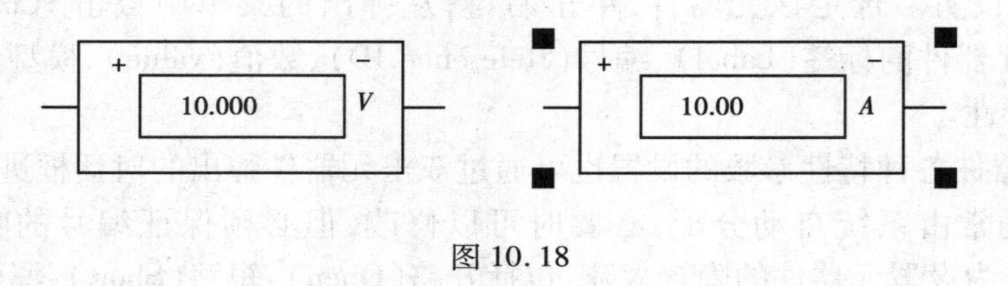

图 10.18

10.3.2 数字万用表

从仪器库中拖出数字万用表的图标后,双击图标弹出面板,如图 10.19 所示。面板上的 A、V、Ω 和 dB 的含义与实用万用表相同。从打开的面板上选“Setting”按钮,可以设置电压、电流挡的内阻,电阻挡的电流和分贝挡的标准电压值等。

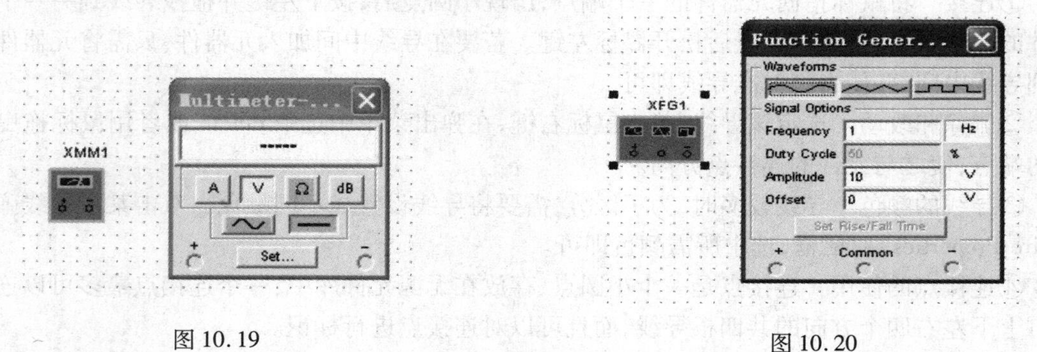

图 10.19　　图 10.20

10.3.3 信号发生器

信号发生器可以产生正弦波、三角波和方波信号,其图标和面板如图 10.20 所示。频率和幅度直接在面板上设置,方波和三角波的占空比也可调节,直流偏置一般设置为零。

信号发生器接入电路时,一般公共端接地,正负输出端可以同时输出幅度相同、极性相反的信号。在特殊情况下,由正负输出端输出信号,此时,两个端子必须有一个接地,而公共端不接地。

10.3.4　示波器

示波器为双踪模拟式示波器，其图标和面板如图10.21所示。图标上有四个接线端：A、B通道可同时输入两路信号；触发端是外来触发信号输入端，一般不接；接地端接地，且只要使用示波器，接地端必须接地。

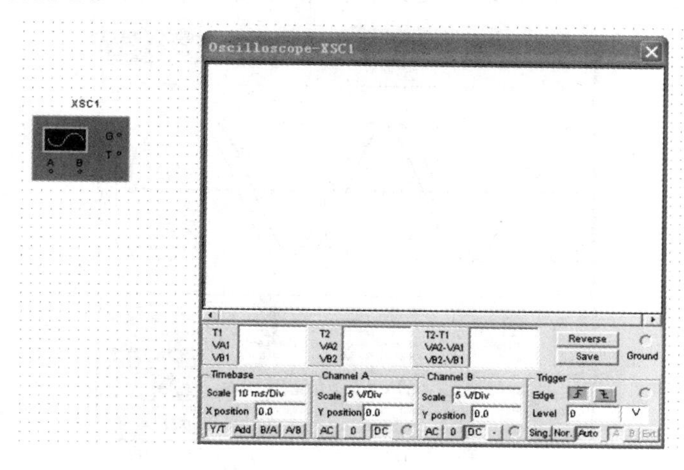

图10.21

示波器的面板由显示屏幕和控制区两部分组成。控制区又分下面四部分：时基控制(Time base)、触发控制(Trigger)、通道控制。

(1)时基控制

时基控制部分设有时基设置、X轴位移设置栏和测量方式选择栏。时基设置窗口显示当前X轴的扫描时间，单位s/div(秒每格)，改变该值可在X轴上放大或缩小显示波形。X轴位移窗口显示X轴的起始位置，改变该值可以控制显示波形的水平移动。测量方式中Y/T为常态测量方式，被设为默认状态，B/A则为B通道信号加在X轴上，A通道的信号加在Y轴上，A/B的测量方式则与B/A相反。

(2)触发控制

触发控制部分有触发方式、触发信号选择栏和电平设置窗口。触发方式选择栏有两个：一个为上升沿触发，一个为下降沿触发。默认设置为上升沿触发方式。触发电平显示电平高低，默认设置为“0”。触发信号的选择有四种，默认设置为“Auto”(自动)。

(3)通道控制部分

双踪示波器有A、B两个通道，控制方式完全相同，都设有幅值设置窗口、Y轴位移设置窗口和输入方式选择栏。

幅度设置窗口显示Y轴的幅度，单位V/div(伏每格)，改变该数值，显示波形在Y轴上被放大或缩小。Y轴位移窗口显示Y轴的起始位置，改变该值可以控制显示波形的上下移动。输入方式有AC、0、DC三种。若选“AC”，示波器只能输入信号的交流成分；若选“DC”，则可输入交直流成分；若选“0”，则示波器接地，信号不能输入，其默认设置为DC。

(4)显示窗口

示波器显示窗口如图10.22所示。在显示窗口中，T1、T2表示指针1、2与波形相交点处的时间；VA1、VA2 表示指针与通道 A 的波形交点处的幅值；VB1/VB2 表示指针与通道 B 的波形交点处的幅值。第三个窗口显示的是前两个窗口的数据差。利用指针读数，可以很方便地测得信号的周期、幅值，脉冲信号的脉宽以及两个信号的相位差等。

为了便于观察和测量，有时还需要改变示波器显示波形的颜色或使显示波形静止。双击与示波器 A 或 B 通道相连接的导线，改变其颜色，信号波形的颜色随之改变。

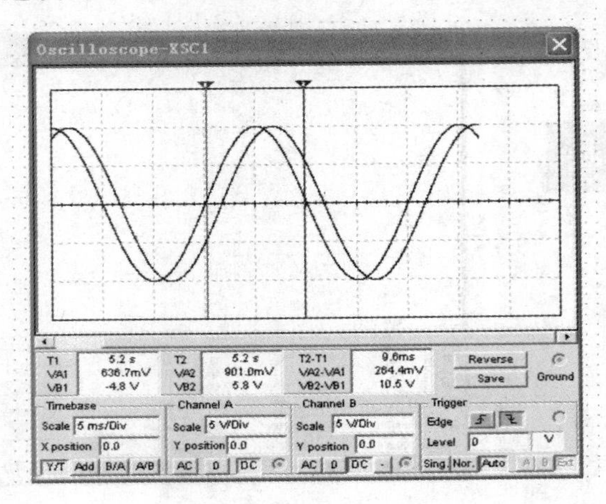

图 10.22

10.3.5 其他虚拟仪器

下面将 11 种虚拟仪器的名称及表示方法总结见表 10.10。

表 10.10

菜单上的表示方法	在仪器工具栏上的对应按钮	仪器名称	电路中的仪器符号
Multimeter		万用表	XMM1
Function Generator		波形发生器	XFG1
Wattermeter		瓦特表	XWM1
Oscilloscape		示波器	XSC1
Bode Plotter		波特图图示仪	XBP1
Word Generator		字元发生器	XWG1

续表

菜单上的表示方法	在仪器工具栏上的对应按钮	仪器名称	电路中的仪器符号
Logic Analyzer		逻辑分析仪	
Logic Converter		逻辑转换仪	
Distortion Analyzer		失真度分析仪	
Spectrum Analyzer		频谱仪	
Network Analyzer		网络分析仪	

在电路中选用了相应的虚拟仪器后，将需要观测的电路点与虚拟仪器面板上的观测口相连，如图10.23所示。可以用虚拟示波器同时观测电路中两点的波形。

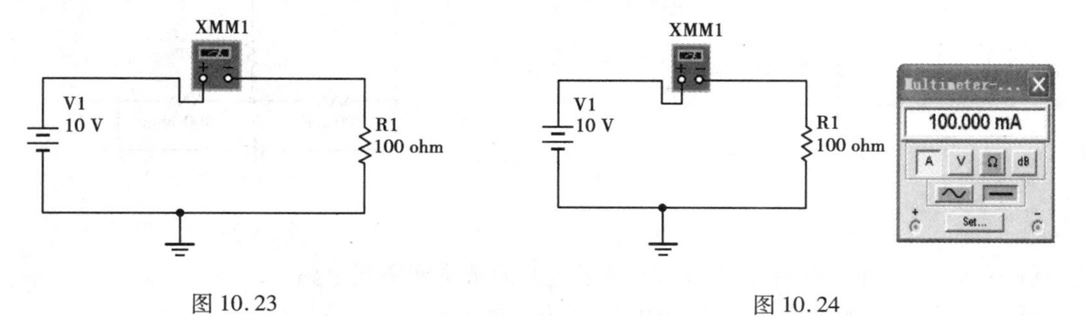

图10.23　　图10.24

双击虚拟仪器就会出现仪器面板，面板为用户提供观测窗口和参数设定按钮。以图10.23为例，双击图中的电流表，就会出现电流表的面板。通过Simulation工具栏启动电路仿真，电流表面板的窗口中就会出现被观测电流大小，如图10.24所示。

10.4　电路实例

EWB软件广泛应用于电路分析与仿真，本节举例说明EWB的应用。

例10.1　用EWB软件验证电路叠加定理。

解　①创建电路图。调出电流源、电压源，电阻和电流表，按图10.25所示的电路编辑好电路图。

②电阻$R3$电流的测量。

当I_S和V_S同时作用时，按图10.25接好电路后，电源开关置于开状态，此时电流表显示为

0.805 A,即 $I=0.805$ A,如图 10.25 所示。

当 I_S 单独作用时,将电压源 V_S 短路,再将电路接好,如图 10.26 所示。打开电源开关,电流表显示为:0.800 A,即 $I_1=0.8$ A。

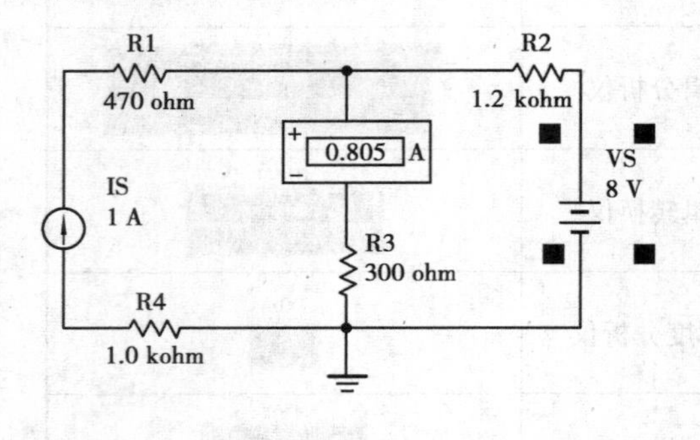

图 10.25

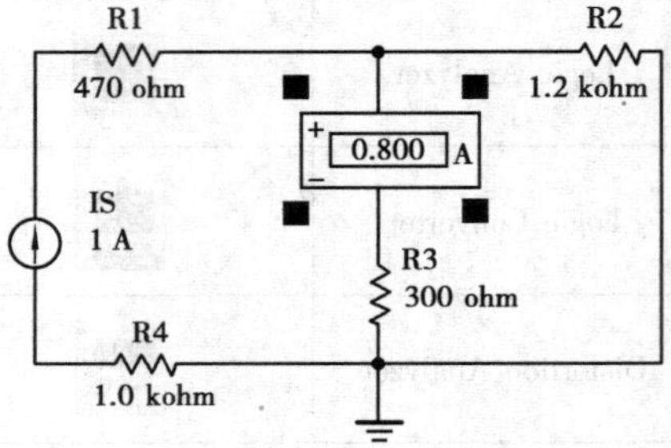

图 10.26

当 V_S 单独作用时,将电流源 I_S 开路,如图 10.27 所示。打开电源开关,电流表显示为 5.333 mA,即 $I_2=5.333$ mA。

由测量数据可以看出,$I=I_1+I_2$,即可证明叠加定理成立。

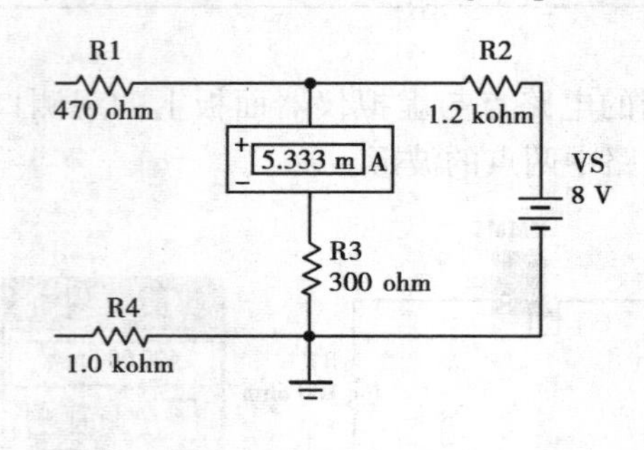

图 10.27

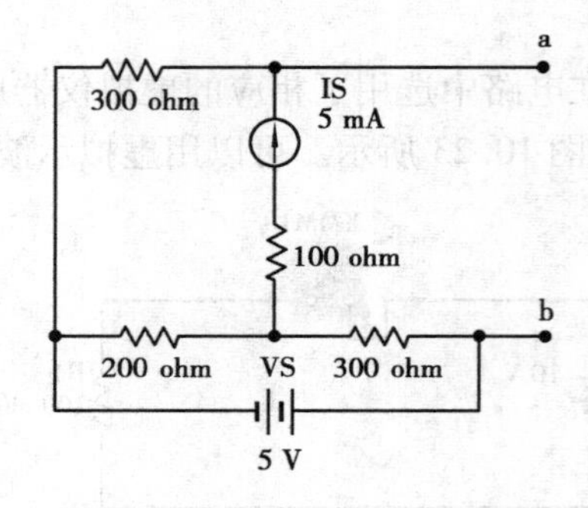

图 10.28

例 10.2 用 EWB 软件求图 10.28 所示电路的戴维南等效电路。

解 用 EWB 软件求戴维南等效电路,其步骤如下:

①创建电路图

按图 10.28 所示电路,调出元件并编辑好电路。

②测量计算电路 a、b 两端的开路电压 U_{ab}

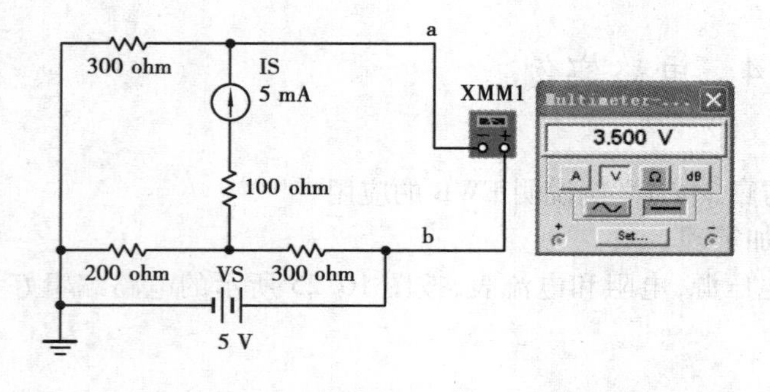

图 10.29

调出数字万用表,按图 10.29 设置好仪表并接好线路,然后打开电源开关,万用表显示数值为 3.500 V。必须注意:这里 a 点的电位低,b 点的电位高,这即是 a、b 两端的开路电压。测出的开路电压即为戴维南等效电路中的电源电压 U_{oc}。

③测量 a、b 两端的等效电阻

电路中的所有电流源开路、电压源

短路,按图10.30设置万用表并接好电路。仪表读数300.000 Ω即为所测的等效电阻值。

④画出戴维南等效电路

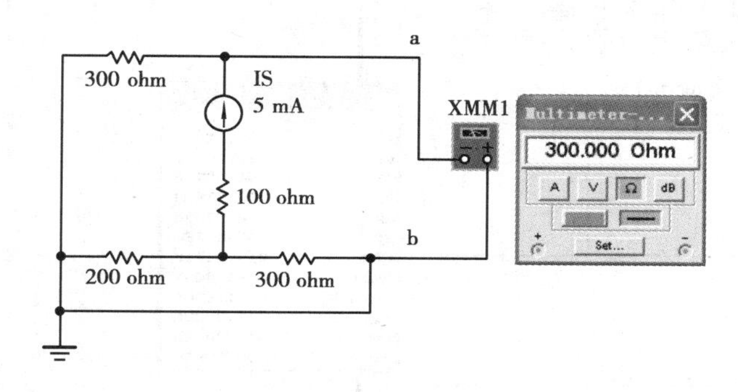

图10.30

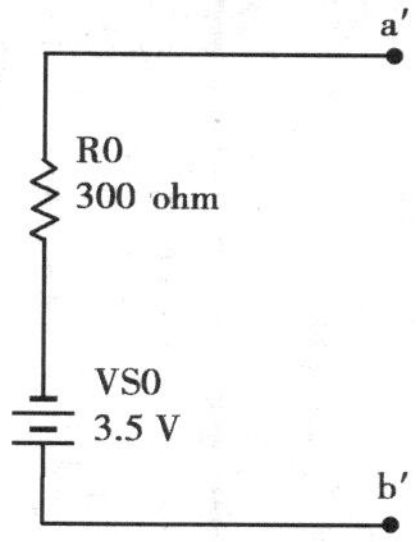

图10.31

由戴维南定理可知,图10.28的电路可以等效为图10.31所示的简单电路。

例10.3　试用EWB软件分析图10.32所示的RLC串联谐振电路。

解　①创建电路图

调出元器件符号,按图10.32编辑好电路。

②分析设置

点击"Simulate"菜单中的"Analyses"下的"Ac Analysis",弹出分析设置对话框,填入相应的项目即可,如图10.33所示,设置分析节点3的频率特性。

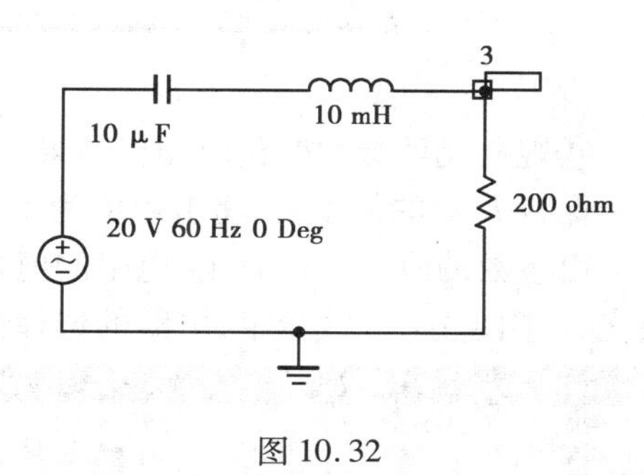

图10.32

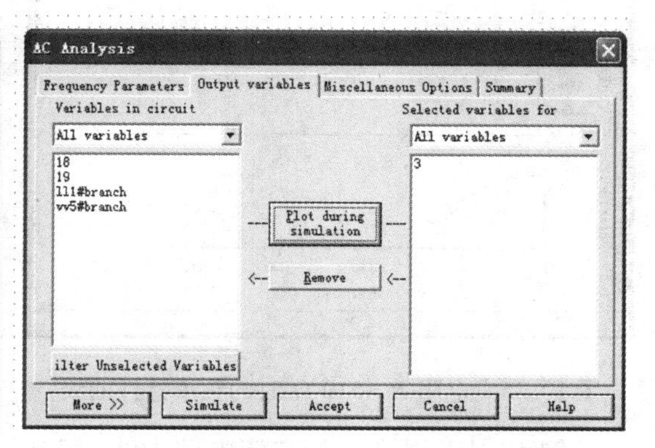

(a) Frequency parameters　　(b) Output variables

图10.33

③观察运行过程中输出波形

设置好分析项目之后,点击图10.33中的"simulate",即可开始仿真分析程序。此时,弹出"Analysis Graphs"窗口,如图10.34所示显示仿真结果。其中,上面为幅频特性,下面为相频特性。在窗口中,点击图标"Show/Hide Cursors",出现指针以及指针读数显示窗口,如图10.34右侧所示。移动指针,可以方便地找出电路的谐振频率和上下截止频率以及通频带,得到谐振电路的参数。

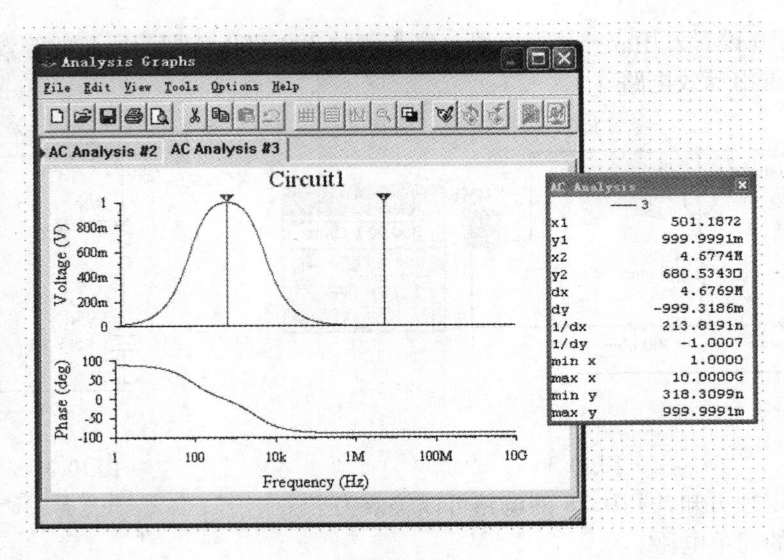

图 10.34

④观察元件参数变化时输出结果

保持 L、C 的值不变，将电阻值为 510 Ω 和 20 Ω 时，输出结果如图 10.35 和 10.36 所示。

由参数的改变可以看出，电阻的值越大，电路幅频曲线越宽、越平坦，电路的选择性越差；反之，电阻越小，曲线越窄，电路的选择性越好，但通频带变小。

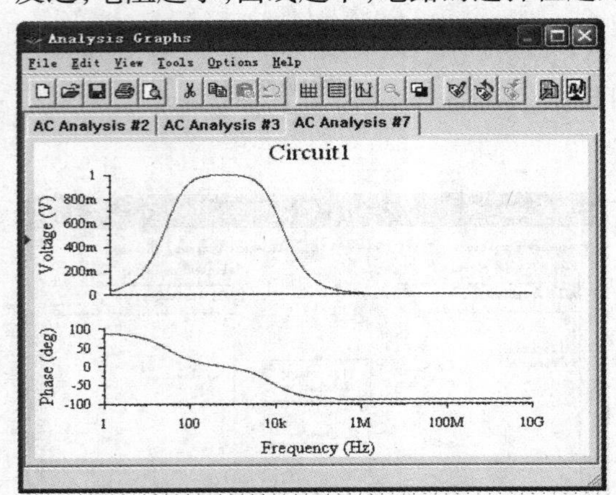

图 10.35　电阻 $R=510\ \Omega$ 时的频率特性曲线

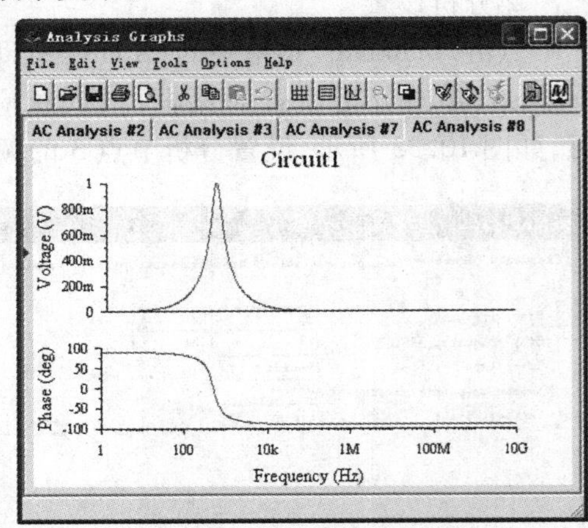

图 10.36　电阻 $R=20\ \Omega$ 时的频率特性曲线

例 10.4　讨论三相交流电路中线、相电压，电流之间的关系及功率特征。

解　①创建电路图。调出电压源、电阻、电流表、电压表、功率表，按图 10.37 所示的电路编辑好电路图。

②打开电源开关，读取各表测量值。线电流 $I_A=0.221$ A，线电压 $U_{BC}=381.055$ V，相电压 $U_C=220.002$ V，中线电流为 0.226 pA，C 相功率为 48.401 W。与理论计算相符。

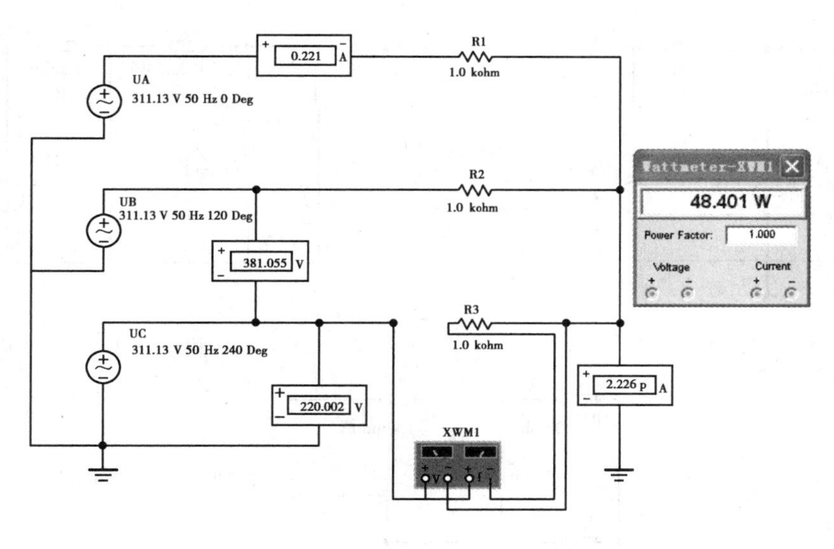

图 10.37

基本要求与本章小结

①Multisim 2001。

Multisim 2001 包含了电路原理图的图形输入、电路硬件描述语言输入方式，具有丰富的仿真分析能力。它不仅可以作为专业软件真实地仿真与分析电路的工作，将设计错误尽可能地消灭在制作样机之前，而且可以在《电工基础》实验课中充当虚拟实验平台，将实验搬到计算机屏幕上来做。

②掌握电路图的编辑。

③掌握虚拟仪器仪表的使用。

④掌握电路的仿真分析。

习　题

10.1　利用叠加定理求题图 10.1 所示电路中的电压 U。

10.2　利用戴维南等效电路求题图 10.2 所示电路中的电流 I。

10.3　利用题图 10.3 所示的电路，验证叠加定理。

10.4　讨论 RLC 元件在正弦电路中的特性。

①用示波器双踪法测量电阻 R 的电压、电流的相位差，电路如题图 10.4(a)所示；②用示波器双踪法测量电容 C 的电压、电流的相位差，电路如图(b)所示；③用示波器双踪法测量电感 L 的电压、电流的相位差，电路如题图 10.4(c)所示，其中信号源频率 $f=1\ 000$ Hz，$R=1$ kΩ，$C=1$ μF，$L=0.01$ H，$R_0=10$ Ω；④画出波形图，得出相应结论，并与理论值相比较。

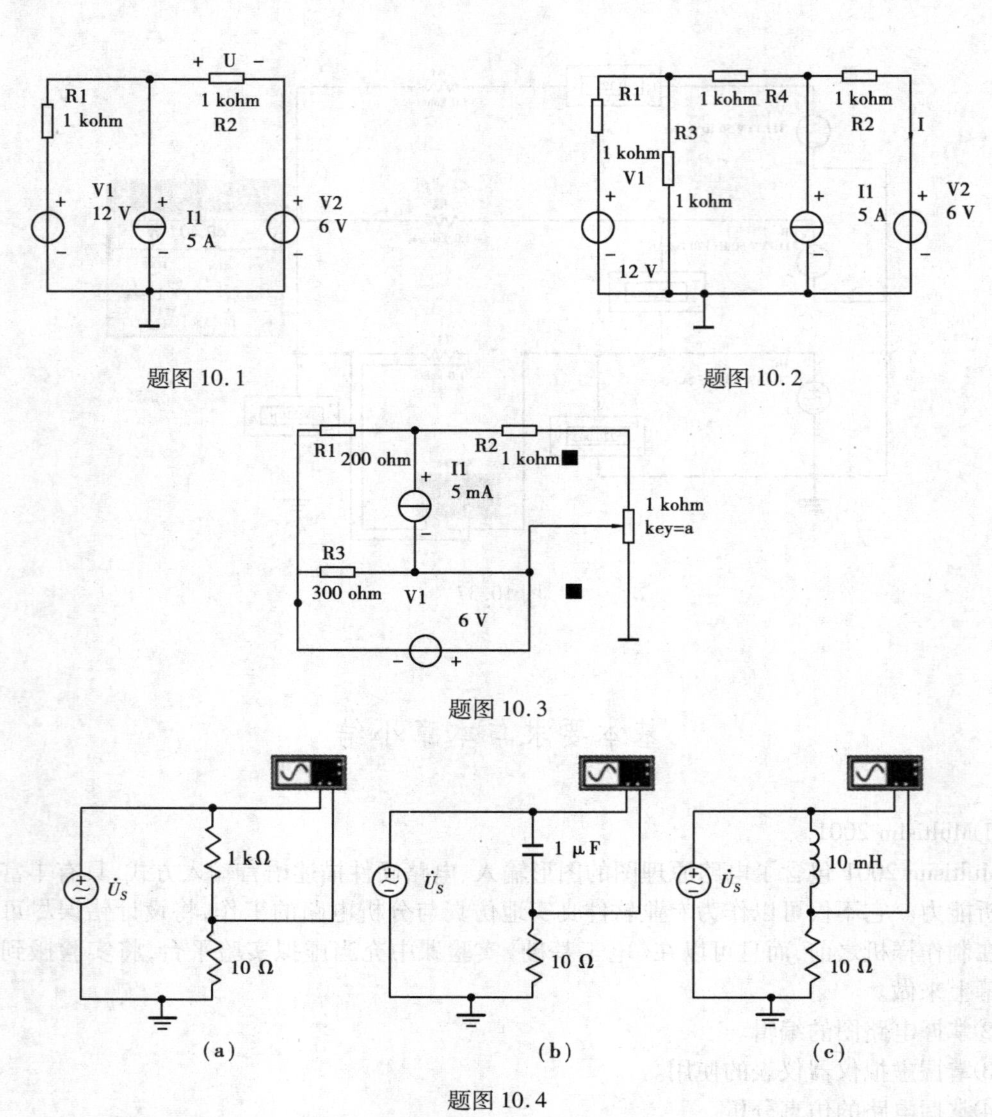

题图 10.1

题图 10.2

题图 10.3

(a)

(b)

(c)

题图 10.4

10.5　仿真电路如题图 10.5 所示。稳定后将开关 J_1 断开。改变 L_1 大小,观察改变前后 U_{L1} 的波形变化。

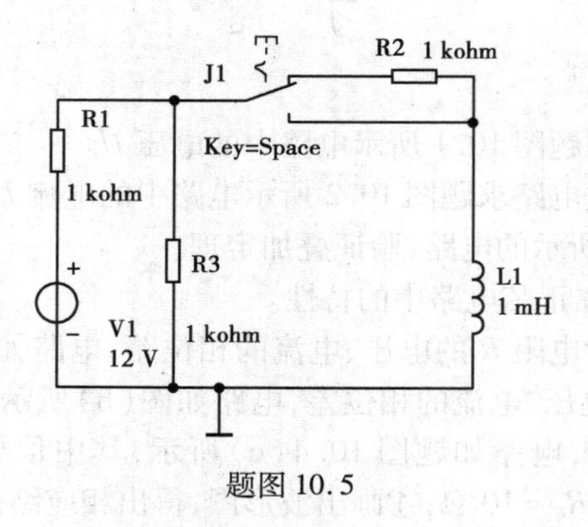

题图 10.5

部分习题答案

第1章

1.1　③(a)20 W,吸收;(b) −20 W,发出;(c) −20 W,发出;(d)20 W,吸收。

1.2　(a) −6 W,发出;(b)9 W,吸收;(c) −20 W,发出;(d)4 W,吸收。

1.3　①10 V;② −1 A;③ −1 A;④ −1 mA。

1.4　①70 V;② $P_1 = -700$ W,发出;$P_R = 500$ W,吸收;$P_2 = 200$ W,吸收。

1.5　768 kW · h。

1.6　(a) $U = 10$ V;(b) $R = 10$ Ω;(c) $I = 3$ A;(d) $U = -2$ V。

1.7　(a) $R = 4$ Ω;(b) $U_{ab} = 50$ V;(c) $I = -1.6$ A。

1.8　① $U_1 = 5$ V, $U_2 = 15$ V;② $U_1 = 20$ V, $U_2 = 0$ V;③ $U_1 = 0$ V, $U_2 = 20$ V。

1.10　(a) $U_{ab} = 1$ V;(b) $R = 7$ Ω;(c) $U_s = 4$ V;(d) $I = 0.5$ A。

1.12　(a)8 V;(b) −12 V;(c) −3 V。

1.13　3 710 Ω,19.6 W。

1.14　0.625 V。

1.15　① Us/R;② Us。

1.16　(a) −3 V;(b) −1.5 A。

1.17　(a)5.67 Ω;(b)7.5 Ω;(c)4.49 Ω。

1.18　30 Ω。

1.19　81.25 Ω,2 A,1.5 A,0.5 A,0.25 A,0.25 A。

1.20　−14.3 V。

1.21　6 V;4 V。

1.22　$R_1 = 160$ Ω, $R_2 = 17.6$ Ω, $R_3 = 0.178$ Ω。

1.23　$R_1 = 49$ kΩ, $R_2 = 200$ kΩ。

1.24　10.5 V。

第2章

2.1　(a)6 Ω;(b)4/3 Ω;(c)27 Ω,4.5 Ω,9 Ω;(d)0.3 Ω,1.8 Ω,0.6 Ω。

2.2　(a)$R_1+\frac{2R_2R_3}{R_2+R_3}$;(b)10 Ω;(c)36 Ω。

2.3　1.71 Ω,29 A。

2.4　6.5 Ω,0.2 A。

2.7　1/3 A。

2.8　1 A。

2.9　3.5 A,−77.5 A,81 A,11.7 A,29.3 A。

2.10　1 A,−1.5 A,0.5 A,2 A,0.3 A,0.2 A。

2.11　S断开时,$I_1=I_2=I_3=0$;S闭合时,$I_1=I_2=I_3=0.55$ A,$I_S=-1.65$ A。

2.12　$I_1=4/3$ A,$I_2=1/3$ A,$I_3=1$ A。

2.13　$I_1=0.5$ A,$I_2=1$ A,$I_3=0.5$ A。

2.14　①12 A,18 A,72 V;②864 W,1 296 W,2 340 W;③75 V。

2.16　−0.18 A。

2.17　−5 V。

2.18　−0.5 A。

2.19　2/3 V。

2.20　−1.4 A,0.6 A,−0.4 A,1.6 A。

2.21　1.5 A。

2.22　(a)8 V,7.3 Ω;(b)10 V,3 Ω;(c)8 V,56 Ω;(d)6 V,16 Ω。

2.23　(a)1.1 A,2.2 Ω;(b)0.6 A,10 Ω;(c)1.88 A,8 Ω。

2.24　0.5 mA。

2.25　5 V。

2.26　1.17 mA。

2.27　1.2 A。

2.28　8 V。

2.29　1 Ω。

2.30　4.6 Ω。

2.31　3.6 W。

2.32　①12/7 Ω;②20%;③6.86 W。

2.33　1.4 A。

2.34　5 A,4 A,2 A。

2.35　6 A,1 A,2 A。

2.36　1.9 A,1.1 A,0.9 A,2.1 A。

2.37　1 A,0.2 A。

2.39　8 V。

2.40　22 Ω,22 W。

第3章

3.1　①1 kHz;②$i=20\sin(6\,280\,t+30°)$;③14.14 A。

3.2　①220 V；②$u_{ab}=311\sin(314t-60°)$。

3.10　$i=3.11\sin(314t+120°)$，$I=2.2$ A。

3.12　7.5 Ω。

3.13　$i=2.48\sin(314t-30°)$，$I=1.75$ A。

3.14　①15 Ω，25 Ω；②8.8 A。

3.16　$i=12.4\sin(314t+120°)$，1 928 var。

3.17　①$Z=52\angle40°$ Ω；②4.2 A；③$U_R=168$ V，$U_L=307$ V，$U_C=167$ V；④708 W，594 var，924 V·A；⑤感性。

3.18　①2 A；②50 V；③60 W；④100 V·A；⑤0.6。

3.19　①$P_1=125$ W，$P_2=P_3=265$ W；②655 W，217 var，690 V·A，0.949。

3.20　7.8 Ω，25 mH。

3.21　-10j。

3.22　①$u_R=118\sqrt{2}\sin(314t-57.6°)$，$u_L=711\sqrt{2}\sin(314t+32.4°)$，$u_R=526\sqrt{2}\sin(314t-147.6°)$；②1 265 W，0.536。

3.23　30.6 μF。

3.24　$83.3\angle53.1°$ V，$0.833\angle36.9°$ A。

3.25　$12\angle0°$ A，$8\angle-90°$ A，$15\angle90°$ A，$13.9\angle30.3°$ A。

3.26　$i_1=44\sqrt{2}\sin(314t-43°)$ A，$i_2=22\sqrt{2}\sin(314t+47°)$ A，$i_1=49.2\sqrt{2}\sin(314t-16.4°)$ A。

3.27　658 Ω，1.21H。

3.28　40.57 pF。

3.29　5 Ω，2.5 Ω，2.5 Ω。

3.30　240，340。

3.31　46.2 W，144.8 var，152 V·A，0.304。

3.32　1 300 W，1 970 var，2 360 V·A，0.551。

3.33　42.3 W，136.4 var，143 V·A，0.296。

3.34　16 Ω，0.13 H。

3.35　10 Ω，19.6 Ω（感抗），752 μF。

3.36　105 V。

3.37　170j，210j，100j。

3.38　9.05 A。

3.39　27.7 A，32.4 A，29.9 A。

3.40　2.9 A。

3.41　2.8 kHz，2.1，500 Ω。

3.42　10 Ω，1.5×10^{-4} H，1.6×10^{-10} F，100。

3.43　160 pF，52 pF。

3.44　12 A。

3.45　0.2 Ω，6.37×10^{-7} H，1.59×10^{-9} F。

第4章

4.1 ①0.5，②9.8 mH。

4.3 0.036 H。

4.4 ①31.6 V，100 W；②1.86 A，138 W。

4.5 $16.4\angle 32.4°\ \Omega$。

4.6 ①$\dot{I}_1=0.688\angle 93.95°$ A，$\dot{I}_2=0.769\angle -59.5°$ A，$P=35.5$ W；
②$\dot{Z}=145.35\angle -93.95°\ \Omega$。

4.8 $\dot{U}_1=-60-180\mathrm{j}$ V，$\dot{U}_2=-60\mathrm{j}$ V。

第5章

5.1 ①$\dot{U}_A=220\angle 90°$，$\dot{U}_C=220\angle -150°$；②$u_A(t)=220\sqrt{2}\sin(\omega t+90°)$，
$u_B(t)=220\sqrt{2}\sin(\omega t-30°)$，$u_C(t)=220\sqrt{2}\sin(\omega t-150°)$；④$u_A(t)=0$ V，
$u_B(t)=269.4$ V，$u_C(t)=-269.4$ V，$u_A(t)+u_B(t)+u_C(t)=0$。

5.2 226.6 A。

5.3 $u_{AB}(t)=380\sqrt{2}\sin\omega t$，$u_{BC}(t)=380\sqrt{2}\sin(\omega t-120°)$，$u_{CA}(t)=380\sqrt{2}\sin(\omega t+120°)$。

5.4 不能，5.77 A。

5.5 1.46 A。

5.6 $U_P=28.9$ V，$I_l=1.2$ A，$I_P=1.2$ A。

5.7 $I_l=3.46$ A，$I_P=2$ A，$\frac{I_{lY}}{I_{l\triangle}}=\frac{1}{3}$。

5.8 ①$I_A=I_B=44$ A，$I_C=I_N=22$ A；②$I_A=I_B=44$ A，$I_C=0$ A，$I_N=44$ A；③$I_A=I_B=38$ A，
$U_A=U_B=190$ V。

5.9 ①AB相负载断路时，$U_{AB}=U_{BC}=U_{CA}=380$ V，$I_{AB}=0$ A，$I_{BC}=I_{CA}=76$ A，$I_A=I_B=$
76 A，$I_C=131.6$ A；
②A火线断路时，$U_{AB}=U_{CA}=190$ V，$U_{BC}=380$ V，$I_{BC}=76$ A，$I_{AB}=I_{CA}=38$ A，
$I_A=0$ A，$I_B=I_C=114$ A。

5.10 $I_l=12.6$ A，$I_P=7.3$ A。

5.11 $I_{lY}=5.5$ A，$I_{l\triangle}=16.5$ A，$P_Y=2.9$ kW，$P_\triangle=8.7$ kW，$Q_Y=2.17$ kV·A，$Q_\triangle=$
6.5 kV·A，$S_Y=3.6$ kV·A，$S_\triangle=10.8$ kV·A。

5.12 $I_l=8.8$ A，$P_Y=4.6$ kW，$Q_Y=3.5$ kV·A，$S_Y=5.8$ kV·A。

5.13 0.827，74.67 kvar，132.9 kV·A。

5.14 $I_l=6.08$ A，$I_P=3.51$ A，$U_P=380$ V，$|Z|=108.3\ \Omega$。

5.16 $I_l=6.37$ A。

5.17 $I_{AB}=33.57$ A，$I_A=58.14$ A。

5.18 ①$U_A=0$ V，$U_B=U_C=380$ V，$I_A=132$ A，$I_B=I_C=76$ A；
②$U_A=0$ V，$U_B=U_C=190$ V，$I_A=0$ A，$I_B=I_C=38$ A。

5.19 ①4.455 A；②7.717 A，13.37 A；③3.858 A。

5.20　①$A_1 = 5$ A，$A_2 = A_3 = 2.89$ A，$V = 0$ V；②$A_1 = A_3 = 4.33$ A，$A_2 = 0$ A，$V = 110$ V。
5.21　①$I_A = 11.93$ A，$I_B = I_C = 10.1$ A；②有，2.2 A。
5.22　①6.08 A；②108 Ω；③108 Ω。
5.23　0.844，0.482。
5.24　$\dot{I}_A = 71.5\angle -61.8°$ A，$\dot{I}_B = 90.86\angle -163.9°$ A，$\dot{I}_C = 103.16\angle -58.76°$ A。
5.25　$P_A = 0$ W，$P_B = P_C = 75$ W。

第6章

6.1　$i(0_+) = -1$ A，$u_L(0_+) = 36$ V。
6.2　$i_{R0}(0_+) = 1$ A，$i_C(0_+) = 1$ A，$i_L(0_+) = 0$ A，$u_L(0_+) = 8$ V。
6.3　$i_C(0_+) = -0.5$ A，$i_2(0_+) = 0.5$ A，$u_C(0_+) = 2.5$ V，$u_1(0_+) = 0$ V，$u_2(0_+) = 2.5$ V。
6.4　$u_C(0_+) = 15$ V，$i_C(0_+) = -0.25$ A。
6.5　$u_C(0_+) = 15$ V，$i_C(0_+) = -3$ A，$u_L(0_+) = -15$ V，$i_L(0_+) = 5$ A。
6.6　$u_C(0_+) = \frac{200}{3}$ V，$i_C(0_+) = \frac{5}{3}$ A，$u_L(0_+) = \frac{100}{3}$ V，$i_L(0_+) = \frac{10}{3}$ A。
6.7　0.4 V，0.05 V。
6.8　0.25 S。
6.9　$u(t) = (4 + 2e^{-1.5\times10^5 t})$ V。
6.10　$u_C(t) = (40 - 10e^{-0.2t})$ V。
6.11　$t = 6.6\times10^{-5}$ S，$W_C = 3.2\times10^{-4}$ J。
6.12　$i_L(t) = 0.1e^{-1\,000t}$ A，$u_L(t) = 20e^{-1\,000t}$ V。
6.13　$i_L(t) = 1.5(1 - e^{-20t})$ A，$u_L(t) = 12e^{-20t}$ V。
6.14　$i_L(t) = 2e^{-10\,000t}$ A，$u_L(t) = -40e^{-10\,000t}$ V。
6.15　$u_C(t) = (8 - 5.57e^{-0.5(t-1)})$ V$(t>1)$。
6.16　$i_L(t) = 12.5 + 12.5e^{-2t}$ A，$u_L(t) = -100e^{-2t}$ V。
6.17　$i_C(t) = (3.33 + 3e^{-30(t-0.1)})$ A$(t>0.1)$，$u_C(t) = 0.9e^{-30(t-0.1)}$ V$(t>0.1)$。
6.18　$Us = 120$ V，$R = 6$ Ω。
6.19　$i(t) = (0.5e^{-50t} - 5e^{-2\times10^5 t})$ A。
6.20　$i_C(t) = 2\times10^{-5}e^{-t}$ A，$u_C(t) = (6 - 10e^{-t})$ V。
6.21　$u_C(t) = (-5 + 15e^{-10t})$ V。

第7章

7.1　$u(t) = \frac{4U_m}{\pi}(\sin \omega t + \frac{1}{3}\sin 3\omega t + \frac{1}{5}\sin 5\omega t + \cdots + \frac{1}{k}\sin k\omega t + \cdots)$（$k$为奇数）。
7.2　$u(t) = \frac{2U_m}{\pi}(\frac{1}{2} + \frac{\pi}{4}\sin \omega t - \frac{1}{3}\cos 2\omega t - \frac{1}{15}\cos 4\omega t + \cdots)$
7.3　130 V，220 V。
7.4　$i(t) = [16.1\sin(\omega t + 74.5°) + 5.7\sin(3\omega t - 79.1°)]$ A，12.1 A。

7.5 $i_L(t)=[22\sin(\omega t-90°)+3\sin(3\omega t-90°)+\sin(5\omega t-90°)]$ A,
$i_R(t)=[22\sin(\omega t)+9\sin(3\omega t)+5\sin(5\omega t)]$ A,
$i_C(t)=[22\sin(\omega t+90°)+27\sin(3\omega t+90°)+25\sin(5\omega t+90°)]$ A,
$i(t)=[22\sin(\omega t)+25.6\sin(3\omega t+69.4°)+24.5\sin(5\omega t+78.2°)]$ A,15.7 A。

7.6 $u(t)=4\sin\omega t$ V。

7.7 380 W。

7.8 $u(t)=[50+9\sin(\omega t+1.3°)]$ V,50.4 V,25.5 V。

7.9 $i(t)=[1+3.33\sin(\omega t-48.37°)+0.85\sin(3\omega t-73.5°)]$ A,
$i_L(t)=[1+3.75\sin(\omega t-48.37°)+0.96\sin(3\omega t-73.5°)]$ A,
$u_L(t)=[37.46\sin(\omega t+41.63°)+28.69\sin(3\omega t+16.5°)]$ V。

7.10 2.4 A。

7.11 $u_2(t)=[0.75+\sin(1\,000t+3.8°)]$ V。

7.12 4.3 A,52.6 V,220 V。

第8章

8.1 20 V,5.6 A。

8.2 (a)$\frac{1}{50}$S, $-\frac{1}{50}$S, $-\frac{1}{50}$S, $(\frac{1}{50}-\mathrm{j}\frac{1}{100})$S; (b) $\frac{5}{3}$S, $-\frac{4}{3}$S, $-\frac{4}{3}$S, $\frac{5}{3}$S;
(c)$\frac{3}{4}$S, $-\frac{1}{4}$S, $-\frac{1}{4}$S, $\frac{3}{4}$S; (d)$\frac{1}{R}$, $-\frac{3}{R}$, $-\frac{1}{R}$, $\frac{3}{R}$。

8.3 (a)$R_1+\mathrm{j}\omega L_1$, $\mathrm{j}\omega M$, $\mathrm{j}\omega M$, $R_2+\mathrm{j}\omega L_2$; (b)$(50+\mathrm{j}100)\,\Omega$, $\mathrm{j}100\,\Omega$, $\mathrm{j}100\,\Omega$, $\mathrm{j}100\,\Omega$。

8.4 (a)$\begin{vmatrix}\mathrm{j}\omega L_1 & \mathrm{j}\omega M\\ \mathrm{j}\omega M & \mathrm{j}\omega L_2\end{vmatrix}$; (b)$\begin{vmatrix}R-\mathrm{j}\frac{1}{\omega C} & -\mathrm{j}\frac{1}{\omega C}\\ -\mathrm{j}\frac{1}{\omega C} & \mathrm{j}\omega L-\mathrm{j}\frac{1}{\omega C}\end{vmatrix}$;
(c)$\frac{1}{11}\begin{vmatrix}5 & 5\\ 5 & 5\end{vmatrix}$。

8.5 (a)$\begin{vmatrix}1 & 0\\ \mathrm{j}\omega C & 1\end{vmatrix}$; (b)$\begin{vmatrix}1-\omega^2LC & \mathrm{j}\omega L\\ \mathrm{j}\omega C(2-\omega^2LC) & 1-\omega^2LC\end{vmatrix}$。

8.6 (a)30 Ω, −1,1,0; (b)R_1, $\frac{1}{\beta-1}$, 1, $-\frac{1}{(\beta-1)R_2}$。

8.7 $\frac{1}{11}\,\Omega$, $\frac{3}{11}\,\Omega$, $\frac{2}{11}\,\Omega$。

第9章

9.1 1.41 A,0.805×10^{-4} Wb。

9.2 0.04 A,0.14 A。

9.3 1.52×10^{-3} Wb,315 A。

9.4 2 680 A,0.67 A。

9.5 7 660 A。

9.6　3 330 A。

9.7　1.79×10^{-3} Wb。

9.8　2.208×10^{-3} Wb，1.984×10^{-3} Wb。

9.9　0.12 A。

9.10　200，300。

9.11　1 320 W。

9.13　1.42 A，10.9°。

9.14　0.25，200 V，200 W，3.8 A，1 A，5×10^{-3}S，0.019 S。

9.15　1.23 A，1.24 A，56.3 W，0.4×10^{-3}S，3.3×10^{-3}S。

9.17　7。

9.18　793，18，23。

参考文献

[1] 秦曾煌. 电工学[M]. 5 版. 北京:高等教育出版社,1999.
[2] 蔡元宇. 电路及磁路[M]. 2 版. 北京:高等教育出版社,2000.
[3] 张洪让. 电工基础[M]. 北京:高等教育出版社,1990.
[4] 李梅. 电工基础[M]. 北京:机械工业出版社,2005.
[5] 张永瑞. 电路分析——基础理论与实用技术[M]. 西安:西安电子科技大学出版社,1999.
[6] 刘志民. 电路分析[M]. 西安:西安电子科技大学出版社,2002.
[7] 白乃平. 电工基础[M]. 西安:西安电子科技大学出版社,2002.
[8] 谭恩鼎. 电工基础[M]. 2 版. 北京:高等教育出版社,1987.
[9] 任永益. 电工技术[M]. 长沙:国防科技大学出版社,1993.
[10] 邱关源. 电路[M]. 4 版. 北京:高等教育出版社,1999.
[11] 王源. 实用电路基础[M]. 北京:机械工业出版社,2004.
[12] 沈裕钟. 电工学[M]. 北京:高等教育出版社,1982.
[13] 王运哲. 电工基础[M]. 2 版. 北京:高等教育出版社,1900.
[14] 俞大光. 电路及磁路[M]. 北京:高等教育出版社,1987.
[15] 李瀚荪. 电路分析基础[M]. 4 版. 北京:高等教育出版社,2006.
[16] 李文森. 电工基础[M]. 北京:科学技术出版社,2005.
[17] 曾令琴. 电工技术基础[M]. 北京:人民邮电出版社,2007.
[18] 周平. 电工基础[M]. 北京:北京工业大学出版社,2006.
[19] 王兆奇. 电工基础[M]. 北京:机械工业出版社,2005.